情報アーキテクチャ
第4版
見つけやすく理解しやすい情報設計

Louis Rosenfeld
Peter Morville　著
Jorge Arango

篠原 稔和　監訳
岡 真由美　訳

本書で使用するシステム名、製品名は、それぞれ各社の商標、または登録商標です。

なお、本文中では™、®、©マークは省略している場合もあります。

FOURTH EDITION

Information Architecture
For the Web and Beyond

*Louis Rosenfeld, Peter Morville,
and Jorge Arango*

Beijing · Boston · Farnham · Sebastopol · Tokyo

© 2016 O'Reilly Japan, Inc. Authorized Japanese translation of the English edition of "Information Architecture Fourth Edition", © 2015 Louis Rosenfeld, Peter Morville and Jorge Arango. This translation is published and sold by permission of O'Reilly Media, Inc., the owner of all rights to publish and sell the same.

本書は、株式会社オライリー・ジャパンがO'Reilly Media, Inc.の許諾に基づき翻訳したものです。日本語版についての権利は、株式会社オライリー・ジャパンが保有します。

日本語版の内容について、株式会社オライリー・ジャパンは最大限の努力をもって正確を期していますが、本書の内容に基づく運用結果については責任を負いかねますので、ご了承ください。

監訳者まえがき

　本書は、『Information Architecture, 4th Edition: For the Web and Beyond』（2015年9月）の全訳です。これまでに、同書の第1版（『Information Architecture for the World Wide Web: Designing Large-Scale Web Site』（1998年2月）は『情報アーキテクチャ入門 - ウェブサイトとイントラネットの情報整理術』（1998年12月、オライリー・ジャパン）として、同じく第2版（2002年8月）は『Web情報アーキテクチャ - 最適なサイト構築のための論理的アプローチ』（2003年8月、オライリー・ジャパン）として、それぞれ出版され多くの読者からの支持を得てきました。その後、第3版（2006年11月、日本では未訳）を経て、装い新たに世に問われることになったのが本書『情報アーキテクチャ 第4版』となります。本書に至る変化を一言で表したとすると、これまでの「Web関係者や情報アーキテクトのための"情報アーキテクチャ"」から、「すべての人のための"情報アーキテクチャ"」へ、世間からの情報アーキテクチャに対する役割と意義とが大きくシフトした、と言うことができます。

　それでは、いったい本書にまつわる何が大きく変化したのでしょうか？ちょうどこの第4版が完成し、その米国での出版を祝っている時期（2015年7月）に、著者の1人であるピーター・モービル氏を日本に招いてお話をうかがう機会を持つことができました。その際、ピーターは、これまでの版と本書との違いについて大きく3つの事項をあげて説明してくれました。それは、1つ目には本書のボリュームの変化、2つ目にはタイトルの変化に象徴される内容の変化、そして、3つ目には著者たちの変化、です。このトピックスをヒントに、本書の意義を確認していきたいと思います。

　まず、そのボリュームや見た目の変化を挙げることができます。それまでの版が、世の中におけるIA（情報アーキテクチャ）の重要性が高まることを反映して、版を重ねるごとにあらたな内容が加わり、量が増大していく傾向にあった中（1st：202ページ、2nd：486ページ、3rd：528ページ）、この版ではその構成に大胆なメスを入れ、新たな章も付け加えられることによって、わかりやすくコンパクトな内容へと変貌を遂げました。ページ数こそ、2ndとちょうど同じ486ページですが、その判型が従来のものと比較して大変に持ち運びやすいハンディーなものとなりました（3rdの「幅17.5×厚さ2.8×高さ23.1cm」から4thの「幅15.2×2×22.9cm」へと様変わりし、常に携帯できるサイズとボリューム感です）。そして、

表紙がカラーとなったことで、本書の愛称にもなっている「シロクマ」が若干黄色味を帯びた姿になったことも、本書のファンの間では話題になっていることの1つなのです。

　では、具体的にどういった内容の変化があったのでしょうか。本書の「はじめに」でもふれられていることですが、ここではもう少し詳しくその変化の様子を確認してみたいと思います。まず、本書のすべての版を通じて変わることなく一貫している章に注目してみましょう。それは、まさに本書のⅡ部「情報アーキテクチャの基本原則」の各章であり、いわば情報アーキテクチャの原理面の内容にあたります。特に、6章「組織化システム」、7章「ラベリングシステム」、8章「ナビゲーションシステム」、9章「検索システム」は、初版から貫かれた「情報アーキテクチャ」の基本中の基本と言っても過言ではありません。初版では、「ラベリングシステム」と「ナビゲーションシステム」の解説の順番が前後していましたが、第2版からは本書の順番となると同時に、5章「情報アーキテクチャの解剖学」と10章「シソーラス・制限語彙・メタデータ」が加わり、ほぼ現在の基本原則としてとりまとめられました。特に、「組織化システム」「ラベリングシステム」「ナビゲーションシステム」は、建築の分野を筆頭に現実世界の情報構造を読み解いていく上での原則にも通底しており、そこへ「検索システム」「シソーラス・制限語彙・メタデータ」といった情報システムを始めとしたデジタル世界特有の情報構造を読み解くエッセンスが加わった、といった解釈ができます。

　次に、版を重ねるごとに洗練されてきた章をみてみましょう。本書のⅢ部「情報アーキテクチャの仕上げ」の各章がそれにあたります。ここでは、一般的に情報アーキテクチャを実現していく上でのプロセス論が展開されており、その基本には「UCD（ユーザー中心設計）・HCD（人間中心設計）」の実現プロセスが下敷きになっています。そこへ、経営戦略や事業戦略にも通じる「戦略」の側面が加味されて現在の形へとまとまりました。11章「調査」から12章「戦略」、13章「設計と文書化」へと至るプロセスは、その第2版（原書および日本語版）で定まり、若干の事例や図解のアップデートはあったものの、基本的なプロセスはほぼ同じ形で踏襲されているのです。

　ここからは、大きく変化した部分に焦点をあてていきます。まず、冒頭にもふれた通り、書籍のタイトルの変化に注目すべき点があります。それは、サブタイトルの部分における「for the World Wide Web」から「for the Web and Beyond」といった大きな変化です。ここで

は、情報アーキテクチャの対象がWebサイトから、Webを筆頭にIoTやウェアラブルを含むデジタル領域全般のものへとターゲットを拡げたことが示唆されています。この変化は、欧米の同分野の書籍における一種のトレンドにもなっていて、同じくIA領域の旗手であるジェシー・ジェームズ・ギャレット氏（Jesse James Garrett）による書籍にもみることができます（Webをユーザー中心にデザインしていくことを明解にまとめた書籍『The Elements of user Experience: User-Centered Design for the Web』（2002年）[1]は、その改訂（2010年）に際してサブタイトルが「User-Centered Design for the Web and Beyond」へと変更が加えられた）。このことは、Webそのものの役割が、当初のウェブサイトといった限定的な情報提供型のメディアの位置付けから、Webサービスや各種の情報システムの入り口などデジタル媒体におけるインターフェース全般への位置付けへと、拡がっていったことを色濃く反映しているといえるでしょう。

　そして、本書の内容面での変化については、この版によって書き加えられた箇所を詳細にみることで確認することができます。特に、Ⅰ部「情報アーキテクチャ入門」における各章がそれにあたります。1章「情報アーキテクチャが取り組む課題」では、著者たちの本書の出版以降の課題意識を強く反映する形で、情報アーキテクトの直面している諸課題が解説されています。特に「システムシンキング」のための要求課題については、著者の1人であるピーター・モービルが自著『Intertwingled: 錯綜する世界／情報がすべてを変える』（2015年出版）において、その考えや解決策を強く世に訴え続けています（同書のエッセンスがまとめられたピーター氏の伝説のスピーチと日本語による講演資料を参考サイト[2]から確認・入手することができます）。2章「情報アーキテクチャの定義」では、第2版（原書および日本語版）の定義を下敷きにしながら昨今の状況に応じた加筆が施されました。特に、「情報アーキテクチャの定義」の基本をなす「ユーザー、コンテキスト、コンテンツ」のモデルとその情報環境に対する適用に関する解説は、まさに「定義」の名に相応しいものとなっています。更に、

※1　Jesse James Garrett『The Elements of user Experience: User-Centered Design for the Web』（New Riders Publishing、2002年）。和書は『ウェブ戦略としての「ユーザーエクスペリエンス」：5つの段階で考えるユーザー中心デザイン』（2005年、マイナビ出版）

※2　https://www.sociomedia.co.jp/5972

決定的に大きく加わった章が3章「見つけやすさのデザイン」と4章「理解のためのデザイン」です。この2つの章は、本書を従来の版にはなかったあらたな書籍として、大きく特徴づける内容となっています。情報アーキテクチャがユーザーにとってどういった価値を提供することができるかについて強く宣言した、第4版の中核部分といえるでしょう。

　これらの変化を通じて明らかになったことは、「情報アーキテクチャ」という分野が、ウェブサイトに関わる「情報アーキテクトたち」のためだけではなく、今や日常生活に深く関わるようになったデジタル領域と対峙する「すべての人々」にとって必要とされる分野になった、ということです。本書で書かれている内容は、いわば、リアルな生活世界の中にデジタル世界を創造し、融合させながら再構成していくためのエッセンスであると同時に、このメカニズムを解明していくための指南書として位置付けられるのではないでしょうか？まさに、この新たな世界における「プレイスメイキング（場の創造）」および「センスメイキング（意味や感覚の創造）」のための教科書なのです。さらに本書は、情報の読み書き能力を意味する「情報リテラシー」の分野においても、従来の延長上にあるデジタル領域を捉えるための「デジタルリテラシー」を獲得する上においても、最重要な文献として位置付けられていくに違いありません。

　最後に、シロクマ本の著者たちのことについてご紹介します。本書は、初版から3版までの間において、ルイス（ルー）・ローゼンフェルド氏とピーター・モービル氏の2人によってまとめられてきました。そこへ、本書の版から3人目の著者としてホルヘ・アランゴ氏が加わることになったのです。ルーとピーターは、本書をまとめるまでの長い間、ミシガン大学（図書館情報学の分野）の同窓生として、そして、2人で設立したスタートアップ企業（Argus Associates社）の共同経営者として、共に歩んできました。そして、本書をまとめた後、ルーは自らの書籍執筆・出版に関わる諸経験を活かして、自らでメディアの会社（Rosenfeld Media）を起こし、数々のUXやデジタル領域に関わる良書の出版や、同分野を切り拓くイベントの運営（Enterprise UXなど）を行ってきています。また、ピーターは「情報アーキテクチャ」と「ユーザーエクスペリエンス（UX）」の領域におけるパイオニア的なコンサルタントして、その後も数多くの書籍の執筆やクライアントへのソリューションを続けてきています。

また、2人の本分野に関わる功績として忘れてはならないことに、専門家コミュニティへの貢献をあげることができます。Information Architecture Institute（情報アーキテクチャ協会。http://www.iainstitute.org/）の設立と運営、そして、World IA Day や IA Summit（http://www.iasummit.org/）といったイベントの開催や運営は、今や同分野がデジタル領域を超えて多くの人々にとって支持されるための基盤となっています。そして、本書から加わったホルへは、2人が旗揚げしてきた IA Institute の運営に尽力してきた人物で、IA の意義や活動を世界に拡げる上で多大な貢献をしてきた存在として、本書のプロジェクトに加わることになりました。

　幸運なことに、本書の出版に関与することができたことは、デジタル領域とリアル領域との再構築やデザインに関わる活動を日々行う自身に加え、会社やコミュニティの仲間たちにとっても、大変に貴重な経験の日々となりました。そして、本書がこれまで以上に今後のさまざまな活動における礎となっていくことを強く確信しています。また、初版の出版前の時期から著者たちとの情報交換や交流の機会を重ね、その途上では日本への招聘と講演・レクチャーの機会（2003年のルーの来日、2009年と2015年のピーターの来日）を持つことができたことも大事な経験です。現在では2人に加え、3人目の著者であるホルへとのやりとりを重ねています。こういったやりとりを通じ、本書の日本語版の出版に際しても、3人からのメッセージをもらうことができました。そこで、3人の日本語版へのメッセージをもって、皆さまへの言葉を締めくくりたいと思います。

ルイス（ルー）・ローゼンフェルド（Louis Rosenfeld）

「このシロクマ本の新版が日本語で出版されたことをとても嬉しく思っています――この本を通して、世界で最も思慮に富む、啓発された IA コミュニティのひとつである日本の方々とつながれるのですから。」

ピーター・モービル（Peter Morville）

「物理的コンテキスト、またデジタルコンテキストにおけるプレイスメイキング（場の創造）やセンスメイキング（意味や感覚の創造）の実践として、情報アーキテクチャは全ての人の

ためのものです。これが新しいシロクマ本の教訓であり、この教訓が日本で分かち合われることに心躍っています。」

ホルヘ・アランゴ（Jorge Arango）
「私たちを取り囲む情報環境は、今までに無く複雑です。情報アーキテクチャについて書かれたこの第 4 版は、私たちが情報をより探しやすい、分かりやすいものにするための助けとなります。そして今回の和訳版は、新たな読者たちのために情報アーキテクチャをより見つけやすく、分かりやすいものとしているのです。」

2016 年 11 月
ソシオメディア株式会社 代表取締役
篠原 稔和

はじめに

> 井は、邑を改めて井を改めず。
> 喪う无く、
> 得る无し。
> 往来井を井とす。
> ──「易経」

　本書の初版──当時のタイトルは「Information Architecture for the World Wide Web」でした──が発行されたのは 1998 年でした。iPhone が家族、友人たちと子どもたちの写真を共有する方法を変えたちょうど 9 年前、Facebook が長らく忘れ去っていた高校時代の友人たちと再会させてくれた 6 年前、「フォークソノミー」という言葉が作られる 6 年前（そしてその価値が下がる 10 年前）、また私たちの多くが「モノのインターネット」という言葉を初めて聞いた 12 年ほど前のことです。当時は「Web 2.0」など存在しませんでした。まだ Web 1.0 が何かを探ろうとしていたのですから。

　「草分け時代」から Web サイトを構築、設計してきた人々は、業界における驚くべき変化を体験してきました。メディアの基礎となる技術──HTML そのものや JavaScript を含みます──が、最初の原始的なコンテンツ配信メカニズムから、フル装備のインタラクティブなアプリケーションへと進化していくのを目の当たりにしました。またデバイスのフォームファクターが、マウスの抽象的なポインターをコントロールするという間接的な体験から、指でガラスの滑らかな板に触れることで情報を操作できる、直接的な体験へと発展していくのを目撃しました。インターネット接続といえば、銅線でつながった大きなコンピューターを前に机の前に座り、遅くて、なかなかつながらない作業だったのが、とてつもなく速い、センサーとカメラを搭載したミニコンピューター／電話をポケットから取り出せば、いつでもどこでもできる行為になりました。そして今や、このパワーが毎日使うものや環境へと浸透し、長い間当たり前だと思ってきた日々の体験を根本から変えようとしています。変化は

容赦なく、どこででも起きており、刺激的です。ただちょっぴり恐ろしくもあります。

これらの変化のなかに常にあるのが、人間は年々、それ以前よりも多くの情報を生み出し、消費するようになっている、ということです。この情報の供給過剰によって、人々が探しているものを見つけたり、見つけたとしてもその意味を理解するのが、非常に難しくなっています。現代においてはユーザーが幅広いデバイスとサービスを使って、情報をやり取りできるからです。情報アーキテクチャは、この問題の軽減を手助けするための実践分野です。Web サイト構築の上で有効なコンセプト、方法論、テクニックが、私たちが今日持っているような、より広範囲で、異機種環境にある情報エコシステムにも適用することができます。

本書の初期の版では、Web サイトという、ひとつの情報エコシステムのタイプに焦点を当てていました（イントラネットや企業ポータルを含むさまざまな形態を含む）。第 4 版には新たなサブタイトル『見つけやすく理解しやすい情報設計』がついています。これは今日の情報エコシステムの展望がより豊かで、より複雑になっているという認識から来ています。従来の Web ブラウザではなく、スマートフォンのアプリやそのほかのチャンネルを通じて、情報をやり取りするケースが増えています。さらにシステムの要素やセンサーがより小さく、安価になるにつれ、温度計やドアノブなど、これまではコンピューティングデバイスとは認められていなかった日々のモノでも、情報への双方向アクセスが重要になっています。こうした体験においては、従来の Web サイトでは必要だった、意味構造と同じタイプのものは不要になっていますが、情報エコシステムには今も主要要素があり、それは本書の以前の版で提示したのと同じ設計原則にもとづいています。私たちの設計のテーマを理論的に考えると、つまり Web サイトではなく情報環境として考えるとという意味ですが、これらの意味構造を告げる設計原則が、Web を超えて幅広く適用できるということが見えてきます。

『易経』は古代中国の易占いの書物で、世界最古のインタラクティブな情報環境だと言われています。本文では六十四卦とそのそれぞれについて説明があり、状態の変遷、変化の予測が体系化されています。そのパターンのひとつが「水風井（すいふうせい）」で、非永続的なカオスが私たちを取り囲む世界を変えても、人生において不変であり、揺るぎなく私たちを満たし、元気を回復させてくれる存在を意味します。この『シロクマ本』の第 4 版については、情報アーキテクチャはまさにこの「水風井」のようであるという認識でアプローチしました。人間が利

用する情報環境の設計に取り組む限り、情報を見つけやすく、分かりやすくするように組み立てる、ツールとテクニックが必要になるということです。デジタル製品とサービスに、場所や時間に関係なく、一貫性と統一性、そして分かりやすさをもたらすのに、どんな状況でも利用できるということを確認するため、最初の原則まで立ち返りました。テクノロジーやテクニックが現れ、そして消えていっても、その後何年間も情報アーキテクチャの井戸から情報をくみ上げ続けられるというのが、私たちの希望です。

第4版で何が新しくなったのか

『情報アーキテクチャ 第4版——見つけやすく理解しやすい情報設計』は、情報組織において、仕事の肩書に関係なく、設計のあらゆる側面に関わる誰もが抱える難題に対処するための、一連のツールとテクニックとしての情報アーキテクチャに焦点を当てています。最初の3版を通じて、情報組織が普遍的で時代を超越したものであるという原則を提案してきました[※1]。例とイラストをアップデートすることで、現在の実務の背景に合わせています。ただし特定のソフトウェアパッケージについての解説は避けました。こうした情報はあまりにも早く変化してしまい、長期的には大した価値を持たないからです。その代わりに、時の試練に耐え、特定の技術やベンダーに依存しない、ツールやテクニックに焦点を当てています。最後に付録Aをアップデートし、今日利用可能な最も役立つ情報アーキテクチャのリソースを含めました。

本書の構成

本書は3部、13章に分かれており、抽象的な基本コンセプトから始まって、実際に活用可能なプロセス、ツール、テクニックへと進んでいきます。以下のように分類されています。

I部では、この分野は初めてという人々、類似した分野で経験ある人々に対して情報アー

※1 日本語版は1版（1998年）が『情報アーキテクチャ入門 - ウェブサイトとイントラネットの情報整理術』(1998年)、2版（2002年）が『Web情報アーキテクチャ - 最適なサイト構築のための論理的アプローチ』(2003年) として翻訳出版されているが、3版（2006年）は邦訳されていない

キテクチャの概要を解説しています。このパートは、以下の章から構成されています。

1章「情報アーキテクチャが取り組む課題」
複雑な情報環境に対処する際、今日直面する主要な課題について解説しています。

2章「情報アーキテクチャの定義」
定義と類比を提示し、情報アーキテクチャが日々の生活のなかでなぜ簡単に特定できないのかを説明しています。

3章「見つけやすさのデザイン」
人々の情報探索ニーズと行動をより理解する方法を述べています。

4章「理解のためのデザイン」
人々が情報を理解できるよう、情報アーキテクチャが正しいコンテキストを作成する方法を説明しています。

II部では、アーキテクチャの根源の要素に関する章を含め、これらのシステムの相互のつながりを描写しています。以下の章から構成されています。

5章「情報アーキテクチャの解剖学」
アーキテクチャの要点を視覚化する手助けをしており、後の章でカバーするシステムを紹介しています。

6章「組織化システム」
経営目標とユーザーのニーズを満たすことを目的としてサイトを構造化する方法、組織化する方法を述べています。

7章「ラベリングシステム」
一貫性があり、効果的で記述的なラベル作成の方法を提示しています。

8章「ナビゲーションシステム」
ユーザーがサイト内で「自分がどこにいるのか」「どこへ行けるのか」を理解しやすくするようなブラウジングシステムの設計を探求しています。

9章「検索システム」
検索システムの要点をカバーし、全体のパフォーマンス向上につながるインデキシングおよび検索結果インターフェースの設計のアプローチを記述しています。

10章「シソーラス・制限語彙・メタデータ」
いかに語彙の制限がこれらのシステムとつながっているか、ユーザーエクスペリエンスを向上できるかを示しています。

Ⅲ部では、概念ツール、テクニック、メソッドをカバーし、情報アーキテクチャの調査から戦略へ、デザインから実装へと導きます。以下の章から構成されています。

11章「調査」
情報アーキテクチャの理解の基盤を作るために必要となる発見プロセスを説明しています。

12章「戦略」
情報アーキテクチャの方向性と見通しを定めるためのフレームワークおよび方法論を提示しています。

13章「設計と文書化」
情報アーキテクチャに命を与えるための成果物とプロセスを紹介しています。

そして最後の14章はまとめ（「おわりに」）で締めくくりました。
付録Aでは、最も役立つ情報アーキテクチャの情報源で、今日入手可能なものを選び出して一覧にしました。

本書の読者対象

本書を読んでいただきたい人は誰でしょうか？どんなインタラクティブな製品にも情報は含まれていますので、本書はインタラクティブな製品やサービスをどのように機能させるかを決める責任を負うすべての方に読んでいただきたいと思っています。ユーザーエクスペリエンス設計者、プロダクトマネージャー、開発者など。職業の肩書はあまり関係ありません。重要なのは、あなたの仕事の成果が、インタラクティブで情報の詰まった、少なくともあなた以外の誰か1人に利用される、商品やサービスであるということなのです。

これまでの版では、キャリアパスとしての情報アーキテクチャというテーマについても掘り下げてきました。しかし第4版では、情報アーキテクチャを実践の場として扱うことで、この部分をあえて省きました。本書のアイディアからヒントを得るのに、名刺に「情報アーキテクト」という肩書は必要はありません。

本書の表記について

本書では以下の書体が使用されています。

太字（**Bold**）
: 新しい用語、強調やキーワードフレーズを表します。

等幅（`Constant Width`）
: プログラムのコード、コマンド、配列、要素、文、オプション、スイッチ、変数、属性、キー、関数、型、クラス、名前空間、メソッド、モジュール、プロパティ、パラメータ、値、オブジェクト、イベント、イベントハンドラ、XMLタグ、HTMLタグ、マクロ、ファイルの内容、コマンドからの出力を表す。その断片（変数、関数、キーワードなど）を本文中から参照する場合にも使われます。

等幅太字（`**Constant Width Bold**`）
: ユーザーが入力するコマンドやテキストを表す。コードを強調する場合にも使われます。

等幅イタリック（Constant Width Italic）
: ユーザーの環境などに応じて置き換えなければならない文字列を表します。

> [NOTE]
> ヒントや示唆、興味深い事柄に関する補足を示します。

著者への連絡先

提案、賛辞、批判、その他関連するコメントなどは、メールで直接お送りください。

ルイス（ルー）・ローゼンフェルド（Louis Rosenfeld）
: Louis Rosenfeld LLC（lou@louisrosenfeld.com）

ピーター・モービル（Peter Morville）
: Semantic Studios（morville@semanticstudios.com）

ホルヘ・アランゴ（Jorge Arango）
: Futuredraft（jorge@futuredraft.com）

意見と質問

本書（日本語翻訳版）の内容については、最大限の努力をもって検証、確認しておりますが、誤りや不正確な点、誤解や混乱を招くような表現、単純な誤植などに気がつかれることもあるかもしれません。そうした場合、今後の版で改善できるようお知らせください。将来の改訂に関する提案なども歓迎いたします。連絡先は次のとおりです。

株式会社オライリー・ジャパン
電子メール　　japan@oreilly.co.jp

本書のウェブページには次のアドレスでアクセスできます。

http://www.oreilly.co.jp/books/9784873117720/（和書）
http://shop.oreilly.com/product/0636920034674.do（原著）

オライリーに関するその他の情報については、次のオライリーのウェブサイトを参照してください。

http://www.oreilly.co.jp/
http://www.oreilly.com/（英語）

謝辞

　本書は、アイディアを形作り、育て、みなさんと共有する手段を与えてくれた、多くの指導者、同僚、クライアント、友人そして家族の寛大さと知恵があったからこそ、存在しています。彼らにはここで感謝してもしきれませんが、この第4版を世に送り出すにあたり最も影響の大きかった方々へ謝辞を述べさせてください。

　情報アーキテクチャコミュニティの良心といえる、すばらしいテクニカルレビューワーの方々と仕事ができたのは、私たちにとって本当に幸運でした。Abby Covert、Andrea Resmini、Andrew Hinton、Andy Fitzgerald、Carl Collins、Danielle Malik、Dan Klyn、Dan Ramsden、John Simpkins、Jonathan Shariat、Jonathon Coleman、Kat King のアドバイスのおかげで、本書はあらゆる面でよりよいものとなりました。貢献に心より感謝します。

　O'Reilly & Associates のすばらしいチームと仕事ができ、いつも光栄に思います。編集者の Angela Rufino と Mary Treseler が期日を守らせ、執筆プロセスを通じて支え、はげましてくれました。Angela と Mary、そして O'Reilly の全制作スタッフには本当に感謝しています。

　13章にワイヤフレームのサンプルを提供してくださった、Chris Farnum と ProQuest に感謝します。

　最後にいくつか、私たちそれぞれから、個人的な感謝を述べさせてください。

　ルー・ローゼンフェルドはミシガン大学スクール・オブ・インフォメーション時代の恩師、

特に Joe Janes、Amy Warner、Vic Rosenberg、Karen Drabenstott、そして故 Miranda Pao に感謝しています。また Mary Jean、Iris、そして Nate には、ときどきとてつもなく不機嫌になる筆者とアパートを共有してくれたことに感謝します。

ピーター・モービルは Susan、Claudia、Claire、そして犬の Knowsy に感謝しています。

ホルヘ・アランゴは Futuredraft のパートナーである Brian O'Kelley、Chris Baum、Hans Krueger に、優秀な人々のなかで技能を磨く機会を与えてくれたことに感謝しています。また KDFC（ベイエリアの視聴者支援型クラシックラジオ局）の素敵なスタッフに、とんでもない時間帯にも付き合ってくれたこと、また家族、Jimena、Julia、Ada そして Elias には、本書のために働く時間と場所を認めてくれたこと、そしてその理由を与えてくれたことに感謝しています。

Louis Rosenfeld
Brooklyn, NY

Peter Morville
Ann Arbor, MI

Jorge Arango
San Leandro, CA

目次

監訳者まえがき v
はじめに xi

I部　情報アーキテクチャ入門　　1

1章　情報アーキテクチャが取り組む課題　　3
1.1　ハロー、iTunes 6
1.2　情報アーキテクチャが取り組む課題 10
　　1.2.1　情報オーバーロード 10
　　1.2.2　情報にアクセスするより多くの方法 12
1.3　情報アーキテクチャ入門 17
　　1.3.1　情報で作られた場所 17
　　1.3.2　チャンネルを越えた首尾一貫性 18
　　1.3.3　システムシンキング 21
1.4　まとめ 23

2章　情報アーキテクチャの定義　　25
2.1　定義 25
2.2　見えないからと言って存在しない訳ではない 28
2.3　ものすごくいい情報アーキテクチャへの道 33
　　2.3.1　コンテキスト 37
　　2.3.2　コンテンツ 38
　　2.3.3　ユーザー 40
2.4　まとめ 41

xxi

3章　見つけやすさのデザイン　43

- 3.1　「シンプルすぎる」情報モデル 44
- 3.2　情報ニーズ 47
- 3.3　情報探索行動 51
- 3.4　情報ニーズと情報探索行動について学ぶ 54
- 3.5　まとめ 56

4章　理解のためのデザイン　57

- 4.1　場所の感覚 58
- 4.2　現実世界のアーキテクチャ 59
- 4.3　情報から成り立つ場所 60
- 4.4　組織化の指針 63
- 4.5　構造と秩序 63
- 4.6　類型学 67
- 4.7　モジュール性と拡張性 72
- 4.8　地球上で一番幸せな場所 75
- 4.9　まとめ 81

II部　情報アーキテクチャの基本原則　83

5章　情報アーキテクチャの解剖学　85

- 5.1　情報アーキテクチャの視覚化 86
- 5.2　トップダウン型の情報アーキテクチャ 89
- 5.3　ボトムアップ型情報アーキテクチャ 91
- 5.4　見えない情報アーキテクチャ 94
- 5.5　情報アーキテクチャの構成要素 96

- 5.5.1 ブラウジングサポート手段 ... 97
- 5.5.2 検索サポート手段 ... 98
- 5.5.3 コンテンツとタスク ... 99
- 5.5.4 「目に見えない」要素 ... 101
- 5.6 まとめ ... 102

6章 組織化システム　103

- 6.1 情報の組織化の課題 ... 104
  - 6.1.1 あいまいさ ... 106
  - 6.1.2 不均一性 ... 107
  - 6.1.3 考え方の違い ... 108
  - 6.1.4 社内の政治的関係 ... 109
- 6.2 情報環境の組織化 ... 110
- 6.3 情報の組織体系 ... 111
  - 6.3.1 正確な組織体系 ... 111
  - 6.3.2 あいまいな組織体系 ... 114
- 6.4 組織構造 ... 123
  - 6.4.1 階層型：トップダウン型のアプローチ ... 124
  - 6.4.2 データベース型モデル：ボトムアップアプローチ ... 129
  - 6.4.3 ハイパーテキスト型 ... 133
- 6.5 社会的分類 ... 135
- 6.6 結合力のある組織化システムの作成 ... 137
- 6.7 まとめ ... 139

7章 ラベリングシステム　141

- 7.1 なぜラベリングに注意を払う必要があるのか ... 142

7.2	さまざまなラベル	149
	7.2.1 コンテキストリンクとしてのラベル	150
7.3	ヘッダとしてのラベル	154
7.4	ナビゲーションシステム中のラベル	157
	7.4.1 インデックス用語としてのラベル	160
	7.4.2 アイコンラベリング	162
7.5	ラベルの設計	164
	7.5.1 一般的なガイドライン	164
	7.5.2 ラベリングシステムの情報源	167
	7.5.3 新しいラベリングシステムの作成	174
	7.5.4 微調整	184
7.6	まとめ	185

8章　ナビゲーションシステム　187

8.1	ナビゲーションシステムのタイプ	188
8.2	あいまいな問題	190
8.3	ブラウザナビゲーション機能	191
8.4	場所を明確にする	192
8.5	柔軟性の向上	194
8.6	埋め込み型ナビゲーションシステム	196
	8.6.1 グローバルナビゲーションシステム	197
	8.6.2 ローカルナビゲーションシステム	199
	8.6.3 コンテキストナビゲーション	202
	8.6.4 埋め込み型ナビゲーションの実装	205
8.7	補足型ナビゲーションシステム	207
	8.7.1 サイトマップ	208

	8.7.2	サイトインデックス	210
	8.7.3	ガイド	214
	8.7.4	コンフィギュレータ	216
	8.7.5	検索	217
8.8	高度なナビゲーションアプローチ	218
	8.8.1	パーソナリゼーションとカスタマイゼーション	218
	8.8.2	視覚化	221
	8.8.3	ソーシャルナビゲーション	222
8.9	まとめ	224

9章 検索システム　　227

9.1	サイトに検索は必要なのか	228
9.2	検索システムの解剖学	233
9.3	何をインデックスするかを選ぶ	235
	9.3.1 検索領域の決定	236
	9.3.2 インデックスを付けるコンテンツの要素を選択する	242
9.4	検索アルゴリズム	246
	9.4.1 パターンマッチアルゴリズム	246
	9.4.2 他のアプローチ	248
9.5	クエリービルダー	250
9.6	検索結果の表示	252
	9.6.1 どのコンテンツ要素を表示するか	253
9.7	ドキュメントをいくつ表示するか	257
	9.7.1 検索結果を一覧表示する	258
	9.7.2 結果のグルーピング	267
	9.7.3 検索結果を出力する	268

9.8	検索インターフェースの設計		271
	9.8.1 ボックス		273
	9.8.2 オートコンプリートとオートサジェスト		277
	9.8.3 高度な検索		278
	9.8.4 検索のやり直しのサポート		280
	9.8.5 ユーザーがつまづいてしまった時		284
9.9	もっと知るためには		286
9.10	まとめ		287

10章 シソーラス・制限語彙・メタデータ　289

10.1	メタデータ	290
10.2	制限語彙	291
	10.2.1 同義語の輪	292
	10.2.2 典拠ファイル	296
	10.2.3 分類体系	300
	10.2.4 シソーラス	304
10.3	技術専門用語	305
10.4	作動中のシソーラス	308
10.5	シソーラスのタイプ	313
	10.5.1 古典的シソーラス	314
	10.5.2 インデクシングシソーラス	314
	10.5.3 検索シソーラス	315
10.6	シソーラス標準	317
10.7	語義の関係	320
	10.7.1 等価	320
	10.7.2 階層性	321

  10.7.3　連想 322
 10.8　優先語 323
  10.8.1　用語形 323
  10.8.2　用語選択 324
  10.8.3　用語の定義 325
  10.8.4　用語の限定性 325
 10.9　平行階層 326
 10.10　ファセット分類 329
 10.11　まとめ 335

III部　情報アーキテクチャの仕上げ　337

11章　調査　339

 11.1　調査フレームワーク 341
 11.2　コンテキスト 343
  11.2.1　必要なものの入手 343
  11.2.2　背景調査 344
  11.2.3　導入のプレゼンテーション 345
  11.2.4　調査ミーティング 345
  11.2.5　ステークホルダーインタビュー 349
  11.2.6　技術評価 351
 11.3　コンテンツ 351
  11.3.1　ヒューリスティック評価 352
  11.3.2　コンテンツ分析 353
  11.3.3　コンテンツマッピング 358
  11.3.4　ベンチマーキング 359

- 11.4 ユーザー 362
  - 11.4.1 利用統計 363
  - 11.4.2 検索ログ分析 366
  - 11.4.3 顧客サポートデータ 369
- 11.5 参加者定義とリクルーティング 369
  - 11.5.1 サーベイ 370
  - 11.5.2 コンテキスト調査 371
  - 11.5.3 フォーカスグループ 372
- 11.6 ユーザー調査セッション 373
  - 11.6.1 インタビュー 373
  - 11.6.2 カードソーティング 374
  - 11.6.3 ユーザーテスト 380
- 11.7 調査の擁護 382
  - 11.7.1 調査抵抗勢力に打ち勝つ 383
- 11.8 まとめ 385

12章 戦略　387

- 12.1 情報アーキテクチャ戦略とは何か 388
- 12.2 批判される戦略 391
- 12.3 調査から戦略へ 393
- 12.4 戦略の発展 394
  - 12.4.1 Think (考える) 395
  - 12.4.2 Articulate (表現する) 395
  - 12.4.3 Communicate (コミュニケートする) 396
  - 12.4.4 Test (テストする) 397
- 12.5 作業成果物と成果物 401

	12.5.1	メタファー探し	401
	12.5.2	シナリオ	404
	12.5.3	ケーススタディとストーリー	406
	12.5.4	概念的ダイアグラム	406
	12.5.5	サイトマップとワイヤーフレーム	407
12.6	戦略報告書		408
	12.6.1	戦略報告書のサンプル	409
12.7	プロジェクト計画		421
12.8	プレゼンテーション		422
12.9	まとめ		424

13章 設計と文書化　　425

13.1	情報アーキテクチャをダイアグラム化するためのガイドライン		427
13.2	視覚的に伝える		429
13.3	サイトマップ		431
	13.3.1	高位レベルのアーキテクチャサイトマップ	431
	13.3.2	サイトマップを深く掘り下げる	435
	13.3.3	サイトマップはシンプルに	440
	13.3.4	詳細なサイトマップ	441
	13.3.5	サイトマップの組織化	444
13.4	ワイヤーフレーム		447
	13.4.1	ワイヤーフレームのタイプ	451
	13.4.2	ワイヤーフレームガイドライン	455
13.5	コンテンツマッピングとインベントリ		456
13.6	コンテンツモデル		463
	13.6.1	なぜ問題なのか	463

        13.6.2　コンテンツモデルの例 465
        13.6.3　価値のあるプロセス 470
  13.7　制限語彙 471
  13.8　設計における協業 474
        13.8.1　デザインスケッチ 474
        13.8.2　インタラクティブなプロトタイプ 477
        13.8.3　POPアーキテクチャ 477
  13.9　すべてをまとめる：情報アーキテクチャスタイルガイド 478
        13.9.1　「なぜ」への対応 479
        13.9.2　「どのように」への対応 480
  13.10 まとめ 482

14章　おわりに　485

  14.1　情報アーキテクチャの物語をまとめる 485
  14.2　学習したことのまとめ 487
  14.3　今度はあなたの番です 488

付録A　資料　491

  A.1　書籍 491
  A.2　専門組織 500

  索引 501

	12.5.1	メタファー探し	401
	12.5.2	シナリオ	404
	12.5.3	ケーススタディとストーリー	406
	12.5.4	概念的ダイアグラム	406
	12.5.5	サイトマップとワイヤーフレーム	407
12.6	戦略報告書		408
	12.6.1	戦略報告書のサンプル	409
12.7	プロジェクト計画		421
12.8	プレゼンテーション		422
12.9	まとめ		424

13章 設計と文書化　425

13.1	情報アーキテクチャをダイアグラム化するためのガイドライン	427
13.2	視覚的に伝える		429
13.3	サイトマップ		431
	13.3.1	高位レベルのアーキテクチャサイトマップ	431
	13.3.2	サイトマップを深く掘り下げる	435
	13.3.3	サイトマップはシンプルに	440
	13.3.4	詳細なサイトマップ	441
	13.3.5	サイトマップの組織化	444
13.4	ワイヤーフレーム		447
	13.4.1	ワイヤーフレームのタイプ	451
	13.4.2	ワイヤーフレームガイドライン	455
13.5	コンテンツマッピングとインベントリ	456
13.6	コンテンツモデル		463
	13.6.1	なぜ問題なのか	463

　　　　13.6.2　コンテンツモデルの例 465
　　　　13.6.3　価値のあるプロセス 470
　　13.7　制限語彙 471
　　13.8　設計における協業 474
　　　　13.8.1　デザインスケッチ 474
　　　　13.8.2　インタラクティブなプロトタイプ 477
　　　　13.8.3　POPアーキテクチャ 477
　　13.9　すべてをまとめる：情報アーキテクチャスタイルガイド 478
　　　　13.9.1　「なぜ」への対応 479
　　　　13.9.2　「どのように」への対応 480
　　13.10　まとめ 482

14章　おわりに　485

　　14.1　情報アーキテクチャの物語をまとめる 485
　　14.2　学習したことのまとめ 487
　　14.3　今度はあなたの番です 488

付録A　資料　491

　　A.1　書籍 491
　　A.2　専門組織 500

　　索引 501

# I部
情報アーキテクチャ入門

 今日の世の中には、かつてない豊富な情報があふれています。スマートフォン、アクティビティモニター、スマートウォッチ、タブレット、そしてあらゆる種類のネット接続可能な電化製品によって、以前よりもはるかに多くの手段で情報をやりとりすることができます。こうした情報の豊かさと広がりは、いろいろな意味で生活をよりよいものにしてくれますが、一方で新たな課題を生んでいます。ありとあらゆる場所に膨大な情報があるため、必要な情報を見つけるのに雑音をはねのけるのが難しく、見つけても理解するのが困難になってしまうのです。

 情報アーキテクチャは、情報を見つけやすく、理解しやすくすることに焦点を絞ったデザイン規律です。つまりこうした課題に取り組むにはぴったりです。情報アーキテクチャによって、2つの重要な視点から課題について考えることができます。情報製品とサービスは、情報でできた場所として捉えられているということ。そしてこれらの情報環境は見つけやすく、理解しやすいよう組織化できるということです。

 本書の最初の部では、情報アーキテクチャとは何か、どんな課題を解決するのか、より効果的な製品やサービスを作る際にどのような手助けとなるのかを説明しています。II部とIII部ではその方法を説明します。

 では始めましょう。

1章
情報アーキテクチャが取り組む課題

>   僕が間違っていても　それはたいした問題じゃない
>   自分のいるべき場所にいれば僕は正しい
>   いるべき場所にいる限り　僕は正しい
>   ——**『フィクシング・ア・ホール』**
>   **レノン&マッカートニー（Lennon - Maccartney）**

本章では、次の内容を取り上げます。

- 情報を入れものから自由にする方法
- 情報オーバーロードとコンテキスト拡散の課題
- これらの課題を情報アーキテクチャによって解決するには

　マーラはビートルズを聴きたい気分です。LPレコードを保管してある棚へ行き、コレクションをチェックしました。幸いにも、マーラは整理整頓が得意です。レコードのコレクションはアーティスト名でアルファベット順に並べてあります。アリス・クーパー、アレサ・フランクリン、バッドフィンガー…ときて、ビーチボーイズのアルバムの隣に、ビートルズがありました。マーラは「サージェント・ペパーズ・ロンリー・ハーツ・クラブ・バンド」のビニール版をスリーブから引っ張り出し、ターンテーブルに載せると、リラックスして音楽を聴き始めました。

　歴史の大部分で私たちがやり取りしてきた情報というのは、それを含む入れものとの1対1の関係のなかに存在してきました。マーラは「サージェント・ペパーズ」のアルバムを1枚しか持っていないので、それが聴きたければ、棚のどこにあるかを正確に把握している必要があります。レコードが見つからなければ、聴けないのです。情報（音楽）は物理的な入れもの（ビニールディスク）に入っていて、彼女はその1枚しか持っていないので、レコードを整理する「正しい方法」を決める必要がありま

す。図 1-1 のように、アーティストの名前でアルファベット順に整理すべきでしょうか、それとも名字で整理すべきでしょうか。彼女が所有するホルストの「惑星」のように、演奏家よりも作曲家が有名なアルバムはどうすればいいのでしょう。あるいは複数のアーティストの曲が収録されているアルバムの場合は？「さまざまなアーティスト」として並べるべきでしょうか。また新しいアルバムを購入したら、コレクションを保存した場所を覚えておく必要があります。あっという間に混乱するのは間違いなしです。整理することなど、考えないほうがいいのかもしれません…けれどもそうすると、特定のアーティストの曲を聴きたい気分の時に、その曲を簡単に見つけられなくなってしまいます。

図 1-1　マーラの音楽は物理的な物体、すなわちビニールレコードに入っているので、棚にどのように整理するかを選択する必要がある

今度はマーラの息子のマリオに登場してもらいましょう。マリオのコレクションはビニールディスクではなく、CD です。ディスクの音楽はデジタルで保管されているため、ランダムな順番で曲を再生することができます。曲の音質もよく、またディスクはそれまでの技術よりも長持ちすることが約束されています。すばらしい！しかし音楽をデジタルで保管しても、プラスチック製のディスクは母親のコレクションと大差ありません。音楽はまだ、個々の物理的なディスクに入っているのです。マリオも同様に、アーティスト名で整理するか、アルバム名で整理するかを選択しなければなりません。両方は選べないのです。

そして 2001 年、マリオは iMac を手に入れました。カラフルなコンピューターの

広告キャンペーンは彼に向かって、音楽を「Rip. Mix. Burn.」と呼びかけました。言い換えれば、音楽がプラスチックディスクから自由になり、コンピューターに入ったのです（Rip）。いったん入ってしまえば、音質は CD 並みによく、しかも自分の好きなように検索することができます。アーティスト名、ジャンル、アルバム名、曲名、制作年などで検索できるのです。マリオは検索し、バックアップのコピーを取りました。複数のアルバムから選んだ曲を組み合わせてプレイリストを作成し（Mix）、それを空のディスクに記録して（Burn）、友人と共有しました（その曲を作った人々にしてみればかなり残念なことですが）。

図 1-2 に示したように、マリオは母親のように、情報（音楽）と入れもの（ディスク）の 1 対 1 の関係に縛られていません。アルバムをアルファベット順に分類するのに、アーティスト名にするかアルバム名にするかを決める必要がないのです。両方が同時に行えます。曲の完璧なコピーを複数作成し、ラップトップ PC に入れて旅行の時に携帯することができます。マリオは音楽が入れものに結びついたものであると考えなくなりました。非物質化が起こったのです。

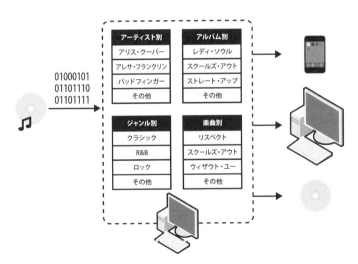

図1-2 デジタル化によって、マリオの音楽コレクションは複数の方法で整理できるようになり、いろいろなデバイスで同時に再生可能となった

1.1　ハロー、iTunes

マリオがこれらすべての作業に用いたツールの「iTunes」を、図 1-3 に示しています。デジタル音楽は iTunes が登場するかなり前から存在していましたが、多くの人々に受け入れられたのは iTunes が初めてです。当初は SoundJam というサードパーティーのアプリだった iTunes は、2000 年に Apple によって買収され、Macintosh コンピューターが搭載するデフォルトの音楽プレイヤーとなりました。最初にリリースされた時点で、iTunes は確実に目的を果たしました。マリオが自分のコンピューターで、自分が使う音楽ライブラリを作成、管理できるようにしたのです（Rip. Mix. Burn.）。マリオは週末を使って、40 枚の CD コレクションを Mac にインポートして整理し、ディスクはしまい込みました。そこから音楽はすべてデジタルになりました。

図1-3　iTunes 1.0はアーティスト名とアルバム名でライブラリをブラウズすることができた

iTunes の最初のバージョンにはいくつかの注目すべきモードがありました。例えば、ユーザーが CD から音楽を抽出してコンピューターに入れる進行度合いを示す「リッピング」モードなどがそうですが、最も重視されていたのは、マリオのような人々が自分のコレクションから音楽を見つけ、再生できるようにすることでした。そ

のため機能は最小限に絞られ、非常にシンプルなユーザーインターフェースと情報構造になっていました。マリオはiTunesをとても気に入り、音楽の再生が、Macを使って行う大好きな作業のひとつとなりました。

しかし時を経るにつれ、iTunesは複雑なものになっていきました。アプリの最新版がリリースされるたびに、すばらしい新機能が追加されました。優れたプレイリスト、ポッドキャストサブスクリプション、インターネットラジオ局のストリーミング、オーディオブックへの対応、ストリーミングした音楽の共有など。AppleがiPodを発売した時、マリオもすぐに購入しました。iTunesは今や、Macの音楽を管理する以上の存在になっていました。ポータブル音楽プレイヤーのライブラリも管理していたのです。2003年、AppleはiTunes Music Storeを立ち上げました。これによってマリオはiTunes内で、これまで自分のライブラリを整理するのに使っていたのとは違う分類スキームを使って、音楽を購入できるようになったのです。2005年には、iTunes Music Storeで200万曲以上が購入可能となり、マリオが最初に持っていた40枚のアルバムのコレクションをはるかに上回る規模となりました。しかしAppleはここで止まりませんでした。まもなくiTunes Storeと改名したオンラインストアで、テレビ番組、そして映画の販売を開始したのです。テレビ番組、映画、音楽はストア内で分かりやすいカテゴリーで表示され、それぞれの「部門」には独自の分類スキームが存在します。音楽であればロック、オルタナティブ、ポップ、ヒップホップ／ラップ、映画であれば子どもと家族、コメディ、アクションとアドベンチャーといった具合です。

iTunesはもはや、マリオが音楽を聴き、整理する場所ではなくなりました。今、マリオはiTunesを次のような目的で利用しています。

- 映画を購入、レンタル、視聴する
- テレビ番組を購入、レンタル、視聴する
- 音楽を試聴し、購入する
- iPodのアプリを購入する
- ポッドキャストを検索し、聴く

- 『iTunes U』大学のコースを検索し、申し込む
- ラジオ局のストリーミング放送を聴く
- オーディオブックを聴く
- 家族と共有している音楽を検索し、聴く

　こうしたそれぞれの機能が、特定の分類スキームとともに新たなコンテンツタイプを生み出しました。iTunesには今も昔と同様に検索ボックスがありますが、検索結果に異なる（そして互換性のない）メディアタイプが含まれているため、説明がずっと難しくなっています。「Dazed and Confused」という検索結果は、映画を指しているのか、映画のサウンドトラックなのか、レッド・ツェッペリンの曲のことなのか、それとも無数にあるカバー曲のことなのでしょうか？

　のちにマリオは、初めてiPhoneを購入した時、これまでMacのiTunesで使っていた機能（音楽、映画、テレビ番組、ポッドキャストなど）が、iPhoneでは複数のアプリへと切り離されたことを知って驚きます（**図1-4**）。iPhoneでは、iTunesは音楽を再生するアプリではなく、音楽を再生するのは「ミュージック」というアプリです。ところが「映画」や「テレビ番組」というアプリはなく、「ビデオ」というアプリで両方を再生するようになっています。しかしこのアプリでは、マリオが自分で撮影したビデオを見ることはできず、それを見るには「写真」アプリを開く必要があります。iPhoneにはまた、マリオが映画、音楽、テレビ番組などを購入できる「iTunes Store」というアプリがあり（iPhoneで唯一iTunesという名前がついたアプリ）、「App Store」というもうひとつのアプリではiPhoneのアプリが買えます。これらすべてのアプリが、MacのiTunes内で利用できる機能を提供しており、またすべてがそれぞれ異なるコンテンツ組織化構造を持っています。そしてAppleは、マリオが自分の音楽コレクションをAppleの「クラウド」にアップロードできる「iTunes Match」というサービスを開始します。これでマリオは、どの曲が実際にiPhoneとMacに入っていて、どれがAppleのサーバ上にあるのかを、管理する必要が出てきました。

　マリオがApple製品を購入するのは、同社のすばらしいデザインに定評があるためです。Appleは「ハードウェアとソフトウェアをコントロール」しているため、自

社のすべての製品に共通する、統一された、分かりやすい体験を供給することができる、と聞いているからです。ところがMacとiPhone上のメディア管理は、統一されてもいなければ分かりやすくもありません。またマリオは徐々に、情報エコシステムの消費者でありかつオーガナイザーとなっていたのです。彼はAppleと、自分の個人的な音楽コレクションのための独自の組織構造スキームによって、システムに組み込まれた情報構造に対処しなければなりません。しかもこの情報構造は、多くのデバイスのサイズとコンテキストを超えています。マリオははっきりと指摘することはできませんが、見た目が魅力的だとしても、これら製品のデザインの何かが大きく間違っていることは分かります。

図1-4 iOSで切り離されたiTunesアプリ

1.2 情報アーキテクチャが取り組む課題

マリオは 2 つの問題を体験しています。

- 自分の 40 枚程度の音楽アルバムのシンプルなライブラリを管理、ナビゲートするのに使っていたツールが、何億ものさまざまなタイプの異なるデータオブジェクト（曲、映画、テレビ番組、アプリ、ポッドキャスト、ラジオストリーム、大学の講義など）を扱うツールへと変貌してしまい、しかもそれぞれのデータオブジェクトごとに異なる組織構造スキームやビジネスルール（レンタルした映画を 24 時間以内に再生できるデバイスの制限など）、また情報との間でやり取りする方法（ビュー、購読、再生、コード変換など）が存在すること。

- iTunes が提供していた機能が、マリオのコンピューターに制約されていないこと。iPhone、iPod、Apple TV、CarPlay、Apple Watch を含む、複数のデバイスで利用することができます。各デバイスは、それぞれの情報構造でできることとできないことを定義し、またそれによる制約と可能性を持っており（「Siri、『With a Little Help from My Friends』を再生して」という具合に）、マリオは統一された、分かりやすい相互作用モデルとして体験することができません。

こうした課題をもう少し詳しく見てみましょう。

1.2.1 情報オーバーロード

人々は何世紀にもわたり、処理しなければならない情報が多すぎると不満を言い続けています。古くは旧約聖書の伝道の書、コヘレトの言葉（紀元前 3 〜 4 世紀頃まとめられた）にも「多くの書を作るのに終わりはない」という一文があるほどです。しかし約 70 年前に始まった情報技術革命により、私たちが入手できる情報は格段に増えました。「情報オーバーロード」は、1970 年代に未来学者アルビン・トフラー（Alvin

Toffler）が広めた言葉です※1。トフラーは情報生産の速度と変化の度合いが増しており、その結果情報の S/N 比（信号対雑音比）が小さくなっているため、将来問題に対処しなけらばならなくなると警告しました（マリオの例からもお分かりのように、この未来というのが今なのです！）。「情報アーキテクト」という言葉を作ったリチャード・ソール・ワーマン（Richard Saul Wurman）のキャリアは、デザインを利用して情報オーバーロードに取り組むことから始まっています。ワーマンの著書『情報選択の時代』※2 は、この分野における古典となっています。

　19 世紀と 20 世紀において、テレグラフ、電話、ラジオ、テレビといった電子メディアのおかげで、はるか遠方にいる人々にもより多くの情報が届けられるようになりました。しかし 20 世紀半ばに、デジタルコンピューターが登場し、のちにインターネットとなるものに接続したことによって、そのプロセスは大幅に加速します。突然、大量の情報が、世界中の誰とでも共有可能になったのです。インターネット、そして特に World Wide Web は、概念化された、双方向のインタラクティブなメディアです。例えば、メールは受信するだけでなく、送信もできます。ティム・バーナーズ＝リー（Tim Berners-Lee）は、Web を読み／書きできるメディアと考えていました。初の Web ブラウザである「WorldWideWeb（スペースは必要ありません）」は、Web ページをブラウズするのと同じくらい、ページの編集も重視していました。それまでの情報メディアと比べ、Web での公開は速く、安く、効果的です。その結果、Facebook、Twitter、WordPress などの情報環境で今日公開されている情報量は、それ以前のものすべてをちっぽけに見せるほどです。

　情報技術における進歩のおかげで、入手可能な情報量全体が増え、より多くの人々が情報にアクセス、公開できるようになり、その過剰な情報がまた、情報を整理、発見、そしてよりよく利用するための新たな技術を生んでいることを、記しておくべきでしょう。例えば 15 世紀における活版印刷の発明で、より多くの人々が書籍やパンフレットを安く入手できるようになりました。これは同様に、百科事典、アルファベット順索引、公立図書館などを創造する技術につながり、人々が新しい情報源をより理

※1　Alviin Toffler『Future Shock』（Random House、1970 年）。和書は『未来の衝撃―激変する社会にどう対応するか』（実業之日本社、1970 年）

※2　Richard Saul Wurman『Information Anxiety』（Bantam、1989 年）。和書は『情報選択の時代』（日本実業出版社、1990 年）

解し、うまく管理できるようになったのです※1。

　ですからGoogleやYahoo!など、初期のWebのすばらしい成功物語が、オンラインでの情報発見を支援するために創業された企業のものであるのは、驚きには値しません※2。それでもWebには私たちが扱える範囲をはるかに超えた多くの情報が存在しており、1990年後半には有効だった発見テクニック（Yahoo!のキュレーションされた階層化ディレクトリなど）は、今は役に立たなくなっています。

　スマートフォンのような、アプリ中心のネット接続可能なモバイルデバイスの普及により、評論家の間ではWorld Wide Webの終焉を主張するのが流行っています。しかしWebを重要でないものにするどころか、これらの端末はインターネット上の情報にさらに多くの人々がアクセスできるようにしているのです。多くのアプリに情報をフィードするデータソースは、Web向けのものとまったく同一でないにしても、区別できません。むしろモバイル革命は、世界で入手可能な情報へのアクセスを増やしています。

　さて、マリオの話に戻りましょう。マリオは今や、集めていた400曲程度のレコードに代わり、iTunes Storeの3,700万曲にアクセスできるようになりました。CDのように手に取って見ること（あるいは地元のタワーレコード※3でCDをチェックすること）はできません。探しているものを見つけるには、少しばかり手助けが必要です。

1.2.2　情報にアクセスするより多くの方法

　情報の爆発はかなり以前から起きていますが、マリオが直面している第2の問題は最近のものです。絶え間なく続く電子機器の小型化と、ワイヤレスコミュニケーション技術の広範囲への普及が相まって、小型で安価なインターネット接続デバイスが拡散し、情報をやりとりする方法を変えるという結果となっているのです。

　先述したように、情報がその情報を伝えるアーティファクト（人工物）と、密接に

※1　Ann Blar「Information overload, the early years」（Boston Globe、2010年11月28日）http://www.boston.com/bostonglobe/ideas/articles/2010/11/28/information_overload_the_early_years/
※2　Googleが宣言しているミッションは、「世界中の情報を整理し、世界中の人々がアクセスできて使えるようにすること」です
※3　安らかに眠ってください

結びついていた時代がありました。マーラのレコードコレクションを思い出してください。「サージェント・ペパーズ」の音楽は1枚のビニールレコードに収められ、棚に保管されていました。マーラのコピーは複製されたものです。多くの人々が特定の音楽が入った、似たようなビニールレコードを所有していました。しかしこの特定の入れもの（レコード）と情報（音楽）は、製造後はしっかりと結びつき、変更することはできません。

機械で複製を制作する前の段階へ戻ってみましょう。情報と入れものの間には、さらに緊密な結びつきがあったことが分かります。初期の頃の本について考えてみてください。手書きでの複製の作成は——印刷技術の発明以前は唯一の複製方法でした——とてつもなく面倒なプロセスでした。複製の制作は簡単でも安価でもなかったので、本のような情報アーティファクトの個々の事例に、はるかに価値があったのです。こうした初期の本はその希少性とコストにより、本を読むという行動が特定の階級の人々（学者、僧侶、貴族など）と場所（昼間の大修道院の図書館など）に限定されていました。

今度はKindleで読むような、電子書籍を考えてみてください。これらの「本」は、入れものであるデバイスとはまったく結びついていません。Kindle1台には数百冊の電子書籍を入れることができますが、逆に個々のKindle電子書籍は、スマートフォンや専用端末、デスクトップパソコンに至るまで、ありとあらゆるデバイスでダウンロードし、読むことができます。テキストファイル、あるいはオーディオブックも、同じ本を1台以上のデバイスで同時に開くことができ、ブックマークを追加した場所、またハイライトした箇所やメモを含め、デバイス間で即座に同期が可能です。これらの本の表示方法は、それぞれのデバイスの機能や制限によって異なります。またテキストそのものは変わらないものの、新しい環境に合うように、再フォーマットされ、リフローされ、再構成されます（みなさんもこうしたデバイス上でこの本を読む、あるいは聞いていらっしゃるかもしれません）。

物理的な本、特に高価な、手書きの本には、いつ、どこで読めるかに制限がありましたが、電子書籍にはこうした制限は存在しません。お風呂に入りながら、あるいはスーパーマーケットの列に並びながらでも、電子書籍を読むことができます。その結果、情報（本のテキスト）はそれを含むアーティファクト（紙の本）から切り離されただけでなく、情報にアクセスするための背景（静かな修道院の図書館）からも切り

離されたのです。

　物理的なメディア（印刷された本など）とそのデジタル版とのもうひとつの重要な違いは、後者はハイライト、メモ、読書パターンを含む、利用に関する情報を収集できるシステムの一部であり、このメタデータにもとづいた追加機能を提供するという点です。例えばKindleアプリには、「ポピュラー・ハイライト」という機能があり、読者はほかのKindle読者が最も多くハイライトをつけた箇所を見ることができます（図1-5）。情報を物理的な入れものから切り離すことによって、複製と配布のコストが下がり、より多くの人々が入手できるようになるのです。幸いにも、僧侶だけが修道院の図書館で情報を入手できる時代ははるか昔のこととなりました。

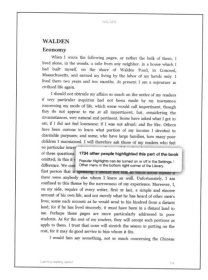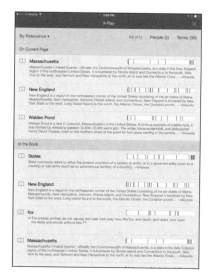

図1-5　iPadのKindleアプリには、メタデータを使って本を探索できる、以前にはない、新しくておもしろい機能が含まれている

　コンテキストの拡散が、本のみに起きているのではないことは明らかです。私たちはあらゆる情報技術においてこれを体験しています。先述したように、マーラが「サージェント・ペパーズ」を旅行に持っていきたければ、物理的なビニールレコードを持参しなければならず、自宅にある音楽ライブラリには抜けが生じました。一方、マリオが旅行に「サージェント・ペパーズ」を持っていく場合は、コンピューターからア

ルバムのデジタルコピーをドラッグして iPhone に入れればいいのです。どちらのデバイスにもまったく同じ情報の複製が入っているので、この作業によって音楽ライブラリに抜けが生じることはありません。

　情報の脱物質化の次の論理的なステップは、周囲へと浸透させて、世界との個人的なやりとりに絶えず存在する機能とすることです。すでに周囲を取り巻くデジタル情報層の始まりは見えています。そこで「モノのインターネット」として言及されているのが、インターネットに接続する小型のデバイスが、日々のコンテキストと活動へと広がっていることです。「ウェアラブル」コンピューターは、常に身体に触れているために健康状態や活動データを記録でき、小さな情報をジャストインタイムの通知の形で提供し、環境によって機能を起動したり、使えるようにしたりします。Fitbit 社[※1]の活動量計のようなデバイスや、Nest 社[※2]のサーモスタットは、物理的環境とサイバースペース間での双方向の情報通路として機能し、ユーザーの行動パターンを学習し、そのニーズに合わせて調節します。

　物質と情報のスペースをあいまいにするこのトレンドのすばらしい例が、2011 年に韓国のスーパーマーケットチェーン Home Plus によって行われた、革新的なマーケティングキャンペーンです。市場シェア拡大を目指す Home Plus は、地下鉄の駅に食料品がびっしり並んだ棚の写真を張り巡らし、スマートフォンを手にした通勤中の乗客に訴求しました。地下鉄利用者はこの仮想棚に近づいて、食品の QR コードの写真を撮るだけで、注文できました（**図 1-6**）。数分あるいは数時間以内に配送してくれるので、時間の節約にもなります。キャンペーンの結果、売り上げは 3 ヶ月で130%伸び、登録ユーザーは 76%増えました。

※1　Fitbit：活動量計「Fitbit」シリーズなどウェアラブル機器の開発で知られる。https://www.fitbit.com/

※2　Nest：AI を組み込んだサーモスタット（室温調整装置。欧米で主流のセントラルヒーティングの中心的な機能を持つ）や火災報知機を販売する。2014 年に Google に買収された。https://nest.com/

図1-6 通勤者がHome Plusの仮想スーパーマーケットの棚で買い物をする様子。画像出典：「Homeplus Virtual Subway Store」(The Inspiration Room、2011年6月) http://theinspirationroom.com/daily/2011/homeplus-virtual-subway-store

まとめると、私たちはかつてないほど多くの情報を処理する必要があるだけでなく、多様な物理的、心理的コンテキストのなかで情報処理を行っているということです。これには多少の慣れが必要です。静かなオフィスでコンピューターのキーボードを使ってWeb検索を行うのと、フットボールスタジアムで5インチのガラススクリーンでアクセスするのと、時速50マイルで運転しながら車のBluetooth音声システムに話しかけるのとでは、期待するものが違います。企業はこれらの、そしてそのほかの大きく異なるコンテキストにおいて、ユーザーにどのように情報にアクセスしてもらうかを考えなければならなくなっています。ユーザーが情報にどこで、どのようにアクセスするかに関わらず、一貫した分かりやすいエクスペリエンスを求めているのは明らかです。

つまりマリオが直面しているのは、3,700万曲以上のコレクションから、聴きたい新たな音楽を見つけるという課題だけではありません。ノートパソコン、スマートフォン、TVセットトップボックスなど、それぞれ情報のやり取りの方法が、多様なコンテキストにおいて多岐にわたる複数のデバイスで、音楽を見つけなければならないのです。マリオにはこれらの製品やサービスをデザインした人々の助けが必要です。

1.3　情報アーキテクチャ入門

　マリオが混乱している理由のひとつは、アプリケーションのほとんどが特定の問題を解決するためにデザインされているにも関わらず、それに成功したアプリというのが時が経つにつれ当初の問題解決の枠からはみ出し、より多くの機能を持つようになる傾向にあることです。その結果、明確さと単純さは失われてしまいます。これまで見てきたように、iTunes は個人のパソコン内の音楽コレクションをデジタル化し管理するためのツールとして誕生しましたが、メディアプラットフォームへと成長し、元の音楽のリッピング、再生、整理機能に加え、ほかのメディアタイプ（映画、ポッドキャスト、オーディオブック、大学の講義、その他ソフトウェアアプリ）、ほかのアクセス方法（購入、レンタル、ストリーミング、サブスクリプション、共有）、そしてさまざまなデバイスおよびやりとりの枠組み（Windows パソコン、iPod、iPad、Apple Watch、Apple TV）を包含するようになりました。言い換えれば、iTunes はツールからエコシステムになったのです。

　先に述べた情報とデバイスの拡散を考えると、これは多くの企業がすでに頭を悩ませている状況といえます。必要なのは、情報が簡単に見つかる、分かりやすい構成を作るための、体系化された、包括的で全体的なアプローチであり、それはユーザーが情報へのアクセスに用いるコンテキスト、チャンネル、メディアにとらわれないものです。言い換えれば、製品開発の溝から抜け出し、広い視点から物事を見て、情報をより簡単に見つけ、理解できるようにするには、すべてをどう結び付ければいいのかを理解する必要があるのです。情報アーキテクチャは、チームや個人がこの視点を得るための「レンズ」として利用できます。

1.3.1　情報で作られた場所

　先述したようにデジタル製品とサービスのエクスペリエンスは、さまざまな場所やタイミングで使用される複数のデバイスへと広がっています。これらの製品やサービスとのやりとりに、言葉を利用していることを認識するのが大切です。ラベル、メニュー、説明、ビジュアル要素、コンテンツ、そしてそれぞれの相互関係が、エクスペリエンスを差別化し、理解を促進する環境を作り出しているのです（あるいはそうではないかもしれませんが）。例えば携帯電話のレシピのアプリが使う言葉は、自動車保険の会社が Web サイトで使う言葉とは違います。こうした言葉の違いが、ある

特定のタスクを達成するために訪れるべき「場所」を決めるのに役立つのです。言葉は伝える情報の枠組みを作り、既知のコンセプトとのつながりを理解させてくれます。

情報アーキテクトのアンドリュー・ヒントン（Andrew Hinton）は著書『Understanding Context（コンテキストを理解する）』のなかで、私たちはこうしたエクスペリエンスを、現実の場所でのエクスペリエンスと同じように理解していると指摘しています。特定の言葉やイメージを選んで、その環境において何ができ、何ができないかを判断する——というのは、イギリスの田舎ののどかな田園にいる場合も、Web検索エンジンを使う場合でも一緒です。デジタルエクスペリエンスは情報で作られた新しい（そして非常にリアルな）場所なのです。そこには複数のコンテキストにおいてエクスペリエンスを首尾一貫したものにするという、デザイン上の課題が横たわっています。アンドリューは、「情報アーキテクチャはこれらの課題に取りかかるのにぴったりの規律だ。これまで何十年もにわたり、さまざまな方法で取り組んできている」と述べています[※1]。

1.3.2　チャンネルを越えた首尾一貫性

この首尾一貫性を、情報アーキテクチャはどのように達成するのでしょうか。手始めに、こうした課題を理論上どう考えているのか、デザイナーに尋ねてみましょう。ほかのデザイン規律はアーティファクトの特定のインスタンス、例えば洗剤の容器のラベルや、アプリのユーザーインターフェースの外観および実感などに焦点を当てていますが、情報アーキテクチャはデザイナーに対し、異なるチャンネルのニーズによっていくつもの方法で説明できる意味構造を定義するよう求めます。デスクトップ向けのWebページでうまく機能するナビゲーション構造も、5インチのタッチスクリーンで表示される時は違った機能を持つ必要がありますが、ユーザーエクスペリエンスはどちらにおいても首尾一貫していなければなりません（**図1-7**）。

アンドレア・レスミニ（Andrea Resmini）とルカ・ロサティ（Luca Rosati）はその画期的な著書『Pervasive Information Architecture（普及する情報アーキテクチャ）』において、彼らが言う「普及する情報アーキテクチャ」の重要な要素は、整合性であると主張しています。つまり複数のチャンネルとコンテキストにおいてエクスペリエ

※1　Andrew Hinton『Understanding Context』（O'Reilly Media、2014年）。和書未刊

ンスは一貫しているべきだというのです。彼らはこれを次のように説明しています。

> 整合性とは、コンテキストに役立つよう設計された、普及する情報アーキテクチャの機能であり（内部整合性）、この論理を異なるメディア、環境、用途のために保持している（外部整合性）……整合性は取り組むべきコンテキストを明確に念頭に置いた上で、またサービスやプロセスが及ぶ複数のメディアや環境に関し、デザインされる必要がある。[※1]

　言い換えれば、組織がユーザーに複数のチャンネルを提供する時、ユーザーのエクスペリエンスはどのチャンネルにおいても同じで、なじんだものであるべきだということです。例えば、銀行のモバイルアプリを使うエクスペリエンスは、銀行のWebサイトを使う時や銀行の電話サービスに電話をする時と整合性のある意味構造でなければなりません。各チャンネルの機能や制限は異なりますが、各チャンネルで用いられる意味構造はなじみのある、首尾一貫したものであるべきです。これを実現するには、実際の実装から抽出しなければなりません。

※1　Andrea Resmini、Luca Rosati『Pervasive Information Architecture: Designing CrossChannel User Experiences』（Morgan Kaufmann、2011年）

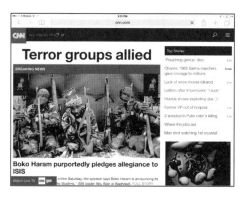

図1-7　CNNのWebサイトは、異なるスクリーンサイズに合うページ要素を取り入れたレスポンシブレイアウトを採用する。その一方、どのスクリーンサイズにおいても首尾一貫したエクスペリエンスを提供している

1.3.3　システムシンキング

　複雑な課題でのソリューション抽出を重視するため、情報アーキテクチャはまたデザイナーに対し、手近の問題についてシステム的に考えることを要求します。ほかのデザイン原則は特定のアーティファクトのデザインに焦点を当てていますが、情報アーキテクチャはアプリ、Web サイト、音声インターフェースなど、個々のアーティファクトが内部で機能する体系的意味論の定義に取り組みます。ピーターの著書『Intertwingled - 錯綜する世界／情報がすべてを変える』は、複雑な情報環境のデザインにおける、システムシンキングの熱烈な願いです。彼はこうした新しいタイプの製品やサービスをデザインする上での、低レベルなシンキングの危険性を主張しています。

> 「この生態系の時代、全体像を見渡すことが一段と重要になっているのに、それはかつてないほど難しくなっている。組織の縦割り体質や業務の専門化によって、誰もがちっぽけな箱の中に押し込められているから？　そんな単純な話じゃない。もともと人間は、狭いところにおさまっているのが好きなんだ。安全な場所のような気がするから。でも、実は違う。もう、他人のことに知らん顔してはいられない時代だ。私たちは、箱（boxes）から出て矢印（arrows）の上を進んでいかなくてはならない。未来は、つながる人たちのものになる。」（『Intertwingled - 錯綜する世界／情報がすべてを変える』より引用：浅野紀与訳）[1]

　製品やサービスがどのように相互に影響しあい、やり取りをしているか、また影響を与えるさまざまなほかのシステムとどうつながっているかを理解していなければ、多様な相互作用チャンネルにおいて、効果的かつ首尾一貫して機能する製品やサービスをデザインすることはできません。先述したようにそれぞれのチャンネルは、全体を特徴づけるさまざまな制限と可能性をもたらします。エコシステムの高いレベルでの総合的な理解が、その構成要素が一緒に働いて、整合性のあるエクスペリエンスをユーザーに提示するのに役立ちます。情報アーキテクチャはこのタスクに理想的な原

---

[1]　Peter Morville『Intertwingled: Information Changes Everything』（Semantic Studios、2014 年）
　　和書は『Intertwingled - 錯綜する世界／情報がすべてを変える』（Semantic Studios、2015 年）

則です。

　とは言うものの、情報アーキテクチャの中心は、高レベルの抽象モデルだけではありません。見つけやすく、理解しやすい製品とサービスのデザインには、数多くの低レベルのアーティファクト制作が求められます。情報アーキテクチャについて考える時、Web サイトのナビゲーション構造を思い浮かべる人が多いですが、この見方はあながち間違ってはいません。ナビゲーションメニューとそれに類似したものは、情報アーキテクチャが生み出す権限に確かに含まれています。最初により抽象的な領域を切り拓かないと、たどりつけないというだけです。効率的な情報環境とは、構造的一貫性（高レベルの不変性）と柔軟性（低レベルの柔軟性）とをうまく両立させているものなので、よくデザインされた情報アーキテクチャはこの両方を考慮しています。

　日々のデザイン活動から情報を得て（あるいは活動に情報を提供し）、システムレベルの視点を持つことは、適切な問題を確実に解決するのによい方法です。コンピューター科学者のジェラルド・ワインバーグ（Gerald Weinberg）は、著作『一般システム思考入門』において、彼が言うところの「絶対的思考の誤った認識」について、次のような話を使って説明しています。

> 工事現場のそばを通りかかった牧師が、2 人の男がブロックを積んでいるのを見て、「何をされているのですか？」と最初の男に尋ねました。
> 男は「れんがを積んでいるのさ」とぶっきらぼうに答えました。
> 「ではあなたは？」と牧師がもうひとりの男に尋ねると、「大聖堂を建てているんですよ」とうれしそうな答えが返ってきました。
> 牧師はこの男の理想と、神の大計画に参加しているという意志に非常にうれしく思いました。牧師は説教を行うと、翌日また感動させてくれたれんが職人と話すために戻ってきました。ところが現場には最初の男しかいませんでした。
> 「あなたのお友達はどこですか？」牧師は尋ねました。
> 「クビになったよ」
> 「なんてひどい。なぜですか？」
> 「やつは大聖堂を建てていると思っていたけれど、車庫を作っていたから

さ」[※1]

　ご自分に尋ねてみてください。大聖堂をデザインしているのか、それとも車庫をデザインしているのでしょうか？両者の違いは重要で、れんがを積むことばかりに集中していると、その違いを見分けるのが難しくなります。時にはiTunesのように、デザイナーは車庫のつもりで仕事を始めたものの、知らないうちに教会の後陣、聖歌隊席、ステンドグラスのはまった窓を作っていて、理解するのも使うのも難しくなってしまったというケースもあります。もしこうした問題を解決しようとしているなら、情報アーキテクチャはすばらしい車庫（世界一の！）または大聖堂を建てる計画の手助けとなります。本書のこの先の部分で、その方法をご説明します。

1.4　まとめ

　この章で学んだことをまとめましょう。

- 情報は歴史的に非物質化される性質を持ち、入れものとの1対1の関係から、入れものから完全に切り離された状態になっています（デジタル情報のケースのように）。

- このことは現代に2つの重要な影響を与えました。情報がかつてないほど豊富になり、その情報とやり取りする方法がかつてないほど多くなっています。

- 情報アーキテクチャは、情報を見つけやすく、分かりやすいものにすることに焦点を絞っています。そのため、こうした課題に取り組むのに適しています。

- 2つの重要な視点を通じて、問題についてデザイナーに尋ねることによって課題を解決していきます。製品とサービスは情報でできた場所として認識され、そのエコシステムとしての機能は最大限の効果を得られるようデザイン

※1　Gerald Weinberg『An Introduction to General Systems Thinking』（Dorset House、2001年）、和書は『一般システム思考入門』（紀伊國屋書店、1979年）

することができます。

- そうはいっても、情報アーキテクチャは抽象レベルで単独で運用することはできません。効果を最大限にするには、さまざまなレベルで定義する必要があります。

2章では、情報アーキテクチャの原則の概観についてさらに深く掘り下げていき、「クソくだらない定義」に挑戦してみましょう[※1]。

※1 「クソくだらない定義（Defining the damned thing）」は、Twitterやメーリングリストでよく「DTDT」の形で使われ、IAコミュニティにおける論争の火種となります。これをお祭り騒ぎだと思う人もいれば、いらだちを感じる人もいます。現在進行形のものにラベリングをする場合は、概念の境界線を巡って口論に発展する危険性があります

2章 情報アーキテクチャの定義

> 石について話す時、大聖堂のことなど一切話さない。
> ── **アントワーヌ・ド・サン＝テグジュペリ**
> **（Antoine de Saint-Exupéry）**

本章では、次の内容を取り上げます。

- 情報アーキテクチャの1つ（あるいは4つ！）の実用的定義
- 「これこそがすばらしい情報アーキテクチャだ！」と指摘するのが難しいのはなぜか
- 効果的な情報アーキテクチャデザインのモデル

この分野は初めてという方はまだ「情報アーキテクチャとはいったい何だろう？」と思っているかもしれません。この章はそんな読者のためにあります。またUXデザイン原則に長年取り組んでいる方なら「情報アーキテクチャっていうのは、サイトマップやワイヤフレーム、Webサイトナビゲーションメニューを作ることなのでは？」と思っているでしょう。これらは確かに、情報アーキテクチャデザインの重要な要素です。しかしそれだけではないのです。本章では、情報アーキテクチャとはどのようなものなのか、より広い視点から説明します。

2.1 定義

では、情報アーキテクチャが意味するものを明確にすることから始めましょう。

1. 共有する情報環境の構造デザイン

2. デジタル、物理的、クロスチャンネルエコシステム内の組織化、ラベリング、検索、ナビゲーションシステムの統合

3. 使いやすさ、見つけやすさ、分かりやすさをサポートする、情報製品とエクスペリエンスを形成するアートとサイエンス

4. デジタルランドスケープのデザインとアーキテクチャに基本原則をもたらすことに焦点を当てた、新たな規律と実践事例のコミュニティ

「定義は1つではないの？」「短くて楽なものだと思ったのに」「情報アーキテクチャ分野の本質と広がりを、単語2、3個で簡潔にまとめられないのか？」とお思いかもしれませんが、そううまくはいきません。

なぜ万能な一語にすることができないのでしょうか。その理由は「なぜよいデジタル製品とサービスを作るのが難しいのか」を理解するためのよいカギとなります。言葉と表現に内在している難題について私たちは話しているのです。どんな書類も筆者の意図を完全に、また正確に表すことはできません。どんなラベルや定義も、書類の意味を完璧にとらえることは不可能です。ある書類や定義、ラベルを読んでもまったく同じように経験したり理解する人は2人といません。いくら好意的な見方をしても、現れる言葉と実際の意味との関係には注意が必要なのです[※1]。そして情報アーキテクチャの定義には逆説が存在します。意味概念を定義し明確にすればするほど、情報アーキテクチャによって言葉は分かりやすく、見つけやすくなる一方で犠牲を伴います。というのも定義とは同時に不完全で制限されたものだからです。情報アーキテクチャの定義そのものがこの逆説の幻想でしかないのです。

では、そろそろ哲学的な演台から降りて、基本に取りかかることにします。情報アーキテクチャの基本的なコンセプトを探るために、定義を詳しく説明していきましょう。

インフォメーション（情報）

データや知識の管理と情報アーキテクチャとを区別するために、インフォメー

※1 英語のいたずらに関するユーモラスな見方については、Bill Bryson『The Mother Tongue: English and How It Got That Way』（William Morrow、1990年）を参照

ション（情報）という用語を使います。データには事実と数字が関わります。リレーショナルデータベースは高度に構造化されており、特定の質問に対してそれに適合した特定の回答を作り出します。知識とは人の頭の中にある「もの」です。ナレッジマネージャはその「もの」の共有を促進するためにツールやプロセス、動機を開発します。厄介なことに、情報はそれらのまんなかに存在します。情報システムでは、「唯一」の正解などは存在しないのです。私たちはありとあらゆる形や大きさの情報に関係があるのです。Webサイトやドキュメント、アプリケーション、画像など他にもまだあります。またメタデータにも関係があります。メタデータとは、コンテンツオブジェクトを描写し、説明するために用いられる言葉のことを指しています。コンテンツオブジェクトとは、文書や人々、プロセスや組織のことです。

構造化、組織化、ラベリング

「構造化（Structuring）」には製品やサービス内の情報「アトム（原子）[※1]」に対して適切な粒度レベル[※2]を決定し、それぞれをどのように関連付けるかを決定することが必要です。「組織化（Organizing）」はこれらの要素を意味があって他と区別できるカテゴリーにグループ分けし、ユーザーが現在いる環境と、そこで見ているものを理解できる正しいコンテクストを創造することです。「ラベリング（Labeling）」が意味するのはそのカテゴリーおよびそのカテゴリーへのナビゲーション構造要素をなんと呼ぶかの答えを見出すことです。

見つけることと管理すること

ファインダビリティ（見つけやすさ）は、ユーザビリティ全体の成功要因として欠かせません。閲覧、検索、質問を組み合わせてもユーザーが欲しいものを見つけられなければ、そのシステムは失敗です。しかし、ユーザー指向のデザインだけでは十分ではありません。情報を管理する組織と人も重要になります。情報アーキテクチャはユーザーのニーズとビジネス目標とのバランスをとらなけれ

※1 アトム：それ以上細かく分けることのできない最小単位
※2 粒度（Granularity）：情報チャンク（情報の固まり）の相対的な大きさのこと。さまざまなレベルの粒度として、ジャーナル、記事、パラグラフ、文章などがある

ばなりません。効果的なコンテンツマネジメント、明確なポリシーと手順が必須なのです。

アートとサイエンス

ユーザビリティエンジニアリング（ユーザビリティ工学）やエスノグラフィー（民族誌学）のような学問分野は、ユーザーニーズと情報探索行動の分析に科学的手法の厳密さを適用する上で役立っています。どのように使われるかのパターンを徐々に学べるようになってきましたし、Web サイトをますます改善できるようにもなりました。しかし情報アーキテクチャの業務を数字に換算することはできません。その業務があまりにもあいまいで複雑なため、情報アーキテクトは経験や直感、創造性に頼らざるを得ないのです。私たちは予期される失敗を進んで冒さなければなりません。これが情報アーキテクチャの「アート」です。

2.2　見えないからと言って存在しない訳ではない

情報アーキテクチャの課題は、それを簡単に指摘できないことです。「この Web サイトの情報アーキテクチャはなんてすばらしいんだ！」とか、「このアプリでは何も見つからない。この情報アーキテクチャは最低だよ！」と誰かが言っているのを聞いたことがあるでしょうか？おそらくほとんどないと思います。しかしそこに情報アーキテクチャが「見えない」からといって、存在しない訳ではありません。サン＝テグジュペリが言ったように、大切なものが目に見えない場合もあるのです。

チェスを思い浮かべてみてください。**図 2-1** のようなチェスボードと美しく彫刻された木製の駒、炎が揺らめく暖炉のそばに置かれたブランデーのグラスのイメージが浮かんできたのではないでしょうか。チェスというときれいなチェスボードを思い浮かべるのが一般的です。しかしチェスはそれだけではありません。チェスを「チェス」たらしめているのは、あらかじめ決められたルールに従って、1 つの情報構造のセットを互いに関連づけていくものだと言ってよいでしょう。

チェスには、ポーン、ルーク、ビショップ、ナイト、キング、クイーンの、軍隊を表す駒があります。ゲームでは、「黒」と「白」の 2 セット（軍隊）の駒を使います。軍隊は 8 × 8 マスの明るい色と暗い色で表された市松模様のフィールドで互いに向

き合います。フィールド、つまりチェスボードは、これから始まる戦いのコンテキスト（場所）を作り出します。

図 2-1 駒が初期配置されたチェスボード。画像出典：Wikimedia Commons「Chess」https://commons.wikimedia.org/wiki/Chess

駒のタイプによって、ボード上での動き方やほかの駒とのやり取りが異なります。数多くのルールによって、軍隊がどのように動けるかが定められています。動き方や範囲、それぞれの軍にとって価値は、駒によって違います。

表 2-1 チェスの駒のタイプとその相関的な価値および最初の駒の数

名称	軍ごとの数	相対的価値
ポーン	8	1
ナイト	2	3
ビショップ	2	3
ルーク	2	5
クイーン	1	9
キング	1	-

（取られたらゲーム終了なので、キングの価値は非常に重要です）

では美しい木製のチェスセットに話を戻しましょう。チェスをこの基本的な情報構造まで単純化できるなら、木の駒やボードなどは余計で、ほかのセットでもチェスがプレイできるのではないかと思うでしょう。その通りです。実際チェスは、木彫りの駒や、物理的な駒を一切使わなくても、さまざまな方法でプレイできるのです。例えばペンと紙を使い、互いに郵送しあう通信チェスというのを聞いたことがあるのではないでしょうか（**図 2-2**）。

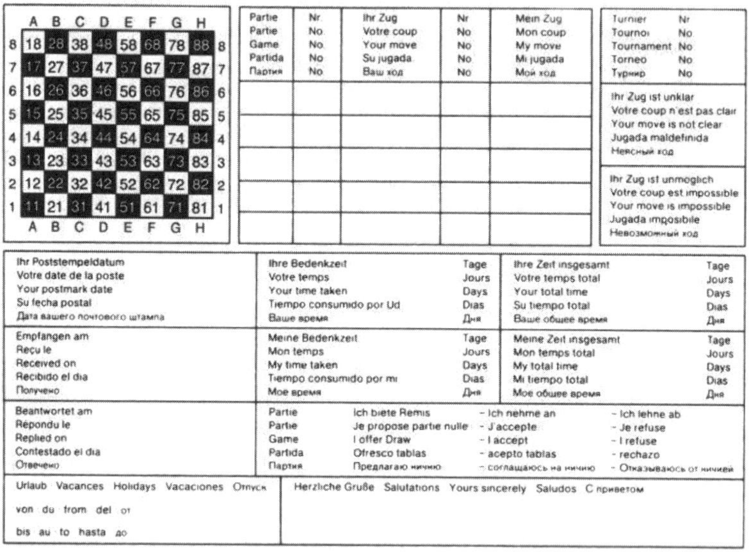
Partie Nr. / Partie No. / Game No. / Partida No / Партия No
Ihr Zug Nr / Votre coup No / Your move No / Su jugada No / Ваш ход No
Mein Zug / Mon coup / My move / Mi jugada / Мой ход
Turnier Nr / Tournoi No / Tournament No / Torneo No / Турнир No
Ihr Zug ist unklar / Votre coup n'est pas clair / Your move is not clear / Jugada maldefinida / Неясный ход
Ihr Zug ist unmoglich / Votre coup est impossible / Your move is impossible / Jugada imposibile / Невозможный ход
Ihr Poststempeldatum / Votre date de la poste / Your postmark date / Su fecha postal / Дата вашего почтового штампа
Ihre Bedenkzeit / Votre temps / Your time taken / Tiempo consumido por Ud / Ваше время — Tage / Jours / Days / Dias / Дня
Ihre Zeit insgesamt / Votre temps total / Your total time / Su tiempo total / Ваше общее время — Tage / Jours / Days / Dias / Дня
Empfangen am / Reçu le / Received on / Recibido el dia / Получено
Meine Bedenkzeit / Mon temps / My time taken / Tiempo consumido por mi / Мое время — Tage / Jours / Days / Dias / Дня
Meine Zeit insgesamt / Mon temps total / My total time / Mi tiempo total / Мое общее время — Tage / Jours / Days / Dias / Дня
Beantwortet am / Répondu le / Replied on / Contestado el dia / Отвечено
Partie Ich biete Remis - Ich nehme an - Ich lehne ab
Partie Je propose partie nulle - J'accepte - Je refuse
Game I offer Draw - I accept - I refuse
Partida Ofresco tablas - acepto tablas - rechazo
Партия Предлагаю ничью - соглашаюсь на ничью - Отказываюсь от ничьей
Urlaub Vacances Holidays Vacaciones Отпуск
von du from del от
bis au to hasta до
Herzliche Grüße Salutations Yours sincerely Saludos С приветом

図 2-2　通信チェス用のハガキ。画像出典：Schach Niggemann GFDL、http://www.gnu.org/copyleft/fdl.html。CC-BY-SA-3.0、http://creativecommons.org/licenses/by-sa/3.0/、ウィキペディアコモンズより

あるいは**図 2-3** に示した、ビデオゲームのチェスのほうが、よくご存じかもしれません。このコンピューター版チェスでは、チェスボードと駒を画面上でピクセルとして表示し、コンピューターのユーザーインターフェースに合うよう、ゲームのシステムを調整しています。

図2-3　iPhoneのタッチスクリーンインターフェースでプレイするディープグリーンチェス

　チェスはまた、ターミナルコンソールでもプレイできます。ここではユーザーインターフェースは可能な限り単純化されています（**図 2-4**）。

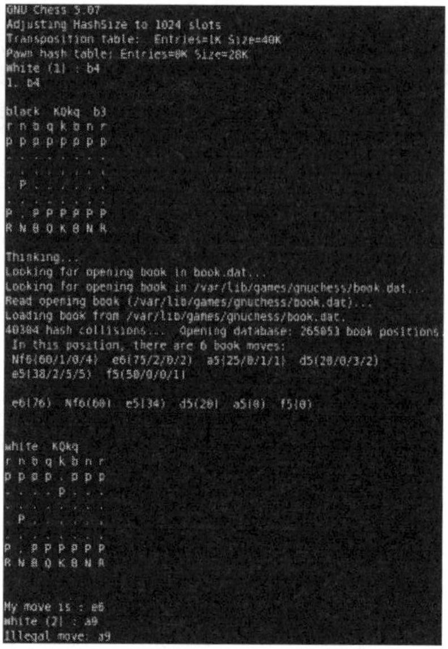

図2-4 コマンドラインインターフェースでプレイするGNUチェス

　また物理的なチェスセットにも数え切れないほどのバリエーションがあり、美しい木製のセットもあれば、磁石にイラストを描いただけでの安い「旅行用」セットや（**図2-5**）、1,000万ドル（約10億円）以上もする「ジュエル・ロイヤル・チェス・セット」のようなセットもあります。

　こうしたチェスの形にはそれぞれかなりの違いがありますが、それでもチェスはチェスです。いずれもチェスの根底にある情報構造とルールを実現し、表現しているからです。情報構造を表現、サポートすることが、チェスを形成しているのです。物理的な形やプレイの仕組みは、単なるプレイや工業デザインでしかありません。チェスの抽象的なアイデアは、多くの意味において私たちが実際に（あるいはバーチャルに）使うチェスセットより、はるかに「本質的」です。そのことこそがチェスをほかのゲームと差別化しているのです。

図2-5 磁石を使った安価な旅行用セットでのチェスの真剣勝負。画像出典：Wesley Fryer、https://www.flickr.com/photos/wfryer/4806518911/in/photolist%E2%80%938jJEBH%E2%80%936akZjs

　特定の誰かがチェスの「情報構造」を明確に作り上げた訳ではないということを、記しておくべきでしょう。ゲーム内容、駒の種類とルール、その知識などは、数世紀をかけて発達してきたものです。また組織化されているほかの情報構造も、長い期間をかけて理解されるようになったのです。今だからこそ「あれはものすごくいい情報アーキテクチャだ」と言えるのです。

2.3　ものすごくいい情報アーキテクチャへの道

　ユーザー。コンテンツ。コンテキスト。この3つの単語は、この本で何度も繰り返し出てきます。これらは効果的な情報アーキテクチャの設計を実践するためのモデルの基盤を形成しています。そのモデルの根底には「孤立してしまっては役に立つ情

報アーキテクチャを作り上げることはできない」という認識があります。真っ暗な部屋にこもって山のようなコンテンツをまとめあげ、壮大なソリューションにする、などということはアーキテクトにはできません。日の光には勝てないのです。

　Web サイト、イントラネット、アプリ、そしてそのほかの情報環境は、決して非生命体でも静的な構造物でもありません。むしろ、これらが存在している情報システムやより広い環境の力により、動的で生体のような性質を持っています。もはや図書館でカード式目録の黄ばんだカードを使うような時代ではないのです。私たちが論じているのは、部門やビジネス集団、機関、国々の境界内外を超えてつながった情報の豊かな流れであり、煩雑さ、間違い、試行錯誤、適者生存なのです。

　ユーザー、コンテンツ、コンテキストから成る「情報エコロジー（情報生態学）」の概念[※1]は、情報環境に存在する複雑な依存関係を扱うために使われます。これらの関係を目に見える形にし、理解しやすくするためにベン図（Venn Diagram：**図 2-6**）を参照してください。3つの円が描写しているのは、複雑で適応性のある情報エコロジー内でのユーザーとコンテンツ、コンテキストの相互依存性です。

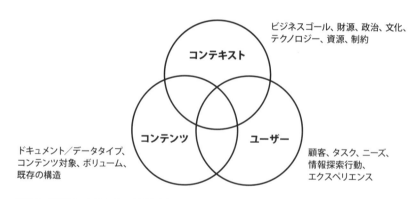

図 2-6　情報アーキテクチャの忌まわしい3つの円

※1　情報エコロジーについては、Thomas Davenport、Lawrence Prusak『Information Ecology』（Oxford University Press、1997 年）および、Bonnie Nardi、Vicki O'Day『Information Ecologies』（MIT Press、1999 年）を参照。Nardi と O'Day は情報エコロジーを「特定のローカル環境における人々、プラクティス、価値、テクノロジーのシステム」と定義している

要するに、「プロジェクトの背後にあるビジネスゴール、そして設計と実装に有効な情報源を理解しなければならない」ということです。今日存在しているコンテンツの性質とボリュームを認識しなければなりませんし、この先 1 年でそれがどう変化するかも認識する必要があります。私たちの主な顧客のニーズと情報探索行動についても学ばなければなりません。

優れた情報アーキテクチャデザインはこの 3 つの分野すべてから情報を得て、3 つの分野すべてを標的とします。ユーザーの考え方、デモグラフィック、心理、タスクと情報ニーズ、情報探索行動などにはかなりのばらつきがあります。コンテンツも質、流通、権限、人気、戦略価値、コストなどによってさまざまです。また組織的コンテキストも使命、ビジョン、目標、組織的政策、組織的文化、集中化や自主性の程度によって異なります。特に変化するものをミックスした場合、情報環境によって異なるだけでなく、同じ環境内にあっても時間の変化とともに変わっていきます。

とはいえ、これは現実をかなり単純化したものとなっています。それでも役立つかというと、答えはイエスです。私たちはこのモデルを 20 年以上も使ってきました。Fortune 誌に選ばれた 100 社のグローバルな Web サイトから、小さな非営利団体の独立型のイントラネットアプリケーションにまで役立っています。さらに重要なのは、難問に直面した際に常にこの 3 つの円が役立つということです。賢い情報アーキテクチャの実践者が皆そうしているように、頼みの言い回しの「場合によります」を口にしたら、質問を 3 つの円に合わせて 3 つのパートに分解します。そして検討すべき最も重要な本質は何かを尋ねれば、答えは非常に単純なものになります。ユーザーの知識とニーズ（人間とコンピューターとの相互作用や、ほかのさまざまな分野にさらされた結果かもしれません）、コンテンツ（テクニカルコミュニケーションとジャーナリズムを考えてください）、そしてコンテキスト（組織的心理学についての書籍を読みましょう）です。

3 つの円は次のような難しい問題の解決にも役立ちます。

- 知っておくべき調査方法や評価方法とは何か。

- 情報アーキテクチャをデザインするチームに加えるべきなのはどのような人々か。

- その分野と実践方法に遅れを取らないようにするには、どんな本やブログを読むべきか。

- 新たな可能性を提案する情報アーキテクチャ戦略を始めるべきなのは何か。

　これらの問題への回答は、ユーザー、コンテンツ、コンテキストの3つのエリアとのバランスをとるところから始まります。

　テクノロジーの円も入れるべきでしょうか。そうかもしれません。しかしテクノロジーは必要以上に注目を集めています。またテクノロジーの範疇に入るものの多くが、「コンテキスト」のサークル内で表現できることも分かってきています。結局、テクノロジーがもたらす新たな可能性と制約は最終的な製品に形を与え、私たちが設計しているコンテキストの領域に正面から取り組んでいるのです。

　ついでながら、情報アーキテクトには優れたユーモアのセンスが重要だと思います。もうすでにお分かりかもしれません。私たちが関わる仕事は非常にあいまいで抽象的なものですから、ある程度は先読みしながら作り上げているところなのです。

　長年、情報アーキテクチャのコンサルティングを行ってきて分かったことに、同じ状況は一つとしてないということがあります。これは単に「Webサイトとイントラネットとは違う」や「産業別にエクストラネットも異なっている」といった意味ではありません。指紋や雪の結晶が1つ1つ違うように、情報エコロジーもすべて独特なものなのです。トヨタのイントラネットは、FordやGMのイントラネットとは大幅に異なります。Fidelity[※1]、Vanguard[※2]、Schwab[※3]とE*Trade[※4]は、それぞれ独自のオンライン投資情報サービスを作り上げています。近年ビジネス世界全般にわたって、人まね、ベンチマーキング、産業のベストプラクティスの定義が押し寄せています。しかし、それにもかかわらず、これらの各情報システムは他との違いをはっきりと示しています。

　ここで先ほど挙げたモデルが何かと便利になります。特定のプロジェクトにおいて、

※1　Fidelity Investments：米国の投資会社。https://www.fidelity.com/
※2　Vanguard：米国の投資会社。https://www.vanguard.com/
※3　Charles Schwab Corporation：米国のオンライン証券会社。https://www.schwab.com/
※4　E*Trade Financial Corporation：米国の金融機関。オンラインでの証券取引仲介を主業務とする。https://us.etrade.com/

それに独自のニーズやチャンスが何かを学ぶ際には、このモデルが非常に役立つツールとなるのです。完全に独自性を持つ情報エコロジーを発生させる上で、3つの円がそれぞれどのように貢献しているかを見ていくことにしましょう。

2.3.1　コンテキスト

　どんなデジタルデザインプロジェクトも、特定のビジネス的あるいは組織的コンテキストの中に存在しています。はっきり表面に出していようといまいと、どの組織にも使命、目標、戦略、スタッフ、プロセス、手順、物理的な基盤と技術的な基盤、予算、文化があります。その組織ごとに独自の可能性や野望、リソースなどが入り混じっています。

　情報アーキテクチャは独自のコンテキストに適合したものでなければなりません。Webサイトとアプリの語彙や構造は、ビジネスが顧客や社員と対話を展開する際、その中心となる要素なのです。それはまた、顧客や社員があなたの製品やサービスに対してどう感じるかにも影響します。将来に何が期待できるのかを伝え、顧客と社員との相互作用を促進することも制限することもあります。情報アーキテクチャは組織の使命、ビジョン、価値、戦略、文化の断片を、最も具体的な形で示すといえるかもしれません。そうした断片を、競合他社のものと同じものにしてはいけません。

　成功の鍵は理解と団結です。まず、あなたはビジネスコンテキストを理解する必要があります。何が独自性を生んでいるのか？現在のビジネスはどこにあり、今後どこへ進んで行きたいのか？ほとんどの場合、口には出されない暗黙の知識を取り扱っていくことになるでしょう。暗黙の知識はどこにも書かれていません。人々の頭の中にあって、決して言葉に置き換えられることがなかったものです。コンテキストについての理解を抽出し、整理することに関し、さまざまな方法を論じていきます。それから、情報アーキテクチャとビジネスの目標、戦略、文化とを緊密に協力させる方法を見つけ出さなくてはなりません。この文化の構成を実現するアプローチとツールについても論じていきます。

　1章でも述べたように、ユーザーが組織と相互作用する際に利用するチャンネルによるコンテキストの違いも理解する必要があります。ユーザーはサービスを主に携帯電話のアプリで利用しているのか、それともデスクトップパソコンのブラウザからWebサイトで使っているのか。どちらのプラットフォームにも、できることとでき

ないことがあります。例えば小さなスクリーンでは表示面積も狭いので、ラベルやナビゲーションメニューは短くなります。スクリーンの小さなデバイスと大きなデバイスとでは、利用される時間や場所も異なります。サービスが複数のチャンネルで利用されるなら、それぞれのチャンネルがどのように重なり合い、相互作用するかを考えなければなりません。こうしたすべての要因がコンテキストを形成し、情報アーキテクチャを形づくっていくのです。

2.3.2　コンテンツ

「コンテンツ」の定義は非常に幅広く、ドキュメント、アプリケーション、サービス、スキーマ、メタデータなど、人々がシステム上で使用したり見つけたりするものが含まれます。技術用語を使うと、サイトやアプリを構成する「材料」ということになります。デジタルシステムの多くはテキスト偏重です。なかでもWebはすばらしいコミュニケーションツールであり、そのコミュニケーションを構成しているのは意味を伝えようとする単語や文章です。また、Webはタスクや業務処理のツールであり、売買、計算や構成、ソートやシミュレーションをサポートした、柔軟な技術プラットフォームなのです。もちろん、私たちはこのことも認識しています。しかし最もタスク指向のeコマースサイトにおいても、顧客から見つけてもらわなければならない「コンテンツ」があるのです。

さまざまなデジタルシステムのコンテンツを調査するにつれて、各情報エコロジーを特徴づける要素として以下のような側面が重要であることが分かってきました。

所有権

誰がそのコンテンツを作成し、所有しているのでしょうか。所有権はコンテンツの著作グループにありますか、それとも職務上の部門に分散されていますか。外部の情報ベンダーから使用許可を得ているコンテンツはどれだけありますか。ユーザーが自ら作成しているコンテンツはどれくらいあるのでしょうか。他の特徴全般をどれくらいコントロールできるのかには、このような質問に対する答えが非常に大きく影響します。

フォーマット

組織内でのデジタルフォーマットにアクセスする上で、Web サイトとイントラネットが統一手段になりつつあります。サイトで見られるドキュメント、データベース、アプリケーションの一例を挙げると、データベースや製品カタログ、ディスカッションアーカイブ、MS Word のテクニカルレポート、PDF の年報、事務用品購入アプリケーション、CEO のビデオクリップなどがあります。

構造

ドキュメントはどれも均等に作られているわけではありません。重要なメモでも 100 語に満たないかもしれませんし、テクニカルマニュアルが 1,000 ページ以上もあるかもしれません。またある情報システムはドキュメントのパラダイムを中心に作られています。これはドキュメントを最小単位とみなし、完全に統合してしまうやり方です。他のシステムではコンテンツを要素と解釈する、つまりデジタルアセット（デジタル資産管理）のアプローチを採用しているものもあります。ここでは構造を記述するマークアップ（XML や JSON など）を手段とし、細かい粒度レベルでの管理・アクセスができるようにしています。

メタデータ

システム内のコンテンツやオブジェクトを記述するメタデータは、どの程度まで作られていますか。ドキュメントのタグ付けは手作業ですか、それとも自動化されていますか。品質と一貫性のレベルはどうでしょうか。制限語彙は存在しますか、それともユーザーはコンテンツにタグ付けができますか。情報検索とコンテンツ管理の両面に関して、どの程度の段階から始めることになるのかは、これらの要素で決まります。

ボリューム

コンテンツの量はどれくらいですか。アプリケーションが 100 以上ありますか。何千ものページ、何百万ものドキュメントがありますか。システムの大きさはどれくらいですか。

ダイナミズム

成長率や変化率はどれくらいでしょう。翌年にはどれくらいの量のコンテンツが

新しく加えられるのでしょうか。また、どれくらい時間がたてば、コンテンツが古くなったとみなされるでしょうか。

これらの側面でコンテンツやアプリケーションは独特なものになります。それはつまり、情報アーキテクチャはカスタマイズの必要があるということを示唆しています。

2.3.3　ユーザー

「ユーザー」について話すというのは、人について話すという意味であることを知るのが重要です。ユーザーは私たちと同じく、欲求、ニーズ、懸念、欠点を持つ人間なのです。「ユーザー」という単語は「情報環境を利用する人間」の短縮形として使っています。

私たちが初めて作業した企業のWebサイトはBorders Books & Music[※1]でした。1990年代の半ばでAmazon.comがまだ良く知られていないころの話です。この時私たちは「物理的な書店の設計と構築に対して、調査と分析がどのように適用されるか」について非常に多くのことを学ぶことができました。

Bordersは、自分たちの顧客と最大のライバルであるBarnes & Nobleの顧客とでは、消費行動も異なるし、人口統計的にも美的嗜好においても異なるということをはっきり分かっていました。たとえ同じ町にあったとしても、この2つの書店は物理的なレイアウトも陳列する本の選択も大きく異なっていました。2つの書店には設計に違いがあり、そしてその違いは独自の顧客を理解すること、すなわち市場のセグメントを理解することによって強化されていました。

「物理的な世界において、顧客の嗜好や行動に違いが見られる」これはWebサイトとアプリのコンテキストにおける情報ニーズや情報探索行動に違いが見られることと解釈できます。例えば、「これに関する優れたドキュメントが2、3欲しい。即座に見つけたい」という上級管理者がいれば、「関連するドキュメントならすべて必要。見つけるために数時間割いても構わない」という調査分析者もいるかもしれません。「産業関連の知識は豊富だが、ナビゲーションや検索はあまりよく分からない」とい

※1　Borders Books & Music：米国ミシガン州アナーバーに拠点をおいていた書店チェーン。2011年に経営破綻し、同年にライバル企業であったバーンズ・アンド・ノーブルがブランドとサービスを買収した

うマネージャーがいれば、「テーマの分野については良く分からないけど、検索エンジンの使い方なら任せて」というティーンエイジャーもいることでしょう。

あなたのシステムを利用しているのはどんな人ですか？その人々はどのようにして利用しているのでしょうか？そしてこれがおそらく一番重要なことですが、人々はあなたのシステムからどんな情報を求めているのでしょう？このような疑問はブレーンストーミングの会議やフォーカスグループのミーティングで答えられるものではありません。筆者の友人である情報アーキテクトのクリス・ファーナム（Chris Farnum）が言うように、現実世界に出ていって「霧の中のユーザー」を学ばなければならないのです。

2.4 まとめ

この章で学んだことをまとめましょう。

- 情報アーキテクチャを定義する方法は1つ以上あっても問題ありません。
- 情報アーキテクチャは簡単には説明できないものです。かなり抽象的で、製品やサービスの表面下、意味構造の深い部分にありますが、それも問題ありません。
- 効果的な情報アーキテクチャ設計を実践するためのモデルには、ユーザー、コンテキスト、コンテンツの3つが存在します。
- 変化するもののミックスは、情報環境ごとに異なるだけでなく、同じ環境において時間とともに変化します。

I部の導入部で述べたように、情報アーキテクチャは情報環境を見つけやすく、分かりやすいものにすることを重視しています。この2つは関連しているものの、異なる目標です。次の章では、「見つけやすさ」のデザインについて詳しく見ていきます。

3章
見つけやすさのデザイン

> 医療サイトの情報で命を救われた人々や、出会いサイトで生涯の伴侶を見つけた人々から、感謝のメールを受け取っている。
> —— **ティム・バーナーズ＝リー**
> **(Tim Berners-Lee)**

本章では次の内容を取り上げます。

- 情報を探すためのさまざまなモデル
- 人々の情報探索行動
- こうした行動について学ぶ方法

情報アーキテクチャは、情報環境においてユーザーが「材料」を探すのに役立つ、分類や検索エンジンに限定されません。情報アーキテクチャは、人々がサイトを訪問したり、アプリを使用する理由から始まっています。人は情報を必要としているのです。

自明の理ではありますが、ここには見かけ以上のものがあります。情報に対するニーズはさまざまであり、異なるタイプの情報ニーズを持つユーザーはそれに応じて異なる情報探索行動を示します。そのため、情報アーキテクトはこうしたニーズと行動を理解する必要がありますし、それに対応するデザインをすべきです。情報アーキテクチャ設計では、ユーザーニーズを満たすことが何よりも重要になります。

例えば社員の住所録ページであれば、ユーザーのよくある情報ニーズは、スタッフメンバーの電話番号を探すことでしょう。実際、ユーザーの情報発見セッションのほとんどは、このタイプのニーズで説明できるかもしれません。こうしたニーズを持つユーザーはおそらく実際に検索するので、名前順の検索をサポートする情報アーキテクチャがベストでしょう。あまりWebに詳しくないユーザーなら、例えば「どのミュー

チュアルファンドに投資するか」を学び、商品を選択してもらうサイトであれば、ブラウジングだけでユーザーのニーズを満たすことができるでしょう。その際、ステップバイステップのチュートリアルが役立つかもしれません。あるいはユーザーはカテゴリーをあちこちブラウジングしたいだけなのかもしれません。

　同僚の電話番号のように、情報がそこにあると分かっている上で探す場合と、スモールキャップ・ミューチュアルファンド[1]のようなトピックについて学びたいという場合とでは、情報ニーズに大きな違いがあります。こうしたニーズの違いを考慮した上で、システムの情報アーキテクチャを設計しなければなりません。ニーズの違いは異なる情報探索行動へとつながります。当然ながら、情報が存在するのを知っている上での検索と、未知の情報のブラウジングは、まったく異なる行動です。こうしたニーズと行動を区別し、ユーザーの優先度が高いのはどちらの行動なのかを決めることは非常に意味があります。これにより、アーキテクチャ設計をする上で、どこに努力とリソースを注ぎ込めばよいのかが決定しやすくなります。

3.1 「シンプルすぎる」情報モデル

　ユーザーが情報を求める時、何が起こるのでしょうか。この問いに対しては解決策のモデルが複数あります。ユーザーのニーズと振る舞いに焦点をおいたモデルは、「どのような情報をユーザーは必要としているのか」「どれだけの情報があれば十分なのか」「実際どのようにユーザーはアーキテクチャと相互作用を持つのか」などについて有益な答えを導き出します。

　しかし残念ながら、最も一般的なモデルである、情報に焦点を置いたモデルは「シンプルすぎるモデル」です。このモデルが最も一般的であるという点が最大の問題です。「シンプルすぎるモデル」を図にすると**図 3-1** のようになります。

---

[1] スモールキャップ・ミューチュアルファンド：小型株を中心とした投資信託のこと

図3-1 情報ニーズの「シンプルすぎるモデル」

単純なアルゴリズムに置き換えると、

1. ユーザーが質問する
2. 何かが起こる（例：検索またはブラウジング）
3. ユーザーは答えを受け取る
4. 終了

　入力し、出力され、それで終わり。「ユーザーがどうやって情報を探し、見つけるか」という問題に対して、これはあまりに機械的で非人間的なモデルです。このモデルでは、ユーザーはサイトやアプリと同じように、単なるシステムのひとつに過ぎない扱いです。「ユーザーの行動は予測可能で、モチベーションも合理的である」という考えの上に成り立っています。

　この「シンプルすぎるモデル」の問題点はなんでしょうか。それは、現実はとてもこのように進まないということです。もちろん例外はあります。例えば社員の住所録サイトのシナリオのように、ユーザー自身が自分が何を求めているのか知っている時です。この場合はユーザーの疑問にはぴったりの答えがあり、どこでそれを探せばよいかユーザーが分かっており、そのためにサイトをどう利用すればいいのかも知っています。

しかし、ユーザーは必ずしも自分の欲しいものが何なのか分かっているわけではありません。ちょっと物探しをするためだけにサイトを訪れたことはありませんか？サイトを探し回ることで、なにか適当な情報を見つけようとしている、つまり自分が探しているものが何なのか、よく分からないのです。探しているものが分かっていたとしても、それを説明する用語が分からないのかもしれません。例えば「皮膚がんといえばいいのかな、それともメラノーマだろうか」といった具合です。

こういう場合、ユーザーは努力しても、結局不完全な情報しか見つけられず、あまり満足できなかったり、フラストレーションの極限に達したりするでしょう。例えば「iPhoneの同期についての情報は見つかったけれど、Lotus Notes[※1]を同期する情報は見つからない」、または、探すプロセスで新しい情報を見つけ、探しているものがまったく変わってしまう可能性もあります。例えば、「初めは個人退職金口座について知ろうとしていたのだけれど、どうやらRoth IRA[※2]の方が自分には適しているようだ」というようにです。

「シンプルすぎるモデル」がよくない理由は他にもあります。まず、このモデルが着目しているのは限られた時間だけです。ユーザーが情報アーキテクチャにインタラクションを持っている時に何が起こるかについてのみなのです。ユーザーがキーボードに触れる前後に何か関係することが起こっても、それらはすべて無視されています。また「ユーザーが持ち込む情報は、もしあるにしてもないに等しい」と仮定しています。以上から、このモデルはこのシナリオの持つコンテキストを本質的に無視してしまっていることになるのです。

最後に、このモデルはあまりにも単純化されているために、「ユーザーの頭の中では何が起こっているのか」を理解する多くのすばらしい機会も、「ユーザーが情報アーキテクチャに伴ったインタラクションを持っている間に何が起こっているか」を観察する機会も無視しています。

このモデルは危険を伴っていると言えます。「情報を見つけるのは簡単な問題であり、単純なアルゴリズム的なアプローチで取り組むことができる」という誤解の上に成り立っているからです。結局、データ（もちろん事実と数値です）の収集という難

※1 Lotus Notes：IBM社が開発・販売しているグループウェア用のミドルウェア。http://www-03.ibm.com/software/products/en/notesanddominofamily
※2 Roth IRA：米国で採用されている個人向け退職年金プランのひとつ

題を解くために利用するのは、SQLのようなデータベース技術となります。それで、「この抽象的な考えと概念を半構造化テキストのドキュメントにも同じやり方で埋め込んでしまおう」という考えに進むわけです。

こうした考え方のもとに、検索エンジンやソフトウェア、その他の技術的な万能薬に無駄に資金が注ぎ込まれてきました。上で述べた仮定が正しければ、そうした技術もうまく働いてくれるでしょう。ユーザー中心設計のテクニックでは「情報を見つけるプロセスは単純で、量的に測定可能」だとしてこの誤解を先へと進めてしまいました。ですから私たちは「情報を見つけるエクスペリエンスは、『正しい』答えを見つけるまでにかかった時間やクリック数、ページビュー数で測定できる」と考えていますが、たいていの場合はその『正しい』答え自体が存在していないのです。

さて、モデルについての文句はこれくらいにして、よりよいモデルを構築できるように、情報ニーズと探索行動について詳しく見ていくことにしましょう。

3.2 情報ニーズ

何かを探してユーザーが Web サイトにやってくる時、ユーザーが本当に求めているものは何なのでしょうか。「シンプルすぎるモデル」では、ユーザーが求めているのは疑問に対する「正しい答え」です。実際、データベースの検索をすれば、そしてそのデータベースが事実と数値と質問に対する本当に正しい解答を持っているのならば、当を得た回答は出てくるものです。例えば、「サンマリノの人口は？」のような疑問であればそうでしょう。私たちの多くにとっては、データベース検索が最も慣れ親しんだ検索モデルです。

しかし、デジタルシステムには高度に構造化されたデータ以上のものがあります。驚くなかれ、データを蓄える最も一般的な形式はテキストであり、そのテキストを作り上げているのは、あいまいかつ複雑な考えと概念なのです。「退職金の投資についてアドバイスが欲しい」「メンドシーノ郡のレストランについて知りたい」「マンチェスターユナイテッドがどうなっているか知りたい」と思って Web サイトを訪れる時、私たちが本来求めているのは、決断を下すための知識や手助けとなる考えです。答えは、仮にそれが存在するとしたらですが、あいまいで、動き続ける標的のようなものです。

それでは、問題に戻ります。「ユーザーが何を求めているのか？」。それを明らかに

するために、魚採りのたとえを使うことにします。

欲しい魚の一本釣り

時にはユーザーが本当に正しい答えを求めている場合もあります。一本の釣り竿で理想の魚が掛かるのを期待している状態を想像してください。「サンマリノ共和国の人口は？」Wikipedia か、あるいはデータがぎっしり詰まった他のサイトへ行けばその数を見つけることができるでしょう（ちなみに 2014 年の外務省データによると 32,572 人です）。それで終わり。まさに「シンプルすぎるモデル」のとおりです。

罠かごでのロブスター捕獲

探している答えがひとつだけではない場合はどうでしょう？例えば「オンタリオのストラットフォードでよいベッド＆ブレックファーストイン（朝食付きの安いホテル）を探している」としましょう。あるいは「ルイス＆クラークの冒険旅行について何か知りたい」「退職金を預けるのによいプランについてちょっと知りたい」とします。探しているものについてあまりよく分かっておらず、もっとよく知るにはどこへ行けばいいかとか、役に立ちそうな項目をいくつか手に入れればいいかな、くらいの準備しかできていません。理想通りの魚を釣り上げたいと思っているのでもありません。仮に釣ったとしても、「これだ！」とは気づかないでしょうから。その代わり、ロブスター用罠かごを仕掛けて「入ってきたものが何か役に立てばいいな」と期待します。入ってくるのは「詳しくは電話で聞いてみよう」と思うような、めぼしいレストラン情報が 2、3 件かもしれません。ルイス＆クラークの場合は、書評やデジタル化されたクラークの日記、あるいはオレゴン州にあるルイス＆クラーク大学に関する情報と、幅広く雑多な情報かもしれません。その中に満足できるものがいくつか釣れたら、残りは放流してしまうでしょう。

流し網による無差別捕獲

「関連情報はひとつ残らず知り尽くしたい」と思うこともあるでしょう。医学論文のための調査や競争に関わる情報調査、親しい友人の病状について知ろうとしている場合、または単に自分について知りたいだけのエゴサーチかもしれません。

こうした場合、海の中にいるありとあらゆる魚を捕らえたいので、流し網を投げて入ってきたものは何でも引き上げるわけです。

「白鯨」くん、また会ったね

なかにはずっとキープしておきたい情報、タグ付けしておいていつでもまた見つけられるようにしておきたい情報もあるでしょう。Pinterest のようなソーシャルブックマーキングやコレクションサービスのおかげで、海のなかへ魚を戻しても、また見つけられるようになりました。

魚採りの比喩は4つのよくある情報ニーズを描写するのに便利です。一本釣りをしたい時、あなたは探しているものが何か、誰に聞けばいいか、どこで探せばいいのかを知っています。これは**既知情報探索**（known-item seeking）と呼ばれています。例として、同僚の電話番号を知るために社員住所録を探す場合が挙げられます。

罠かごにいくつか役に立つものが入るのを期待している状態は**探求探索**（exploratory seeking）と言います。探求探索をしているユーザーは、自分が本当に探しているものを把握していません。実際のところ、本人も気づいていないかもしれませんが、ユーザーは検索やブラウジングのプロセスで自分が何を求めているかを知るのです。例えば「会社が提示する退職プランについて知りたい」と思って人事部のサイトへ行くとします。そのプロセスで特定プランの基本的な情報を見つけ、その後さらに詳しく知る方向へと検索を変えるかもしれません。これらのプランについてよく知るにつれ、シンプルなものが自分に向いているのか、あるいは複雑なものが最適なのかを探るために、さらに検索を進めていくでしょう。探求探索の代表的な特徴は、終わりがないことです。「正しい」答えに対する明確な期待もなければ、探しているものをはっきりと知る必要もありません。ユーザーはいくつかよい結果を得られれば満足で、それを踏み台として次の検索を繰り返します。探求探索の終わりは、はっきり定義できません。

「あらゆる物を手に入れたい」時に行うのは**全数探索**（exhaustive research）です。ユーザーは特定のトピックに関するものは何もかも、一つ残らず探しています。この場合、ユーザーは多様な言い方で探しているものを表現でき、さまざまな用語を駆使して忍耐強く検索を続けます。例えば、友人の病状について知りたがっている人であ

れば、「AIDS」、「HIV」、「後天性免疫不全症候群」などで、複数の検索を実行するでしょう。繰り返しますが、必ずしも「正しい」答えは一つではないのです。この場合のユーザーは、他の情報ニーズに比べてより多くの検索結果を辛抱強く渡り歩いていきます。

最後に、物忘れと忙しいスケジュールのために、これまでに見つけた便利な情報の断片を**再検索**（refinding）せざるを得ない場合があります。例えば職場でちょっとだけ検索したら、ジャンゴ・ラインハルト（Django Reinhardt）のギター奏法についての、すばらしいけれどかなり長い説明を見つけたとします。仕事をクビになりたくないので、その場では読まないのが普通です。その代わりあとで再検索するか、Instapaper[※1]などの「あとで読む」サービスを使って、もっと時間のある時にそのページに戻るでしょう。

図3-2 はこれら4つの異なる情報ニーズを図示したものです。ユーザーニーズがこれだけだという意味ではありませんが、多くのものはこの4つに分類できます。

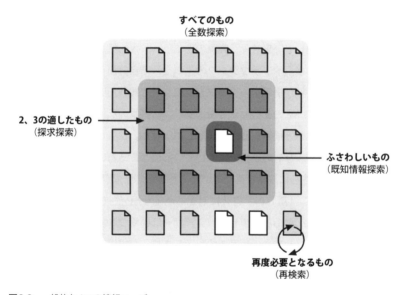

図3-2 一般的な4つの情報ニーズ

※1 Instapaper：オフライン上で「あとで読む」ことに特化したツール。ネットの記事を保存するだけでなく、他のユーザーをフォローすることで新たに記事を見つけられる。https://www.instapaper.com/

3.3 情報探索行動

　Webサイトユーザーは情報を見つけるために何をするのでしょうか。検索システムにクエリを入力し、リンクからリンクへとブラウズし、人に助けを頼みます（メールやチャットなど）。見つける方法は**検索**、**ブラウジング**、**質問**の3つで、これらが情報探索行動の基礎単位（ビルディングブロック）です。

　探索行動には主に統合と反復の2つの側面があります。探索とブラウジングと質問はしばしば同じ発見セッションで統合されます。**図3-3**は海外出張の手続きを会社のイントラネットで検索する様子を表す図です。最初はイントラネットのポータルをざっとブラウズしてHRサイトへ進み、施策エリアへ行き、「海外出張」の列を含んだ施策を検索します。もしそれでも答えが見つからなければ、その施策の責任者であるBiff氏にメールを送って「ティンブクトゥへの旅費日当はどうなるのか」と質問するかもしれません。イントラネットの情報アーキテクチャが、このように統合できるデザインだと理想的です。

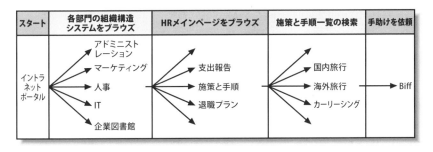

図3-3　反復を通じてブラウジング、検索、質問が統合される様子

　発見セッションでは反復作業を行うことになりますが、**図3-3**はそのことも描き出しています。つまり、いつでも初めから物事を正しく理解できるわけではないのです。私たちの情報ニーズは先へ進むに従って変化し、繰り返し作業を行うたびに新しいアプローチが試せるようになります。「海外旅行のガイドライン」という広範な質問から始めて、終了時には「推奨されるティンブクトゥへの旅費日当」という特定の答えを見つけて満足するでしょう。検索、ブラウジング、質問そしてコンテンツの相互作用を反復して、探索に大きな影響を与えられるようになります。

情報探索行動の異なる要素がまとまると、「ベリー摘みモデル」のような複雑なモデルになります。このモデルは南カリフォルニア大学のマルシア・ベイツ（Marcia Bates）博士が考案しました[※1]。ベリー摘みモデル（**図 3-4**）はユーザーが情報ニーズを持つことから始まっています。そしてユーザーは情報要求（クエリー）を公式化し、複雑かもしれない道筋に沿って、情報システム内を繰り返し動き回ります。その中で情報のかけら、「ベリー」をつまみ出していくのです。このプロセスでユーザーは「自分が本当に必要なのは何か」と「そのシステムからそのような情報が得られるのか」をより詳しく知るにつれて、情報のニーズを変更していきます。

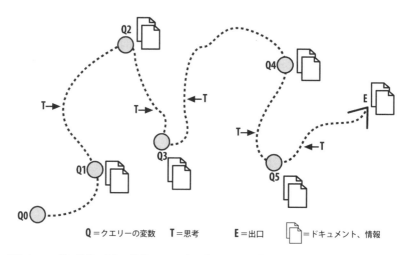

図3-4 ユーザーがどのように情報システム内を動き回るかの「ベリー摘みモデル」

ベリー摘みダイアグラムはシンプルすぎるモデルに比べてはるかに複雑ですが、複雑でなければならないのです。それが心の働き方です。私たちは機械仕掛けの人形ではないのです。

※1 情報アーキテクトなら、Bate の独創性に富んだ論文『オンライン検索インターフェースのためのブラウジングとベリー摘みデザイン』（Online Review, 13:5, 1989, 407-425）は必読である。Bate はのちに、このアイディアをより包括的なフレームワークへと拡張している。『Toward an Integrated Model of Information Seeking and Searching』（New Review of Information Behaviour Research 3, 2002, 1-15）を参照

もしあなたのサイトのユーザーにとってベリー摘みモデルが一般的なら、検索からブラウズへ、そして再び検索へと、より簡単に進める方法を探したくなるでしょう。Amazon.com の提供している統合的なアプローチを念頭においてみてください。Amazon.com ではブラウジング中に見つけたカテゴリ内での検索が可能です。検索によって見つけたカテゴリ内でのブラウズもできます。図 3-5 にそれを示しました。

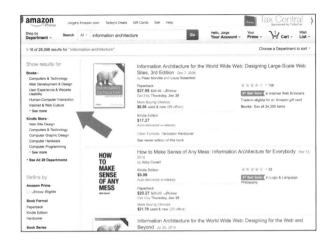

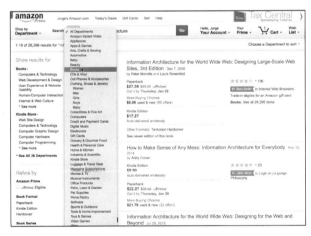

図3-5　Amazon.comではブラウジングと検索が緊密に統合されている。ブラウジング中に見つけたカテゴリ内での検索（上）と、検索によって見つけたカテゴリ内でのブラウズ（下）のどちらのアプローチも可能

3.3　情報探索行動　　53

もうひとつの有効な方法は、「真珠を育てるようなアプローチ」です。ユーザーは1つか2つの、まさに必要としている優良ドキュメントからスタートし、「これに似たものがもっと欲しい」と思います。この要求を満たすには、Googleなどの検索エンジンが役に立ちます。Googleでは各検索結果の隣に「関連ページ」というコマンドがあります。これと同様のアプローチによって、ユーザーは同じキーワードでインデックス付けされた「優良」ドキュメントから各ドキュメントへと進めます。引用の多い科学論文やドキュメントを含んだサイトでは、あなたと同じ文献を引用している論文、またはあなたが好きな論文に共引用されている論文を探すことができます。例えばDelicious[※1]とFlickr[※2]では、ユーザーは共通部分を持つ情報をたどることができます。DeliciousとFlickrの場合は、ユーザーが付けたタグです。これらはすべて「これに似たもの」を手に入れるためのアーキテクチャアプローチです。

　企業のWebサイトの多くは「2ステップ」モデルを利用しています。目の前のサイトは何百部門にも分かれたサブサイトにリンクしているかもしれません。そんな時、ユーザーがまず知りたいのは、「欲しい情報を見つけるにはどこへ行けばいいのか」なのです。ユーザーはよい候補を1～2つ見つけるまではディレクトリで検索やブラウズをし、それから次のステップへ進むでしょう。「次のステップ」とはそのサブサイト内での情報検索です。ユーザーの探索行動は上で挙げたどちらのステップとも異なるかもしれません。確かに、ポータルによく見られる情報アーキテクチャは、これらの分野別のサブサイトとは似ても似つかないのですから。

3.4　情報ニーズと情報探索行動について学ぶ

　ユーザーの情報ニーズと情報探索行動を、どのように学べばよいのでしょうか？ユーザーの検索方法は考えるだけでもさまざまで、到底ここでは詳しく説明できないほどたくさんあるので、私たちのお気に入りを2つだけおすすめします。検索アナリティクスとコンテクスチュアル・インクワイアリー（contextual inquiry：文脈的質

※1　Delicious：2003年にサービスを開始したソーシャルブックマークサイト。http://del.icio.us/
※2　Flickr：写真の共有を目的としたコミュニティサイト。https://www.flickr.com/

問法）です※1。検索アナリティクスとは、検索パフォーマンス、メタデータ、ナビゲーション、コンテンツでの問題を診断する上で、自分のサイト上で最も一般的な検索クエリ（一般に検索エンジンのログファイルに保管されている）をレビューすることです。検索アナリティクスによってユーザーが何を求めているのかが分かるので、ユーザーの情報ニーズと探索行動の理解に役立ちます。またタスク解析の課題などを開発する際にも便利です。

　検索アナリティクスは大量の実際のユーザーデータをもとにしているため、ユーザーとやり取りをしたり、ユーザーのニーズを直接知る機会は提供してくれません。民俗学から出発したユーザー検索手法であるコンテクスチュアル・インクワイアリー※2は、検索アナリティクスを補完する優れた手法です。ユーザーが「自然な」状態で情報とどのように相互作用するかを観察し、その文脈において、ユーザーがなぜそのような行動をとっているかを質問することができるからです。

　そのほかのユーザー検索手法である、タスク解析、調査、そして最善の注意を払った上でのフォーカスグループも、試すことになるかもしれません。最終的には、ユーザーがニーズを訴える声に直接触れられる方法を検討し、できるだけ多くの意見をすくいあげる方法の組み合わせを用いるべきです。

　最後になりますが、情報アーキテクトとしての目標は、最善を尽くしてユーザーの主要情報ニーズと情報探索行動の典型を知ることです。ユーザーがシステムに何を求めているかの理解が、どのアーキテクチャ要素を構築すべきかを決定、優先順位をつけるのに役立ち、しいては作業を大幅に単純化する結果へとつながります（特定の情報アーキテクチャを設計するのに、どれだけ多くの方法があるかを考えてみてください）。また良質のユーザーデータが入手できるため、予算、時間、政治、昔ながらの技術、設計者の個人的な好みなどといった、設計にしばしば影響を与えるほかの要素間のバランスをとるのにも役立ちます。

※1　検索アナリティクスについては、Lou Rosenfeld『Search Analytics for Your Site: Conversations with Your Customers』（Rosenfeld Media、2011年）を参照。和書は『サイトサーチアナリティクス - アクセス解析と UX によるウェブサイトの分析・改善手法』（丸善出版、2012年）
※2　コンテキストについては、Hugh Beyer、Karen Holtzblatt『Contextual Design: Defining Customer-Centered Systems』（Morgan Kaufmann、1997年）を参照

3.5 まとめ

この章で学んだことをまとめましょう。

- 情報アーキテクチャは製品やサービスを利用するユーザーと、利用する理由から始まります。ユーザーには情報ニーズがあります。

- ユーザーが情報を求める時、何が起こるかというモデルがいくつかあります。

- シンプルすぎるモデルには問題があります。ユーザーに情報ニーズがある時、実際にはシンプルにことが運ばないからです。

- 情報ニーズは魚釣りに似ています。ユーザーが自分が求めているものを明確に知っている場合もありますが、ほとんどの場合は流し網を使っています。

- ユーザーはさまざまな情報探索行動によって情報ニーズを満たします。

- こうした行動を学ぶのにさまざまな調査方法があります。

ユーザーがどのように情報を見つけるかを学んだところで、次は情報アーキテクチャの第2の大きな目標である「ユーザーの情報理解を助ける」を見てみましょう。

4章
理解のためのデザイン

> 額縁とはその中に小さな世界を作り出すためのものだ……
> 動いているもので額縁がないものなど存在するだろうか。
> ── ブライアン・イーノ
> （Brian Eno）

本章では、次の内容を取り上げます。

- ユーザーは自分がいる場所とそこで何ができるかをどのように感じ取るのか。

- 物理的な世界における場の創造と情報環境における場の創造。

- 情報環境をより理解しやすくするための基本的な組織化原理。

　私たちは何かほかのものとの関係性においてのみ、物事を理解します。額縁によってその絵の受け取り方は変わりますし、掛ける場所によってさらに変化します。ニューヨークの現代美術館に飾られている絵と、みすぼらしいホテルのバスルームにかかった絵とではまったく違って見えます。コンテキストは重要なのです。

　情報アーキテクチャを設計する時、私たちは「情報の受け取り方と理解の仕方を変える」という、新たなタイプの場の創造に取り組んでいます。建物の建築士と同じように、情報アーキテクトも人が理解でき、利用できる環境を創造し、その環境が時間の経過に伴って成長し、ユーザーや組織のニーズに合致していくようにしたいと考えています。

　3章では、情報アーキテクチャのレンズを情報で作られた構造の中に置くことで、設計者が原則を簡単に見つけられるようにする方法を見てきました。今度は私たちが情報を受け取る文脈を整えることで、構造によって原則が理解しやすくなる方法を見ていきましょう。

4.1 場所の感覚

　ベッドから出ました。よろけながらバスルームへ行って用を済ませ、キッチンへ歩いて行ってコーヒーを淹れて、パンを焼きます。まだ朝の 6 時にもなっていませんが、すでに 3 つの用件と設定のために 3 つの場所、寝室、バスルーム、キッチンへ足を運んだことになります。

　知覚を持ち、自立歩行が可能な生物である私たち人間は、周囲と複雑で、共生的な関係を持っています。いつ何時でも自分たちがどこにいるかが察知できる感覚を持つとともに、ひとつの場所から別の場所へと移動することができます。必要に合わせ場所を変えることも可能です。場所の違いは、それぞれの場所を理解し、「ここは食べる場所」「ここは寝る場所」「ここは排泄する場所」というように、場所によってできること（またはできないこと）を理解するのに重要な役割を果たします。その結果、種として発達していく上で、「場所」を感じ理解する能力が非常に重要となり、私たちが何者であるかという点に深く根付くこととなりました。また時とともに用途によって場所を分けたり、変更したりする能力も発達しました。「ここは礼拝する空間」から、シャルトル大聖堂[※1] を建築する時代へと、比較的短い期間で進んでいるのです（**図 4-1**）。

　この場所の認識、そしてプレイスメイキング衝動を、情報環境でも用います。デジタルメディアについて語る時、私たちは場所の感覚を表すためにメタファーを使います。オンラインに「行く」、Web サイトを「訪問する」、Amazon.com を「ブラウズ」するという具合に。そしてこうした情報環境は、これまで物理的な場所に関連付けてきた機能の多くを、そのまま引き継いでいるのです。私たちは WhatsApp[※2] で友人に会い、銀行の Web サイトで支払いをし、Khan Academy[※3] で学びます。物理的な世界同様、それぞれが異なり、違ったニーズをサポートする状況として体験しているのです。

※1　シャルトル大聖堂：フランス国内で最も美しいゴシック建築のひとつとされている大聖堂。1979 年にユネスコの世界遺産として登録されている
※2　WhatApp：アメリカの WhatsApp 社が提供する、スマートフォン用のメッセンジャーアプリ。2014 年に Facebook 社に買収された。https://www.whatsapp.com/
※3　Khan Academy：サルマン・カーン（Salman Khan）によって 2006 年に設立された非営利の教育サイト。https://www.khanacademy.org/

図4-1 シャルトル大聖堂はいくつものレベルで表されている場所である。基礎レベルは「ここは自然の厳しさから身を守る場所」として人間の本能に訴えている。上のレベルでは「礼拝の場所」であることを伝え、さらに上のレベルはキリスト教について語っている。画像出典：Wikipedia「Chartres Cathedral」https://ja.wikipedia.org/wiki/シャルトル大聖堂

4.2　現実世界のアーキテクチャ

　日々の暮らしの中で、私たちは現在どこにいるかということにあまり関心を払わないまま、ひとつの場所から別の場所へと移動しています。自分が寝室にいること、そして寝室が休息をとる場所だと無意識に認識しています。また台所にいる時は自分が台所にいて、栄養を摂取する場所だということも分かっています。台所には冷蔵庫、流し、コンロ、キッチンカウンターが決まった位置に置かれていて[※1]、寝室にはベッドとドレッサーが決まった配置にあります。私たちの感覚と神経系が周囲の環境からヒントをつかみ、それぞれの場所の違いを教えてくれます[※2]。

　自宅の外の世界もまたさまざまな場所で構成されていて、それぞれの配置とサインがその場所がどういう目的で利用されるのかのヒントを与えてくれます。教会は銀行とは違いますし、銀行は警察署、警察署はファストフード店とは異なります。文化的な慣習や用いられるパターンが、場所、物、形式の改革へとつながり、今日私たちが知っている構造物になったのです。場所や建物の違いが、世界をナビゲートし、理解することを可能にしています。私たちはこうしたことを幼いうちに学び、それが習性となっています。

　「現実」世界では、（建物の）アーキテクチャ（構造設計および建築）分野が進化し、

※1　Andy Fitzgerald「Language ＋ Meaning ＋ User Experience Architecture」（2013年8月19日）
　　 http://andyfitzgerald.org/language-meaning-user-experience-architecture
※2　こうした違いを肌で感じたいなら、夕食をトイレでしてみるといいだろう

このプレイスメイキングの文化的な改革を導いてきました。プロおよびアマチュアの建築家たちは歴史的なモデルに学び、建物や都市モデルを新たな環境にうまく適応させてきました。またその時代の社会的なニーズに合わせ、こうしたモデルを利用してきたのです。建築家は銀行の建物は銀行として機能するようにしなければなりません。これはつまり、建物は人間が利用できるものであり（例：天井は人が歩き回るのに十分な高さを持つ）、かつ銀行に特有の造りで、他のタイプの建物とは異なっている（例：中央部分に巨大で安全な金庫室がある）という共通点を持つ必要があります[※1]。

4.3　情報から成り立つ場所

　私たちはまた、さまざまなタイプの場所としての情報環境を体験しています。銀行のWebサイトを訪れて、ナビゲーション構造、ヘッドライン、セクション見出し、画像、そのほか情報を詳しく調べている時、感覚と神経は今「銀行にいる」というヒントを拾い、伝えてきます。銀行のサイトを病院について伝えているサイトと混同するのは難しいはずです。それぞれの物理的な環境の特徴から、現実世界で銀行と病院の違いが分かるように、ユーザーインターフェースの要素から、銀行のWebサイトと病院のWebサイトの違いが分かるのです（**図4-2**）。銀行のサイトは「銀行」と認知しているので、サイトに表示されている情報も違う形で理解します。

　銀行は現実世界にも存在するのと、その情報ニーズが取引を中心とするため、より実際の「場所」のように認識されがちだということも、記しておく価値があるでしょう。それに対し**図4-3**に示した料理レシピのコレクションサイトは、場所というよりも本や雑誌に似たものとして認識されます。

※1　建築デザインとは、現実的であること、そしてセキュリティの両方の目的を持つという点は記しておくべきである。銀行の構造は物理的にも金庫を保護しているが、強盗から守るためのそのほかの要素（監視カメラなど）も存在する。セキュリティという言葉は物理的な場所だけでなく、デジタルな場所にも明確に記されている

図4-2 銀行と病院は異なる情報ニーズを提供する。Webサイトのナビゲーション構造は両者の違いを明確にしている。ユーザーはサイトが提示する情報を、それぞれの組織が社会で果たす役割と機能という背景から理解する

図4-3 コンテンツ中心のiPadアプリ「How to Cook Everything」は、場所というよりもレシピ本に近い

　人々が互いにやり取りをし、交流することを主な目的とするWebサイトもあります。例えばFacebookは知り合い同士を情報環境に集め、写真や動画、ストーリーを共有したり、ゲームをしたり、リアルタイムでチャットしたりといったことを可能にしています。こうしたソーシャルな情報環境も、場所として認識されます。現実社会

と同じように、Facebookもまた場所の中の場所、すなわちサブ環境を提供し、そこには他の人々は関心を持たないであろう興味を共有する人々のグループが集まります。情報アーキテクチャに関心を持つ人々のFacebookのグループはその一例です（図4-4）。

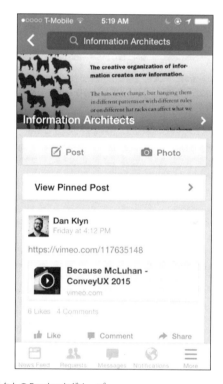

図4-4　情報アーキテクトのFacebookグループ

建築は社会的な機能を効率よく果たし、伝えるための物理的な環境を生み出すことを目的としています。情報アーキテクチャもまた、情報環境において同じことを目的としているのです。両者の大きな違いは、現実の建築では形式や空間、そして壁、屋根、家具といった物質の定義を行うのに対し、情報アーキテクチャではナビゲーションラベル、セクションの見出し、キーワードなどの語義を定義し、設計の指針、ゴール、ガイドラインなど、未来の場所の感覚を把握するためのものを定める点です（静

謐な人里離れた場所なのか、それとも楽しい交流するためのスペースなのか、など)。

4.4　組織化の指針

　建築家は物理的環境を組織化し、物語を与えるために、実績のあるさまざまな組織化指針を適用します。情報環境にもまた、全体に統一感を持たせ組織化するための、組織化指針が存在します。

　情報アーキテクチャと実際の建造物との重要な違いのひとつは、建物はその場所と時代においてその設計の唯一の存在であるという点です。フランク・ゲーリー (Frank Gehry) が設計したスペインのビルバオ・グッゲンハイム美術館はひとつしかありません。ただし美術館での体験は人によって大きく異なります（例：子供、車椅子利用者、視覚障碍者など）。美術館の構造とその他の要素は美術館独自のものであり、また周囲との関わり方も美術館特有のものなのです。

　一方、情報環境は多種多様な方法で表現することができます。例えば同じ Web サイトでも、大きな画面とマウスでデスクトップブラウザを使ってアクセスする場合と、携帯電話の 4 インチのタッチスクリーンでアクセスする場合とでは、見え方も感じ方も大きく異なります。しかしナビゲーションとセクションの見出しなどの構成要素は、どちらの場合においても同じ用語を使っています。

　その結果、情報アーキテクチャが作り出す意味的構造は、他の設計分野の製品よりも抽象的です。アーキテクチャの異なるインスタンスに統一性を持たせるには、同じ言語を使用し、構成する言語要素間の特定の関係や秩序を作ることです。

4.5　構造と秩序

　情報アーキテクチャの階層と要素の秩序は、完成した Web サイトに場所の意味と感覚を注入します。同じ業界の他のサイトやサービスとの差別化となる重要な部分です。

　建物の階層と秩序は、時代とともに発展してきたさまざまな複合的また組織的なパターンによって伝えられます。例えば建物の入り口には柱廊（ポーチ）がある場合が多く、視覚的にも入る方向が分かるようになっています（**図 4-5**）。入り口部分のみ屋根を変えたり、柱列や深い影ができるポーチの特徴的な構造は「この開いた部分は建物の表面において他の部分よりも重要である」と人々に伝えるしるしとなっ

ています。

図4-5 共通するパターンを使うことで、人々に入り口がどこかを知らせている建物。画像出典：https://www.flickr.com/photos/rogersg/13405084064（左上）、https://www.flickr.com/photos/97964364@N00/247860503（右上）、https://www.flickr.com/photos/ell-r-brown/10465420416（左下）、https://commons.wikimedia.org/wiki/File:Capitol_High_Court.jpg（右下）

情報アーキテクチャの意味構造にもまた、サイト全体の中の個々の要素の相対的な重要性を示す階層があります。例えば大規模なWebサイトやコンテンツの多いアプリのナビゲーション構造には通常「トップレベル」のリンクがあり、これらのリンクは階層構造の最上層の要素にしかリンクしていません（こうした構造を概念的に話し合う際には、サイトマップなどのダイアグラムとして表現します）。この第一の層という秩序が概念的な境界線を定義し、サイトの「形式」を認識する上で大きな役割を果たします。これは建物の主要構造が物理的な形式、使用方法、適応能力を定義するのに役立つのと同じです。

建物に共通するもうひとつの秩序が「リズム」です。リズムは格子構造、外装の装

飾にパターンとして現れます。これらのパターンは通りから建物の中へと入っていく部分に面白みや動き、階段などを加え、スムーズに進めるようにします。リズムとパターンは Web サイトにおいても、重要な秩序となります。それによってユーザーの情報の受け取り方が変わってしまうからです。例えば、検索結果をどう表示するかによっても「拍子」が違います。サイトによって表示の仕方の密度が異なるからです（**図 4-6**）。

　また Twitter や Flipboard などのフィードや、同じような情報の塊のストリームがある情報環境でも、ユーザーはリズムを体感します（**図 4-7**）。リズム感が生まれるのは、サイトがインタラクションな設計であるからだけではありません。アーキテクチャの決定が、多様なプラットフォーム上でどのようにユーザーにアーキテクチャを体験させるかに影響を与えるのです。

図4-6　「ソートする部門の選択」によって、Amazonの検索結果のリズムが変わる。上図ではすべての部門(「All」)を、下図では男性向け(「Men」)を選択したうえで「New Balance 993」を検索している

図4-7 Flipboardユーザーは、1ページずつ指でめくっていくようなリズム感を明確に体験する。この例はiPhoneアプリだが、Flipboardが使える他のシステムでもリズム感は変わらない

4.6　類型学

　この章の初めに、建物を建てた組織のニーズに合うように、さまざまなタイプの建物が発展してきたという話をしました。例えば今日の銀行の支店の多くは、競合する銀行同士であっても、互いに似たつくりとなっています。

　こうした建物のタイプは時代とともに変わり、その時代に適応してきました。**図4-8**に示した「バシリカ式」と呼ばれる古典的な建物について考えてみましょう。このタイプは長方形の建物と身廊（参拝者の椅子が並んでいる場所）、両側の2つの通路からなり、ローマ時代には当初裁判を行う場所として利用されていました。やがてバシリカ式はキリスト教の建物に採用されるようになり、今日の多くの教会が今もバ

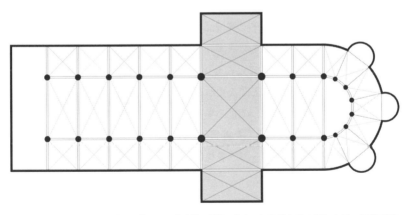

図4-8　典型的なキリスト教のバシリカ式建築の見取り図。身廊があるのがわかる。画像出典：Wikipedia「Basilica」https://en.wikipedia.org/wiki/Basilica

シリカ式を基本としています。その結果バシリカ式の建物を見ると、西洋人の多くはそこが信仰の場だと考えます。過去に同じような場所で何度も同じ体験をしてきたため、その場所で何をするかを知っているのです。

デジタル情報環境は実際の建物よりははるかに新しい存在ですが、やはり類型学から発展しています。例えば銀行のWebサイトの基礎となる情報構造は、競合する銀行のWebサイトの構造と似ています。同じことが航空会社、大学、病院、新聞、オンラインストアにも言えます。

情報環境のタイプを抽象化し一般化すると便利な理由はいろいろあります。第一にユーザーがどんなタイプの場所にいるのかを、簡単に伝えることができます。バシリカ式の建物に入ると「教会だ」と思うように、「銀行業務」「貸付と信用」「投資」「資産管理」というラベルのついたナビゲーションのあるWebサイトへ入れば、そこは「銀行」だと考えます。サイト名を知らなくても、このサイトが銀行だというしるしが他になくても、こうした情報構造が存在するだけで、どのような性質のビジネスがWebサイトを運営しているかのヒントとなるのです（**図 4-9**）。

第二にユーザーが環境を理解し、ナビゲートしやすくなります。今日あなたが銀行のWebサイトを設計するとしても、ユーザーがこのようなサイトを見るのはおそらく初めてではありません。以前に学習したやり取りをこのサイトでも行おうとし、また銀行サイトがどのように機能するかという予想もしています。探している情報がどこで見つかるかも予測しているでしょう。銀行などの一般的なタイプに分類される場所を運用する組織の場合、最終的な完成品であるサイトの分かりやすさと使いやすさは、サイトがどれだけ一般的なものを順守しているかに大きく左右されます。

最後に、標準的な構造を持つことこそが、競合他社のWebサイトとの差別化を容易にします（**図 4-10**）。矛盾して聞こえるかもしれませんが、同じスペースにある多くの組織の全体的な構造が似通っている場合、言葉の使い方や調子といった小さな違いがサイトを引き立てます。こうした差異が組織のブランドの定義に役立つのです（ただしあまりにもやりすぎるとユーザーを失います）。

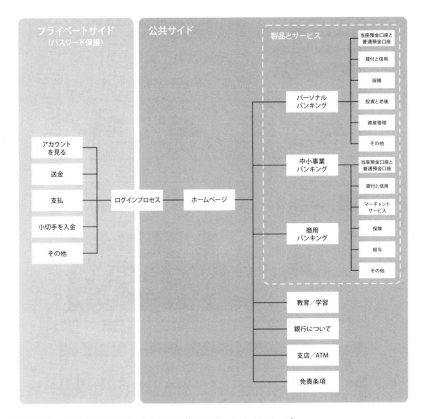

図4-9(1) 銀行のWebサイトの典型的な構造を描いたサイトマップ

図4-9（2） 類型学的な変形となる3つの銀行のスクリーンショット

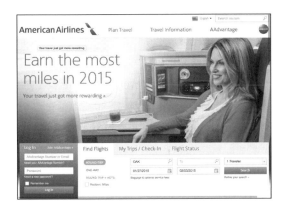

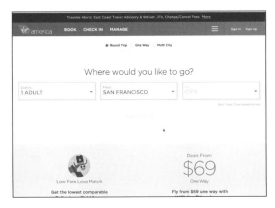

図4-10 若干の構造の違いによって区別できる、3つの航空会社のWebサイト。ユーザーの混乱を避けるため、「航空会社」という類型は3サイトとも維持している

4.7　モジュール性と拡張性

　多くの情報環境は動的で短命です。ビジネスニーズやユーザーの好み、新技術やテクニックの変化によって、絶えず変化しています。しかしすべての部分が同じように変化しているわけではありません。例えば Web サイトのビジュアルデザインは 5 年でほぼ変わりますが、基礎部分の情報構造は比較的同じ状態を維持しています。

　著書『How Buildings Learn: What Happens After They're Built』の中で、スチュワート・ブランド（Stewart Brand）は、各層が時間の経過に伴って異なる速度で変化する 6 つの層（6 つの「S」）で構成される建物について説明しています（**図 4-11**）。変化の速度が遅い順に並べると次のようになります。

土地（Site）
　建物の地理的環境。変化の速度は最も遅い（時間変化による層というこの概念を発案したフランク・ダフィー（Frank Duffy）は「場所は永遠である」と述べています）。

構造（Structure）
　建物を支える骨組み。基礎、支柱、スラブ、その他建物を支える建材を含む。

外装（Skin）
　建物の外面。

サービス（Services）
　建物の「心臓部」（電気設備、暖房、換気、空調、配管など）。

空間計画（Space Plan）
　建物の内部レイアウト。仕切りやドアを含む。

モノ（Stuff）
　家具、電化製品、日常的に使うものなど。これらの変化の速度は最も早く、毎月変わる場合もある。

　家具や建物の間仕切りは使い方によって比較的頻繁に変わるかもしれませんが、建

物の構造や外装など変化の遅い層はもっと長持ちします。きちんと設計された建物は長期間にわたり、さまざまな異なる用途に対応することができます。建物の新たな活用法が、建物を支える建材など比較的変わらない層によって決まるのは珍しくありません。

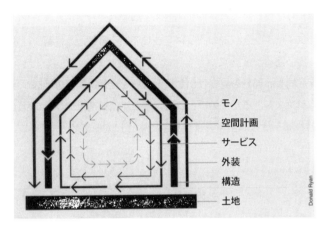

図4-11　スチュワート・ブランドの「時間変化による層」

　情報環境も、時間変化の速度が異なる層で構成されています。Webサイトのページレイアウト、ビジュアルデザイン、インタラクションの仕組みなどは流行を反映して変化しますが、意味構造は比較的安定しています。情報アーキテクチャは比較的寿命の長い、意味構造の定義に主に焦点を当てています（**図4-12**）。ユーザーはサイトの意味構造に慣れているため、この構造を突然変えたりすると混乱してしまいます。

図4-12　FedExのWebサイトにおける主なナビゲーション構造。2005年（上）と2015年（下）で比べると2015年にはかなり単純化されユーザーフレンドリーになっているが、基本的な構造は変わっていない

4.7　モジュール性と拡張性

デジタル情報環境のダイナミズムを考えると、情報環境アーキテクチャの適応性と拡張性は、実際の建物の場合よりも重要です。どんな情報アーキテクチャでも、「非常に柔軟」から「非常にもろい」までの範囲の中に当てはめることができます。「非常に柔軟」が理想的だと思うでしょうが、常にそうとは限りません。柔軟さはあいまいな言語の使用につながるため、コミュニケーションが不明確になりがちです。このため、中間あたりに落ち着くのが理想的です。中間あたりであれば変化に対応しつつも、目的やアフォーダンス（身の回りに存在している意味ある情報）は明確かつはっきりしているといえるからです。

　変化の速度が異なる部分を見つけ出し、それらを全体に関連付けながら個々に切り離すのも、バランスをとるためのひとつの方法です。構造全体がサブサイトの多くに対応可能であれば、サイト全体もより柔軟で変化に対してオープンになります（**図4-13**）。

図4-13　Googleにはさまざまなサブサイトがあり、それぞれに独自のサブドメインとアイデンティティがある。これによって全体に目立った影響を与えることなく、新たな製品やサービスを作り出す柔軟性が実現している

4.8　地球上で一番幸せな場所

　物理的な場所の設計と同様に、情報アーキテクチャはユーザーのニーズ（情報を快適かつ馴染んだ場所で見つけ、理解したい）とサイトを所有する組織のニーズ（一定の売り上げ目標など、達成したいビジネス目標である場合が多い）、そして社会全体とのバランスを取ろうとします。適正なバランスが取れると、Web サイトから物理的な環境のウェイファインディングシステム（the wayfinding systems：道順を見つけるためのシステム）にいたる、組織全体の製品とサービスに一貫性が生まれ、理解しやすくなります。

　入念に設計された組織化構造は、ユーザーが新しい、見慣れない環境を理解するのに役立ちます。この原理のよい例が、初のテーマパークであるディズニーランドです（テーマパークというこの新しいコンセプトは、ディズニーランドが開園した 1955 年に誕生しました）。最初のディズニーランドの設計は、ディズニーのバーバンクスタジオの道路をはさんだ小さな土地に、いくつかのアトラクションがあるだけでした。テーマパークに対するウォルト・ディズニーのアイディアと野望が膨らむのに従って、原理を組織化する必要性が明らかになっていったのです。

　最終的に浮上したソリューションが、中央にハブを設け、5 つの異なるテーマを持つ「ランド」につなげるというものでした。つまり「アドベンチャーランド」「フロンティアランド」「ファンタジーランド」「トゥモローランド」、そして「メインストリート U.S.A.」です。各「ランド」にはアトラクション（ライド、ショー、展示）、レストラン、ショップ、トイレなどのサービスがあります（**図 4-14**）。ゲストが南太平洋や人里離れた西部の町、あるいはアリスの不思議な国にいるかのように感じられるよう、すべてが丁寧かつ入念にテーマに合わせて構成されています。

　「ランド」はまた、構造を物語にするという方法を導入しました。当初のセットが 1950 年代中頃のアメリカ人に人気のテーマを反映していたのは偶然ではありません。宇宙開発競争が再開し、「西部劇」が大流行し、大人は若かりし頃の馬車が行き交っていた大通り（メインストリート）に郷愁を感じていました（自動車文化へ置き換わろうとしていた時代でした）。ターゲットとする顧客が理解し、感情移入できるコンセプトをベースとした明確な組織化によって、テーマパークという新しい、見慣れないアイデアが、理解できる、魅力的なものとなったのです。

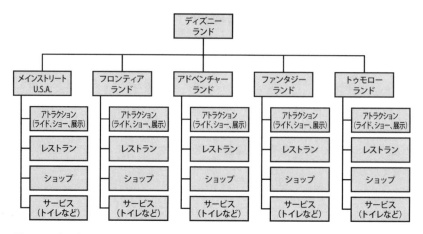

図 4-14 ディズニーランドの組織化構成は、「テーマパーク」という新しい見慣れないコンセプトを、感情やファンタジー的な世界観に訴えることによって、1950年代中頃のアメリカ人に簡単に理解できるようにした

このコンセプトによる構造は、ディズニー・カンパニーの他の製品にも反映されています。例えば「ランド」への区分は、ディズニーの最初のテレビ番組制作にも利用されています。第1週目の特集はアドベンチャーランド物語でした。次週はトゥモローランドのお話。同じ期間に公開されたディズニー映画もまた、パークのテーマを反映、影響を受けていました。「眠りの森の美女」はファンタジーランドのテーマを示したものであり、ドキュメンタリー・シリーズの「トゥルー・ライフ・アドベンチャー」はアドベンチャーランドのテーマを表していました（ディズニーはエンドツーエンドで企業シナジーを起こす、初のそして最良の実践者として広く認知されています）。

ディズニーランドの体験を定義する意味構造は、場所そのもののコンテキストの設定だけにとどまらず、そこを訪れる人々にまで広げられています。ディズニーのパークでは、来園者は「ゲスト」と呼ばれ（ディズニーによってサービス業界に導入された革命）、パークの従業員は「キャスト」と呼ばれます。パークの環境における人々の振る舞いを定義し差別化するために、念入りに選択された用語です。

ハブを取り巻く「テーマ」と「ランド」の構造は時が流れてもディズニーにしっくりと馴染み、有機的成長と一貫した構造内での変化に対応していきました。来園者の趣味の変化に合わせるために個々のランドには新たなアトラクションが追加され

（1970年代に絶叫ライドが大量に追加されました）、それぞれのランドのテーマも強化されました。頻度は低いものの新たなランドも追加され、ゲストがさまざまな体験ができるようになっています。パークは明確な「ランド」で構成されているので、ゲストはこうした変化（時には不快ですらある）もより容易に受け入れ、理解することができます。メソッドすべてが熱狂へとつながっているのです。

1970年代初頭以降、ディズニーはほぼ10年ごとに世界各地に新しいディズニーランド形式のテーマパークを建築しています。そしてこれらの新たなパークはオリジナルの組織化スキームに沿ったバリエーションとなっており、その時代と場所にふさわしいものとなっています（図4-15）。

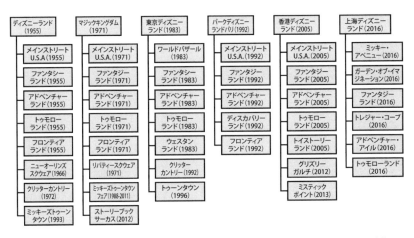

図 4-15　ディズニーランドのコンセプト構造は一貫性と拡張性を持ち、また文化とその時代への順応性を持つ（東京ディズニーランドの「フロンティアランド」は「ウェスタンランド」と呼ばれ、香港ディズニーランドには「フロンティアランド」自体が存在しない、など）

デジタル製品とサービスの情報アーキテクチャも、同様のプレイスメイキング的な役割を果たします。ディズニーランドとよく似た構造を示しているWebサイトの一例がeBayです。テーマ「ランド」の代わりに、eBayには特定の商品へのユーザーの関心に焦点を当てたカテゴリーがあります。「eBay モーターズ」のようなカテゴリーは、非常に特化されたナビゲーション構造を持つ効果的なサブサイトとなっています（図 4-16）。eBayもまた、ユーザーの役割を定義するためのラベルを慎重に選んでい

ます。どんな場合においても、ユーザーは「買い手」または「売り手」として行動します。この名詞がユーザーの行動範囲を事前に定義した範囲に収まるよう制限するのです。

　チャンネル間の一貫性は重要ですが、情報アーキテクチャは各チャンネルの現在のユーザーの特定の情報ニーズに応える必要があります。ディズニーランドのWebサイトでは同パークの主要組織化原理である「ランド」構造を採用していない点は注目に値します（**図4-17**）。Webサイトのユーザーの情報ニーズは、パークのゲストの情報ニーズとは異なります。ユーザーのほとんどはディズニーランドそのものを体験したことがなく、パークでバケーションを楽しむための予約がしたいのです。したがってディズニーランドのWebサイトの情報アーキテクチャは、ホテルなどの典型的な旅行＆サービス型を反映しています。「ランド」構造はサイトでも伺えるものの、その重要性はずっと低く、パークのアトラクションを説明するサイトのセクションで取り入れられている程度です。

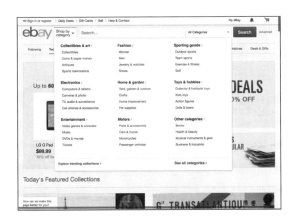

図4-16 eBayのカテゴリーはディズニーランドの「ランド」と似た役割を果たしている。ユーザーが場所を体験できるようコンテキストが設定されている。検索用語は推奨カテゴリーに沿って表示され、ユーザーが何を探そうとしているかをコンテキストから推測している

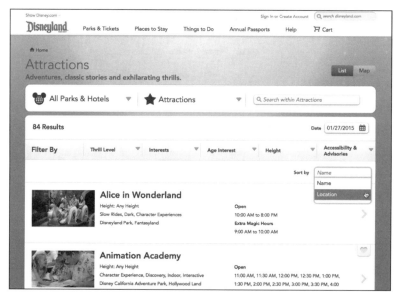

図4-17 ディズニーランドのWebサイトで用いられている情報アーキテクチャは「旅行&サービス」型。パーク全体に行きわたっている「ランド」構造は、サイトではサポート役に準じている

4.9 まとめ

この章で学んだことをまとめましょう。

- 情報環境の構造はものをどのように見つけるかよりも大きな影響を与えます。また理解の仕方も変えます。

- 取引、学習、そして他の人々とつながるなど、さまざまな活動において、私たちは情報環境を場所として体験しています。

- 情報環境を設計する際、物理的な環境の設計から学ぶことができます。

- 組織化原理の中には、物理的な環境から情報環境に取り入れられたものがあります。構造と秩序、リズム、類型学、モジュール性と拡張性など。

ここまで読めばもうお気づきかもしれませんが、「見つけること」と「理解すること」はそれほどかけ離れたゴールではありません。同じ硬貨のウラとオモテなのです。情報環境、つまり情報を収める背景を理解することは、情報環境にある情報をどのように見つけるかに影響を与えます。その逆も然りです。環境の組織化構造は、そこで何ができるかを人々に理解させる上で重要な要因となります。また人々がその環境に加わった時に見つけたい、生み出したいと願う情報にも影響を与えるのです。

いずれにせよ、きちんと土台作りができたことを祈ります。次は本書のII部へ進み、情報アーキテクチャがこうした目標を達成するための基本原理を探っていきます。

II部
情報アーキテクチャの基本原則

　これまでの章では、目標とは何か、情報豊かな製品やサービスにするにはどうしたらよいかなど、概念的な観点から情報アーキテクチャを論じてきました。情報アーキテクチャがどんなものなのか、高いレベルで理解いただけたのではないでしょうか。

　II部では多くの相互情報環境が所有する4つのシステムを見ていくことで、より下のレベルへと掘り下げていきます。4つのシステムとは、組織化システム、ラベリングシステム、ナビゲーションシステム、検索システムです。またシソーラス、制限語彙、メタデータについても述べていきます。「目に見えない」システムが情報環境の形成を背後で手助けしているのです。

　これらは情報アーキテクチャの構成要素です。構成要素のおおまかな説明から始めて、これらが情報環境との相互作用の体験全体にどのような影響を与えているかを述べていきます。

　では始めましょう！

5章
情報アーキテクチャの解剖学

> 私たちは2つの実体のないものの間にある何かを探している。
> まだ設計していない形で、きちんと説明できない文脈だ。
> —— **クリストファー・アレグザンダー**
> （**Christopher Alexander**）

本章では、次の内容を取り上げます。

- 情報アーキテクチャをできる限り分かりやすいものにすることが、なぜ重要（そして難しい）なのか

- 情報アーキテクチャをトップダウン、ボトムアップの両方のアプローチで視覚化するための例

- 情報アーキテクチャの構成要素を分類する方法を示し、それによって情報アーキテクチャをより理解し、説明できるようにする

I部では、概念的な観点から情報アーキテクチャを論じてきました。この章では「情報アーキテクチャとは実際のところ何なのか」について、より具体的な見方を述べていきます。またアーキテクチャの構成要素も紹介します。構成要素は、情報アーキテクトとひと揃いの道具のようなものなので、しっかりと理解しておくことが重要です。詳細については6章から10章で説明します。

5.1　情報アーキテクチャの視覚化

　情報アーキテクチャの視覚化はなぜ重要なのでしょうか。2章でも触れたように、この領域は抽象的なため、情報アーキテクチャの基本的前提を概念的に理解していたとしても、実際に見るか経験するかしないかぎり、本当に「理解する」ことはできないからです。また、うまく設計されている情報アーキテクチャはユーザーには見えません（逆説的ではありますが、見えないことこそが情報アーキテクチャが成功しているしるしという、報われないごほうびなのです）。

　視覚化が必要なのは、情報アーキテクチャを重要な人々に説明しなければならないことがよくあるからです。相手は同僚、マネージャー、見込み客、クライアントかもしれませんし、恋人やパートナーかもしれません。その人々に対して情報アーキテクチャとは何かを示したいと考えるでしょう。

　それでは馴染みのある、Webサイトのメインページから始めましょう。**図5-1**はミネソタ州セントピーターにあるグスタフ・アドルフス大学のメインページです。

　このサイトで目立つのは何でしょうか。まず、サイトの視覚的なデザインが目に飛び込んできます。サイトの色、フォントスタイル、写真に注目せずにはいられません。また、サイトの情報デザインも目に留まることでしょう。例えばさまざまな幅の列がいくつも用いられています。

　よく見ると、メインメニューの選択肢の上をマウスオーバーするようになっているなど、サイトにインタラクションデザインが存在するのがわかります。ただし大学のロゴとロゴタイプは目立つものの、大学のメッセージとブランドを伝えるのに、ほぼテキストに依存しています（「Make your life count（君の人生を意味あるものにしよう）」「Where Gustavus can take you（グスタフが君を連れていく）」など）。またサイトそのものは問題なく機能していますが、メインページ以外のサポートするテクノロジー（および関連する専門技術）では、例えばブラウザのウィンドウを小さくして表示するとうまくリフローしないなどの点に気づきます。設計者は、モバイルブラウザで表示する際にすばやく表示するWeb設計テクニックを知らなかったか、それについて考えていなかったと思われます（**図5-2**）。

図5-1 グスタフ・アドルフス大学のメインページ

図5-2　レスポンシブなWebデザインテクニックの採用により、スマートフォンのブラウザでも適切に閲覧できるグスタフ・アドルフス大学のサイト。メニューの「ハンバーガー」アイコン（≡）からナビゲーションと検索が行える

　このように、私たちが気付くのは情報アーキテクチャではないものばかりです。そもそも認識可能なのでしょうか。これから挙げる見方を知れば、情報アーキテクチャがどれだけ目に見えるものであるかに驚くかもしれません。情報アーキテクチャは以下のように組織化されています。詳しくは後の章で説明します。

- **組織化システム**は、サイトの情報をさまざまな方法で表示します。キャンパス全体に関連するコンテンツのカテゴリー（トップバーの「Academics」や「Admission」の選択など）、または特定のユーザーを対象とした中段左側の「Future Students」や「Staff」など。

- **ナビゲーションシステム**は、メインのナビゲーションバーにある個々のドロップダウンメニューでそれぞれの組織へ進めるようにするなど、コンテン

ツ内をユーザーが動き回れるようにします。

- **検索システム**は、ユーザーがコンテンツを検索できるようにします。サイトの検索バーに文字を入力すると、検索キーワード候補の一覧が表示されます。

- **ラベリングシステム**は、カテゴリーやオプション、リンクを、ユーザーが理解できる言葉で（できれば）説明します。ページ内にいくつも例を見ることができます（「Admission」、「Alumni」、「Events」など）。

5.2 トップダウン型の情報アーキテクチャ

　カテゴリーはサイト全体でページやアプリケーションを分類するのに用いられています。ラベルはサイトのコンテンツを系統的に表示するのに、またナビゲーションシステムと検索システムはサイト内を動き回るのに利用されます。グスタフ大学のメインページは、「入試情報はどこで入手できるのか」「今週キャンパスでは何が行われるのか」といったユーザーの主な情報ニーズに答えようとしています。サイト設計者は最も問い合わせが多い質問が何かを懸命に判断し、そうしたニーズに応えられるサイト作りに尽力しています。こうした構造を**トップダウン型情報アーキテクチャ**と呼び（**図5-3**）、グスタフ大学のメインページを訪れたユーザーが持っているであろう、典型的な「トップダウン型」の質問に対処しています。

1. 私はどこにいるのだろう？
2. 探しているものは分かっているのだけれど、どうしたらいいのだろう？
3. このサイトをどうやって見て回ればいいのだろう？
4. グスタフ大学特有のこと、また重要なことは何だろう？
5. このサイトで何ができるだろう？
6. 今現在グスタフ大学では何が起こっているのだろう？
7. ほかの一般的なデジタル的な方法でグスタフ大学と連絡をとるにはどうしたらいいのだろう？

8. 人と直接連絡をとるにはどうすればいいのだろう？

9. グスタフ大学の住所は？

10. 自分のアカウントへのアクセス方法は？

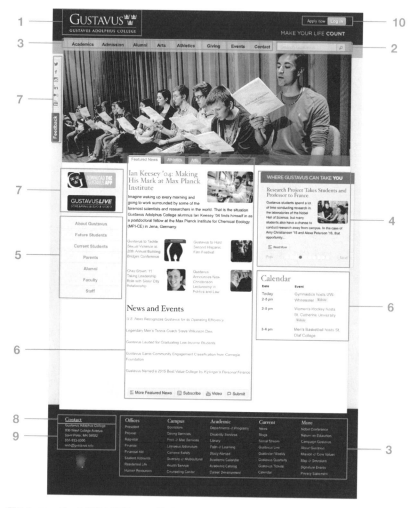

図5-3 ユーザーの質問と質問への回答が詰め込まれたグスタフ大学のサイトのメインページ

トップダウン型の情報アーキテクチャでは、サイト設計者はこうしたユーザーの質問に回答するための構造を設定します。コンテンツ、ページレイアウトなどの形式は、主に「上から」定義した構造をサポートするように設計、作成されます。本書の初版を執筆した当時は、これが情報アーキテクチャの主流でした。当然ですが、当時の読者の多くは、ゼロから新しいサイトを設計していました。やがて情報環境がより動的になり、より高性能な検索エンジンが普及するようになると、それまでとは異なるボトムアップ型の情報アーキテクチャが目立つようになります。

5.3　ボトムアップ型情報アーキテクチャ

　コンテンツ自体に情報アーキテクチャが埋め込まれています。例えば図 5-4 は、Epicurious[※1] の Android 版アプリでギムレットのレシピを表示した画面です。

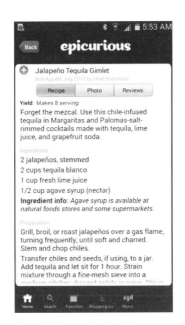

図5-4　Epicuriousのアプリで表示したギムレットのレシピ

※1　Epicurious：35,000 件以上のレシピが集められたレシピ検索アプリ。検索したレシピの作成手順はもちろん、必要な材料を揃えるための買い物リストも表示される。http://www.epicurious.com/

画面下にあるナビゲーションのオプション以外には、ここにはあまり情報アーキテクチャはなさそうに見えますが、本当はあるのです。

　レシピ自体ははっきり表現されています。タイトルが 1 番上。材料のリスト。その後に作り方の手順と、何人分かが書いてあります。この情報は「chunked（チャンク[※1]化されている）」なので、何が何を表しているのか分かるようになっています。チャンキングは検索とブラウジングの手助けにもなるのです。例えば、ユーザーは「recipe titles（レシピ集）」のチャンクでギムレットを探し、このレシピを入手できます。これらのチャンクは非常に理にかなった順番で並んでいます。ギムレットを作る前に知りたいのは材料だからです（アガベシロップはあったかな？）。チャンクの定義、置き場所が連続しているおかげで、このコンテンツがレシピであることが、読む前に分かります。またコンテンツが何についてのものかが分かれば、使い方や、内容の見方や、他へ行けるのかどうかも理解できます。

　このように、情報アーキテクチャがどこにあるかは、よく見れば分かります。たとえコンテンツの中に埋まっていたとしても、です。実際、検索とブラウジングをサポートすることで、コンテンツに内在している構造によってユーザーの質問に対する答えが表面化します。これをボトムアップ型の情報アーキテクチャと言います。コンテンツ構造、シークエンス、タグも、次のような質問に答えるのに役立ちます。

- 自分がどこにいるのか？
- ここはどこなのか？
- ここからどこへ行くことができるのか？

　ボトムアップ型の情報アーキテクチャは「上からの」指示ではなく、システムのコンテンツに内在し、またコンテンツから提案を受けます。トップダウン型の情報アーキテクチャを回避するユーザーが増えている現在、ボトムアップ型が重要となっています。ユーザーは Google 検索などの検察ツールを利用したり、広告をクリックした

※1　チャンク：「チャンク」とは「言葉の一塊」といった概念のことで、「短期記憶」に保持される情報の単位のこと

り、FacebookやTwitterなどのソーシャルネットワークでリンクをクリックしてサイトのコンテンツを読み、自分でサイト内を探し回るからです。ユーザーはサイトさえ見つけてしまえば、トップダウン型の構造の使い方など知らなくても、サイト内の関連コンテンツを見て回りたいと思っています。こうした利用方法に対処できるよう設計されているのが、優れた情報アーキテクチャです。キース・インストーン（Keith Instone）のシンプルで実用的な「ナビゲーション・ストレス・テスト」は、サイトがボトムアップ型の情報アーキテクチャになっているかどうかを評価するのに役立ちます。

図5-5はボトムアップ型情報アーキテクチャの少々異なる例を示しています。画像は本書の著者のひとりのiCloudアカウントに保管されているもので、iOSの「写真」アプリで表示されています。

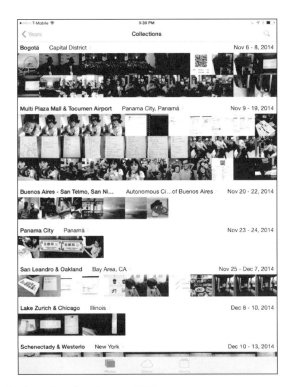

図5-5　iOSの「写真」アプリの「コレクション」画面

情報アーキテクチャとコンテンツ自体を除けばほとんど見るべきものがありません。コンテンツは個々の画像を示す単なるサムネイルの集まりで、情報アーキテクチャはディスプレイ全体を占めています。コンテンツのコンテキストを提供すると同時に、ここで何ができるかを説明しています。

- 私たちがどこにいるかを情報アーキテクチャが説明している（「写真」アプリで「コレクション」画面を見ると、このコレクションは日付と撮影地点ごとに並べられている）。
- ほかの関連するビューへの移動方法を知らせている（自分で定義した写真のコレクションである「アルバム」への切り替えなど）。
- 情報階層の変更（日付と場所といったより細かな分類ではなく、保存した年によって分類したものを選択できる）、または関係性から（写真を撮影した地域をタップすると、地図の上に撮影した場所ごとに写真を並べて閲覧できる）写真を見るという選択が可能。
- 時間や場所などさまざまな基準によってコンテンツを検索できる。
- コンテンツをほかのユーザーと共有できる。

多くの点で、「写真」アプリは情報アーキテクチャ以外の何ものでもありません。そのボトムアップ型構造は主にメタデータと、コンテンツ（写真）に埋め込まれた深い部分で関連したリンクによって定義されており、人々がこれまで写真を整理してきた方法に則っています。

5.4　見えない情報アーキテクチャ

これでもう「見方さえ知っていれば、情報アーキテクチャは目に見える」と分かったと思います。しかし、情報アーキテクチャは目に見えないことが多いもの、と理解しておくことも重要です。図5-6 は、BBC の Web サイトにおける検索結果を示しています。

ここでは何が起こっているのでしょうか？「Ukraine（ウクライナ）」を検索したと

ころ、いくつかの結果が表示されましたが、なかでも興味深いのが「Editor's Choice（編集者のおすすめ）」というラベルがついた3つの検索結果です。ご存知のとおり、これらの検索結果はすべて、検索エンジンというユーザーの目には決して触れることのないソフトウェアが取得してきたものです。検索エンジンはサイトの特定の部分をインデックス付け、検索し、検索結果として特定の情報（ページタイトル、抜粋、日付など）を表示し、検索クエリーを何らかの方法で操作するように（例えば「stopwords」と呼ばれる「a」、「the」、「of」を取り除くなど）構成されています。検索システムの設定に関するこうした取り決めをユーザーは知りませんが[※1]、この取り決めが情報アーキテクチャの設計には不可欠です。

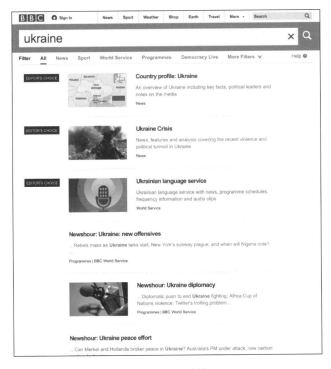

図5-6 3つの「Editor's Choice」リンクを含むBBCの検索結果

※1　こうした作業は検索ログをもとに行われることが多く、編集者は検索ログからどの検索用語を入れればメリットが大きいかを知ることができる

5.4　見えない情報アーキテクチャ

「Editor's Choice」という検索結果は人の手で作成されたものです。BBC社内の誰かが「Ukraine」は重要な用語だと判断し、また通常ならばほとんどの検索結果で上位に来るニュースが、BBCのベストコンテンツではないと判断したのでしょう。そこでこの、最も関連性の高い3つのページを編集部の知識にもとづいて選び出し、「ウクライナ」という用語と関連付け、誰かが「Ukraine」を検索した時に、必ずトップに表示されるようにしたのです。ユーザーはこれらの検索結果は自動的に生成されたと思っているかもしれませんが、実際は人間が背後で、情報アーキテクチャを操作しているのです。これもまた、見えない情報アーキテクチャなのです。

情報アーキテクチャはナビゲーションのルートを描いた単なる青写真でもなければ、視覚的なデザインを知らせるワイヤーフレームでもありません。それを超えるものです。この分野に関わるのは目に見えるものだけではありません。作業を定義するのは目に見える性質と目に見えない性質との両方であり、その両方が作業の難しさを物語っています。

5.5　情報アーキテクチャの構成要素

情報アーキテクチャを構成する要素を正確に把握することは困難であると言えます。ユーザーが直接関わる要素もあれば、これまで見てきたように、ユーザーがその存在に気づかないほど後ろに隠れている要素もあるからです。

以降の4つの章では、情報アーキテクチャの構成要素を、先述した以下の4つのカテゴリーに分解して論じていきます。

組織化システム

　いかに情報を分類するか。例として、サブジェクト別や時系列順。6章「組織化システム」参照。

ラベリングシステム

　いかに情報を表現するか。例として、一般用語（「かえで」）か、科学用語（学名用の「Acer」）か。7章「ラベリングシステム」参照。

ナビゲーションシステム

　いかにブラウズしたり情報間を移動したりするか。例として、階層をクリックで

動き回るなど。8章「ナビゲーションシステム」参照。

検索システム

いかに情報を検索するか。例として、インデックスに対して検索要求を実行することなど。9章「検索システム」参照。

どのような分類にも問題があるものですが、ここにも問題があります。例えば、ラベリングシステムと組織化システムを区別することは困難です（ヒント：コンテンツを組織化してグループにし、それからそのグループにラベル付けをします。各グループに違ったラベルを付けることができます）。そのような場合、新しいやり方で対象をグループ分けするといいかもしれません。これらのシステムを詳しく検証する前に、情報アーキテクチャ要素の分類方法で、もう1つの方法を説明しましょう。この方法は、ブラウジングサポート手段、検索サポート手段、コンテンツとタスク、「目に見えない」要素、の4つから構成されています。

5.5.1　ブラウジングサポート手段

こうした要素はユーザーにあらかじめ決めた道筋を提供することによって、ユーザーが情報環境をナビゲートする手助けをします。4章で説明したように、場所の感覚を持つのにも役立ちます。ユーザーは自分の質問をはっきり口には出しませんが、代わりにメニューやリンクを辿って道を見つけるのです。ブラウジングをサポートするものは以下のとおりです。

組織化システム

サイトのコンテンツをカテゴライズ化、またはグループ分け（トピック別、タスク別、オーディエンス別、時系列別など）する主要な方法。分類、階層としても知られている。ユーザーが作成するタグも、組織化システムのひとつの形である。

ジェネラルナビゲーションシステム

第一次的ナビゲーションシステムであり、ユーザーが自分は情報環境内のどこにいるのか、どこへ行けるのかを理解するのに役立つ。

ローカルナビゲーションシステム

第一次的ナビゲーションシステムであり、ユーザーが自分は部分的情報環境（例：サブサイトなど）内のどこにいるのか、どこへいけるのかを理解するのに役立つ。

サイトマップ／目次

第一段階のナビゲーションシステムを補うナビゲーションシステム。主要なコンテンツの領域と、サイト内に存在するサブサイトへのリンクと全体像の要約。たいていアウトラインの形をとる。

インデックス

環境のコンテンツへのリンクをアルファベット順に一覧にした、補足的なナビゲーションシステム。

ガイド

特定のトピックに関する情報、およびコンテンツに関連したリンクを専門的に補うナビゲーションシステム。

ウォークスルーとウィザード

段階を追ってユーザーを導く、補足的なナビゲーションシステム。コンテンツに関連する対象へリンクしている場合もある。

コンテキスト的ナビゲーションシステム

一貫してコンテンツに関連したリンクを示す。テキスト中に埋め込まれていることが多く、一般的には情報環境内の非常に専門的なコンテンツへとつながっている。

5.5.2　検索サポート手段

　これらの要素はユーザー定義クエリー（例：検索）を入力できるようにし、そのクエリーにマッチする結果をカスタマイズしたものを自動的にユーザーに提示します。ブラウジングのサポート手段に対して、この検索のサポート手段は動的に自動化されています。検索の要素には以下のものが含まれます。

検索インターフェース

　検索クエリーを入力、修正する手段。一般的に、クエリーを向上させる方法に関する情報や、検索を構成する方法も提示している（例：特定の検索ゾーンを選択するなど）。

クエリー言語

　検索クエリーの文法。クエリー言語は、ブール演算子（例：AND、OR、NOT）や演算子（例：ADJACENT、NEAR）や検索フィールドを特定する方法（例：AUTHOR="Shakespeare"）を含むこともある。

クエリービルダー

　クエリーの性能を向上させる方法。一般的な例としてはスペルチェッカー、ステミング、概念検索、シソーラスからの類義語の読み出しなどがある。

検索アルゴリズム

　検索エンジンの一部で、どのコンテンツがユーザーのクエリーに合うかを決定する。Google の PageRank は最も有名な一例。

検索ゾーン

　サイトコンテンツのサブセットで、より狭い範囲の検索をサポートするために別々にインデックス付けされている（例：ソフトウェアベンダーのサイト内にある技術サポートエリアを検索する場合など）。

検索結果

　ユーザーの検索クエリーに合ったコンテンツを表示する。検索結果をいくつ表示するか、どうランク付けするか、並び順をどうするか、どうまとめるかなど、検索結果を構成するコンテンツの様式を決める必要がある。

5.5.3　コンテンツとタスク

　要素はユーザーの行きたい方向への道しるべとなるのに対し、コンテンツとタスクはユーザーの最終目的地であるといえます。しかし情報アーキテクチャからコンテンツとタスクを分離することは困難です。なぜなら道を見つけ出す手がかりとなる要素

は、コンテンツとタスクの中に埋め込まれているのですから。コンテンツとタスクの中に埋め込まれている情報アーキテクチャの要素には以下のようなものがあります。

見出し

あとに続くコンテンツのためのラベルのこと。

埋め込みリンク

テキスト中のリンク。リンク先のコンテンツをラベル付け（表示）している。

埋め込みメタデータ

メタデータとして使用されるが、まずは抜粋されなければいけない情報（例：レシピであれば、材料がリストアップされていたら、この情報はインデックス付けすることで、材料で検索できる）。

チャンク

コンテンツの論理的ユニット。粒度が異なる（例：「節」も「章」もチャンク）。ネストされている場合もある（例：「節」は「本」の一部）

リスト

チャンクのグループ、またはチャンクへつながるリンクのグループ。これらはグループとしてまとまっているから重要（例：共通の特徴がある）なのであり、何らかの順序で並べられている（例：時系列）。

連続的手段

プロセスやタスクのどこにユーザーがいるのか、あとどれだけ先に進めばそのプロセスやタスクが完了するのかを示すヒント（例：8 ステップある内のステップ 3）。

識別子

情報システムのどこにユーザーがいるのかを示すヒント（例：サイト特有のロゴや、サイト内の現在地を示す「パンくずリスト」[※1]ナビゲーション）。

※1 パンくずリスト（Breadcrumb list）：サイトのツリー構造を持ったハイパーリンクを一覧として表示する機能のこと

5.5.4 「目に見えない」要素

　カギとなるアーキテクチャ的要素には、まったく前面に出ることなく機能しているものもあります。ユーザーがそれらとインタラクションを持つことは（もしあったにせよ）稀です。このような要素は他の要素に「フィード」していることが多くあります。その一例として、検索クエリーを強化するために用いられるシソーラスがあります。目に見えない情報アーキテクチャ要素には、以下のようなタイプがあります。

制限語彙
> 特定の範囲を指す優先用語をあらかじめ決めたもの（例：オートレーシングまたは整形外科手術など）。一般に、変形用語（例：「brewski」は「beer」の変形用語）を含む。シソーラスは優先用語を記述するとともに広い意味や狭い意味の用語へのリンクも含む制限語彙（「スコープノート（統制語の説明）」として知られている）。検索システムはクエリーの類義語を制限語彙から抽出することで、クエリーを強化する。

検索アルゴリズム
> 検索結果を関連性によってランク付けするのに用いられる。検索アルゴリズムは、プログラマーがどのように関連性を決定したかという判断を反映している。

一番のおすすめ（Best bets）
> 検索クエリーと手作業で組み合わされた、おすすめの検索結果。編集者とそのテーマに詳しい専門家が、どのクエリーをおすすめとすべきか、どの文書をおすすめとするのが最もメリットがあるかを決定する。

　アーキテクチャ要素を分類するために使う方法が何であっても、情報アーキテクチャの抽象的な概念を掘り下げることや、具体的な側面に慣れ親しむ上でもこれらの要素は役に立つことでしょう。この後の章では、情報アーキテクチャのポイントを詳しく見ていきます。

5.6 まとめ

この章で学んだことをまとめましょう。

- 情報アーキテクチャを他人に説明しなければならないかも知れないので、相手が視覚化できるようにすることが重要です。
- 情報アーキテクチャはトップダウン型、またはボトムアップ型で視覚化可能です。
- 情報アーキテクチャを分類する方法はさまざまですが、本書では組織化システム、ラベリングシステム、ナビゲーションシステム、検索システムの4つのカテゴリーで見ていきます。

基本システムの全体像を見てきたので、次はまずその最初のひとつ、組織化システムへ進みましょう。

6章
組織化システム

> 理解は、分類することから始まる。
> ── **ハイドン・ホワイト**
> （Hayden White）

本章では、次の内容を取り上げます。

- 情報の組織化を難しくしている、主観性や政治およびそのほかの理由について
- 厳密であいまいな組織化スキーム
- 階層、ハイパーテキスト、リレーショナルデータベース構造
- タグ付けとソーシャル分類

　私たちが世界をどう理解するのかは、情報をどう組織化するかによります。「住む場所はどこか」「仕事は何か」「あなたは誰か」こうした質問に対する答えには、ものごとを理解する基礎である、分類システムが表れます。住んでいる場所は、ある国の、ある地域の中の、とある町です。働いている場は、ある業界の、ある企業内の、とある部署です。私たちは親であり、子であり、兄弟姉妹です。

　ものごとを組織化するのは、理解を助けたり、説明および管理をしやすくするためです。分類システムは、もともと社会的、政治的な考え方や目的を反映しています。例えば「私たちは第一世界に住んでいる」「彼らは第三世界に住んでいる」「彼女は自由の闘士」「彼はテロリスト」という表現にも、考え方などが反映されています。どのように情報を組織化し、ラベル付け、関連付けするかによって、人々がどう受けと

めるかが変わります。

　情報アーキテクトは、人々が求めている正しい答えを提供し、その答えを分かりやすいものにするために、情報を組織化します。カジュアルブラウジングや直接検索の手段も提供しなければなりません。情報アーキテクトは、ユーザーが理解しやすいように、情報を組織化してラベリングする必要があります。

　デジタルメディアによって、情報アーキテクトは非常に柔軟性の高い環境を組織化できるようになりました。複数の組織化システムを同じコンテンツに適用するなど、アナログ世界の物理的な印刷物ではできなかったことも可能になっています。では、なぜ多くのデジタル製品では、ナビゲーションしにくいのでしょうか。なぜもっと簡単に情報を検索できるよう設計しないのでしょうか。こうしたよくある疑問が、情報の組織化の本質的な問題を浮かび上がらせています。

6.1　情報の組織化の課題

　近年、情報の組織化というトピックが注目されています。しかしこれは、何も新しいトピックではありません。何世紀にも渡って、人々は情報を組織化することの難しさに悩まされてきました。図書館学の分野では、情報の組織化とアクセスの方法は多くの時間と労力を割いて研究されてきました。では、なぜ今新たに注目されているのでしょうか。

　信じられないかもしれませんが、今や私たちは誰もがライブラリアン（図書館員）になりつつあるのです。この革命的な変化は、インターネットのグローバルな普及によって、静かに、しかし確実に進行してきました。少し前までは、情報のラベリング、組織化、アクセスの提供はライブラリアンだけが行っており、ライブラリアンたちは、デューイ十進分類法（Dewy Decimal Classification）[※1]や英米目録規則（the Anglo-Americn Cataloging Rules）[※2]、といった耳慣れない用語を使って話していました。ライブラリアンが分類、カタログ化し、私たちが必要な情報を見つける手助けをしていたのです。

　インターネットがユーザーに情報発信の自由を提供するようになり、情報の組織化は

※1　デューイ十進分類法：メルヴィル・デューイが考案した図書分類法のことで、あらゆる資料を機械的に10項目に分類して整理する方法。
※2　英米目録規則：1908年に完成した世界最初の国際的な目録規則のこと

ユーザーに任されることが多くなりました。新しい情報技術によってコンテンツは指数関数的な勢いで成長し、コンテンツの組織構造の革新が必要となっています（**図6-1**）。

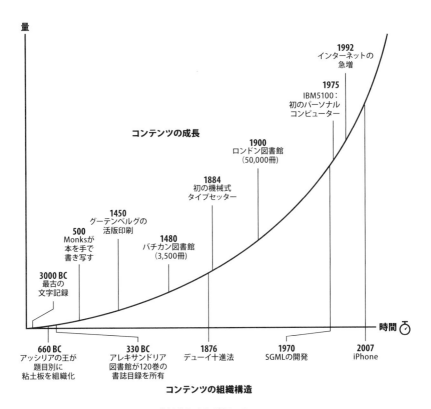

図6-1　コンテンツの成長により、革新的な変化が起こる

　こうした課題に取り組むうちに、私たちは無意識にライブラリアンの使う専門用語を使い始めました。「そのコンテンツにどのような**ラベリング**をすればよいか」「現在の**分類体系**で採用できるものはないのか」「その情報を誰が**カタログ化**するの？」といったような会話が普通に交わされるようになったのです。
　私たちは、とてつもなく多くの人々が独自の情報を発信、組織化する世界で暮らしています。そのため情報の組織化という昔からの課題がより認識され、重要視されるようになったのです。では、情報の組織化がなぜそれほど難しいのか考えてみましょう。

6.1.1　あいまいさ

　分類システムは言語の上に成り立っています。ところが、言語はあいまいなものです。言葉は受け取る側によって異なる解釈がされる可能性があるのです。例えば、「pitch」という単語を考えてみましょう。pitch と聞くと何を思い浮かべますか。pitch には、以下の 5 つを含む 15 もの定義があります。

- 投げること

- 黒色の防水用粘質物質

- 船の縦揺れ

- セールスマンの強引な売り込み口上

- 振動の周波数で決まる音の要素

　このようなあいまいさが、分類システムを形作る上で問題となります。各カテゴリのラベルに言葉を使用する場合、意味を取り違える可能性があるからです。これは深刻な問題です（ラベリングについては 7 章で詳しく説明します）。

　さらに問題なのは、ラベルや定義を確認するだけでなく、どのドキュメントをどのカテゴリに分類するのかも決めなければならないということです。一般的な「トマト」という言葉について考えてみましょう。ウェブスター辞典[※1]には「トマト」とは「野菜として使用される、水分の多い赤または黄色がかった果物である。植物学的にはベリー（液果）に分類される」と記されています。これは困りました。「トマト」は果物なのか、野菜なのか、ベリーなのか分かりません[※2]。しかもこれは、ユーザーが英語を読めることが前提となっており、多文化が進むデジタルメディアにおいては、非

[※1]　ウェブスター辞典：19 世紀初頭にノア・ウェブスターが編纂した英語辞典
[※2]　「1893 年の米国最高裁判所によってトマトは野菜であるとの判決が下されたが、植物学的にはトマトはベリーであるため果物に属する」（Denise Grady『Best Bite of Summer』（Self 誌、1997 年 7 月号）。1983 年、西インド産のトマト輸入業者であったジョン・ニックス（John Nix）は、議会で可決された輸入野菜に対する 10％の課税をめぐって訴訟を起こした。ニックスは「トマトは果物なので免税対象となるべきだ」と訴えたところ、最高裁は「トマトは果物のように食後のデザートして食用されるのではなく、野菜として食用されるので野菜である」との判決を下した

現実的な仮定です。

　トマトのような一般的な言葉の分類でも困るとすれば、Webサイトのコンテンツを分類する場合はどれほど大変なことなのか予想がつきます。分類作業が特に困難なのは、主題、トピック、機能など抽象的な概念を組織化する場合です。例えば「alternative healing（代替ヒーリング）」という言葉は何を表わすのでしょうか。この言葉は哲学、宗教、健康と薬品のいずれか、あるいはそのすべてに当てはまるのでしょうか。このように、言葉やフレーズの組織化は、そのあいまいさゆえに非常に困難な作業なのです。

6.1.2　不均一性

　不均一性とは、無関係なパーツまたは異なるパーツから構成されたオブジェクト、またはオブジェクトの集合を指します。いろいろな野菜、肉、その他残り物（これらはすべて不均一なものといえます）を使ったおばあちゃんの手作りスープを思い出すかもしれません。この反対が均一性であり、似たようなもの、または同一の要素で構成されたものを指します。例えば市販のクラッカーが挙げられます。こちらの方はどれも形や味が同じです。

　従来型の図書目録は比較的均一であり、書籍を組織化してアクセスしやすいようにしていました。しかし書籍の特定の章や、複数の書籍にまとめてアクセスするといったことは不可能でした。また、雑誌やビデオの情報にアクセスできない場合もありました。このような均一性は、構造化された分類システムを生成していました。各書籍は目録に記録され、各記録には同じフィールド、すなわち著者、タイトル、主題などが含まれていました。これは高度な単一媒体システムで、機能的にもかなり優れています。

　しかし、ほとんどのデジタル情報環境は多くの観点から、非常に不均一であるといえます。例えばWebサイトでは、ドキュメントとその構成要素に対するアクセスはさまざまな粒度で提供されています。Webサイトでは粒度の異なる記事、ジャーナル、ジャーナルデータベースなどが隣り合っています。リンクのつながる先はページ、特定のページのあるセクション、あるいは別のWebサイトかもしれません。そして、Webサイトからは通常多様なフォーマットのドキュメントにアクセスできるようになっています。財務ニュース、製品説明、社員のホームページ、画像のアーカイブ、ソフトウェアのファイルなど多種多様なフォーマットがあるでしょう。動的なニュー

スコンテンツが、静的な人事部の情報と共存していることもあります。テキスト形式の情報が映像、音声、あるいは対話式のアプリケーションと隣り合わせの場合もあります。Web サイトは優れたマルチメディアのるつぼであり、ありとあらゆる媒体の情報を広範かつ詳細にカタログ分類しなければならないのです。

　情報環境の不均一性のため、コンテンツに単一の構造化された組織化システムを使用するのは困難です。さまざまな粒度のドキュメントを横並びに分類するのは好ましい方法ではありません。記事や雑誌はそれぞれ異なる方法で処理すべきです。同様に、異なる形式を画一的に処理するのはおすすめできません。各形式によって特性が異なるからです。例えばファイル形式（JPG、PNG など）や解像度（1024 × 768、1280 × 800 など）について考慮しなければなりません。したがって、性質の異なる Web サイトコンテンツに対してすべてに同じアプローチを適用して済ませようというのは困難であり、間違った考え方だといえます。この根本的な欠陥は多くの企業分類体系で見受けられます。

6.1.3　考え方の違い

　同僚のデスクトップコンピューター上でファイルを探そうとしたことがありますか？許可があったかもしれませんし、無断である情報を盗み見ようとしたのかもしれません。とにかく、あるファイルを探そうとしていたとします。すぐに見つけられることもあれば、何時間経っても見つからない場合もあるでしょう。コンピューター上でのファイルやディレクトリの名前の付け方は人によってさまざまで、驚くほど非論理的です。「どうしてこのようにするのか」と質問すると、多くの場合「この整理方法は完璧に理にかなっているからだ」という答えが返ってくるでしょう。「すぐ分かるでしょう！現行のプロポーザルは /office/clients/green、古いプロポーザルは /office/clients/red に保存してあるのです。見つからないわけがない」と彼らはいうのです[※1]。

　ラベリングシステムや組織化システムは、作成者の考え方を大きく反映していま

※1　個人のニーズや観点、振る舞いは時間が経つにつれ変化しており、さらに複雑化していく。図書館学と情報科学分野における調査で情報モデルの複雑な性質は探索されている。N.J. Belkin「Anomalous States of Knowledge as a basis for information retrieval」（Canadian Journal of Information Science,5、1980 年）を参照

す[※1]。これは社内の部署や組織図を基にして組織化されたWebサイトからもうかがえます。この種のWebサイトは、マーケティング、セールス、カスタマーサポート、人事、情報システムといった部署ごとに分類されています。これでは、ユーザーが購入したばかりの製品に関する技術的な情報を調べようとしても、Webサイトのどこを見ればよいのか分かりません。使いやすい組織化システムを設計するには、自分のメンタルモデル（mental model）[※2]でコンテンツのラベリングや組織化をすべきではないのです。

　さまざまなユーザー調査や分析手法を使い、現実を洞察してください。ユーザーはどのように情報を分類し、どんなラベルを日常的に使い、どのようにナビゲートしているのでしょうか。情報環境が複数のユーザー向けに作成され、彼らが情報を理解する方法には違いがあるという事実を考えた時、この答はさらに複雑になります。その企業や企業のコンテンツに対する理解度も異なるからです。したがって、どんなにユーザーテストを重ねたとしても、完璧な組織化システムを設計することは不可能なのです。1つのシステムですべてのユーザーを満足させることはできないのです。しかし、ユーザーリサーチやユーザーテストを通じて対象ユーザー層を理解しようと努め、ナビゲーションの通り道を複数用意することにより、先行きの見通しの重要性を認識できるようになります。そしてその認識を持つことで、あなたは一般ユーザーを対象とした情報をうまく組織化できるようになります。同僚のデスクトップよりも「論理的な」整理方法を実行できるでしょう。

6.1.4　社内の政治的関係

　どの組織にも政治的な力関係は存在します。個人や各部署は権力や地位を求めて常に活動しています。情報組織には理解と意見を形成するという力があるので、情報アーキテクチャ設計のプロセスにはその下に横たわる企業内の政治的な力関係がはっ

※1　人々が実際の机の上やオフィススペースをどのように組織化しているのか、その特異性を調査した面白い研究がある。T.W.Malone『How Do People Organize their Desks? Implications for the Design of Office Information Systems』（ACM Transaction on Office Information Systems 1、1983年）を参照

※2　メンタルモデル：人が課題解決の事態に直面した際に、実世界で何がどのように作用するかを思考する際のプロセスを表現したもののこと

きりと現れてきます。組織化やラベリングシステムをどう選ぶかが、システムのユーザーがその企業、部署そして製品をどのように捉えるかに大きく影響します。例えば、企業のイントラネットのメインページにライブラリサイトへのリンクを設けるべきでしょうか。設けるとすれば、The Library（ライブラリ）、Information Services（情報サービス）、Knowledge Management（知識管理）のうちのどの名前を使うべきでしょうか。他の部署から提供された情報資源もここに含むべきでしょうか。ライブラリのリンクがメインページに来るなら、コーポレートコミュニケーションへのリンクはどうしたらよいでしょう？日々のニュースに対してはどうすればよいのでしょう？

設計者は、組織構造の政治的環境に敏感でなければなりません。場合によっては、ユーザーのためのアーキテクチャ作成という主旨について、同僚に根回しする必要もあるでしょう。また政治的なもめごとが深刻にならないように、ある程度譲歩する必要もあるかもしれません。政治的な関係を考慮すると、使いやすい情報アーキテクチャの作成がますます複雑で困難になってしまいます。しかし、政治的なことも理解しておけば、それがアーキテクチャに及ぼす影響をコントロールすることもできます。

6.2　情報環境の組織化

情報環境の組織化は、プロジェクトの成否に大きく影響しますが、ほとんどの開発チームはこの点を十分理解していません。本章では、最も困難な情報組織化プロジェクトに立ち向かうための基礎の習得を目指します。

組織化システムは、組織体系と組織構造から構成されています。組織体系は、コンテンツ項目が共有する特性とこれらの項目の論理的なグループ化を定義しています。そして組織構造は、コンテンツ項目とグループの関係を定義するものです。組織化システムも組織構造も、情報を見つけ理解する上で重要な影響を与えています。

詳細に入る前に、システム開発における情報の組織化について理解する必要があります。組織化はナビゲーション、ラベル、インデクシング（「6.5 社会的分類」を参照）とも深く関わっています。情報環境の組織構造はナビゲーションシステムで重要な役割を果たし、カテゴリのラベルは、そのカテゴリのコンテンツの定義において重要な役割を果たします。結局のところ、コンテンツ項目を非常に細かいレベルのグループに組織化するのは、手作業のインデクシングやメタデータのタグ付けが1番です。このように密接に関連していても、組織化システムの設計を分離することは可能です

し有用です。ナビゲーションやラベリングシステムの基礎として活用できるからです。情報の分類だけを目標にすれば、実装上の詳細を気にせずに（ナビゲーションユーザーインターフェースの設計など）よりよい製品の設計が行えます。

6.3　情報の組織体系

　私たちは日常的に情報の組織体系をナビゲーションしています。例えば、電話帳、スーパーマーケット、図書館など、あらゆる場所で組織体系が使われ、情報へのアクセスを支援しています。体系によっては使いやすいものもあります。アルファベット順になった辞書で特定の単語の意味を探すのは、それほど難しくはありません。しかし体系によっては非常にイライラさせられます。例えば、あまりなじみのない大型スーパーマーケットでマシュマロやポップコーンを探すのは本当に大変です。マシュマロはスナックのコーナーにあるのか、ケーキ材料のコーナーにあるのか、その両方にあるのか、どちらにもないのか、というように悩んでしまいます。

　実際、辞書とスーパーマーケットでは、組織体系が基本的に異なります。辞書のアルファベット順の組織体系は正確ですが、スーパーマーケットではトピックと目的が混在していて、あいまいです。

6.3.1　正確な組織体系

　まず簡単なところから始めましょう。正確なあるいは「客観的な」組織体系では、情報を細かく定義された排他的なセクションに分けます。例えば国名は通常アルファベット順に並べられます。探している国名が分かれば、この体系でのナビゲーションは簡単です。「Chile（チリ）」はBからDの間にあるCのセクションに掲載されています。これは**既知項目検索**と呼ばれます。探しているものが分かっており、どこを探せばよいかも知っているからです。ここにはあいまいさはありません。正確な組織体系では、例えば「ガイアナ共和国とフランス領ギアナと国境を接している国の名前は？」など、ユーザーは探しているリソースの正確な名称が分かっていなければなりません[※1]。

　正確な組織体系は、項目をカテゴリーに割り当てるのに知的作業がほとんど不要なため、設計と保守が比較的簡単です。使いやすくもあります。次によく使われる3

※1　ガイアナ共和国とフランス領ギアナに国境を接しているのはスリナム共和国

つの正確な組織体系について説明します。

アルファベット順

アルファベット順の組織体系は、辞書や百科事典などに使われています。本書を含むあらゆる実用書籍には、アルファベット順のインデックスが付いています。電話帳、デパートのショップガイド、書店、図書館でも、26文字のアルファベットを使用してコンテンツを組織化しています。

アルファベット順の組織化は、他の組織体系の傘の役割を担います。姓、製品、サービス、部署、形式にグループ化された情報がさらにアルファベット順に分類されていることがあります。ほとんどのアドレス帳アプリは図6-2のように、姓でアルファベット順に組織化されています。

図6-2　OS Xのアドレス帳アプリ。画像出典：https:// www.apple.com/osx/apps/#contacts

時系列

情報の種類によっては、時系列による組織化の方が適切な場合もあります。例えば、プレスリリースのアーカイブはリリースした日付によって組織化されています。プレスリリースのアーカイブは、時系列的な組織体系に非常に適しています（**図 6-3**）。

発表された日付はリリースの中でも特に重要なコンテキストです。しかしタイトル、製品分野や地理ごとのブラウジングや、キーワードでの検索を望むユーザーもいます。各種の組織体系を組み合わせて補完しなければならないことも多いのです。歴史に関する本、雑誌のアーカイブ、日記、テレビ番組表などは時系列で組織化される傾向があります。イベントの日時が分かっている場合、時系列による組織体系が設計も利用も容易です。

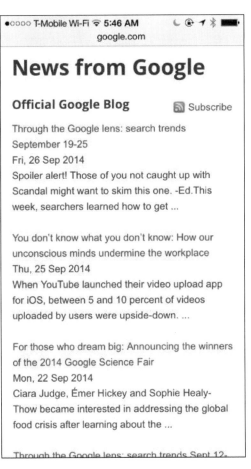

図6-3　逆時系列に並べられたプレスリリース

6.3　情報の組織体系

地理的

場所は、情報の重要な特性となることが多いものです。私たちはある場所から別の場所に移動します。自分の現在地に影響を与えるニュースや天候が気になります。政治的、社会的、経済的な問題は、場所に依存することがよくあります。また位置情報サービス機能を持った携帯端末で情報をやり取りするのが主流となった世界では、GoogleやAppleなどの企業が、インターフェースとして地図を利用したローカルサーチやディレクトリサービスに、多額の資金を投じています。

国境紛争地域を除けば、地理的な組織体系の設計と使用は、かなり分かりやすいといえます。図 6-4 に Craigslist の地理的組織体系の一例を示します。ユーザーは最も近いローカルディレクトリを選ぶことができます。ブラウザが位置情報の取得に対応していれば、サイトが直接その場所への行き方を示してくれます。

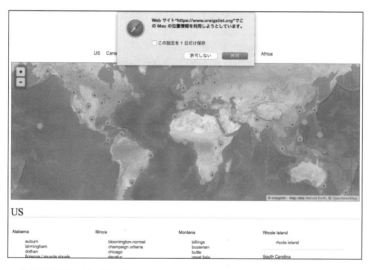

図6-4　位置情報を含む地理的組織体系

6.3.2　あいまいな組織体系

それでは、やっかいな方を考えてみましょう。あいまいな、あるいは「主観的な」組織体系では、正確に定義できないカテゴリに情報を分類します。分類の際には、言語や組織のあいまいさや人の考え方の違いから、組織化が困難になりがちです。また、

あいまいな組織体系は、設計や保守も困難で、使用するのも難しいものです。果物、ベリー類、野菜のどのカテゴリーに分類すべきかという、トマトの定義についての例を思い出してください。

しかし実際には、この種の組織体系の方が重要であり、便利なことが多いのです。従来型の図書目録を思い出してください。3 つの大きな組織体系があります。著者、タイトル、内容のうちいずれかの項目で書籍を検索できます。著者とタイトルによる組織化体系は正確なので、作成、保守、利用も簡単です。しかし図書館の利用者は、「デューイ十進分類法」や「アメリカ議会図書館分類システム（Library of Congress Classification System）」[※1] などの、あいまいな内容にもとづいた体系をより多く使用していることがさまざまな研究で明らかになっています。

人間があいまいな組織体系を便利だと感じるのには、明らかな理由があります。自分が何を探しているのか、探している本人が分からないことが多いからです。場合によっては、正しいラベルが分からない場合や、ぼんやりした情報の手がかりしかない場合もあります。3 章でも述べたように、情報検索には反復が多く、対話式に行われることが多いのです。検索の最初に何を見るかによって、何を検索するのか、あるいは最終的に何を検出するのかが変わってきます。この情報検索プロセスには、連合学習（associative learning）[※2] というすばらしい要素が関わっています。つまり、「求めよ、さらば与えられん」ということなのですが、優れた設計のシステムでは、ユーザーは検索の過程で学習することになります。あいまいな情報の組織体系では、項目を知的効果のある方法で分類することによって、このような偶然性による情報検索をサポートしています。アルファベット順の体系では、密接にグループ化された項目は同じ文字で始まっている以外には、まったく共通点を持っていません。あいまいな組織体系では、ユーザー以外の誰かの知的判断にもとづいて、項目のグループ化が行われます。関連する項目のグループ化は、連合学習のプロセスをサポートし、ユーザーは新しい

※1　アメリカ議会図書館分類システム：米国の国立図書館であるアメリカ議会図書館（U.S. Library of Congress）で使われている分類法。https://www.loc.gov/catdir/cpso/lcco/
※2　連合学習：記憶や学習に関する心理学用語で、2 つの刺激が時間的に同時または近接して与えられたときに生じる学習のこと。ここでは、この学習を前提として、連想のネットワークに対して検索を繰り返しながら意味空間を形成していくといった「概念識別（Concept Identification）」と関連した意味で使われている

関連付けを行って、よりよい結果を得ることができます。あいまいな組織体系の方が作業が大変ですし、内容の分類も困難ですが、正確な組織体系よりも高い価値をユーザーに提供することが多いのです。

あいまいな組織体系を成功させられるかどうかは、体系の質と、体系内の個別項目の配置にかかっています。厳密なユーザーテストが欠かせません。たいていの場合、新規項目を分類したり、産業界の変化を反映して組織体系を変更したりする必要があるのです。そのテーマの専門家であるスタッフが、これら体系のメンテナンスに打ち込む必要があるでしょう。では、最も一般的かつ有効であるあいまいな組織体系をいくつか見ていくことにしましょう。

トピック組織体系

情報を主題やトピックごとに組織化する作業は、最も有効であり、非常に厄介です。新聞はトピックごとに整理されているので、昨日の試合の得点が知りたければ、スポーツ欄を見ればいいと分かっています。大学のカリキュラム、部署、大半のノンフィクション書の各章も、トピックごとに組織化されています。こうしたトピックごとのグループ分けは固定されていると思われがちですが、文化的な構造である以上、実際には時の経過によって変化します。

トピックだけで組織化された情報環境というのはそれほど多くありませんが、大半のサイトではトピックによる内容検索を何らかの形で提供しています。トピックによる組織体系を設計する場合、範囲を幅広く定義することが重要です。百科事典に見られるような体系では、人間の知識全体に渡るような範囲の情報が網羅されています。Consumer Reports[1]（**図 6-5**）のようなリサーチ中心の Web サイトは、トピック別の組織体系にかなり依存しています。企業 Web サイトのように内容が限定的なサイトでは、その企業の製品やサービスに直接関わるトピックだけをカバーしています。トピックによる組織体系を設計する際は、ユーザーがシステムの範囲内で見つけようと期待しているコンテンツ（現在のものでも未来のものであっても）の全体を設計するように気を付けてください。

※1 Consumer Reports：非営利の消費者組織であるコンシューマーズ・ユニオンが発行している月刊誌。http://www.consumerreports.org/

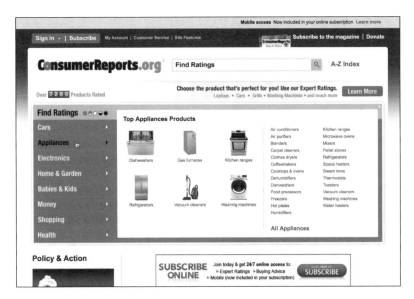

図6-5　カテゴリーとサブカテゴリーのあるトピック分類

タスク

　タスク指向の情報の組織体系では、コンテンツとアプリケーションは、プロセス、機能、またはタスクの集合にまとめられます。この体系は、ユーザーが実行しようとしている優先度の高いタスクが少数しかない場合には適しています。**図6-6**のように、ワープロやスプレッドシートなどの、コンテンツの作成や管理をサポートするデスクトップおよびモバイルアプリケーションが一般的な例です。

図6-6　多くのアプリと同様、iOS用のMicrosoft Wordはタスク指向の組織体系を特徴とする

　Web上におけるタスク指向の組織体系は、顧客とのインタラクションが中心であるWebサイトで最もよく見られます。イントラネットやエクストラネットにもタスク指向の組織体系が適しています。コンテンツだけでなく、強力なアプリケーション

を組み込むことが多いからです。タスクだけで組織化されたサイトを目にすることはほとんどないでしょうが、タスク指向のスキームが特定のサブサイトに埋め込まれていたり、タスク／トピックの混成ナビゲーションシステムに統合されたりといったことはよくあります。この例は図 6-7 に示しました。

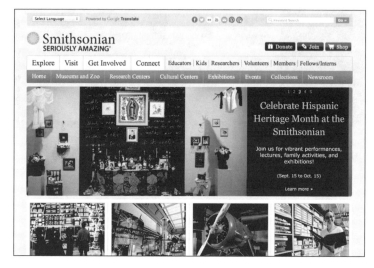

図 6-7　タスク、トピック、顧客指向組織体系が共存するスミソニアンのホームページ

顧客

製品やサービスのユーザー層が複数存在することがはっきりしている場合、ユーザー層別に対象を特定した組織体系を採用するのもよいでしょう。各ユーザー層別にコンテンツをカスタマイズする必要がある場合に、このような組織体系が適しています。顧客指向の体系を用いると、サイトをユーザーごとに小さく分割することになります。これにより、そのユーザーが特に関心を持つオプションのみを提供でき、無駄な内容は省くことができます。図 6-8 の CERN[※1] のメインページにあるグローバルナビゲーションでは、顧客指向の組織体系でユーザーに自己確認を促しています。

※1　CERN：Conseil Européen pour la Recherche Nucléaire（欧州原子核研究機構）。スイスのジュネーヴにある、世界最大規模の素粒子物理学の研究所で、加速器を用いた素粒子物理学および原子核物理学の研究などを行う。https://home.cern/

図6-8 CERNはユーザーに自己確認を促している

　ユーザー層別に組織化すると、それと一緒にパーソナリゼーション関連のあらゆる期待や危険ももたらされます。例えば、CERN はユーザー層のセグメントを熟知しており、その知識を Web サイトにも活かしています。サイトを訪れて「自分は『Scientist（科学者）』の一員に入るだろう」と判断したら、CERN は検索結果や CERN の研究者の論文、科学コミュニティの人々が関心を持つ情報を提示してくれます。この情報は「Students & Educators（学生と教育者）」のセクションでは簡単に見られないものです。しかし、もしリサーチをしている科学系の学生で、調査論文を読む必要があるとしたらどうでしょう？あいまいな体系に対しては情報アーキテクトは知識にもとづく推測を立てる必要がありますし、またその推測も時間が経ったら見直さなければいけません。

　特定のユーザー層向けに分けられた体系は、オープン形式にすることも、クローズド形式にすることもできます。オープン形式の体系では、ユーザーは自分が対象であるコンテンツ以外に、他のユーザー層対象のコンテンツにもアクセスできます。一方、クローズド形式の体系では、ユーザーの動く範囲は対象とされる範囲内に限定され、他のセクション内を動き回ることはできません。後者は購読料やセキュリティの問題が関わる場合に適しています。

メタファー

　メタファーとは、新しいものを親しみやすいものに関連付けることです。これはユーザーの理解を促す上でよく使われる方法です。例えば、デスクトップコンピューターのフォルダ、ファイル、ごみ箱またはリサイクル箱などがメタファーの例にあたりま

す。このようにインターフェースにメタファーを適用した場合、ユーザーはコンテンツ処理と模索を直感的に理解できます。さらに、メタファー駆動型の情報の組織体系をどう処理するか模索する過程でWebサイトの設計、組織化、機能についての斬新なアイデアが浮かぶこともあります。

　メタファー探索は、ブレインストーミングの際には役に立ちますが、メタファー駆動型のグローバルな組織体系を作成しようと考えるのならば、注意が必要です。まず、メタファーはユーザーになじみのあるものでなければなりません。例えば、コンピューターハードウェアベンダーのWebサイトをコンピューターの内部構造に沿って組織化した場合を考えてみましょう。マザーボードがどうなっているか知らないユーザーにとっては、そのようなメタファーはまったく役に立ちません。

　次に、メタファーは重荷となったり制限となることもあります。例えば、「デジタル図書館」と聞いてユーザーが思い描くのは、必要な情報を教えてくれる図書館員がいるようなデジタル図書館かもしれません。けれどもほとんどのデジタル図書館ではこのようなサービスは期待できません。さらに、デジタル図書館で提供したいとあなたが考えているサービスは、実世界のものには喩えられないこともあります。例えば、図書館のカスタマイズ版の作成がこうした例に挙げられます。これにより組織化体系における一貫性が失われるため、メタファーではやっていけなくなってしまうのです。

　もうひとつ、このような例が考えられます。Facebookに初めてログインすると、あなたのFacebookの友達が発信したコンテンツの「ニュースフィード」が表示されます。ニュースフィードというメタファーは、当初は適切なものでした。書き込みが友達が発信した最新（時系列で）コンテンツの流れになっていたからです。しかし書き込みの頻度が増えるにつれ、Facebookはどの書き込みをトップに表示するかを選択する、異なるアルゴリズムを取り入れるようになりました。その結果ニュースフィードでは、数日前の書き込みが最新の書き込みよりも上に表示されることになり、当初ニュースフィードに見込まれていた時系列順が崩れ、混乱を生じる可能性が出てきました。**図6-9**に示したように、Facebookでは「ハイライト」と「最新情報」が選べるようになっており、フィードに書き込みを表示する際に使うアルゴリズムが選択可能となっています。これはスマートな解決方法とは言い難いものです。

図6-9 Facebookではニュースフィードの書き込みの順番を管理するアルゴリズムが選択できる

ハイブリッド

ユーザーが簡単に理解できるシンプルなメンタルモデルを提示できるかどうかが、組織体系の力につながります。特定のユーザー向けの情報や、トピック別に組織化された情報はユーザーが簡単に理解できます。そして、かなり小さくて純粋な組織体系は、完全性やユーザビリティを犠牲にすることなく、膨大な量のコンテンツに適用できます。

しかし、複数の体系を混在させようとすると、必ずといっていいほど混乱が生じ、解決方法を見積もることができません。**図6-10**の例を見てください。このハイブリッド体系には、特定ユーザー向け、トピック別、メタファーベース、タスク指向、アルファベット順の組織体系が含まれています。すべてがごちゃ混ぜになっているため、メンタルモデル（mental model）[※1]が形成できません。各メニュー項目を一通り眺めて、求めるオプションを探す必要があります。

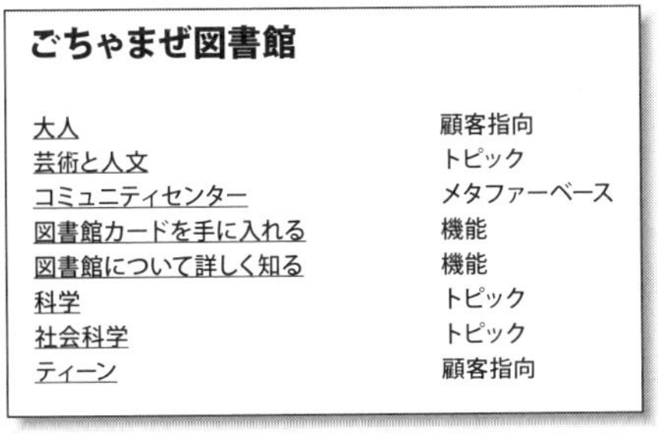

図6-10 ハイブリッド型の組織体系

※1 メンタルモデル：人が課題解決の事態に直面した際に、実世界で何がどのように作用するかを思考する際のプロセスを表現したもののこと

ハイブリッド型の組織体系に対する注意にも例外はあります。その例外がある場所はどこかというと、ナビゲーションの表層です。スミソニアンの例（**図6-7**）でも見られるように、多くのWebサイトは、メインページ上とグローバルナビゲーション内でトピックとタスクとをうまく組み合わせています。これは組織構造もそのユーザーも、コンテンツの発見とキータスクの遂行が優先順位の1番上にあると認識しているという現実を反映しています。これに含まれているのは優先順位の高いタスクだけなので、ソリューションを拡張可能にする必要はありません。膨大な量のコンテンツとタスクを組織化する際にそうした体系が用いられる時にだけ問題が発生します。言い換えると、浅いハイブリッド型の組織体系はよく、深いハイブリッド型の組織体系はよくないということです。

　残念ながら、深いハイブリッド型の組織体系はかなり頻繁に見受けられます。使用する体系を1つに絞り込むのが困難な場合が多く、複数の体系の要素を押し込もうとした結果、混乱を招く内容になってしまったのです。これよりもよい方法があります。複数の体系を1ページで提供する際に、各体系の整合性を維持するよう、設計者に呼びかけるのです。同一ページ上でも体系ごとに提示されていれば、ユーザーのメンタルモデルをサポートする機能を失わずに済みます。例えば、**図6-11**のスタンフォード大学のホームページを見ると、トピックによる体系、顧客指向の体系、検索機能があるのが分かります。これらを別々に表すことにより、スタンフォード大学は混乱を招くことなく、柔軟性を提供できているのです。

図6-11 スタンフォード大学が提供している複数の組織体系

6.4 組織構造

　情報の組織構造は、形になって見えるものではありませんが、情報環境を設計する上で非常に重要な役割を果たします。日常的に組織構造に接していても、ほとんどそれに気に留めることはありません。例えば、映画は物理的、構造的にも一本道のリニア型で、私たちは最初から最後までフレーム順に映画を鑑賞します。しかし、プロットそのものは非リニア型なので、フラッシュバック[1]やパラレルサブプロット[2]が採用されています。また、地図は空間構造であり、項目が物理的な距離に応じて配置されます。ただしほとんどの地図では正確さよりも明確さを優先するために、若干現

---

[1] フラッシュバック：進行しているストーリーの時間的な連続性を破って、過去の場面を提示するための技法
[2] パラレルサブプロット：メインプロット以外の物語で、並行進行するストーリーラインとして描かれるプロットのこと

実とは異なる部分もあります。

　情報構造は、ユーザーがナビゲーションするための主な方法を定義します。情報アーキテクチャに適用される主な組織構造には、階層型モデル、データベース型モデル、ハイパーテキスト型モデルなどがあります。いずれの組織構造も長所と短所があり、場合によってはこれらのひとつを使用したほうがよい場合もあります。ただしほとんどの場合は、3つを総合的に使用することをおすすめします。

6.4.1　階層型：トップダウン型のアプローチ

　優れた設計の階層構造は、多くの場合、優れた情報アーキテクチャの基礎となっています。現在のようにネットワークやWebが縦横無尽に広がるハイパーテキストの世界では、このような考え方は時代遅れのように受け止められるかもしれませんが、これは事実です。階層構造における相互排他的な細分化や親子関係は、シンプルで親近感を与えます。私たちは、昔から情報を階層的に組織化してきました。例えば、家系図は階層型です。地球上の生活は、王国や階級、そして種の分類に至るまですべて階層型になっています。組織図も通常は階層型です。また書籍も、章、節、段落、文、語、文字というように分割できます。階層は生活の至るところで見ることができ、我々の世界観を分かりやすい方法で豊かに表現します。このように階層構造は広範に用いられるので、ユーザーは階層的な組織化モデルを使用しているWebサイトを容易に、かつ瞬時に理解することができるのです。情報環境の構造を感覚的に理解し、構造内の現在位置の認識が可能です。これによってユーザーが使いやすいコンテキストを提供できます。**図6-12**に、簡単な階層組織化モデルの一例を示します。

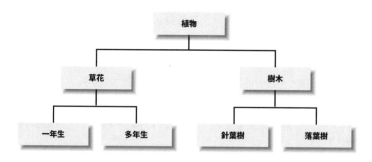

図6-12　簡単な階層組織化モデル

階層構造によってユーザーはシンプルで親しみのある方法で情報を組織化できるので、情報アーキテクチャプロセスの出発地点としては非常に適しています。トップダウン型のアプローチを利用すれば、詳細なコンテンツのインベントリ化プロセス[※1]を回避でき、即座に情報環境の全体を把握することができます。主なコンテンツエリアを識別し、そのコンテンツへのアクセスを提供する組織体系を検討できます。

階層の設計

　Webの階層を設計する場合、いくつかの基本ルールがあります。まず、階層カテゴリーは相互排他的にします。ただし、この点にとらわれすぎる必要はありません。1つの組織体系では、排他性と包含性のバランスをとるようにします。クロスリスティングが許される階層は多階層型と呼ばれます。特にあいまいな組織体系では、（トマトは果物なのか、野菜なのか、あるいはベリー類なのか、といったように）コンテンツを相互排他的なカテゴリーに分けることが非常に困難です。ほとんどの場合、ユーザーが探しやすいように、あいまいな項目は複数のカテゴリーに含めます。しかしこのようにクロスリストされている項目が多すぎると、階層そのものの価値が失われてしまいます。このような排他性と包含性のバランスは、あいまいな情報の組織体系以外では不要です。製品のリストが形態ごとに並べられている隣に、トピックごとに製品を組織化したリストが掲載されていることもあります。この場合、トピックと形態は同じ情報を別の観点から見る場合の単なる2つの方法として位置付けられているのです。専門用語を使用する際にはこれらは別々のファセット（多面体）となります。メタデータとファセット、多階層型に関しては10章をご覧ください。

　次に、階層の幅と深さのバランスについて配慮することも大切です。幅は、階層の各レベルにおけるオプション数を指します。深さは階層内のレベル数です。階層が狭く深い場合は、ユーザーはたくさんのレベルをクリックしないと、目的の項目までたどり着けません。**図6-13**の上の図は狭くて深い階層を図示しています。この場合は、ユーザーは最も深いコンテンツにたどり着くまで少なくても6回はクリックすることになるでしょう。階層が広く浅い場合、ユーザーは10のカテゴリーから10のコンテンツを選ぶことになります。しかしメインメニューであまりにも多くのオプショ

※1　インベントリ化プロセス：データの一覧化を行うこと

ンを与えられたユーザーは、オプションを選んでもコンテンツ不足を感じてしまいます。

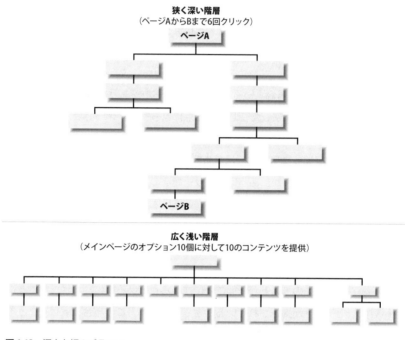

図6-13 深さと幅のバランス

　広さについて考える時、人が目でざっと見られる能力と認識の限度にも配慮します。悪名高い「7プラスマイナス2の原則」[※1]に従えというつもりはありません。どれだけのリンクを含めても大丈夫かを制限するのは、短期の記憶力というよりも、視覚的にざっと把握できる量である、と一般的に認められています。

　私たちのおすすめは以下のとおりです。

- 過剰なオプションはユーザーを圧倒してしまう危険性があると認識する

[※1] G. Miller『The Magical Number Seven, Plus or Minus Two: Some Limits on Our Capacity for Processing Information』(Psychological Review 63:2、1956年)

- ページレベルで情報をグループ分けし、構造化する
- ユーザーテストを実施して設計を厳密に調査する

図 6-14 に示した、表彰ものの米国立がん研究所（NCI：National Cancer Institute）のメインページを見てください[※1]。米政府の Web ページとしては、おそらく最も多く訪問（そしてテスト）されたページでしょう。このページはかなり大規模な情報システムへの入り口です。NCI が実践したとおり、このように情報をページレベルで階層的に表示すると、ユーザビリティにプラスの影響を与えられます。

図 6-14　米国立がん研究所はページ内でアイテムをグループ分けしている

NCI のメインページには約 85 のリンクがあり、いくつかの重要なグループ分けで組織化されています（**表 6-1**）。

※1　本書（英語版）が印刷される直前に、米国立がん研究所がこのページの新しい改良版を立ち上げた。すばらしい内容である。http://www.cancer.gov/

表6-1 NCIのメインページのリンク

グループ	注
グローバルナビゲーション	グローバルナビゲーションは7つのリンクと検索がある（例：Cancer Topics、Clinical Trials、Cancer Statistics）
ハイライトストーリー	9つのリンクがある
がんのタイプ	12種類のよくあるがんのタイプと、「すべてのがんのタイプ」を探索する4つの行き方がある
臨床試験	4つのリンクがある
がんのトピック	9つのリンクがある
がんの統計	3つのリンクがある
リサーチと資金	5つのリンクがある
NCIのビジョンと優先事項	4つのリンクがある
ニュース	3つの見出しとアーカイブへの1つのリンクがある
リソース	7つのリンクがある
フッターナビゲーション	20のリンクがある

　これらの80強のリンクは10のカテゴリーに再分され、1つのカテゴリーにつき限定されたリンクが振り分けられています。

　深さについて考える場合は、さらに慎重にならなければなりません。2レベルか3レベル以上クリックが必要だとすると、ユーザーはあきらめてWebサイトから去ってしまう可能性があります。去らないまでも、フラストレーションを感じていることに間違いありません。マイクロソフトリサーチの研究成果[1]によると、広さと幅の中庸をとると最高の結果が得られるそうです。

　今後拡張が予想される新しい情報環境では、「狭く深く」ではなく、「広く浅く」を考慮するべきでしょう。「広く浅い」アプローチをとれば、コンテンツの追加に大幅な再構築は不要です。項目の追加はメインページに対して行うよりも、2番目のレベルの階層に対して行うほうが若干容易です。大半のシステムではメインページまたはスクリーンが、ユーザーにとって最も明白で重要なナビゲーションインターフェース

※1　Kevin Larson、Mary Czerwinski「Web Page Design: Implications of Memory, Structure and Scent for Information Retrieval」（Microsoft Research、1998年）を参照。http://research.microsoft.com/en-us/um/people/marycz/chi98_webdesign.pdf

であり、システムにおいて何ができるかを理解する手助けとなります。またメインページは最も目につく上に重要なため、企業はメインページのグラフィックデザインとレイアウトに時間（およびコスト）を費やす傾向にあります。メインページへの変更は時間もコストもかかることからも、コンテンツの追加は2番目のレベルの階層で行うほうがよいといえます。

　最後に、組織体系を設計する際には、階層モデルの罠にはまらないようにすることが大切です。特定のコンテンツエリアでは、データベースやハイパーテキストを使ったアプローチも可能です。手始めとしては階層構造は適していますが、組織体系のほんの一部にすぎないのです。

6.4.2　データベース型モデル：ボトムアップアプローチ

　データベースとは、「検索と情報収集の簡便化とスピードアップを目的としてアレンジしたデータの集合体」と定義されます。Rolodex（回転式カードファイル）はフラットファイルデータベースの単純な例です（**図6-15**）。コンピューターが普及する前は、連絡先情報の保管ツールとしてよく利用されていました。Rolodexは物理的なカードの束から構成されており、各カードが個別の連絡先を表し、レコードを構成しています。各レコードは、名前や住所、電話番号といったフィールドをいくつか含んでいます。各フィールドにその連絡先固有のデータが含まれています。そうしたレコードの集まりがデータベースです。

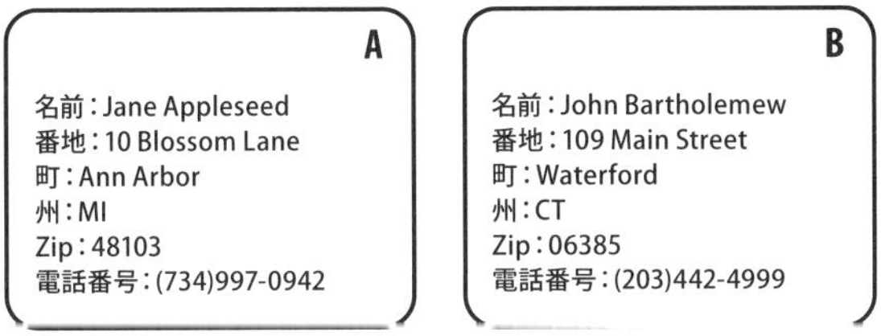

```
A
名前：Jane Appleseed
番地：10 Blossom Lane
町：Ann Arbor
州：MI
Zip：48103
電話番号：(734)997-0942

B
名前：John Bartholemew
番地：109 Main Street
町：Waterford
州：CT
Zip：06385
電話番号：(203)442-4999
```

図6-15　印刷されたカード式ファイルも、単純なデータベースといえる

　旧式の回転式カードファイルでは、特定の個人のカードを見るには、苗字で探すしかありませんでした。現代のデジタルな連絡先管理システムでは、他のフィールドを

使った検索も可能です。例えば、コネチカット州に住む全連絡先一覧を指定し、町ごとにアルファベット順で並べ替えることもできます。

　酷使に耐えるデータベースの大半は、リレーショナルデータベースモデルで構築されています。リレーショナルデータベース構造では、データはリレーションの集団、すなわちテーブルの中に保存されています。テーブルの横列がレコードを、縦列がフィールドを表しています。異なるテーブル内のデータはキーによってリンクしている場合もあります。例えば**図 6-16** では、AUTHOR_TITLE テーブル内の au_id フィールドと title_id フィールドは、AUTHOR テーブルと TITLE テーブルに別々に保存されているデータを結合するキーとして機能します。

A Relational Data Base

AUTHOR

au_id	au_lname	au_fname	address	city	state
172-32-1176	White	Johnson	10932 Bigge Rd.	Menlo Park	CA
213-46-8915	Green	Marjorie	309 63rd St. #411	Oakland	CA
238-95-7766	Carson	Cheryl	589 Darwin Ln.	Berkeley	CA
267-41-2394	O'Leary	Michael	22 Cleveland Av. #14	San Jose	CA
274-80-9391	Straight	Dean	5420 College Av.	Oakland	CA
341-22-1782	Smith	Meander	10 Mississippi Dr.	Lawrence	KS
409-56-7008	Bennet	Abraham	6223 Bateman St.	Berkeley	CA
427-17-2319	Dull	Ann	3410 Blonde St.	Palo Alto	CA
472-27-2349	Gringlesby	Burt	PO Box 792	Covelo	CA
486-29-1786	Locksley	Charlene	18 Broadway Av.	San Francisco	CA

TITLE

title_id	title	type	price	pub_id
BU1032	The Busy Executive's Database Guide	business	19.99	1389
BU1111	Cooking with Computers	business	11.95	1389
BU2075	You Can Combat Computer Stress!	business	2.99	736
BU7832	Straight Talk About Computers	business	19.99	1389
MC2222	Silicon Valley Gastronomic Treats	mod_cook	19.99	877
MC3021	The Gourmet Microwave	mod_cook	2.99	877
MC3026	The Psychology of Computer Cooking	UNDECIDED		877
PC1035	But Is It User Friendly?	popular_comp	22.95	1389
PC8888	Secrets of Silicon Valley	popular_comp	20	1389
PC9999	Net Etiquette	popular_comp		1389
PS2091	Is Anger the Enemy?	psychology	10.95	736

PUBLISHER

pub_id	pub_name	city
736	New Moon Books	Boston
877	Binnet & Hardley	Washington
1389	Algodata Infosystems	Berkeley
1622	Five Lakes Publishing	Chicago
1756	Ramona Publishers	Dallas
9901	GGG&G	München
9952	Scootney Books	New York
9999	Lucerne Publishing	Paris

AUTHOR_TITLE

au_id	title_id
172-32-1176	PS3333
213-46-8915	BU1032
213-46-8915	BU2075
238-95-7766	PC1035
267-41-2394	BU1111
267-41-2394	TC7777
274-80-9391	BU7832
409-56-7008	BU1032
427-17-2319	PC8888
472-27-2349	TC7777

図6-16　リレーショナルデータベーススキーマ。画像出典：http://penguin.ewu.edu/cscd378/Spr_13/relmod2.html（リンク先消失）

では、なぜデータベース構造が情報アーキテクトにとって重要なのでしょうか？一言でいってしまうと、メタデータです。メタデータは情報アーキテクチャとデータベーススキーマとを結ぶ主要なキーです。メタデータの利用によって、不均一で構造化されていない Web サイト及びイントラネットに対して、リレーショナルデータベースの構造と威力を適用できるようになります。ドキュメントやその他の情報オブジェクトにメタデータを用いてタグ付けすることで、強力な検索とブラウジング、フィルタリング、動的リンクが可能になります。メタデータと制限語彙については 9 章でさらに詳しく説明します。

　メタデータのエレメンツ間の関係は非常に複雑になる可能性があります。これらの関係を定義し、マッピングするにはかなりのスキルと技術的な理解力が求められます。例えば、**図 6-17** のエンティティリレーションシップダイアグラム（ERD：entity relationship diagram）は、メタデータスキーマの定義に用いられる構造化されたアプローチを図示しています。各エンティティ（例：Resource）は属性（例：Name、URL）を有しています。これらのエンティティと属性がレコードとフィールドです。ERD の目的はデータモデルを視覚化し、洗練させることであり、データベースの設計、配置前に使用されます。

　SQL、XML スキーマ定義、エンティティリレーションシップダイアグラムの作成、リレーショナルデータベースの設計などのスキルは非常に価値がありますが、すべての情報アーキテクトがその専門家になる必要はありません。そうしたスキルを持つプロのプログラマーやデータベース設計者と共同作業できる場合が多いからです。大規模な Web サイトの場合は、コンテンツマネジメントシステム（CMS）でメタデータや制限語彙を管理することも期待できます。

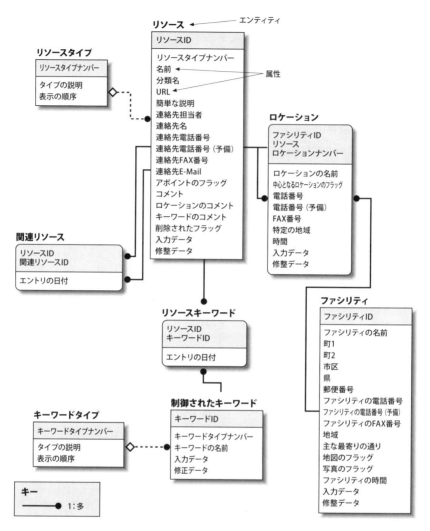

図6-17 エンティティリレーションシップダイアグラム。メタデータスキーマを定義するための構造化アプローチを示している（Ann ArborのPeter Wyngaard of Interconnect提供）

　情報アーキテクトが理解しておくべきことは他にあります。メタデータや制限語彙、データベース構造は、以下の事項を可能にするためにどう利用できるのかということです。

- 自動生成されるアルファベット順のインデックス（例：製品インデックス）

- 関連する「参照（see also）リンク」を動的に表現すること

- フィールド検索

- 検索結果の高度フィルタリングとソーティング

　データベースモデルは比較的均質なサブサイトに適用すると、特に効果的です。例えば製品カタログや社員住所録がこれにあたります。しかし、企業の制限語彙が提供できるのは、サイト全体にわたる水平に薄い層という場合がほとんどです。特定の部門やテーマ、ユーザー層向けの縦に深い語彙は、後から作成することができます。

6.4.3　ハイパーテキスト型
　ハイパーテキスト型は、情報を構造化するための高度で非リニアな方法です。ハイパーテキスト型システムは、2つの主な要素タイプから構成されています。1つはリンクされる情報のチャンク（情報のかたまり）や項目、もう1つはこれらのチャンク間のリンクです。

　これらの要素がテキスト、データ、画像、映像、音声といった情報のかたまりを結合するハイパーメディア型を形成します。ハイパーテキストチャンクは階層型、非階層型、あるいはその両方を使って結合できます（**図 6-18**）。ハイパーテキスト型では、コンテンツチャンクは Web のゆるやかなつながりでリンクされています。

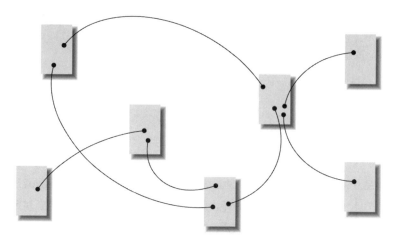

図6-18 ハイパーテキスト型コネクションのネットワーク

　この組織構造によって高い柔軟性を獲得できますが、場合によってはより複雑になり、ユーザーに混乱をもたらす可能性もあります。なぜでしょうか？それはハイパーテキストリンクは個人的な連想を強く反映しているため、ある人がコンテンツ項目間に見出させる関連性が、他の人には理解できない場合があるからです。また高度にハイパーテキスト化されたWebサイトをナビゲートする場合、ユーザーが迷子になりがちです。森の中に置き去りにされ、土地勘をつかもうと木々の間をさまよい続けるようなものです。こうした場合、ユーザーはサイトの組織化に対してメンタルモデルを作成できなくなっています。前後関係が分からなければ、ユーザーは圧倒され、不満を感じるでしょう。

　こうした理由から、ハイパーテキストは主要な組織構造には不向きです。むしろ、階層モデルやデータベースモデルを補う形で使用する方が適しています。

　項目や階層内のエリア間を創造的に関連付けるには、ハイパーテキストが便利です。まず情報の階層を設計し、ハイパーテキストでその階層を補完する方が理にかなっています。

6.5　社会的分類

　ソーシャルメディアはデジタルエクスペリエンスの中心となっています。Facebook や Twitter のようなプラットフォームは、数億人もの人々が関心のあることや写真、動画などを、互いにそしてすべての人々と共有できるようにしました。その結果、主にユーザーが作成するコンテンツタグによる社会的分類が、共有される情報環境において情報組織化の重要なツールとして浮上しています。

　共同作業による分類、モブインデクシング（不特定多数の人々によるタグ付け）、民族的な分類などを含むフリータギング（自由なタグ付け）はシンプルですが強力なツールです。ユーザーはひとつまたは複数のキーワードでタグ付けします。これらのタグはテキストフィールドで非公式にサポートされるか、あるいはコンテンツオブジェクトの正式な構造にもとづいて作成された専用フィールドにおいて提供されます。誰もがタグを使用でき、タグはソーシャルナビゲーションの中心として機能します。ユーザーはオブジェクト、作者、タグ、索引者の間を自由に行き来することができます。大人数が関わると、ユーザー行動とタグ付けのパターンが新たな組織とナビゲーションシステムを生み出すという、興味深い機会が発生します。

　例えば Twitter では、言葉の頭にハッシュ（#）をつけると、タグとしてシステムに選択されるという、特別な意味を持ちます。そしてツイートにタグのついた言葉を含めると、システムはその書き込みが、Twitter ユーザーが非公式に定義した書き込みのグループに属するとみなします（**図 6-19**）。こうした関係を定義する分類法を作成したのは、1個人でもなければ1団体でもありません。多くの個人がタグをつけたことから発生した（そして発生し続ける）分類なのです[1]。

---

[1] Twitter のハッシュタグ機能は当初、システムに組み込まれておらず、体系化されていないテキストフィールドのプラットフォームにユーザーが非公式に入れる形で登場した

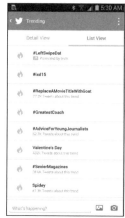

図6-19 Twitterの「見つける」「トレンド」の機能。ユーザーが作成したタグによって、新しい、あるいは関心が持てそうなコンテンツを発見できる

LinkedInにも、個人が持つプロフェッショナルなスキルをコンタクト先に対して「推薦する」という機能があり、タグと同様に機能します（**図6-20**）。システムによって同じグループにどのような人々が分類されているかを、ビジネスのコンタクト先に対し細かく説明することができます。ユーザーは推薦のラベルを追加できますが、これらは Twitter で採用されているような、自由に作成できる、体系化されていないタグではありません。LinkedIn のアーキテクチャ内で特別に作成された、LinkedIn 特有の構造となっています。

情報アーキテクチャの初期には、自由形式のタグ構造が、トップダウン型の中央で定義された情報構造の必用性をなくすかどうかについて、激論が交わされました。自由形式のタグ構造は別名「フォークソノミーズ（folksonomies）」とも呼ばれ、これは情報アーキテクトのトーマス・バンダー・ウォル（Thomas Vander Wal）が命名したものです。時が経つにつれ、ブックマーキングサービス Delicious.com のような、有名なタグ駆動型システムの実験が失敗に終わり、トップダウン型構造の価値が証明されるようになりました。しかもこうしたタグ駆動型システムでさえ、定義した構造内でタグを使っていたのです。自由形式のタグは、特定の状況では役に立たないことが証明されたものの、情報アーキテクトにとって重要なツールであることに変わりはありません。

図6-20 LinkedInでは、あらかじめ定義されたタグのセットの中に自分が持っているプロフェッショナルなスキルのタグがあれば、そのことをコンタクト先に「推薦」することができる

6.6 結合力のある組織化システムの作成

　UXデザイナーのネイサン・シェドロフ（Narthan Shedroff）は、「データを情報へと変化させる第一歩は、その組織構造を調査することだ」と述べています。本章で見てきたように、組織化システムはかなり複雑です。さまざまな正確な、そしてあいまいな組織体系について検討する必要があります。サイトは、トピック、タスク、ユーザーなどの要素で組織化すべきでしょうか？あるいは時系列や地理的体系に組織化するのがよいのでしょうか？それとも複数の組織体系を併用すべきでしょうか？

　さらに、ユーザーのナビゲーション方法に影響を与える組織体系についても検討する必要があります。つまり、階層型にするか、あるいはより構造化されたデータベース型モデルを使用すべきか、ということを検討しなければなりません。ゆるやかなハイパーテキスト型Webを使用すれば、柔軟性が得られるかもしれません。このように大規模なWebサイト開発では、さまざまな疑問点が生じてきます。したがって情報環境をいくつかの部品に分けて、ひとつずつ疑問を解消していかなければなり

ません。さらに情報検索システムは、類似のコンテンツの狭い領域に適用した方が機能性が高いという点も忘れないでください。コンテンツの固まりを小さな領域に集約すると、高度な機能を提供する組織化システムの可能性を追及することができます。

しかし、全体像を見落とさないようにすることも重要です。料理と同じく、適切な材料を正しい方法で混ぜ合わせた時、初めて求めていた結果が得られるのです。マッシュルームとパンケーキが好きだからといって、一緒にしてもおいしいとはいえません。凝縮された組織化システムのレシピは、情報環境ごとに異なります。とはいえ、どの場合にもあてはまる基本ルールがあります。

どの組織体系を適用するかを検討する際、正確な情報の組織体系とあいまいな情報の組織体系の違いを思い出してください。正確な体系は既知の項目の検索、つまりユーザーが検索項目について正確に知っている場合に適しています。あいまいな情報の組織体系は、ユーザー自身も自分が求めている情報についてあまりはっきりと分かっていない場合、例えばブラウジングや関連学習を行う際に適しています。できるかぎり、両方の体系を利用しましょう。また、Web 上で情報を組織化する難しさも知っておくべきです。言語はあいまいで、コンテンツは異質なものの集まりであり、人は同じ考え方をするとは限らず、政治的な圧力が物事を歪めてしまう可能性もあります。同じ情報にアクセスするにしても、その方法を複数提供すれば、このような問題にも対処できるのです。

組織構造の選択に迷ったら、大規模なシステムでは一般に複数の構造が必要であることを思い出してください。トップレベルは、情報環境の傘となるようなアーキテクチャであり、ほとんどの場合、「階層型」が適しています。このような階層を設計する場合、構造化された類似情報群に気をつけてください。サブサイトにできそうな情報群は、「データベース型モデル」に非常に適しています。それほど構造化されていない情報や、コンテンツ項目間の創造的な関係は、作者が提供する「ハイパーテキスト型」か、ユーザー貢献型の「タグ付け」で処理すべきでしょう。このように、いくつもの組織構造を組み合わせることによって、結合力のある組織化システムが作成できるのです。

6.7 まとめ

この章で学んだことをまとめましょう。

- 世界をどう理解するのかは、世界をどう分類するかによって決まります。

- 分類は簡単ではありません。あいまい、不均一、考え方の相違、政治的な圧力などの問題に対処しなければならないからです。

- 正確な組織体系またはあいまいな組織体系を使って組織化することができます。

- 正確な組織体系にはアルファベット順、時系列、地理的分類があります。

- あいまいな組織体系にはトピック、タスク、顧客、メタファー、ハイブリッド型があります。

- 組織体系の構造はまた、情報環境の設計においても重要な役割を果たします。

- 社会的分類は、共有デジタル環境における情報の組織化のための重要なツールとして浮上してきました。

次は情報アーキテクチャのもうひとつの重要な要素である、ラベリングシステムを取り上げます。

7章
ラベリングシステム

> 主なる神は、野のあらゆる獣、空のあらゆる鳥を土で形づくり、
> 人のところへ持って来て、人がそれぞれをどう呼ぶか見ておられた。
> 人が呼ぶと、それはすべて、生き物の名となった。
> ―― **創世記 2 章 19**

本章では、次の内容を取り上げます。

- ラベリングシステムとは何か、またそれが重要な理由とは
- よくあるラベルのタイプ
- ラベルを開発するためのガイドライン
- ラベリングシステムを作成するためのヒント

ラベリングは表現形態のひとつです。考えを言葉にするのと同じように、ラベルを使って情報環境内の情報のまとまりを表すことができます。例えば、「連絡先(Contact Us)」というラベルは、ほとんどの場合、連絡先名、住所、電話番号、ファクス番号、メールアドレスなどの情報のまとまりを表します。気の短いユーザーはその情報を必要としてはいないかもしれません。Webページはすでに情報で埋め尽くされており、その中でこうした情報すべてを迅速かつ効果的に提供しようとすると、ユーザーは圧倒されるでしょう。情報をあれこれ目立つように表示する代わりに「連絡先」のようなラベルを使えば、ユーザーはすんなりと理解でき、読み進めて連絡先の情報を得るか、それともクリックして他の情報へ移るかを決めることができます。ラベルの目的は、情報を効果的に伝えることです。これはつまり、ページの物理的スペースもユーザーの認識領域も無駄遣いすることなく、情報を伝えるという意味です。

天気と違って、ラベリングを話題にする人はほとんどいませんが（ライブラリアンや言語学者、ジャーナリスト、情報アーキテクトは除いて）、誰もがラベル付けを行っています。実際、私たちは無意識のうちにラベル付けをしているのです。Webサイトやアプリのコンテンツや構造を開発している人なら誰でも、気付いていないとしてもラベルを作成しています。そして私たちがラベルを作るのは、Webサイトだけに収まるものではありません。旧約聖書でアダムが獣に名前を付けて以来、ラベリングは私たちを人間として特徴づける行動のひとつです。話し言葉も本質的には、概念と物に対してのラベリング行為です。もしかすると常にラベリングをしているために、私たちはこの行為を当然とみなしているのかもしれません。だからこそラベリングには混乱させられることが多く、苦しめられるのでしょう。本章では、実装に取り掛かる前にどのように情報環境のラベリングについて考えていけばいいか、アドバイスしていきます。

　これまで説明してきたシステムの中に、ラベリングはどのように収まるのでしょうか？まずラベルは、複数のシステムとコンテキストにまたがる組織とナビゲーションシステムを最も明確にユーザーに示す方法です。例えば、ひとつのスクリーンレイアウトに異なるラベルグループが複数あり、各ラベルグループがそれぞれ異なる情報構造やナビゲーションシステムを表す場合があります。例には次のようなもののラベルが含まれます。環境の組織化システム（例：自宅／ホームオフィス、中小事業者、大企業、政府、ヘルスケア）、グローバルナビゲーションシステム（例：メイン、検索、フィードバック）、サブサイトナビゲーションシステム（例：カートに入れる、請求先情報を入力する、注文を確定する）、ほかのチャンネルに特有のシステム（自動音声応答[※1]電話サービス、印刷カタログ）です。

7.1　なぜラベリングに注意を払う必要があるのか

　印刷物、Web、ラジオの台本、テレビなども含め、あらかじめ記録または準備されたコミュニケーションは、リアルタイムの対話式のコミュニケーションとは大きく異なっています。誰かと話をする時、私たちは常に相手の反応を見ながら、メッセー

[※1] 自動音声応答：Interactive Voice Response（IVR）。企業の電話窓口で、音声による自動応答をコンピュータで行うシステム

ジのよりよい伝え方を模索します。相手の注意力がそれている、理解しようとしている、あるいはイライラしてこぶしを握り締めていることに無意識のうちに反応して、声を大きくしたり、ボディランゲージを使ったり、巧みな表現を使ったり、逃げ道を探したりします。

　設計したシステムを通じてユーザーと「対話」する際、残念ながらユーザーの反応（あるとすれば、ですが）は即座に返ってきません。Twitter のようなソーシャルメディアは例外としても、多くの場合情報環境は、システムの所有者と作者のメッセージをユーザーへとゆっくり翻訳して伝え、また元に戻す仲介メディアなのです。この「伝言ゲーム」[※1]のせいでメッセージがあいまいになってしまいます。ですから、目に見えるヒントもない仲介メディアを使った場合、コミュニケーションは非常に困難になります。そこでラベリングが重要になってくるのです。

　相手と直接向き合えないという欠点を最小限に抑えるために、情報アーキテクトはラベルの作成に全力を注がなければなりません。情報環境のユーザーが使うのと同じ言葉を使いながらも、コンテンツを反映したラベルにしなければならないのです。対話でもそうですが、ラベルについて疑問や混乱がある場合には意味をはっきりさせたり、説明を加えたりすべきです。新しい概念についてユーザーに教えるのは、ラベルの役割です。

　ユーザーと情報環境の所有者との会話は、普通 Web サイトのメインページから始まります。その会話がどれだけうまくいくかを知るには、設計の他の部分はできる限り見ないようにして、サイトのメインページだけを見て自問してみてください。「このページで目立っているラベルは自分が見ても突出した印象を受けるのだろうか？もしそうなら、それはなぜだろう？」（たいていの場合、失敗したラベルほど目立つものです。うまくいったラベルは邪魔になりません）新しい、予測のつかない、紛らわしいラベルの場合、その説明はありますか？詳しく知るにはクリックが必要でしょうか？科学的な根拠はありませんが、このようにラベルをテストすることで実際のユーザーとサイトとの対話がどうなるか、感覚的に分かるようになります。

　平均的でよくある企業の情報環境で、ユーザーとの対話を確かめてみましょう。図

※1　世界中で違った名称で呼ばれている有名なゲーム。プレイヤーは別のプレイヤーへと秘密裏にメッセージを渡す。最後のプレイヤーにメッセージが届いたら（理解できない内容になっていることが多い）、それを最初のメッセージと照らし合わせて答え合わせを行う

7-1[※1]はスターバックスの Web サイトです。

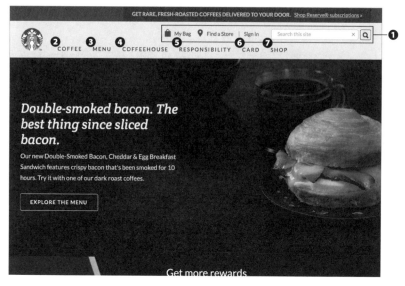

図7-1　これらのラベルにどう反応しますか？

スターバックスのラベルは一般的なものとさほど変わらないように見えます。しかし平凡さは価値や成功を意味しません。むしろサイトのラベルを見て回ると、問題が浮上してきます。では内容を見てみましょう。

❶ **My Bag | Find a Store | Sign In | Search this site**

ここまでは問題ありません。実店舗とオンラインストアで商品を販売する企業のWeb サイトとしては、標準的なラベルです。「Find a Store（店舗を探す）」リンクの横にある、場所を示すピンのアイコンは、このアイコンをクリックすればスターバックスの店の地図に移動することを示しています。一方「My Bag（私のバッグ）」はあまり一般的な名称ではありませんが、一般的なバッグのアイコンであ

※1　情報アーキテクトの Andrew Hinton が、この例を挙げてくれた。Andrew によるスターバックスのラベリング研究については、彼の著作『Understanding Context』（O'reilly Media、2014年。和書未刊）を参照

ることから、「ショッピングカート」を示していることが分かります。

❷ Coffee

繰り返しますが、問題はありません。スターバックスはコーヒーを販売しているのですから、コーヒーがあるのは分かっています。またスターバックスのロゴの下に並ぶラベルのトップに「Coffee」が配置されているのもよいことです。会社のロゴと主要商品とのつながりを強調できるからです。

❸ Menu

ここからが問題です。Webサイトにおける「メニュー」とはどういう意味でしょうか？サイトのナビゲーションメニューを指しているのでしょうか？コーヒーのメニューでしょうか？それともスターバックスで提供されるフードのメニューなのでしょうか（実は最後が正解です）。ほかの項目も一緒に並んでいてサイトのメニューとなっているので、この「メニュー」のラベルはデスクトップブラウザで見る分にはさほどあいまいではありません。ところがモバイルブラウザで見ると少々やっかいです。「メニュー」のラベルがサイト全体のナビゲーションメニューにアクセスするリンクのように見えてしまうからです（**図7-2**）。

図7-2 モバイルブラウザでアクセスすると、スターバックスのWebサイトのラベルは違う場所に置かれるため、その意味が変化してしまう

スターバックスのサイトのデスクトップ版で「コーヒー」「メニュー」などのラベルにマウスを持っていくと、各ラベルの下にあるメニュー一覧が表示され、直接各リンクへと移動することができますが、モバイル版ではそうした一覧は見ることができません。毎回ナビゲーションメニューからラベルをクリックする必要があります。

❹ **Coffeehouse**
この単語は以前にも見たことがあるでしょう。どんな意味でしょうか？ OS Xの辞書には「カフェまたはコーヒーが出される場所。非公式なエンターテインメントが提供される場合もある」とあります。言い換えれば、コーヒーを買える物理的な場所ということです。普通なら、ここでスターバックスの店舗一覧が見つか

ると思うでしょう。半分は正解ですが、ここにはもっと多くの情報があるのです。例えば、スターバックスの iOS と Android のアプリに関する情報や、「Online Community」の情報も見つかります（**図7-3**）。このことは「Coffeehouse」はスターバックス社の内部では特別な意味を持っているという印象を与え、表現しているコンテンツをすぐに理解することができません。また「Coffeehouse」が「Coffee」という言葉で始まっているため（しかもナビゲーションメニューでコーヒーのすぐ近くにある）、コーヒーを探しているユーザーに二度見させてしまう場合があります。

図7-3 「Coffeehouse」という言葉が、スターバックスのなかで特別な意味を持っているように見える

❺ **Responsibility**

繰り返しますが、このラベルにはほとんど問題はありません。大企業が社会的なプログラムを持っているのはごく普通であり、そういった情報が見つかると想像できます。

❻ **Card**

「Card」はかなり幅広い意味を持った言葉です。スターバックスカードを指すのか、誕生日にもらった e ギフトカードのことなのか、それともスターバックスア

カウントで支払いのために登録したクレジットカードのことなのでしょうか？

❼ Shop

「Shop」は動詞にも名詞にも受け取れますが、ここでは動詞として使われています。『スターバックスストア』（「Find a Store」リンクにある、スターバックス「ストア」ではない）でオンラインショッピングをするという意味です。サイト全体のナビゲーションで動詞が使われているのはここだけなので、実店舗についての情報が入手できるという誤解を招く可能性があります。

ここまで行ってきたラベルの簡単なチェックの結果は、次のようなカテゴリーに分けることができます。

内容を描写していない上に他との区別がつかないラベル

スターバックスのラベルのほとんどが、リンク先やその下にどのような内容のコンテンツがあるのかを表していません。「Menu」はどんな意味なのか、また「Coffeehouse」「Coffee」「Shop」の違いは何なのかは、クリックして先に進まない限り、ユーザーは知ることができません。「Wi-Fi」「Starbucks Mobile Apps」「Online Community」などの意味合いの異なる項目がひとつのグループにまとめられているため、脈絡がなくなってしまい、項目のラベルが実際に何を表しているのかが判断できません。ラベルは効率的というよりも、あまりにもまぎらわしい状態です。

ラベルに専門用語が使われており、ユーザー中心のラベルになっていない

「Coffeehouse」や「Starbucks Store」のラベルの例に見られるように、どんなに頑張っても顧客のニーズよりも自社の目標や政治、文化を優先させている企業であることを、ラベルは明らかにしてしまいます。こうした企業のサイトは、Webサイトのラベルに組織専用の専門用語を使っている場合がほとんどです。明らかにそのサイトのスポンサー企業で働く0.01％のユーザーにしか分からないようなラベリングがされている、そんなサイトを目にしたことがあるのではないでしょうか。あなたのサイトで製品注文システムに「受注処理及び流通管理」

などといった用語を使えば、間違いなく売り上げを落とすでしょう。

ラベルのせいでお金が無駄になる

スターバックスのラベルでユーザーは何度も混乱させられます。ユーザーの経験はアーキテクチャによって邪魔され、ユーザーは手を止めて「何だこれは？」と疑問を感じてしまいます。Web サイトというメディアにおける競争は激しいので、ユーザーがあきらめて他のサイトへ移動してしまう可能性も十分にありえます。言い換えると、設計、構築にお金をかけて利用者にアピールしても、紛らわしいラベルのせいでその努力が台無しになってしまうのです。

ラベルのせいで悪印象を与えている

サイトの情報の伝え方や表現の仕方が、あなたや組織、そのブランドについて多くを語ります。航空機の雑誌を読んだことがあるなら、語彙を増やせる教育シリーズの広告を目にしたことがあるでしょう。「ビジネス取引がうまくいくかどうかは、あなたの使う単語次第」このような内容をうたったものです。情報環境のラベリングについても同じことが言えます。貧弱なラベリングのせいで、その組織に対するユーザーの信頼が台無しになることもあります。スターバックスは伝統的なブランディングにたくさんの金をつぎ込む一方、バーチャルな資産であるメインページでのラベルをそれほど重く考えてはいないようです。

　文章や他の形式でのプロフェッショナルなコミュニケーションと同じように、ラベルも重要です。効果的な Web サイトにはラベルが欠かせません。ブランドや視覚的なデザイン、機能性、コンテンツ、ナビゲーションのしやすさと同じくらいラベルも大切な要素なのです。

7.2　さまざまなラベル

　情報環境上のラベルには 2 種類の形式があります。テキストによるラベルと、アイコンによるラベルです。本章では大部分をテキストのラベルについて述べていきます。Web は視覚的な性質が強いとはいえ、いまだテキストのラベルが大部分を占めているからです。以下にテキストによるラベルの例を挙げます。

コンテキストリンク
: 他のページ、または同じページで他の場所にある情報のチャンクへとつながるハイパーリンク

ヘッダ
: 印刷のヘッダ同様、単にその下にあるコンテンツを描写したラベル

ナビゲーションシステム選択
: ナビゲーションシステムのオプションを表しているラベル

インデックス用語
: 検索またはブラウジング用に、コンテンツを表したキーワードとタグ、および主題のヘッダ

　これらのカテゴリーは決して完璧ではなく、お互いを含み合う場合もあります。1つのラベルが2つ分の働きをしていることもあるのです。例えば「Naked Bangee Jumping（裸のバンジージャンプ）」というコンテキストリンクがつながる先は「Naked Bangee Jumping」というヘッダラベルを使っているページであり、そのページがインデックス付けされている名前が（あなたの予想通りに）「Naked Bangee Jumping」だということもありえます。これらのラベルの中にはテキストラベルよりもアイコンのラベルで表示されるものもあります。裸のバンジージャンプというのは、あまり想像したくありませんが。

　次のセクションではさまざまなラベルについて詳しく検証し、いくつかの例をご紹介していきます。

7.2.1　コンテキストリンクとしてのラベル

　ドキュメントまたは情報チャンクの本文内にあるハイパーリンクテキストを説明しているラベルで、コンテキストリンクは周囲のテキストという説明的なコンテキスト内に生じます。コンテキストリンクは作成が簡単で、Webの成功を促すエキサイティングな相互連結性の基礎といえます。

　しかし、コンテキストリンクの作成が容易だからといって、必ずしもうまく働いて

くれるとは限りません。実際、作成が容易であるからこそ問題が起こるのです。一般的に、コンテキストリンクはシステム的に開発されるのではなく、その場その場に応じたやり方で開発されます。著者がテキストと何かを関係付け、その結びつきを記号化してドキュメントに入力して出来上がります。そのため、これらのハイパーテキストのつながりは、階層内で親子関係のある項目がつながっているのとは異なり、個人的でそれぞれ異なる種類のものです。コンテキストリンクラベルは人が違えばその表す内容も異なります。「シェイクスピア」というリンクを見て詩人のシェイクスピアの伝記へつながると思う人もいれば、Wikipediaにつながると考える人もいます。つながる先はニューメキシコ州にあるシェイクスピアという村かもしれませんし、違うところかもしれません。

　つながる先のコンテンツを表現するのに、コンテキストリンクは当然そのコンテキストに頼ることになります。コンテンツの著者がそのコンテキストをうまく作り上げることができれば、ラベルの意味は周囲のテキストから引き出されます。もしうまく作れなければ、ラベルは具象性という価値を失い、ユーザーに思いもよらないいやな体験をさせてしまうでしょう。

　GOV.UK（**図7-4**）はイギリス国民全体に情報を提供しているサイトなので、コンテキストリンクは直接的で意味のあるものでなければなりません。「Benefits」「Money and tax」「Disabled people」などのGOV.UKのコンテキストリンクラベルは具象的であり、クリックするとどのような情報が得られるかは周囲のテキストとヘッダより明らかです。さらに、説明的なテキスト、明確なヘッダ、サイトそのものは直接的には使用されないというコンテキストが、この非常に具象的なコンテキストリンクをいっそう明確にしています。

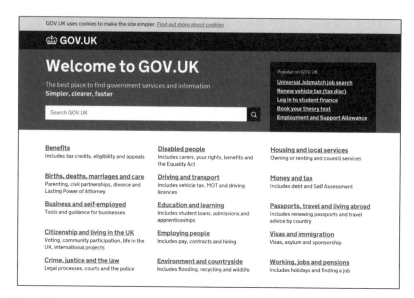

図7-4　GOV.UKのコンテキストリンクは直接的であり、分かりやすい

　一方、ブログにあるコンテキストリンクは必ずしも明確ではある必要はありません。著者は友人の中にいるので「みんな定期的に読んでくれているのだから、背景はある程度分かっているだろう」と仮定しています。あるいは「リンクのラベルはあまり具体的にしないほうが、謎めいていていい」と思っているかもしれません。そうした理由から、著者はリンクラベルをそれほど目立たせていないのです。

　図7-5では、著者は私たちが「Dr.Drang」を知っているものと期待しています。おそらくブログなどで以前に述べたことがあるのでしょう。または「Dr.Drang」というラベルを人名と認識すると知っていて、ユーザーのクリックを誘うための謎めいたコンテキスト「Your favorite snowman and mine（あなたのお気に入りの雪だるまと私のお気に入りの雪だるま）」だけしか用意しなかったのかもしれません。「Brent Simmons' observation」もまた謎めいています。このラベルが何を表しているのか想像もつきませんが、ブログの著者はこれを「software engineers don't really have a code of ethics（ソフトウェアエンジニアは本当に倫理的なコードというものを持たない）」とまとめています。抽象的なラベルで問題ないのは、私たちがすでにこのブログの著者の意見を信用しており、クリックしてもっと知りたがると想定されている

からです。ここに挙げたブログのような場合、友人たちとの会話に加わったような感じさえ覚えます。しかしこうした信用がなければ、抽象的なラベルはダメージを与えます。

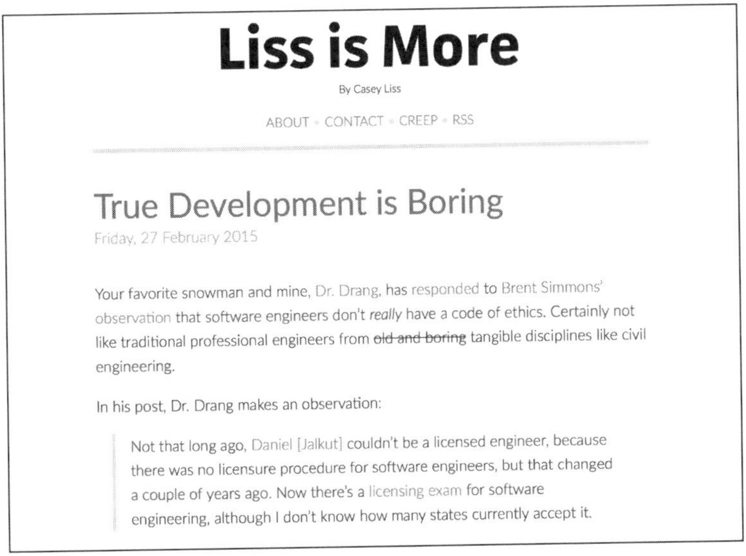

図7-5 コンテキストによるリンクは表現力はないが、著者に対する高い信用がある場合は申し分ない

　この例からも分かるように、ラベルのもつ多様性は、より多くのラベルの組み合わせやラベリングシステムからコンテキストを引き出し、ひいては意味を引き出しています。しかしリンクラベルではシステム的な一貫性は期待できません。これらのラベルは仲間内のメンバーにつけられているのではなく、コピーやテキストでのりづけされているからです。またこうしたラベルとつながる先の情報チャンク間の一貫性も問題となってきます。

　コンテキストリンクを作成しラベリングする前に、「ユーザーはどのような情報につながると予測しているだろうか」と問いかけることで、情報アーキテクトはコンテキストリンクラベルの具象性を確認できます。コンテキストリンクラベルはその場その場の方法で作成されているので、このような単純な質問をするだけでも具象性を向上できます（ラベルをユーザーがどのように解釈するかを知るには、ラベルがはっき

りと見える状態でページを印刷し、それを被験者に見せて「各コンテキストリンクラベルがどこへつながっていると思うか」を書き出してもらうというテストをしてみるとよいでしょう）。

　その一方、ほとんどの場合コンテキストリンクは情報アーキテクトの力が及ばないと知るのも大切です。たいていはコンテキストリンクの責任はコンテンツの著者にあります。コンテンツの意味と、それを他のコンテンツとリンクさせる最善の方法を知っているのは彼らなのです。ですから、コンテキストリンクラベルの規則（社員の名前のリンクラベルからは常に何にリンクするか）を守らせたいと思うかもしれませんが、コンテンツの著者に提案だけして（できれば社員の名前はそれに対応するディレクトリ一覧にリンクしてほしいという提案など）任せたほうがいいかもしれません。

7.3　ヘッダとしてのラベル

　ヘッダはそれに続く情報チャンクを描写するものですが、ラベルはヘッダとしても頻繁に使用されます。図7-6 に示したように、ヘッダはコンテンツ内の階層を築くために用いられます。書籍ではヘッダが章と項とを区別する機能を持つように、ヘッダはサイトのサブサイトを決めたり、カテゴリーとサブカテゴリーとを区別する役目を持ちます。

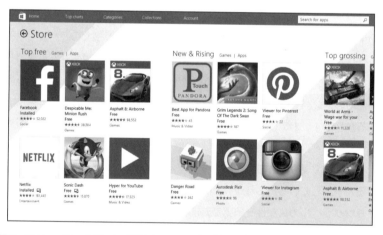

図7-6　Windows Storeでは、レイアウト、フォントの違い、余白によって、読み手はラベルと階層を見分けられる

親子関係や兄弟関係といったヘッダ間の階層関係は、番号付けやフォントサイズ、色、スタイル、スペースやタブまたはそれらの組み合わせを一貫して使うことで、視覚的に築くことができます。視覚的に明確な階層は、情報デザイナーやグラフィックデザイナーの作業であることが多いのですが、情報アーキテクトのプレッシャーを弱めてくれます。階層の意味を伝達するラベルを作成する必要性が減るためです。ですから、あまり意味を持たないようなラベルでも階層にしてみると急に意味を持ち出すこともあります。例えば、これらの一貫性のないヘッダはかなり混乱を招きます。

>家具セレクション
>オフィスチェア
>バイヤーのおすすめ
>Steelcase 社の椅子
>Hon 社の製品
>ハーマンミラー
>アーロンチェア
>その他ファイル

しかし、階層で表すと意味が明確になってきます。

>家具セレクション
> オフィスチェア
> バイヤーのおすすめ
> Steelcase 社の椅子
> Hon 社の製品
>   ハーマンミラー
>   アーロンチェア
> その他ファイル

また、階層関係を目立たせることにあまり厳密にならないようにするのも大切です。図 7-7 では、「❶ Leaders（リーダー）」や「❷ Southeastern Standings（南東部順位）」などのヘッダラベルはそのヘッダに続くテキストを表しています。しかしページの一番上近くにある試合日程（❸）は同じような扱いをされていません。ほとんどの読者は読まなくても視覚的にこの日程を区別できるからです。言葉を変えると、表の前に「Game Schedule（試合日程）」というヘッダを挿入し、「Leaders」や「Southeastern Standings」と同じフォントのスタイルを適用しても、ユーザーはすでに試合日程がわかっているので、たいしてメリットはありません。

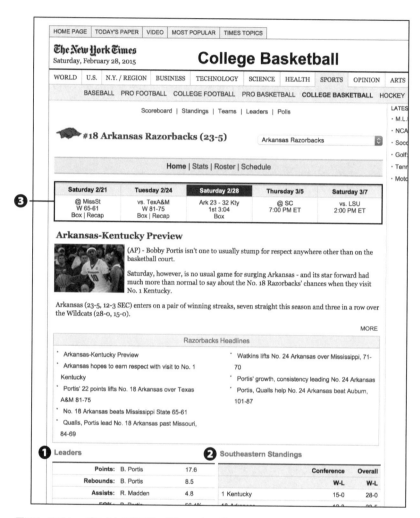

図7-7 このヘッダラベルの階層は一貫していないが、それでも問題はない

しかし、表のそれぞれのコラムにヘッダラベルがついていなければ、試合日程を正しく読み取るのは不可能です。

階層ヘッダを設計するときにはもっと柔軟でもいいのですが、ラベリングをプロセスに入れる際には一貫性の維持が特に重要です。プロセスをうまく進めるには、ユーザーがプロセスを進む際に各ステップを完了する必要があります。ですから、

ヘッダラベルははっきり目に見えていて、先へ進む順序を伝える必要があります。これには番号を使うのが一般的で、一貫性を持った行動としてラベルを述べる、つまり動詞を使用するという方法も先へ進む手順をまとめる際に役に立ちます。実際に、ラベルは「どこから始めるのか」「次はどこへ行くのか」「先へ進む時に各ステップでどんな行動を取ることになるのか」を伝えなければなりません。**図 7-8** は Google Play Developer になるためのサインアップのページです。ここでは各ステップで取るべきアクションが明確に説明されています。

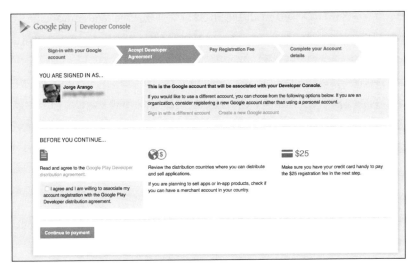

図7-8 順番になったラベリングが明確な、Google Play Developer のサインアッププロセス

ヘッダラベルは階層的、順番的、または複合的かもしれませんが、コンテキストリンクラベルよりもシステム的に設計されるべきものです。

7.4　ナビゲーションシステム中のラベル

オプション数の少ないナビゲーションシステムラベルは、他のどのタイプのラベルよりも一貫して適用することが要求されます。たとえ選択肢が10以下のナビゲーションシステムでも、一貫しないオプションがひとつあるだけで1,000以上のインデックス用語よりもあっという間に雑多なものになってしまうからです。さらに、ナビゲー

ションシステムはサイトに繰り返し登場するので、ナビゲーションラベリングの問題は拡大されて広がります。

　ページ配置と見た目が一貫した場所で「合理的に」振舞うために、ユーザーはナビゲーションシステムに頼ります。ラベルは常に同じでなければなりません。親近感を養うためには、ラベルを効果的に適用することが欠かせないので、ページごとにラベルが違うようでは困ります。あるページでは「メイン」、またあるページでは「メインページ」や「ホーム」を使うなどとしていると、サイトをナビゲートする際にユーザーが必要としている親近感が損なわれてしまいます。**図 7-9** では横に並んだナビゲーションシステムに4つのラベルが使用されています。「The Janus Advantage」「Our Funds」「Planning」「My Account」です。これらはサイト全体で一貫して適用されています。もし色や配置も一貫していれば、さらに効果的です。

　ラベルに基準はありませんが、多くの場合ナビゲーションシステム用に共通する用語があります。そうした用語はすでにほとんどのユーザーが慣れ親しんでいるものなので、各カテゴリーに対して1つの用語を選択し、それを一貫して適用することを検討すべきです。すべてではありませんが、以下に一覧を挙げておきます。

- メイン、メインページ、ホーム

- 検索する（Search）、見つける（Find）、閲覧する（Browse）、検索／閲覧する（Search/Browse）

- サイトマップ、コンテンツ、目次、インデックス

- 連絡する、連絡先

- ヘルプ、よくあるご質問（FAQ：Frequently Asked Question）

- ニュース、ニュース&イベント、お知らせ

- About、About Us、<会社名>について、Who we are

　もちろん同じラベルを使っていても、示す情報の種類が異なる場合もあります。例えば、「News」というラベルでサイトの新着情報にリンクしているサイトがあれば、

同じ「News」のラベルでも国内外の出来事を紹介するニュースにリンクしているサイトもあります。ただし1つのサイト内で同じラベルを異なる意味合いで使用すると、ユーザーは間違いなく混乱します。こうした場合の代替案のひとつが、ナビゲーションラベルの下に簡単な説明を追加することですが、貴重なスクリーンスペースを消費するという代償を支払わなければなりません。

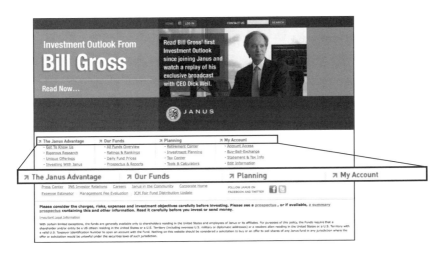

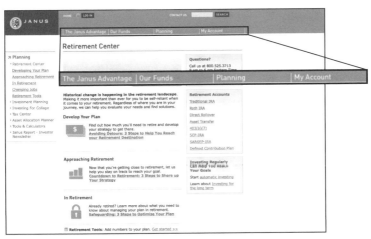

図7-9 Janusのナビゲーションシステムラベルはサイト全体で一貫している

7.4.1 インデックス用語としてのラベル

インデックス用語のラベルはキーワード、タグ、説明を含んだメタデータ、用語体系、制限語彙、シソーラスなどと呼ばれ、これらはサイト、サブサイト、ページ、コンテンツのチャンクといったあらゆる形式のコンテンツを記述するために用いられます。インデックス用語でコンテンツの意味を描写することで、単にコンテンツの全テキストを検索するよりも精密な検索が可能になります。インデックス用語は人がコンテンツの意味を確認して表現したものなので、単純に検索エンジンで全テキストからクエリーと合うものを探すより、インデックス用語を検索したほうがより効果的なはずです。

ドキュメントから得られるメタデータはブラウズ可能なリストやメニューとして役に立つので、インデックス用語があるとブラウジングも容易になります。インデックス用語はサイト本来の組織化システム（例えば、ビジネスユニットによって組織化された情報アーキテクチャ）の代替物となるため、ユーザーにとって非常に便利です。サイトインデックスやリストの形を取ったインデックス用語は、組織のサイロ（情報の貯蔵庫としての単位）間にある縦の境界線を横断する手段として有効です。

図7-10 SFGateのサイトインデックス

図 7-10 は SFGate のサイトです。このサイトはインデックス用語のラベルからできていて、インデックス用語はサイトのさまざまなセクションのコンテンツを明らかにするために利用されています。コンテンツのほとんどは、サイトの本来の組織化システムからアクセスが可能ですが、これらのインデックス用語（例：キーワード）でブラウズすることもできます。

　ユーザーの目にインデックス用語がまったく見えない場合もよくあります。私たちがコンテンツマネジメントシステム（CMS）や他の一般的なデータベースの中のドキュメントを表現する際に使う「レコード」は、インデックス用語のフィールドを含んでいますが、ほとんど見ることができません。これは検索をするときにのみインデックス用語が登場するからです。同様にインデックス用語は、HTML ドキュメントの <meta> または <title> タグの中に埋め込みメタデータとして隠れていることもあります。例えば家具製造業者のサイトなら、装飾品の項目の <meta> タグレコードの中には、以下のようなインデックス用語が並んでいるでしょう。

```
<meta name="keywords" CONTENT="upholstery, upholstered, sofa,  couch, loveseat, love seat, sectional, armchair, arm chair,  easy chair, chaise lounge">
```

「sofa（ソファ）」で検索すると、たとえ「sofa」という単語がページ内のテキストに出てこなくても、これらのインデックス用語があるページが獲得できます。これに似たもっと愉快な例として、図 7-11 に Bon Appétit の Web サイトを挙げました。「Snack」で検索したところ、このレシピが出てきました。ところがレシピ自体には「Snack」という言葉はどこにも出ていません。つまり、このレシピのデータベースレコードのなかにインデックス用語として「Snack」が含まれていることが考えられます。

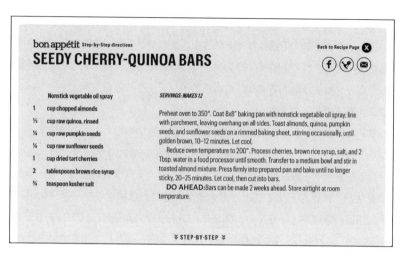

図7-11 「Snack」で検索するとこのレシピが出てきたが、その言葉はテキスト中に見当たらない

　Webサイトを探したり、アクセスしたりするのに、GoogleのようなWeb検索エンジンを利用するのが主流となっています。Web検索エンジンでは、インデックス用語を使ってメインページを説明した方が効果的にページやサイトをユーザーに知らせることができます。これはWebで検索したユーザーがそのページやサイトを見つける確率が高くなるためです[1]。

　各ページを目立たせようとするのはかなり困難な作業です。この場合、制限語彙やシソーラスからインデックス用語を選んで利用するなど、よりシステム的なアプローチでラベリングする方が効果的です。このようなラベルの目的は、より詳細な範囲を（「製品とサービス」「腫瘍学」など）一貫性のある予測可能な方法で記述することです。これらの語彙に関しては10章で詳しく説明します。

7.4.2　アイコンラベリング

　「絵は千の言葉に値する」といわれますが、「千の言葉」といってもどのような言葉なのでしょう？

---

[1] Web全体の検索エンジンやディレクトリの仕組み、検索結果のページでサイトのメインページや他の主なページを上位に上げる方法を学ぶには、「Search Engine Watch」が最高の情報源となる。http://www.searchenginewatch.com

アイコンはテキストと同様に情報を表すことができます。アイコンはナビゲーションシステムのラベルとして使われることが最も多いようです。特にモバイルアプリのように、画面のスペースに制限がある場合などに見られます。またアイコンは見出しラベルとして使用される場合もありますし、リンクラベルとしても稀に使用されます。

　アイコンラベルの問題は、テキストラベルよりも言葉が限られている点です。インデックス用語のような大規模なラベルでは、アイコンの「語彙」はあっという間に用語に追い抜かれてしまいます。そのため、アイコンラベルが用いられるのは小規模な組織のシステムラベルやナビゲーションシステムなど、オプションが少ない用途がほとんどです。また子供など、テキストをあまり求めないユーザーが対象の場合にも有効です。

　たとえそうでも、アイコンラベルがきちんと意味を表現できているかはやはり難しい問題です。Microsoft Band[※1]のナビゲーションを**図 7-12** に示しました。これらのアイコンの意味が分かるでしょうか。

図7-12　「Microsoft Band」のディスプレイに表示されるナビゲーションシステムのアイコン。画像出典：https://www.microsoft.com/microsoft-band/en-us

（アイコンは左から、メール、ランニング、カレンダー、エクササイズ、睡眠、メッセージ、ファイナンスを意味しています）

　フィットネスバンドというかなり用途の明確な製品でも、ほとんどのユーザーは1つか2つは正しく推測できたとして、「言語」の意味を即座には理解できないでしょう。

　このようなアイコンラベルによって情報環境に優美さが生まれるので、システムのユーザビリティを阻害しないのなら、使わない理由はありません。実際、ユーザーが繰り返し利用してくれるのなら、ユーザーの心の中にアイコンによる「言語」が確立されるかもしれません。そうした場合、アイコン言語は具体的かつ視覚的にも認識し

※1　Microsoft Band：マイクロソフト社から発売されたフィットネストラッカー。https://www.microsoft.com/microsoft-band/en-us

やすい伝達システムとして、非常に有効になってきます。システムのユーザーが忍耐強く忠実で、視覚的な言語を覚えようとしてくれるのなら話は別ですが、そうでない場合は選択肢が限られたシステムにおいてのみアイコンラベルを使用し、機能を説明する前に使用しないことをおすすめします。

7.5　ラベルの設計

　効果的なラベルの設計は、情報アーキテクチャの最大の難関といえるかもしれません。言語自体があいまいなため、「完璧なラベルができた」と自信を持つことはできないでしょう。類義語や同音異義語についても考えなければなりませんし、コンテキストが違えば用語の意味の理解にも影響します。またシステムが複数の言語に対応する場合、問題はより複雑になります。しかしラベリングの慣例でも疑わしいものがあります。システムのユーザーの100％が「メインページ」というラベルを正確に解釈できるかというと、決して自信は持てないはずです。完璧なラベルは実現できませんし、ラベルの効果を計るのは非常に困難なので、祈るしかないでしょう。

　ラベリングが科学というよりもアート[※1]のような響きに聞こえるのなら、あなたの判断に間違いはありません。論争の余地のないルールは忘れて、ガイドラインに期待しましょう。ラベル設計という謎に満ちたアートに足を踏み入れるための手助けとして、以下のガイドラインを用意しました。

7.5.1　一般的なガイドライン

　情報アーキテクチャをどの角度から見ても、コンテンツ、ユーザー、コンテキストが影響を及ぼすことを思い出してください。ラベルに関しては特にこれが当てはまります。ユーザー、コンテンツ、コンテキストの変化のしやすさが、ラベルをあいまいな世界へと導いていくのです。

　6章に出てきた「pitch」という用語に戻って考えてみましょう。野球（baseball。「投球」の意）からサッカー（football。「英国での競技場」の意）、セールス（business。「強引な売込み」の意。エレベーターに乗っている時にさえ行われることがある）から船（sailing。「水中のボートの角度」の意）まで、少なくとも15の定義があります。

※1　アート：ここでは属人的に昇華された技芸的なものという意味

サイトのユーザー、コンテンツ、コンテキストが1つの同じ定義にまとまるとは考えにくいのです。定義があいまいなためラベルを指定してコンテンツを表現するのが難しく、ユーザーもラベルの実際の意味を推測しづらいのです。

　ラベルのあいまいさを減らし、より具体的にするにはどうすればよいのでしょうか？以下に2つのガイドラインを挙げました。

可能な限り視野は狭くする
　システムで特定の顧客に焦点を絞れば、あるラベルが何を意味するかはかなり数を絞り込むことができます。テーマの範囲を小さくすれば、より明確かつ効果的に表現できます。より狭いビジネスコンテキストはシステムとその構造の目標を明確にし、それゆえにラベルも明確になります。

　コンテンツ、ユーザー、コンテキストがシンプルでまとまった内容であれば、ラベリングは簡単です。多くのシステムは欲張りすぎたために幅広く平凡になっています。ラベリングシステムが広範囲をカバーしすぎて、逆に効果的ではなくなっているのです。システムの見通しについて「誰が使うのか」「どんなコンテンツが含まれるのか」「どうやって、いつ使われるのか」「なぜ使われるべきなのか」について何らかの計画があるなら、単純にした方がラベルは効果的になります。もしシステムがあらゆる業務をこなしているのであれば、全システムのコンテンツを扱うラベルは使わないようにしましょう。実際に全サイトをカバーしているグローバルナビゲーションシステムは例外です。しかしラベリングのほかの分野では、特定の顧客のニーズを満たすためにコンテンツを単純化、モジュール化してサブサイトにします。こうすることでラベルはモジュール方式のシンプルなものになり、特定の分野を扱うことができます。

　モジュール的なアプローチをとった場合、システムの分野が違えばラベリングシステムも別々になるでしょう。例えば、次のようなケースです。社員住所録のレコードは、特定のラベリングシステムでは有効に機能しますが、社員住所録以外ではまったく役に立ちません。そしてもちろん全サイトにわたるナビゲーションシステムのラベリングシステムは社員住所録ページの役には立たないのです。

一貫性のあるラベルではなく、一貫性のあるラベリングシステムを発展させる

　組織やナビゲーションシステム同様に、ラベルもひとつのシステムだというのを忘れないことも大切です。計画されたシステムもあれば、そうでないものもあります。成功しているシステムはその内容を統一する特徴を1つは持っているものです。成功しているラベリングシステムの典型的な特徴の1つとして、一貫性が挙げられます。

　なぜ一貫性が重要なのでしょうか。それは一貫性は予測可能であることを意味し、そして予測可能なシステムは覚えるのが容易だからです。システムが一貫した内容なら、ラベルを1、2個見れば残りのラベルの見当がつきます。一貫性はサイトに初めてやってきた訪問者にとっては特に重要ですが、すべてのユーザーにメリットがあります。ラベリングが覚えやすく、使いやすくなり、気にならなくなるからです。

　一貫性に影響を及ぼす問題は数多く存在しています。

スタイル

　無計画に使用されている句読法は、ラベリングシステムによくある問題です。これは取り除けないにしても、スタイルガイドで対処できます。プルーフリーダー（校正役）を雇ったり、Strunk&White[※1]を購入したりすることを検討しましょう。

表示

　スタイルと同様に、フォントやフォントサイズ、色、余白、グループ化にも一貫性を持たせることで、視覚的にラベル群の統一性が強化されます。

構文法

　動詞形のラベル（例：「犬をグルーミングする」）や名詞形のラベル（例：「犬のご飯」）、疑問形のラベル（例：「トイレのしつけはどうするの？」）などが入り混じっているラベルもよく見受けられます。明確なラベリングシステムでは、ひとつの構文法を選択し、それに統一しましょう。

粒度

　ラベリングシステムでは、ラベルによって表現される詳しさの粒度は揃えたほうがよいでしょう。例外（インデックスなど）は別として、粒度の異なるラベルが

※1　Strunk & White：文法とライティングのためのガイドブック「The Elements of Style」のこと

一緒にあると混乱を招きます。具体的には、「中華レストラン」「レストラン」「メキシコ料理」「ファーストフードのフランチャイズ」「バーガーキング」が一緒にある場合などです。

総合性

ラベリングシステムに目立ったギャップがあると、ユーザーはつまずいてしまいます。例えば、もし洋服の小売店のサイトのリストに「パンツ」「ネクタイ」「靴」とあるのに「シャツ」だけ漏れていたら、「この店はシャツを置いていないのだろうか？それともミスなのだろうか？」と、何かおかしいと感じるでしょう。一貫性の向上に加え、総合的に取り扱う内容の範囲を押さえると、ユーザーはサイトをざっと見て「このサイトが提供してくれるものは何か」を推測しやすくなります。

顧客

一時的だとしても、「リンパ腫」と「おなかの痛み」のような言葉をひとつのラベリングシステムに混在させると、ユーザーを混乱させてしまいます。サイトの主な顧客が使う言葉を考慮してください。各ユーザー層が使用する用語が完全に異なるなら、指し示すコンテンツは同じでも、顧客ごとに別のラベリングシステムを開発します。

　他にもサイトの一貫性を妨げる障害物はあります。特別扱いが困難なものはありませんが、ラベリングシステムを作成する前にこれらの問題をあらかじめ考慮しておけば、労力も心痛もかなり省くことができるでしょう。

7.5.2　ラベリングシステムの情報源

　ラベリングシステムの設計準備ができたとして、どこから取り掛かればよいのでしょうか？驚くなかれ、この段階は簡単です。人類にとって未知のアイデア、概念、トピックを扱っているのでないかぎり、何かしら足がかりがあるものです。それに、すでにいくつかラベルがあればゼロから始めるよりも有利です。ゼロから始めるとなると、語彙が多い場合はコストが極端に高くつくからです。

　既存のラベリングシステムとしては、サイトに現在あるラベルや比較できるサイト、

競合他社のサイトのラベルなどが上げられます。以前に同種の仕事を引き受けた人はいないか、考えてみてください。他のサイトで見つけたものを調査し、学習し、「借用」しましょう。既存のラベリングシステムを詳しく調べる主な利点は、それらがシステムだからだということを覚えておいてください。あまりにも奇妙で雑多なラベルで、ひとつにまとめてもうまくいかないシステムなのです。

既存のラベリングシステムを捜す際には、何がうまくいっていて、何がうまくいっていないのかを考慮してください。どのシステムからならば学ぶことができるのでしょうか。そしてもっと大切なことですが、どのラベルなら使い続けられるのでしょうか。ラベルを調べるべき情報源は数多く存在します。

現在のシステム

あなたのWebサイトには、おそらくすでにデフォルトのラベリングシステムが存在しているでしょう。サイトの構築時に理由があってそうなっているのですから、こうしたラベルは部分的に残しておいて間違いはありません。もとのシステムが作成された時になぜこのラベルが決められたかを考慮し、完璧なラベリングシステムを開発するためのスタート地点として利用しましょう。

既存のラベルをひとつのドキュメントにまとめるアプローチが役に立ちます。そのためにはシステム全体を歩き回り、手作業または自動的な方法でラベルを収集します。集めたラベルを整理し、各ラベルとドキュメントが表す概要も含めて簡単な表にするとよいでしょう。ラベルの表を作成すると、自然とそれがコンテンツのインベントリ化プロセスの拡張版となります。これを行うことには価値がありますが、用語の語彙に関するインデキシングにはおすすめしません。これらの語彙は的を絞った小さなセグメントにしない限り、あまりにも膨大すぎて表にできないからです。

表7-1は、Budget Rent A Carのメインページにあるナビゲーションシステムラベルの内容です[※1]。

※1 多くのWebサイト同様、Budget.comも発展を続けている。本書の印刷前に、同サイトはデザインとラベリングを変更し、ここで指摘した多くの問題を修正した

表7-1　Budget Rent A Carのメインページにおけるナビゲーションラベル

ラベル	目的ページのヘッダラベル	目的ページの＜TITLE＞ラベル
ページトップのナビゲーションシステムラベル		
車を借りる	—	Budgetで車を借りる
スペシャル	日、週、週末＆月替わりスペシャル	米国でのBudgetのクーポンとレンタカー割引 | Budget.com
車種	普通車、SUV、トラックを借りる	普通車、SUV、トラックを借りる
店舗	米国内の店舗を検索	米国でのレンタカーおよびBudget.comでのレンタカー割引
サービス	スマート・カー・レンタル・サービス	スマート・カー・レンタル・サービス—サービスと製品：Budget.com
カスタマーケア	カスタマーケア	お問合せ | カスタマーケア | Budget
自動車販売		お値打ち価格の中古レンタカー：Budget自動車販売
国／言語	米国外で車を借りるには？	—
サインイン	サインイン認証	サインイン | フリクエントレンター | Budget
カスタマーIDでの予約	今すぐ車を借りる	Budget
カスタマーIDの作成	フリクエントレンター・アカウント・サービス	レンタカー割引
ページボディのナビゲーションシステムラベル		
60秒で車を借りる	—	今すぐ車を借りる | Budget
車を予約する	—	今すぐ車を借りる | Budget
予約済みですか？	予約の確認・変更・取り消し	今すぐ車を借りる | Budget
よくある質問	FAQ	よくある質問 | レンタカーFAQ | Budget.com
店舗の検索	米国内での店舗検索	米国でのレンタカーおよびBudget.comでのレンタカーサービス
ページボトムのナビゲーションシステムラベル		
Budgetについて	—	当社情報 - レンタカー - Budget.com
プライバシー保護	—	米国におけるプライバシー保護ポリシー - カスタマーケア - Budget.com

7.5　ラベルの設計

表7-1 Budget Rent A Carのメインページにおけるナビゲーションラベル（続き）

ラベル	目的ページのヘッダラベル	目的ページの＜TITLE＞ラベル
サイトマップ	Budget.com レンタカーサイトマップ	サイトマップ - レンタカー、予約、割引 - Budget.com
お問い合わせ	カスタマーケア	お問い合わせ｜カスタマーケア｜Budget
採用	Avis Budget グループ	Avis Budget グループ
店舗情報	米国内での店舗検索	米国でのレンタカーおよび Budget.com でのレンタカーサービス
Budget ワールドワイド	Budget レンタカー店舗：ワールドワイド	Budget レンタカー店舗ワールドワイド - Budget
米国＆カナダ	Budget レンタカー店舗：ワールド	Budget レンタカー店舗 - Budget
主要空港	主要空港のレンタカー店舗	空港での Budget.com レンタカー
オーランド空港レンタカー	オーランド・レンタカー	オーランド・レンタカー - フロリダ州オーランドでレンタカー、Budget.com フロリダ
レンタカーの種類	人気の車種	Budget.com で借りられる車種
バンを借りる	バンのレンタル	バンのレンタル - Budget でバンを借りる
レンタカー割引	Budget.com の Budget クーポン	Budget レンタカークーポン - Budget レンタカーで節約
片道レンタカー	片道レンタカー	片道レンタカー - 片道レンタカーのスペシャルオファー
月極レンタカー	長期レンタカー	月極レンタカー - 長期レンタカーでもっと節約
スペシャルサービス	スマート・カー・レンタル・サービス	スマート・カー・レンタル・サービス - サービス＆製品 - Budget.com
中小企業レンタル	Budget ビジネスプログラム	企業アカウント｜フリクエントレンター｜Budget
店でレンタル	予約	Budget 予約 - 車の交換
Budget モバイルアプリ	Budget モバイルアプリ	Budget レンタカー - Budget モバイル
自然に優しく。クリーンなレンタカー	グリーンに。クリーンに	グリーンレンタカー - 車を借りてエコフレンドリーに - Budget.com
ビジネスアカウント	米国 Budget ビジネスプログラム	Budget ビジネスカーレンタルプログラム - Budget.com

表7-1 Budget Rent A Carのメインページにおけるナビゲーションラベル（続き）

ラベル	目的ページのヘッダラベル	目的ページの＜TITLE＞ラベル
パートナー	パートナー	パートナー、アフィリエイト、トラベルエージェント - Budget.com
アフィリエイト	トラベルアフィリエイトプログラム	アフィリエイト｜パートナー｜当社について｜Budget
トラベルエージェント	トラベルエージェントのためのレンタカーサービス	Budget でレンタカー - トラベルエージェント
自動車販売	気に入ったら購入	自動車販売 - Budget で中古車購入
Budget は地球にやさしい	グリーンに。クリーンに	グリーンレンタカー - エコフレンドリー車レンタル - Budget.com

　表のラベルをアレンジすると、ナビゲーションラベルの印象はシステムとして凝縮された、的確で完璧なものになります。また、一貫性に欠ける部分は容易に見て取れます。Budget の場合は、企業の名前だけでも「Budget」「Budget レンタカー」「Budget.com」の 3 種類の表記があります。あるページではコンタクトページのラベルが「お問い合わせ」「カスタマーケア」のように一貫していません。メインヘッダがないページも見られました。他にもスタイルや大文字・小文字など、一貫性に欠けるために混乱を招く点がさまざまあります。個人的にこのラベルは嫌だとか、中には変更するまでもないものもあるでしょう。いずれにしても、サイトの現在あるラベリングシステムがどうなっているか、どうすれば改善できるかは、このように表にすれば分かります。

比較サイトと競合サイト

　サイトやアプリが適切でない、または新しいアイデアを求めているというのであれば、他のラベリングシステムを見る必要があります。Web の開放的な性質のおかげで、私たちはお互いの成功から学ぶことができます。設計が非常にすばらしいページを見るように、他のサイトの優れたラベリングシステムから学習することができます。

　ありそうな顧客のニーズをあらかじめ決めておいてから競合サイトを確認し、効果的なものだけを借用しましょう（ここで効果的なものとそうでないものとを区別するために、ラベル表を作ってもいいかもしれません）。競合他社がいなければ、比較できるサイトやそのジャンルで一番と思われるサイトを訪れます。

　4 章で述べたように、Web はすでにさまざまな産業界特有の類型を生み出すほど

に成熟しています。複数の競合サイト、比較サイトをブラウズすると、ラベリングパターンが見えてきます。このパターンは産業界の標準ではないかもしれませんが、少なくともラベルの選択肢が分かるようになります。例えば、金融サービス会社8社のサイトで比較分析を行ったところ、他の同義語に対して「personal finance」がデファクト（事実上の標準）になっていることが分かりました。このようなデータを見ると、他のラベルを使う気持ちが失せてしまうかもしれません。

図7-13は、ユナイテッド航空、デルタ航空、ヴァージン・アメリカ航空、アメリカン航空のラベリングシステムを表した図です。どの企業も、航空業界における競合企業です。傾向と違いが分かるでしょうか？ひとめ見ただけでも、いくつものラベルとバリエーションが存在するのが分かります（5から最大9まであります）。ある企業は「マイトリップ」を用い、またある企業は企業ブランドを含めたラベル（例：「AAdvantage」など）を用いています。これを見ると、「予約する（Book a trip）」といったタスクベースのラベルは思ったよりも使われていません。

ユナイテッド航空	ホーム 予約 トラベル情報 お買い得情報と オファー MileagePlus® 製品とサービス United	デルタ航空	マイトリップ 予約する （Book a Trip） 飛行状況 チェックイン バケーション
ヴァージン・ アメリカ航空	予約 チェックイン 管理 お得情報 当社を利用する 飛行先 料金 飛行状況 飛行警告	アメリカン航空	便を検索 マイトリップ／ チェックイン 飛行状況 旅行計画を立てる トラベル情報 AAdvantage

図7-13 ユナイテッド航空、デルタ航空、ヴァージン・アメリカ航空、アメリカン航空のラベリングシステム

制限語彙とシソーラス

もうひとつの優れた情報源は、既存の制限語彙とシソーラスです（このトピックに関して 10 章で詳しくは説明します）。この非常に役立つ情報源は図書館学の専門家、つまり主題の専門性のバックグラウンドを持つ人々により作成されたもので、的確な表現と一貫性が保証されています。これらの語彙は公的に利用されていますし、幅広い使用を目的に設計されています。コンテンツのインデクシングを目的にラベリングシステムを配置するには、非常に役立ちます。

> [NOTE]
> 特定の顧客が特定の種類のコンテンツにアクセスしやすくなるように、狭い範囲で語彙を探してください。例えば、システムのユーザーがコンピューター科学者なら、コンピューターサイエンスのシソーラスの方が、Library of Congress（米国議会図書館）の主題目録の一般的な用語体系よりも効果的です。コンピューターサイエンスのシソーラスは、ユーザーの理解しやすい方法で概念を「考え」、表現するために作られています。

この好例は、ERIC（Educational Resources Information Center）シソーラス[※1]における専門的な制限語彙です。ご想像通り、このシソーラスは教育界向けに設計されています。ERIC シソーラスに「scholarship（奨学金）」と入力した事例が**図 7-14** です。

図7-14 制限語彙とシソーラスはラベルにとって豊かな情報源となる

※1　ERIC シソーラス：アメリカ教育省が推奨する主題キーワード集のこと。http://eric.ed.gov/

あなたのシステムが教育関連のものであったり、システムの顧客が教育者であるなら、ラベルの情報源として ERIC シソーラスから始めるのがいいでしょう。特に難しいラベルの変化形を決める場合など、ERIC のようなシソーラスは特定のラベリング問題の助け舟となります。場合によってはすべての語彙のライセンス供与を受けて、サイトのラベリングシステムに使用するのもよいでしょう。

残念ながら、すべての領域に制限語彙とシソーラスがあるわけではありません。ぴったり合った語彙が別の顧客のニーズを強調していることもあるでしょう。そうだとしても、ラベリングシステムをゼロから作り出す前に、役立つ可能性のある制限語彙やシソーラスに目を通しておくことは必ず役に立ちます。ラベル作成の情報源として、以下のすばらしいリソースを試してみてください。

Taxonomy Warehouse
http://taxonomywarehouse.com/

American Online Thesauri and Authority Files（**American Society for Indexing**）
http://www.asindexing.org/about-indexing/thesauri/online-thesauri-and-authority-files/

7.5.3　新しいラベリングシステムの作成

既存のラベリングシステムがない場合や、予想以上にカスタマイズが必要な場合には、ゼロからラベリングシステムを作成するという、厳しい試練に立ち向かうことになります。ここで最も重要な情報源はコンテンツ（と、その作者の可能性もあります）とシステムのユーザーです。

コンテンツ分析

コンテンツから直接ラベルを引き出すことも可能です。コンテンツの代表サンプルを読み、各ドキュメントからその内容を示すキーワードを書き出します。このプロセスは時間のかかるつらい作業であり、ドキュメントが膨大な場合にはうまくいきません。この方法をとるのであれば、すでに存在している「コンテンツの見本」に集中してスピードアップを図りましょう。タイトル、要約、抄録がコンテンツの見本として

利用できます。候補となるラベルを捜してコンテンツ分析を行うのは、科学というよりもアートの範疇にあります。

　コンテンツから重要な用語を自動抽出するツールも市販されています。大量のコンテンツがある場合には、一般に「エンティティ抽出」[※1]アプリケーションと呼ばれるツールを利用すれば、かなり時間の節約になるでしょう。ソフトウェアベースのソリューションはたいていそうですが、自動抽出ツールを使えば作業の8割までは完了します。ソフトウェアが出力した用語を制限語彙の候補とすることもできますが、それでも多少は手作業が必要です。抽出された用語を確認する必要があるからです。また自動抽出ツールはかなり高額であり、うまく使いこなすためのトレーニングと調整も必要だということを記しておきます。

コンテンツ著作者

　手作業によるアプローチとしては、コンテンツ著作者へのラベル提案の依頼が挙げられます。著作者に接触できるならこの方法が役に立つでしょう。例えば、テクニカルレポートや白書を作成した企業のリサーチャーや、プレスリリースを執筆した広報の担当者に話を聞きます。

　しかし、著作者が自分の書いたコンテンツのラベル用に制限語彙から言葉を選んだとしても、注意が必要です。著作者は必ずしも「自分のドキュメントはたくさんあるうちのひとつに過ぎない」と認識していないので、選ばれたラベルは明確さに欠けているかもしれません。それに著作者はプロのインデクサーではありません。

　著作者が選んだラベルは割り引いて受け止め、精度は求めないようにしましょう。他の情報源同様、著作者からのラベルもまた「役立つラベル候補」として考えるべきで、それが最終形ではありません。

ユーザーの代表者とテーマ内容の専門家

　ユーザーの代表として語ってくれる上級ユーザーなどを探すこともアプローチとして考えられます。ライブラリアンや交換機のオペレーター、各分野の専門家（SME：

[※1] エンティティ抽出：テキスト内の名前付きエンティティ（名詞や名詞句）を識別して抽出する機能のこと

subject matter expert、内容領域専門家）など、ユーザーの情報ニーズを把握した人々がこの対象に含まれます。中には、例えば参考図書館のライブラリアンなど、ユーザーの求めるものの記録を取っている人々がいます。彼らはみな、ユーザーと常にやり取りをすることによって、そのニーズを把握するという感覚を持っています。

　この方法は、私たちが大手医療ケアシステム企業である顧客のサイトを検討する際に、とても役立ちました。顧客のライブラリスタッフとSMEたちとともに2つのラベリングシステムを設計し、1つは同社が提供しているサービスを医療用語を使ってブラウズできる医療専門家向けのラベリングシステムにし、もう1つはコンテンツは同じですが、一般ユーザー向けのラベリングシステムにしました。医療用語専門のシソーラスや制限語彙があったので、医療用語には事欠きませんでした。むしろ苦労したのは一般ユーザー向けのラベリングシステムの用語決定でした。理想的な制限語彙も見つからず、サイトがまだ存在していなかったためサイトのコンテンツからもラベルを決定できず、結局最初から作ったのです。

　この問題は、トップダウンのアプローチで解決することができました。私たちはライブラリアンと作業をして想定ユーザーを決め、ユーザーがシステムに何を求めているのか考えました。一般的なニーズを検討して、以下のようにいくつかにまとめました。

1. 一般ユーザーは問題、病気、健康状態に関する情報を求めている

2. 一般ユーザーの興味の対象は特定の体内組織や部位に関連している

3. 一般ユーザーは、ヘルスケアの専門家による診断や検査についての情報を得ることで、自分の健康問題を理解したがる傾向がある

4. 一般ユーザーは、医療ケア機関が提供する治療、医薬品、治療法についての情報を求めている

5. 一般ユーザーは医療サービスに対する支払方法についての情報を求めている

6. 一般ユーザーは、自分自身の健康を維持する方法について情報を求めている

　これら6つのカテゴリをカバーする基本用語を決定し、一般ユーザーに適した以

下の用語を使うことにしました。**表 7-2** はその一例です。

表 7-2 識別したカテゴリの一般ユーザー向けラベルの例

カテゴリー	サンプルラベル
健康問題／病名／症状	HIV 感染、骨折、関節炎、うつ病
体内組織／部位	心臓、関節、精神医療
診断／検査	血圧、レントゲン
処方／医薬品／治療法	ホスピス、遠近両用めがね、関節移植
支払方法	医療管理サービス、健康管理組織、医療記録
健康維持	運動、予防注射

　まず少数のグループ化から始めて、それを基にしてサイト全体のインデックスをサポートするラベル作りに発展させました。ユーザーが一般の人々であるという基本的な事実を念頭に置いて、彼らのニーズに適した用語を選択しました。例えば、femur（大腿骨）という用語の代わりに、leg（足）を使うと言った具合です。また、ユーザーがどのような情報を必要としているかを知っている人々（この場合は専任のライブラリアン）と一緒に作業できたのも成功の要因でした。

ユーザー（直接的）

　システムのユーザーは、どのようなラベルが適しているのかを教えてくれます。そのような情報は入手が困難ですが、もし入手が可能ならラベリングを検討する際には最も有用なよりどころとなります。

カードソート

　カードソートは、ユーザーがどのように情報を使うかを知る上で最高の方法のひとつです[1]（カードソートメソドロジーについては 11 章で集中的に網羅しています）。カードソートには基本的な手法が 2 種類あります。オープンカードソートとクローズドカードソートです。オープンカードソートでは既存のコンテンツに対するラベル

---

[1] Donna Spencer『Card Sorting: Designing Usable Categories』(Rosenfeld Media、2011 年) がここでは非常に役に立つ

を被験者に与えます。被験者はそれを群分けし、独自のカテゴリーにします。そのカテゴリーにラベルをつけてもらうというものです（カードソートは明らかに、組織化システムやラベリングシステムの設計に適しています）。クローズドカードソートでは被験者に既存のカテゴリーを与えて、そのカテゴリー内にコンテンツを並べ替えてもらいます。クローズドカードソートの開始時には、「各カテゴリーラベルが何を表していると思うか」を説明してもらい、あなたの定義と比較します。どちらのアプローチもラベルを決定するのに役立つアプローチですが、後者はナビゲーションシステムのラベルなど、少数のラベルにより適しています。

　下の例では、大手自動車会社のサイトのオーナーのセクションからカードを作成し、被験者にカードを分類してもらいました（会社名は「Tucker」とします）。このオープンカードソートのデータをまとめたところ、被験者は組み合わせられたカテゴリーを違う方法でラベリングしていることが分かりました。「メンテナンス」「メンテナンス用品」「オーナーの」はクラスタ1に頻繁に使用されており、これらはラベル候補として考えられることを示しています（**表7-3**）。

表7-3　クラスタ1

被験者	カテゴリー
被験者1	Idea & maintenance（アイデア＆メンテナンス）
被験者2	Owner's guide（オーナーの手引き）
被験者3	Items to maintain car（車用メンテナンス用品）
被験者4	Owner's manual（オーナーのマニュアル）
被験者5	Personal information from dealer（ディーラーからの情報）
被験者6	―
被験者7	Maintenance up-keep & ideas（メンテナンスアップ・キープとアイデア）
被験者8	Owner's tip AND owner's guide and maintenance（オーナーのヒントおよび手引きとメンテナンス）

しかしクラスタ2では、特に強力なパターンは見られません（**表7-4**）。

表7-4 クラスタ2

被験者	カテゴリー
被験者1	Tucker feature（Tucker特集）
被験者2	―
被験者3	short cut for info on car（車情報へのショートカット）
被験者4	auto info（車情報）
被験者5	associative with dealer（ディーラーとのつながり）
被験者6	Tucker web site info（TuckerWebサイト情報）
被験者7	manuals specific to each car（車種別マニュアル）
被験者8	―

　これに付随したクローズドカードソートでコンテンツをカテゴリー内にグループ分けする前に、被験者に各カテゴリーラベルを表現してもらいました。要するに、被験者にこうしたラベルを定義してもらい、その答えに類似性が見られるかどうかを調べたのです。回答に類似性が見られるほど、そのラベルが強力であることになります。

　「サービス＆メンテナンス」のようなラベルは一般的に理解されやすく、このカテゴリー内に入れられたコンテンツに「サービス」「メンテナンス」といった言葉がありました（**表7-5**）。

表7-5 サービス＆メンテナンス

被験者	コンテンツ
被験者1	燃料の交換時期、タイヤの交換時期、サービスを受けられる場所
被験者2	車両のメンテナンス方法、車の機能、ヒューズ箱のありかなど、オーナーの手引き
被験者3	日曜でも利用可能なサービス施設
被験者4	いつサービスが必要かと、どこで受けられるか
被験者5	サービスを受けた方がいい合図
被験者6	サービスとメンテナンスのスケジュール
被験者7	車の最高性能を引き出し、長持ちさせるためのメンテナンススケジュールとヒント
被験者8	メンテナンスのヒント、車修理に最適の場所、料金の見積もり

他のカテゴリーラベルはこれよりもはっきりしていません。ある被験者は「Tucker Feature & Event」は自動車ショーやディスカウントなど、意図通りに理解していますが、他の被験者は「このラベルは CD プレーヤーがあるかどうかなど、車両の実際の機能に関するものである」と解釈しています（**表 7-6**）。

表7-6 Tucker Feature & Event

被験者	コンテンツ
被験者 1	車用の新アイテム、今後出るニュースタイル──新型、ファイナンシャルニュース──0%融資 など
被験者 2	地域別及び国別の後援、Tucker の後援を取りつける方法、コミュニティ参加
被験者 3	マイレージ、CD、乗車者、エアコン、リムーバブルシート、自動ドアオープン機能
被験者 4	捜している Tucker 乗用車関連の全情報と、その車のセール
被験者 5	特別価格イベント
被験者 6	購入可能な車両とオプションについて概説したサイト。いつどこで自動車ショーがあるか
被験者 7	Tucker について、セール、ディスカウント、特別イベント
被験者 8	興味なし（記載のまま）

　カードソートは非常に有益ですが、被験者は実際の製品のコンテキストに即してラベルを提示しているのではないことを認識しておきましょう。本来のコンテキストがなければ、意味を表すというラベルの能力は消されているのです。他のテクニックと同様にカードソートも高い価値がありますが、決してラベルの質を上げる唯一の手段ではありません。

フリーリスティング

　カードソートはお金や時間をかける必要のない手法ですが、ユーザーにラベルを提示する方法として、フリーリスティングはさらに低コストに実行できる手法です[1]。フリーリスティングはきわめて単純です。ひとつの項目を選び、被験者にその項目

※ 1　フリーリスティングの方法を非常にうまくまとめているのが、Rashmi Sinha による短いが有益な記事だ。「Beyond Cardsorting: Free-Listing Methods to Explore User Categorizations」（Boxes& Arrows、2003 年 2 月 ）http://boxesandarrows.com/beyond-cardsorting-free-listing-methods-to-explore-user-categorizations/

を説明する言葉について意見を出し合ってもらいます（ブレインストーミング）。個人ででもできますし（鉛筆と紙があればデータは収集できます）、SurveyMonkey[※1]、Zoomerang[※2]、Google Forms[※3] などの無料または安価なオンライン調査ツールを利用しても構いません。必要なのはそれだけです。

　まだ必要なことがありました。どんな人に（顧客全体を代表するような人だと理想的）、何人に頼むのか（3 人から 5 人では科学的に十分ではありませんが、ゼロよりはましですし、何らかの興味深い結果は得られるでしょう）、被験者について考える必要があります。どの用語が最も適切かを判断するために、被験者には提案する用語にランク付けをしてもらわなければなりません。

　また、どの項目についてブレインストーミングするかを選択する必要があります。これはコンテンツのサブセットからしか選択できません。あなたの会社の製品など、代表するコンテンツから選び出します。それでもやっかいな場合があります。一番人気の製品を選ぶべきか、それともより希少な製品を選ぶべきでしょうか？売れ筋商品にぴったりなラベルを選ぶのは大切ですが、そのようなラベルのルールはすでにほぼ確立しています。では希少なものにすべきでしょうか？さらに難しいでしょうが、そうしたラベルを気にする人はほとんどいません。ですから、フリーリスティングの練習のために選んだ、少ないアイテムの中でバランスを取ることになります。これは情報アーキテクチャのアートが科学と同じくらい重要となるケースのひとつです。

　どのような結果になるでしょうか？利用パターンと頻度を見てください。例えば、被験者の大半は「cell phone」という用語を使い、「mobile phone」を好んで使う人は驚くほど少数派です。このようなパターンは、個々のアイテムにどのようにラベルをつけるかの勘を与えてくれると同時に、ユーザーが用いる言語についても示してくれます。専門用語をかなり使うのか、使わないのかにも気付くでしょう。ラベルに頭字語が驚くほど多く使われていることやその他のパターンも、フリーリスティングから見えてきます。本格的なラベリングシステムではありませんが、ラベリングシステ

※1　SurveyMonkey：Web アンケート作成、フォーム作成ができる Web サービス。https://www.surveymonkey.com/
※2　Zoomerang：アンケート結果からクロス集計や統計分析などを行えるオンライン市場調査ツール。http://www.zoomerang.com/
※3　Google Forms：作成したアンケートの回答を分析できる Web サービス。https://www.google.com/intl/ja_jp/forms/about/

ムを開発する上で、どのような傾向、スタイルにすればよいかのヒントを与えてくれます。

ユーザー（間接的）

　多くのシステム、特に情報環境に検索エンジンが含まれるようなシステムは、ユーザーのニーズを説明している膨大なユーザーデータの上に載っています。これらの検索クエリーの分析は、システムのその他さまざまな問題の診断はもちろん、ラベリングシステムを調整する上で非常に価値があります。さらにソーシャルネットワークにおける自由なタグ付けの普及が、間接的ではありますが、ユーザーのニーズに関するデータという、価値ある情報を生み出しています。こうしたデータはラベリングシステムの作成に役立ちます。

検索ログ分析

　検索ログ分析（検索分析としても知られる）は、サイトの顧客が実際に使用しているラベルに関するデータ収集において、最も押しつけがましくない手法のひとつです。検索クエリーの分析[※1]は、サイトのユーザーが一般的に使用しているラベルを理解するのに最適な方法です（**表7-7**）。要するにこれらのラベルは、ユーザーが情報ニーズを自分の言葉で表現するために使用しているラベルなのです。頭字語、製品名、その他の専門用語が使われていることに気づいたら、専門用語的なラベルを使おうと思うでしょう。ユーザーのクエリーに1語あるいは複数の用語が使われていると気づけば、ラベルを短くするか、長くするか決める判断要素にできます。ユーザーの使う用語があなたの予想と違うと分かる場合もありますが、この時はユーザーの用語に従ってラベルを変更したり、シソーラススタイルの自動照合を使ってユーザーが出した用語（例：わんこ）を優先語（例：犬）につなげたりします。

※1　検索アナリティクスについては、Louis Rosenfeld『Search Analytics for Your Site: Conversations with Your Customers』（Rosenfeld Media、2011年）が最良の情報源となる。和書は『サイトサーチアナリティクス - アクセス解析とUXによるウェブサイトの分析・改善手法』（丸善出版、2012年）

表7-7 ミシガン州立大学のサイトにおける40個の一般的なクエリー。各クエリーはユーザーの大多数が最も頻繁に探している事項や、情報ニーズにどうラベル付けしているかを教えてくれる

順位	回数	累積	占める割合（%）	クエリー
1	1184	1184	1.5330	capa
2	1030	2214	2.8665	lon+capa
3	840	3054	3.9541	study+abroad
4	823	3877	5.0197	angel
5	664	4541	5.8794	lon-capa
6	656	5197	6.7287	library
7	584	5781	7.4849	olin
8	543	6324	8.1879	campus+map
9	530	6854	8.8741	spartantrak
10	506	7360	9.5292	cata
11	477	7837	10.1468	housing
12	467	8304	10.7515	map
13	462	8766	11.3496	im+west
14	409	9175	11.8792	computer+store
15	399	9574	12.3958	state+news
16	395	9969	12.9072	wharton+center
17	382	10351	13.4018	chemistry
18	346	10697	13.8498	payroll
19	340	11037	14.2900	breslin+center
20	339	11376	14.7289	honors+college
21	339	11715	15.1678	calendar
22	334	12049	15.6002	human+resources
23	328	12377	16.0249	registrar
24	327	12704	16.4483	dpps
25	310	13014	16.8497	breslin
26	307	13321	17.2471	tuition
27	291	13612	17.6239	spartan+trak
28	289	13901	17.9981	menus
29	273	14174	18.3515	uab
30	267	14441	18.6972	academic+calendar
31	265	14706	19.0403	im+east
32	262	14968	19.3796	rha
33	262	15230	19.7188	basketball
34	255	15485	20.0489	spartan+cash
35	246	15731	20.3674	loncapa
36	239	15970	20.6769	sparty+cash
37	239	16209	20.9863	transcripts
38	224	16433	21.2763	psychology
39	214	16647	21.5534	olin+health+center
40	206	16853	21.8201	cse+101

あまり知られていないかもしれませんが、Google AdWords を使って、ユーザーがどんな用語を検索しているかをチェックして、検索用語を得る方法もあります。これらの用語が情報システムのラベルをどうするかを教えてくれます。

7.5.4　微調整

　自分のコンテンツ、他のシステム、自分のシステムのユーザー、あるいは自分のアイデアから採用した場合、ラベルのリストは未加工な状態の場合もあります。一方で、洗練された制限語彙から直接採用した用語の場合もあります。どのような場合でも、効果的なラベリングシステムを作成するには、若干の手直しが必要となるでしょう。

　まず、リストをアルファベット順にソートしましょう。検索ログのような長いリストの場合は、重複しているものを削除してください。次に、用語の用法、句読点、大文字／小文字の用法などの観点から、リストをチェックします。ここはそうした一貫性の無さを解決し、句読点やスタイルのルールを確立するいいタイミングです。

　どの用語をラベリングシステムに含めるかは、システムがどれだけ幅広いのか、どれだけの規模かという状況の下に決断する必要があります。まず、ラベリングシステムに明らかなギャップがあるかどうか判断しましょう。最終的に要素として入れる必要のありそうなラベルはすべて網羅されているでしょうか？

　例えば、あなたのオンラインストアでは現在、製品データベースの一部しかユーザーが検索できない場合、いずれ全製品を検索可能にするかどうか、考えてみてください。決められないとしても、その可能性があると仮定し、追加する製品の適切なラベルを考案しましょう。

　もしシステムのラベリングシステムがトピック形の情報構造にもとづくものであれば、将来サイトでカバーされると予想できるトピックについても考えてみましょう。仮のラベルがラベリングシステムに及ぼす影響は驚くほど大きなものです。慣例を変える必要まで生じるかもしれません。この予測プロセスを完了しておかないと、将来ラベリングで悩むことになり、コンテンツがサイトに適合しなくなった時に「その他（Miscellaneous）」「その他の情報（Other Info）」「昔のもの（ClassicStuff）」といった妥協の産物のようなカテゴリーに納めなければならなくなるでしょう。あらかじめ必要なラベルを計画しておけば、現行のラベリングシステムを捨てる必要はなくなるのです。

もちろん、「ラベリングシステムで現在しなければいけないことは何か」をしっかり理解し、バランスが取られた計画性を持つことが必要です。特定のWebサイトの現行および将来に向けたコンテンツに対するラベリングシステムではなく、人知全体にわたるラベリングシステムの作成を目指そうなどとしたら、残りの人生すべてを費やす覚悟が必要になってしまいます。サイト独自のコンテンツと特定のユーザーのニーズを満たすには、ターゲットを絞り、範囲を限定し、手元にあるビジネス目標に狙いを定めた上で、正しく定めた範囲内で包括的なものになるようにすべきです。これは難しい目標ではありますが、すべてはバランスの問題です。

　最後に、あなたが取り掛かろうとしているラベリングシステムには、その後すぐに調整と改善の必要性が生じることを忘れないでください。これはラベルが、ユーザーとコンテンツという、2つの絶え間なく変化し続ける対象の関係を描写しているからです。止まることのない2つのターゲットに挟まれているため、ラベリングシステムも変わらざるを得ません。ですから、ユーザーテストを実施する用意をし、検索ログを定期的に分析し、必要に応じてラベリングシステムを調整していくよう心掛けてください。

7.6　まとめ

この章で学んだことをまとめましょう。

- 我々は常にラベル付けをしています。

- ラベリングは、複数のシステムとコンテキストにまたがる組織のスキームを最も明確にユーザーに示す方法です。

- システムのユーザーと同じ言語を用いるラベルを設計しつつ、コンテンツを反映するようにしなければなりません。

- テキストラベルは仕事中に目にする最も一般的なラベルのタイプです。コンテキストリンク、ヘッダ、ナビゲーションシステムオプション、インデックス用語がこれに含まれます。

- アイコンラベルはそれほど一般的ではありませんが、スクリーン面積が小さ

い端末では広く採用されています。多くの情報環境において、こうした端末が重要となっています。

- ラベルの設計は、情報アーキテクチャにおける最も難しい一面です。
- 既存の情報環境や検索ログ分析などさまざまな情報源があり、ラベリングを選択する上で役立ちます。

次は8章に進み、効果的な情報アーキテクチャの柱のひとつ、ナビゲーションシステムを掘り下げてみましょう。

8章
ナビゲーションシステム

> グレーテル、月が出るまで待とう。
> 僕が撒いたパン屑が照らされて、
> 家まで導いてくれるから。
> ——**ヘンゼルとグレーテル**

本章では、次の内容を取り上げます。

- Web ナビゲーションにおけるコンテキストと柔軟性のバランス
- グローバル、ローカル、コンテキストナビゲーションの統合
- サイトマップ、インデックス、ガイド、ウィザード、コンフィギュレータなどの補助的なナビゲーションツール
- パーソナリゼーション、視覚化、タグクラウド、コラボレーティブフィルタリング、ソーシャルナビゲーション

おとぎ話からも分かるように、道に迷うことはよくないことです。道に迷うといって思い浮かぶものは混乱、フラストレーション、怒り、不安でしょう。このような脅威に対し、人間はナビゲーションツールを開発してきました。道に迷うことなく、家（home）へと帰る道を見つけるためです。パン屑からコンパス、天体観測儀、地図、道路標識、GPS にいたるまで、人々はナビゲーションツールを創り出し、利用するという面で非常に優れた才能を発揮してきました。

これらのツールを利用すれば、現在地を把握して帰り道を見つけることができます。新しい場所を探検する際にも安心です。暗闇が迫る中で見知らぬ町を運転したことがある人なら、こうしたツールがどれほど重要な役目を果たすかお分かりでしょう。

デジタル情報環境ではナビゲーションが人の生死を分けることはありませんが、大きなWebサイトで迷ってしまうと混乱しますし、イライラするものです。分類体系をうまく設計すればユーザーが迷う確率を下げることができます。しかし、コンテキストを提供し、より柔軟性を高めようとする場合には、お互いを補足し合うようなナビゲーションツールが必要になります。「構造化と組織化」は部屋を建築し、「ナビゲーション設計」はドアや窓を取り付けるようなものだと考えてください。

　この本では、ナビゲーションと検索を個別の章に分けました。本章ではブラウジングを支援するナビゲーションシステムに焦点を当てています。次の章では、ナビゲーションの構成要素である検索システムについて深く掘り下げます。構造化、組織化、ブラウジング、検索システムのすべてが、効果的なナビゲーションに貢献しているのです。

　掘り下げていく前に、ナビゲーションの表層、つまりユーザーが操作を行う部分が、非常に早く変化していることを記しておく必要があります。近年では、さまざまな形状の端末の拡散により、設計者や開発者は、バラバラなスクリーンサイズや操作のメカニズムに対応するため、多様な戦略を考案せざるを得ない状況となっています。なかでも最も使われている「レスポンシブWebデザイン」戦略は、そのテーマだけでも1冊の本（実際にはかなり多くの本）になるので、ここでは詳細を取り上げません。情報アーキテクチャに関連する、デスクトップとモバイルナビゲーション方法の比較と対比の例を挙げるにとどめておきます。

8.1　ナビゲーションシステムのタイプ

　ナビゲーションシステムはいくつかの基本的な要素、またはサブシステムで形成されています。まず、グローバルナビゲーションシステム、ローカルナビゲーションシステム、コンテキストナビゲーションシステムがあり、これらはサイトのページやアプリのスクリーン内に統合されています。モバイルアプリで表示する時とデスクトップのWebブラウザで表示する時とでは、外観や動きが違って見えます。しかしどちらもコンテキストと柔軟性を生み、ユーザーが「自分がどこにいるのか」「どこへ行けるのか」を理解できるようにするという目標は一緒です。**図8-1**によくあるデスクトップに表示するレイアウトで示したこれら3つの主要なシステムは通常必要な存在ですが、それだけでは不十分です（グローバル、ローカル、コンテキストナビゲー

ションシステムは、モバイル環境においても必要な存在です。しかしほとんどのモバイル端末ではスクリーン面積に制限があるため、それに妥協する形の異なるレイアウトとなっています）。

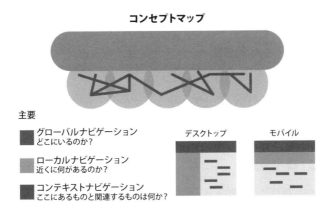

図8-1　グローバル、ローカル、コンテキストの埋め込み型ナビゲーションシステム

次に、サイトマップやインデックス、コンテンツ所有ページ外に存在するガイドのような補足型ナビゲーションシステムもあります。これは**図 8-2** に示しました。

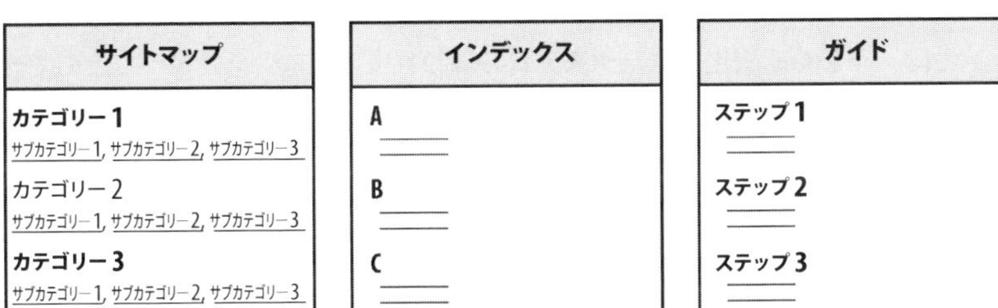

図8-2　補足型ナビゲーションシステム

このような補足型ナビゲーションシステムは、同じ情報に対して異なるアクセス方法を提供するという点で検索に似ています。サイトマップはサイトの鳥瞰図を提供します。AからZまでのインデックスを利用すれば、コンテンツに直接アクセスできま

す。特定の利用者やタスク、トピック用のカスタマイズ、線形のナビゲーション等がガイドの特徴です。

これから説明するとおり、補足型ナビゲーションシステムは、統合された検索やブラウジングシステムという大きな枠組み内で収まるように設計されており、それぞれ独特な目的を扱うようになっています。

8.2　あいまいな問題

ナビゲーションシステムの設計に取り掛かると、情報アーキテクチャ、インタラクションデザイン、情報デザイン、ビジュアルデザイン、ユーザビリティエンジニアリングといった分野横断的なあいまいな領域に深く踏み込むことになります。こうした分野はどれもエクスペリエンスデザインという傘の下に分類されるものです。

グローバル、ローカル、コンテキストのナビゲーションについて話し始めた途端、戦略、構造、設計、実装が入り混じった疑問が湧きあがってきます。「ローカルナビゲーションバーはページの一番上にあったほうがいいのだろうか、それとも左側に寄せた方がいいのだろうか？」「必要なクリック数を減らすには、メガメニューにすべきだろうか、それともフッターを大きく取るべきだろうか？灰色のリンクにユーザーは気づいてくれるだろうか？」などです。

良くも悪くも、情報アーキテクトはこうした論議に頻繁に担ぎ出されます。時には決断を下す責任者になることもあります。その場合、はっきりと「効果的なナビゲーションとは、うまく組織化されたシステムの現われに過ぎない」ということもできるでしょうし、責任を放棄してインターフェースをデザイナーに任せてしまうこともできるでしょう。

しかし私たちはそうはしません。現実世界では境界線ははっきりと分かれているわけではなく、線と線が常に交わっています。最善のソリューションは大きな論議から生まれるものです。常に可能なわけではないものの、さまざまな分野が互いに協力することが理想です。そして、コラボレーション作業を有効に活かすには、各専門家が他の分野の専門性について知っておくことが大切です。

この章では、そでをまくり上げ、境界線を越え、他の領域に踏み込んで、ややこしいプロセスに入っていきます。情報アーキテクチャの観点から、ナビゲーション設計に取り組みましょう。

8.3　ブラウザナビゲーション機能

　ナビゲーションシステムを設計する際には、システム環境について考慮することが重要です。Web上では、Google ChromeやMicrosoft Internet ExplorerなどのWebブラウザを使って、サイト内を移動したりWebサイトを閲覧します。モバイルデバイスでは、Safariなどのブラウザが、さまざまなタッチジェスチャーを含むサイトとの異なるインタラクション方法を提供します。これらのブラウザには多数のナビゲーション機能が装備されています。

　［Open URL（場所を開く）］をクリックすれば、任意のページに直接アクセスできます。［Back（戻る）］と［Forward（進む）］を使えば双方向に履歴をたどることができます。［History（履歴）］を使えば、これまでに訪れたページにアクセスできますし、［Bookmark（ブックマーク）］または［Favorite（お気に入り）］を使えば特定のページのURLを保存し、後で参照できます。最近ではほとんど使われていませんが、Webブラウザではハイパーテキストリンクを色付きでコーディングして、ユーザーが自分が訪れたページを逆戻りできる「パンくずリスト」機能もサポートしています。

　規制は緩やかなものの（ページをベースとしたモデルに合わせる必要がないため）、ブラウザを使わないアプリにも独自のナビゲーションルールがあります。OSが違ってもユーザーがアプリを同じように使えるよう、標準的なメカニズムが提供されているのです。例えばMac OS Xのアプリではほとんどの場合、メニューバーの最初のメニュー項目にはアプリ名が含まれ、2番目、3番目の項目には、それぞれ「File（ファイル）」と「Edit（編集）」メニューが含まれるという、標準的な組織化スキームが用いられています（**図8-3**）[※1]。

図8-3　Mac OS Xのほとんどのアプリのメニューバーには標準的な組織化スキームが用いられている

[※1] 現代のオペレーティングシステム（OS）には、以下のような標準的なナビゲーションメカニズムを設計するための優れたガイドラインがある。Apple「iOS Human Interface Guidelines」https://developer.apple.com/ios/human-interface-guidelines/、Google「Material design」https://material.google.com/、Microsoft「Design & UI」https://developer.microsoft.com/en-us/windows/design

このようなナビゲーション機能の設計について、さまざまな研究、分析、実験が行われ、ユーザーはナビゲーションが矛盾なく機能するものだと考えています。しかしナビゲーションメカニズムに関しては、現在も懸命な努力を重ねている途上にあります。タッチベースのインターフェースのおかげで、ピンチやスワイプなど、まったく新しい方法でWebコンテンツのやりとりができるようになり、メニューを表示するためのマウスホバーなどのこれまでの手法は、時代遅れとなっています。ナビゲーションはユーザーがサイトとインタラクションする際に重要なので、設計者は新たな、試みられていないナビゲーションスキームを実験する場合には、よく検討する必要があります[1]。

8.4　場所を明確にする

　4章でも述べたように、ここが何のサイトであり、何を見つけ、何ができるのかなど、コンテキストを明確にすることで、情報はより理解しやすくなります。言葉で現在位置を明確にし、サイトを見て回るはっきりした道筋を示すのは、ナビゲーションシステムが果たす大切な役割のひとつです。

　どのナビゲーションシステムでも、次にどこへ進むかを決めるには現在地を知らなくてはなりません。「イエローストーン国立公園」や「モール・オブ・アメリカ」のサイトにアクセスしている時など、ロケーションマップの現在位置（You are Here）マークは分かりやすく便利です。このような目印がなければ、道標や近くの店などの記憶に頼りながら、現在地を何とか探し当てなければなりません。現在位置表示があれば、道に迷う心配もなく安心です。

　複雑なWebサイトを設計する場合は、全体像から見た情報提供が特に重要になります。オンライン上では物理的な確認方法がなく、道標も方角の区別もありません。実際に旅行をするのとは違って、ハイパーテキストによるナビゲーションは、見たこともないシステムの中にユーザーを移動させます。リモートWebページや検索エンジンで入手したWebページからのリンクによって、ユーザーはWebサイトの玄関ともいえるメインページへと飛ぶことができます。

---

[1]　ナビゲーションについてさらに詳しく知るには、James Kalbach『Designing Web Navigation』（O'Reilly Media、2007年）を参照。和書は『デザイニング・ウェブナビゲーション——最適なユーザーエクスペリエンスの設計』（オライリー・ジャパン、2009年）

一見しただけでその内容を大まかに把握できるようなサイトを作るには、いくつか基本的な経験則に従う必要があります。例えば、ユーザーは常に自分がどこのサイトまたはアプリにいるのかを知るべきです。トップページからではなく検索エンジンやサブサイトのページから入ってきたのだとしても、そのサイトがどこなのか知っておく必要があります。組織名やロゴ、画像でのアイデンティティ（自己確認）をサイトの全ページに拡張すれば、この目標は簡単に達成できます。

　ナビゲーションシステムは情報の階層構造を明確に、一貫性を持って示さなければなりません。加えて、ユーザーの現在地を示す必要があります。**図 8-4** に例を示します。Sear'sのナビゲーションシステムでは、ユーザーが階層内のどこにいるのかをページの一番上近くにある「You are Here」の変形（「Shop In」）で示しています。これによりユーザーは組織体系のメンタルモデルを作りやすくなります。そうするとナビゲーションが促され、分かりやすくなります。

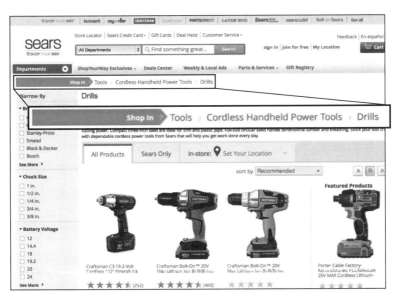

図8-4　Sear'sのナビゲーションシステムでは、ユーザーが階層内の現在地を把握できるよう設計されている

もし既存のサイトがあるのなら、数人のユーザーでナビゲーション・ストレス・テスト[※1]の実行をおすすめします。以下はキース・インストーン（Keith Instone）による基本的な手順の概説です。

1. トップページを無視して、直接サイトの中に進んでください
2. 適当に入ったそれぞれのページに対して、自分がどこにいるのか、サイトの他の部分との関係を把握できますか？今いる主なセクションはどこですか？親となるページはどこですか？
3. 今いるページが次にどこへつながるのか予測できますか？リンクは何についてのリンクかを十分に説明していますか？やりたいことがある時に、似ているためにどれを選んでいいか分からないようなリンクはありませんか？

サイト中央の深い部分にパラシュート着陸して入りこむことで、ナビゲーションシステムの限界を明らかにし、改善点を見つけ出すことができるでしょう。

8.5　柔軟性の向上

6章で説明したように、情報をまとめる上で階層化は強力でよく慣れ親しまれた方法です。多くの場合、階層化することでWebサイトのコンテンツが整理されるのもうなずけます。しかしナビゲーションの観点からすると、階層化には制約があります。昔の情報閲覧技術であり、World Wide Webの先駆者である「Gopher」[※2]を利用したことがあるなら、階層化ナビゲーションの限界を理解できるでしょう[※3]。Gopherspaceでは、コンテンツ階層のツリーを上下にしか移動できなかったのです（図8-5）。分岐をまたがってジャンプ（水平方向にナビゲーション）したり、階層内

※1　Keith Instoneは、1997年の記事「Stress Test Your Site」で「ナビゲーション・ストレス」という概念を一般化させた。http://instone.org/navstress
※2　Gopher：1991年にアメリカ合衆国のミネソタ大学が開発した、テキストベースの情報検索システム。インターネット上に分散した文書を検索したり、取り出すための方法を定めたプロトコルのひとつで、ツリー構造のUIを使って文書をたどる仕組みを持つ
※3　あなたがお若くてGopherをご存じないなら、代わりにiOSの「Music」アプリのカテゴリー／サブカテゴリー・ナビゲーションを思い浮かべてほしい

の複数レベル間のジャンプ（垂直方向にナビゲーション）することはできませんでした。

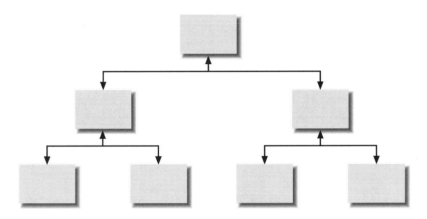

図8-5 Gopherspaceの単純な階層

　Webのハイパーテキスト機能はこのような制約を取り除き、柔軟性の高いナビゲーションを実現しました。垂直方向にも水平方向にも移動できるナビゲーションをサポートしたのです。階層内のどの枝からでも別の枝へと水平方向に移動でき、同じ枝で低いレベルから高いレベルへと垂直方向にも移動できるようになりました。すべての道をさかのぼってWebサイトのメインページへ戻ることも可能になったのです。これほどシステムが有能なら、ユーザーはどこからでも、どこへでも移動ができます。しかし、**図8-6** に示したように、すぐに混乱が生じてきました。まるでエッシャーの描く出口のない建物のように見えてきたのです。

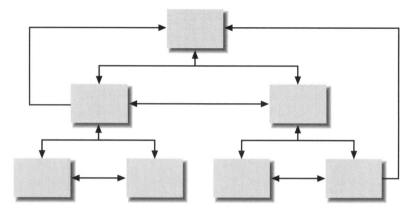

図8-6 ハイパーテキスト型のWebでは階層を完全に迂回できる

　ナビゲーションシステムを設計する際に重要なのは、柔軟性という利点と、混乱というリスクのバランスを取ることです。大規模で複雑なWebサイトでは、水平および垂直方向のナビゲーションサポートがなければ、とても不便です。しかし一方で、ナビゲーションサポートが多すぎると、階層構造が分かりにくくなってユーザーを困らせてしまうことになります。ナビゲーションシステムを設計する際には、階層構造を補強するのに十分なコンテキストと柔軟性を提供することが大切です。

8.6　埋め込み型ナビゲーションシステム

　大規模Webサイトの多くに、**図8-1**で紹介した3つの主要な埋め込みナビゲーションシステムが含まれています。グローバル、ローカル、コンテキストのナビゲーションはデスクトップPC向けのWebでは非常に一般的です。これらはモバイルサイトにもありますが、表示できるスクリーンサイズが小さいという制約のため、この図とは異なる形式を取っています。それぞれのシステムが特定の問題を解決し、独特の難題を提示します。これらのシステムの性質と、それらが一体となった時にコンテキストと柔軟性をどう提供できるかの理解が、成功するWebサイトの設計には欠かせません。

8.6.1　グローバルナビゲーションシステム

　グローバルナビゲーションシステムは、その定義からしてサイトの全ページに表示されるものです。ナビゲーションバーの形状で各ページ上部に実装されます。サイト内に共通なナビゲーションシステムがあれば、ユーザーがサイト階層内のどこにいても、重要な領域や機能に直接アクセスすることができます。

　グローバルナビゲーションバーはさまざまな形や大きさがあります。**図 8-7** の例を見てください。

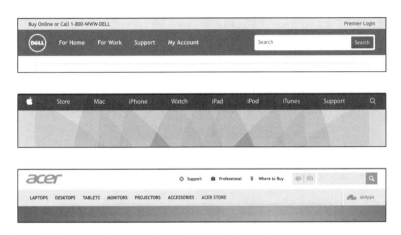

図8-7　上からDell、Apple、Acerのグローバルナビゲーションバー

　グローバルナビゲーションバーは、ホームページへのリンクがあるものがほとんどで、通常その組織のロゴで表現されています。検索機能へのリンクがあるものも数多くあります。Apple や Acer のグローバルナビゲーションのように、サイトの構造を強化し、サイト内でのユーザーの現在地を示したコンテキスト的なヒントを提供しているケースもあります。Dell のように、要素の数を抑え、上記の機能のどちらも提供しないケースもあります。この場合ローカルレベルまではコンテキストを提供していないため、一貫性が失われ、自分の位置が分からなくなってしまいます。グローバルナビゲーションの設計には非常に困難な決定を強いられます。これにはユーザーニーズと組織の目標、コンテンツ、技術、文化などの知識が欠かせません。万人に合う仕様などないからです。

グローバルナビゲーションバーは絶えず発展しています。例えば近年では、Webサイトでグローバルナビゲーション構造を表現するのに、メガメニューとファットフッタが一般的なデザインパターンとなっています。メガメニューというのは、従来のドロップダウンメニューのように表示される、大きなメニュー画面です。通常ページの上部に表示され、ユーザーがトップレベルの要素をクリックすると、第2、第3のレベルの要素へのアクセスを提供します。しかしメガメニューは、少し前までの単なるリンクのリストよりもはるかにリッチな内容を含んでいます。ユーザーは洗練された書体のレイアウト、画像、その他のヒントによって、システムのコンテンツと構造を理解することができるのです（**図 8-8**）。

図8-8　サイトのコンテンツと構造を教えてくれるアディダスのメガメニュー

ファットフッタはWebページの一番下に生成される、要約されたサイトマップです。ここからサイトの最も重要なセクションに直接アクセスすることができます（**図 8-9**）。

図8-9　複数のサブサイトとサブブランドを含む、巨大なMicrosoft.comのサイト。多くのページに設置されているファットフッタによって、ユーザーは一貫した方法でサイト内を見て回ることができる

　グローバルナビゲーションバーはサイトにおいて、唯一の首尾一貫したナビゲーション要素であることが多いため、利便性という点で大きな影響力を持っています。そのためユーザー中心の設計となるよう、徹底して繰り返しテストを行うべきです。

8.6.2　ローカルナビゲーションシステム

　多くのWebサイトでは、グローバルナビゲーションシステムが複数または1つのローカルナビゲーションシステムで補足されており、ユーザーが現在いる領域を探索できるようにしてあります。ルールが徹底されたサイトではグローバルナビゲーションバーとローカルナビゲーションバーが統合され、一貫した、統一されたシステムに

なっています。例えば、USA Today の Web サイトではグローバルナビゲーションバーを拡張する形で、ニュースのカテゴリー別にローカルナビゲーションのオプションを提供しています。「Money」の欄を選択した読者と「Life」の欄を選択した読者とでは、目にするローカルナビゲーションのオプションは違います。しかし、どちらのローカルナビゲーションのオプションも同じナビゲーションのフレームワークの中に表示されています（**図 8-10**）。

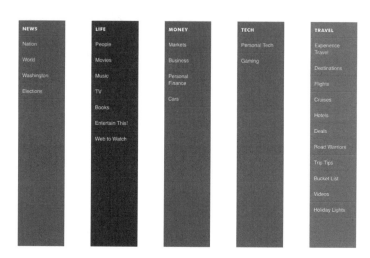

図 8-10 usatoday.com のローカルナビゲーション

それに対して、GE.com（**図 8-11**）のような大規模なサイトでは、複数のローカルナビゲーションシステムが提示されており、ローカルナビゲーションシステム同士やグローバルナビゲーションシステムとの共通点はあまりありません。

これらのローカルナビゲーションシステムとそこからアクセスできるコンテンツは大幅に異なることが多いため、このようなローカルエリアはサブサイト、すなわちサイト内のサイトと呼ばれます[※1]。サブサイトが存在する理由は、主に 2 つあります。

[※1] サブサイト：Jakob Nielsen による造語（「The Rise of the Sub-Site」Alertbox、1996 年 9 月）。大規模なサイトにおいて、再帰的に発生する状況を共有することで、ページ特有の共通したスタイルとナビゲーションメカニズムを持つ Web ページの集合体のことを表す。日本語訳された記事は『サブサイトの出現』（U-Site）を参照。http://u-site.jp/alertbox/9609

1つ目は、特定の領域のコンテンツと機能が、ユニークなナビゲーションを持つメリットがある場合。2つ目は、大規模な組織は分散化が進んでおり、コンテンツの領域が異なればその責任者のグループも異なるため、各グループが違ったやり方でナビゲーションを扱うことに決めているという場合です。

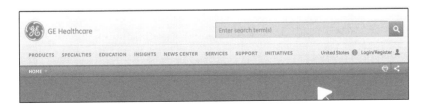

図8-11 GE.comのローカルナビゲーション

　GEの場合、ローカルナビゲーションシステムはユーザーのニーズおよびローカルコンテンツとうまく連携しているようです。残念ながらWeb上には悪例も数多くあって、ローカルナビゲーションの形が違うのは単に設計チームが複数いて同じ方向性を選べなかっただけ、という場合もよく見られます。ローカルナビゲーションシステムの見た目をどのように中央でコントロールするかについては、いまだに悪戦苦闘している組織がたくさんあります。こうしたローカルナビゲーション問題に取り組むと、グローバルナビゲーションシステム作りが簡単なものに見えてくるでしょう。

8.6.3　コンテキストナビゲーション

　グローバルナビゲーション、ローカルナビゲーションという構造化されたカテゴリーが適さない関係もあります。このような場合、あるページや文書、オブジェクトに特別に設けられるコンテキストナビゲーションリンクが必要とされるのです。オンラインストアでは、「参照（See also）」のリンクで関連する製品やサービスへとユーザーの注意を向けることができます。教育用サイトでは類似した論文や関連トピックを指すこともあります。

　このようにしてコンテキストナビゲーションは関連学習をサポートします。あなたが項目間に定めた関係を発掘することでユーザーは学習していきます。ユーザーはそれまで知らなかった便利な製品について学んだり、考えもしなかったようなテーマに興味を抱くようになったりすることもあるでしょう。コンテキストナビゲーションを利用すると、ユーザーと組織のためになる網の目のような組織を作ることができます。

　こうしたリンクは、アーキテクチャ側というよりも編集側のものと定義されます。コンテンツがサイトのアーキテクチャの枠組み内に配置された後で、著者や編集者、内容領域専門家（SME）が適切なリンクを設けるのが一般的です。実際、文や段落（例：散文）内にある単語や語句を、埋め込み型ハイパーテキストリンク、つまり「インラインの」ハイパーテキストリンクとして表します。スタンフォード大学のサイトのページでは、インラインのコンテキストナビゲーションが選ばれています。この例を図 8-12 に示しました。

図 8-12 インラインのコンテキストナビゲーションリンク

　しかし、このようなコンテキストリンクがコンテンツにとって非常に重要な場合は問題が生じます。ユーザビリティテストによると、「ユーザーがページをすばやく読むため、このように隠れたリンクは見落とされたり無視されたりする傾向にある」からです。このため、ページのどこか特定の位置にコンテキストナビゲーションリンクの欄を設けたり、見て分かるようにまとめられるシステムを設計します。**図 8-13** はAdorama のページです。この例で分かるように、関連製品につながるコンテキストナビゲーションリンクが（このケースではユーザーからのビューを示しています）各ページのレイアウト内に設計されています。こうしたリンクを使用する際は、適度に使うのがポイントです。この例のように控えめに使えば、コンテキストリンクは既存のナビゲーションシステムに若干の柔軟性を加え、補足的な役割を果たしてくれます。しかし使いすぎると混雑と混乱を招きます。コンテンツの著作者が外部リンクを伴う埋め込みリンクを移動したり補足したりできれば、ユーザーにとっては見やすくなるでしょう。

図8-13 Adoramaのサイト内で設置されている外部コンテキストナビゲーションリンク

　各ページにこの方法を使うべきかは、コンテキストリンクの性質と重要度によります。参照用に提供するなど、重要度が低いリンクの場合はインラインリンクは邪魔にならない効率的な技法といえるでしょう。

　コンテキストナビゲーションシステムを設計する場合、サイトのすべてのページがメインページ、あるいは独自の目的を持ったポータルであると考えてください。ユーザーがいったん特定の製品やドキュメントを認識すると、サイトのほかの部分は背景に溶け込んでしまいます。このページがインターフェースとなるのです。ここからユーザーはどこへ行きたいのでしょうか。Adoramaを例に考えてみてください。購入を決定する前に、どんな情報をユーザーが知りたいのでしょうか。他にどんな製品を購入したいと思うでしょうか。コンテキストナビゲーションはクロスセル[1]やアップ

※1　クロスセル：顧客が普段購入している商品やサービスに加え、関連商品の購入を顧客に促すこと

セル[※1]、ブランド構築のチャンスであり、顧客に価値を提供します。モバイル環境のコンテキストナビゲーションリンクは、端末に別の機能（電話をかける、曲を再生するなど）を実行させます。これらの関連関係は非常に重要ですので、10章で再度説明することにします。

8.6.4　埋め込み型ナビゲーションの実装

　ナビゲーションシステム設計では、柔軟に動ける性質と過剰なオプション機能でユーザーを圧倒してしまう危険性とのバランスを取るよう常に考えなければいけません。成功への鍵は、「ほとんどの Web サイトではグローバル、ローカル、コンテキストのナビゲーション要素が共存していて、コンテンツによるアプリも共存している」と認識することです。これらの要素を効果的に統合すれば、お互いを補完することができます。しかし単独で設計された場合、この3つのシステムが合わさると画面上のスペースがかなり占領されてしまいます。1つ1つでは管理しやすいかもしれませんが、ページ上で一緒になるとあまりにもオプションが多すぎてユーザーは圧倒され、コンテンツが追いやられてしまうかもしれません（**図 8-14** で表現した Web ページを参照）。各ナビゲーションバーのオプションの数を再検討しなければならない場合もあります。しかし注意深く設計、レイアウトすれば、この問題は最小限に抑えられます。

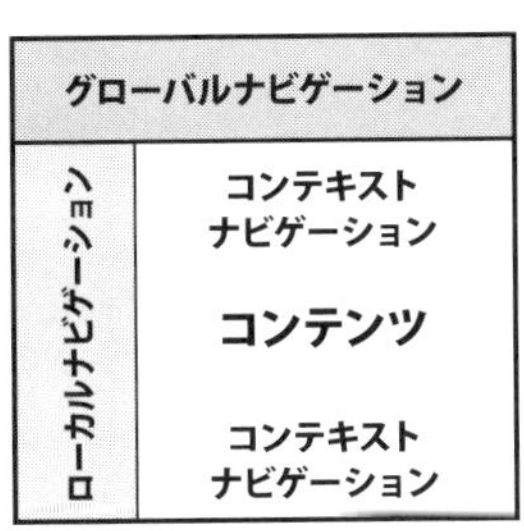

図8-14　ナビゲーションはコンテンツをかき消すことができる

※1　アップセル：従来からの顧客に向け、より上位で高価な商品への買い替えを促すこと

最も単純な形式では、ナビゲーションバーはさまざまなセクションへつながった別々のリンクが集まったもので、リンクからそうしたセクションへと移動することができます。ナビゲーションバーによってグローバル、ローカル、コンテキストのナビゲーションがサポートされるのです。テキストや画像、プルダウンメニューやポップアップメニュー、ロールオーバー、メガメニューなどさまざまな方法でナビゲーションバーを実装できます。こうした決定を下すのは情報アーキテクチャの分野というよりもインタラクションデザインやテクニカルパフォーマンスの分野の担当ですので、ここでは最も重要な点にだけ触れます。

　例えば、作成するならテキストのナビゲーションバーと画像のナビゲーションバーのどちらの方がよいでしょうか？デスクトップのWebブラウザであればスペースが十分にあるので、明確で、実装しやすく、アクセスしやすいテキストが一般的です。しかしモバイルアプリのようにスペースが限られている場合、ナビゲーションオプションをアイコンで示すほうがよい選択だといえるでしょう。

　そして、ナビゲーションバーはページのどこに属するのでしょうか。繰り返しますが、この答えはどのバーを表示するかによります。デスクトップブラウザを対象としたWebページの場合、グローバルナビゲーションバーをページの一番上のどこかに配置し、ローカルナビゲーションバーをメインコンテンツと並べて配置するというのが慣例になってきています。モバイルWebページでは、ナビゲーションバーをコンテンツの左側か右側に、見えないように隠しておく場合が多くなっています。画面上部のメニューボタンを使うとナビゲーションバーが表示されるという仕組みです。モバイルアプリでは、ナビゲーションバーはユーザーの親指が簡単に届く、スクリーン下部に配置されます（**図 8-15**）。

　いずれの場合も、設計するメディアのルールと制限を認識する必要があります。標準から外れる場合には、リリースする前にユーザーテストを実施すべきです。

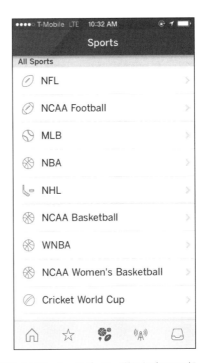

図8-15　ESPNが提供するiPhoneアプリのグローバルナビゲーションバーは、縦および画面下部の横に並んだアイコンで構成されている。アプリのさまざまなアイコンは各スポーツリーグを表す

8.7　補足型ナビゲーションシステム

補足型ナビゲーションシステム（**図8-2**）には、サイトマップやインデックス、ガイドが含まれます。これらは基本的なWebサイト階層外にあり、コンテンツの発見とタスクの遂行を補足します。検索もまた補足型ナビゲーションに属しますが、これは非常に重要なので9章で詳しく解説しています。

補足型ナビゲーションシステムは、大規模なWebサイトでユーザビリティとファインダビリティ（見つけやすさ）を保証するために欠かせない要素です。しかし、その重要性に見合うだけの注目や扱いを受けていません。一部のサイトオーナーはいまだに「分類体系さえしっかりやれば、全ユーザーおよびユーザーニーズに対応できる」という誤解を持って作業しています。ユーザビリティの権威者は「簡潔さこそがすべて。ユーザーは選択をしたがらないものであり、サイトマップやインデックス、ガイ

ドを頻繁に利用し、分類体系がうまくいかない場合のみ検索するものだ」と説いてこの幻想をあおりたてています。

これらは論理的には正しいかもしれません。しかし、重要なポイントを見逃しています。相当の割合のユーザー及びタスクにとって、分類体系と埋め込みナビゲーションシステムはうまくいっていないのです。この事実は疑いようもありません。補足型ナビゲーションシステムはユーザーに非常時の支援ができます。シートベルトなしで本当に運転したいでしょうか？

8.7.1　サイトマップ

本や雑誌の場合、目次に記載されているのは情報階層の2～3番目までの上層部です。印刷物の組織化構造を示し、最初から最後までの直線的なアクセスとともにランダムなアクセスもできるように、章やページ番号をサポートしています。これに対して地図は網目のような道や高速道路を通り抜けたり、混み合った空港でターミナルを探したりといったような、物理的な空間でのナビゲートで役に立ちます。

Webが出始めのころには、「サイトマップ」と「Table of Contents（目次）」は交換可能な用語として使われていました。ライブラリアンにとってはTOC（目次）の方がよい喩えに思えましたが、サイトマップという言葉のほうが魅力的な響きであり、それほど階級性を感じさせません。そのため、こちらが事実上のスタンダードになりました。

典型的なサイトマップを図8-16に示しました。ここでは上層における2～3番目までの情報階層が提示されています。これによりシステム内のコンテンツを一望し、セグメント化されたコンテンツにランダムにアクセスすることができます。サイトマップは画像のリンクまたはテキストのリンクを利用して、ユーザーが直接サイト内のページにアクセスできるようにしています。

本来サイトマップは階層化構造の大規模なサイトで利用されます。アーキテクチャがそれほどしっかりとした階層になっていない場合は、インデックスやその他の視覚的な表現の方が適していると考えられます。サイトマップを採用するかどうか決定する際には、Webサイトの規模も考慮します。2～3階層しかない小規模なサイトにはサイトマップは必要ないかもしれません。

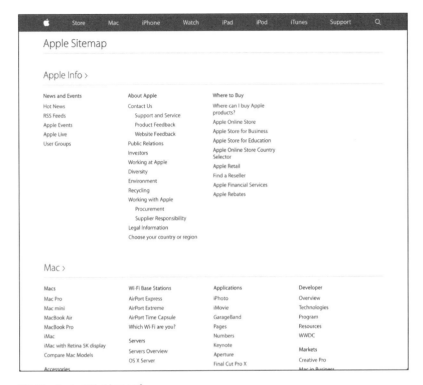

図8-16　Appleのサイトマップ

　サイトマップの設計はユーザビリティに強く影響を及ぼします。グラフィックデザイナーとともに作業をしている際には、相手が以下の基本的な原則を理解しているかどうか確認してください。

1. 情報階層を強化し、コンテンツの構造にユーザーが徐々に馴染めるようにする
2. 自分の欲しいものが分かっているユーザーがサイトのコンテンツにすばやく、直接アクセスできるようにする
3. 過剰な情報でユーザーを圧倒しないようにする。目標はユーザーを助けることであって、怖がらせることではない

サイトマップはまた、検索エンジン最適化の観点からも有用であることを記しておきます。マップは検索エンジンを配置して、Webサイト全体から重要なページへと直接アクセスできるようにしているからです。

8.7.2　サイトインデックス

　多くの印刷物では本の後ろに索引（インデックス）がありますが、これと同様にデジタルのインデックスもキーワードや語句をアルファベット順に表示したものです。階層はありません。目次と違ってインデックスは比較的平坦で、1つか2つのレベルです。そのため、インデックスは探し物の名前がすでに分かっている人に対してうまく働きます。アルファベット順の一覧をざっと見ると、行きたいところへ行けるからです。そうした人にとっては、階層内のどこに探し物が置かれているかを知る必要はないのです。**図8-17**は国連公式サイトの総合的なアルファベット順のインデックスを提示しています。インデックス内のリンクは手作業によるもので、目的ページに直接アクセスすることができます。

図8-17　国連公式サイトの総合的なアルファベット順のサイトインデックス

大規模で複雑な Web サイトでは、多くの場合サイトマップとサイトインデックス（とそのための検索能力）の両方が求められます。サイトマップは階層を強化し、探求を促進します。一方、サイトインデックスは階層を無視して既知項目の発見を容易にします。コムキャストによる XFINITY の Web サイトは、単純なサイトインデックスと、サイトのナビゲーション構造を反映したサイトマップを表示しています（**図 8-18**）。

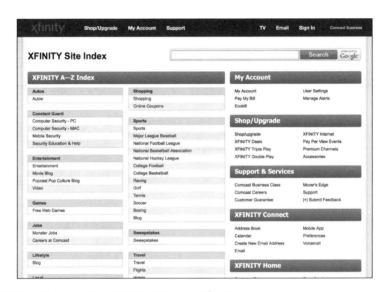

図8-18　コムキャストによるXFINITYのサイトインデックス

　Web サイトでのインデクシングの際に問題となるのは、どの程度詳細なインデックスを作成すべきかという点です。Web ページにインデックスを付けるのか、Web ページ上の各パラグラフやページに示されている概念にコンテンツを付けるのか、あるいは複数の Web ページにまとめてインデックスを付けるのか、ということが問題になってきます。この疑問に答えるには、まずユーザーがどのような用語を探そうとするのかを把握することです。ユーザーが探そうとしている用語が分かれば、設計すべきインデックスも見つかるはずです。検索ログを分析し、ユーザー調査を実行すれば、人々の探している用語について知ることができるでしょう。

サイトインデックスの作成には完全に異なる2種類の方法があります。小規模なWebサイトでは、コンテンツについての知識を利用してどのリンクを含めるかを決め、単純に手作業でインデックスを作成します。この管理が集約された手作業のアプローチでは、**図8-18**のようなワンステップ型のインデックスになります。もうひとつの例は**図8-19**に示したようなインデックスです。アメリカ疾病管理予防センター（CDC：Centers for Disease Control and Prevention）のサイトインデックスは2ステップのもので、用語のローテーション（term rotation）と参照（see/see also）という特徴があります。もうひとつの面白い例が**図8-20**に示したミシガン州立大学のサイトインデックスで、最適の結果をアルファベット順のリストで表示しています。

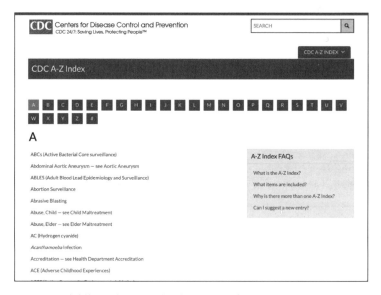

図8-19　アメリカ疾病管理予防センター（CDC）サイトインデックス

　それに対して、コンテンツ管理が分散している大規模なサイトでは、ドキュメントレベルで制限語彙インデクシングを利用し、サイトインデックスを自動的に作成すればよいでしょう。制限語彙用語は複数のドキュメントに適用できるものが多いため、このタイプのインデックスは2段階のプロセスをとる必要があります。まずユーザーがインデックスから用語を選択し、次にその用語を用いてインデックス化されたド

キュメントの一覧から選択します※1。

図8-20　ミシガン州立大学のサイトインデックス

インデックスを設計する際のテクニックのひとつに、用語のローテーションがあります。これは順列（permutation）とも呼ばれ、用語を入れ替えたインデックスでは、語句内の言葉の位置がローテーション表示され、そのフレーズをアルファベット順のインデックスの2つの場所から引けるようになっています。例えばCDCのインデックスでは、ユーザーは「Abuse, Elder（虐待、高齢者）」という用語と「Elder Maltreatment（高齢者虐待）」の両方でインデックスを引くことができます。このように、単語の順番を入れ替えた用語によって、人々はさまざまな方法で情報を検索できるようになります。ただし、順番を入れ替えるべき用語はきちんと選ぶ必要があります。インデックス内にあまりにたくさんの置換用語があると煩わしいので、置換

※1　このドキュメントレベルで制限語彙インデクシングを利用するというアイデアは、偉大なる故リッチ・ウィギンス（Rich Wiggins）によるすばらしい仕事である。彼亡きあとも、その存在感は本書に残り続けている

の必要がある用語とない用語に区別してインデックスを作成すべきでしょう。例えば、イベント予定表で「日曜日（スケジュール）」の他に「スケジュール（日曜日）」を掲載する必要はないはずです。時間と予算があれば、フォーカスグループ（focus group）[※1]を実施したり、ユーザーテストを行うのもよいでしょう。できない場合は、一般常識に頼るしかありません。

8.7.3　ガイド

　ガイドにはさまざまな形式があり、ガイド付きツアー、チュートリアルも含まれますし、特定の利用者やトピック、タスクに焦点をあてたウォークスルー（実地検証）[※2]もガイドに含まれます。どの場合も、ガイドはサイトのコンテンツと機能をナビゲートし、理解する既存手段を補足します。

　新しいユーザーに Web サイトのコンテンツと機能を紹介する場合、ガイドが便利です。アクセスが制限されている Web サイト（購読料を請求するオンラインメディアなど）にとっては、潜在顧客にどのような利点があるのかを示す効果的な方法であり、有効なマーケティングのツールにもなります。加えて、再設計したサイトの重要機能を同僚や管理者、ベンチャーキャピタリストに目立つように示すチャンスも生まれるので、内部にとっても高い価値があります。

　ガイドは直線的なナビゲーションを提供するのが一般的です（新しいユーザーは丁寧に案内してほしいものです。Web サイトに放り込まれたくはありません）が、ハイパーテキストのナビゲーションもさらに柔軟性を高めることができます。Web サイトの各領域で何が見られるのかを文章で説明しながら、主なページのスクリーンショットも盛り込むとよいでしょう。

　図 8-21 に示した IRS Withholding Calculator のサイトがその一例です。重要なリンクについて詳しく説明したものを、有益な（かつ、明確に構造化された）文章にまとめたものとなっています。

※1　フォーカスグループ：マーケティング戦略を特定化するために用いられるもので、グループ対話形式で質問して、自由に発言してもらう手法
※2　ウォークスルー：関係者が一堂に会して、問題点を探したり解決策を検討したりして相互に検討しあう評価方法

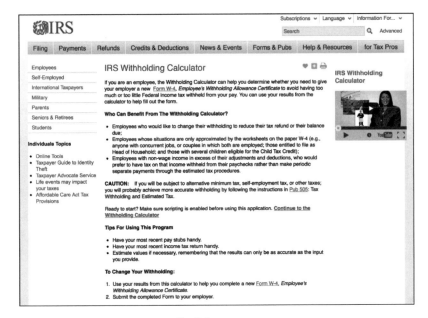

図8-21 IRS Withholding Calculatorの導入部分

ガイド設計の基本的原則

1. ガイドは短く

2. どこかの段階で、ユーザーがガイドを終えられるようにする

3. ナビゲーション（戻る、ホーム、進む、スワイプのジェスチャー）は各ページで同じ位置に配置し、ユーザーが簡単にガイドの前後へ進めるようにする

4. ガイドは疑問に答えることを目的に設計する

5. スクリーンショットははっきりした見やすい画像にし、重要な機能については拡大する

6. ガイドツアーのページ数が2〜3ページ以上になる場合は目次が必要になる場合もある

ガイドは新しいユーザーに対してサイトを紹介するための機能であり、製品やサービスに関するマーケティングの機会であると考えてください。ガイドを使わないユーザーも多く、使ったとしても1回きりの場合がほとんどです。魅力的で動きのある、インタラクティブなつくりにすることも大切ですが、ガイドはメインの機能ではないのだという事実を忘れないでください。

8.7.4　コンフィギュレータ

ウィザードは特別なガイドとみなされがちですが、製品を構成したり、別途注意が必要な複雑な決定木をナビゲートする際にユーザーの役に立ちます。図8-22に示したMotorolaのMoto Makerのような洗練されたコンフィギュレータでは、ユーザーは複雑な意志決定プロセスを詳しく考察することができます。

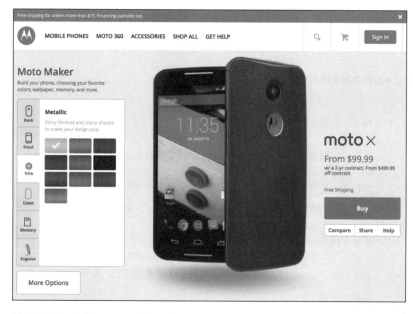

図8-22　Moto Makerコンフィギュレータ

Moto Makerは混乱を生じさせず、豊富なナビゲーションオプションをうまく組み合わせています。ユーザーは直線的にプロセスを進んだり、ステップを飛び越えたり

戻ったりできます。またサイトのグローバルナビゲーションが常に表示されているので、次に進むべきステップが分かります。

　選択が構成プロセスにどれほど影響を与えるかを、明確に理解していないユーザーがほとんどです。ですからさまざまなオプションがあると理解させるようなヒントを、提供するのが望ましいでしょう。例えば iOS の「Apple Store」アプリ（**図 8-23**）では、ユーザーが選んだ本体色によって表示される製品の画像が変わり、テキストのメニューから製品のより詳しい技術的な説明が表示されます。

図 8-23　iPadの「Apple Store」アプリで商品を選択した

8.7.5　検索

　前にも触れたとおり、検索システムは補足型ナビゲーションの中心です。「自分の入れたキーワードで情報を探せる」という理由から、検索はユーザーに好まれます。また、検索はかなり詳細なレベルで結果を得られます。サイトマップやサイトインデックスに表示されるとは考えにくいような特定の語句（例：「社会的に半透明なシステ

ムの失敗」など）を入力して、コンテンツを検索することもできます。

しかし、言葉の性質が曖昧なため、たいていの検索体験には大きな問題が発生しています。同じものを指していても、ユーザー、著者、情報アーキテクトと、それぞれが使う単語が異なっているのです。効率的な検索システムの設計は非常に重要かつ複雑なため、このトピックに関しては 9 章で詳しく解説します。

8.8 高度なナビゲーションアプローチ

ここまではナビゲーションシステムにおいて決して切り離せない要素、つまり便利で使いやすい Web サイトの基盤を形成する要素について注目してきました。この Web サイトの基盤を形成する要素を踏まえて、次は高度なナビゲーションの設計という非常に重要で、かつ非常に困難なテーマに入っていきましょう。

8.8.1 パーソナリゼーションとカスタマイゼーション

パーソナリゼーションでは個人の行動、ニーズ、好みのモデルにもとづいて仕立てた情報をユーザーに提供します。これに対してカスタマイゼーションでは、表示やナビゲーション、コンテンツオプションの調整を直接ユーザーの手に委ねます。要するに、パーソナリゼーションではユーザーが欲しいのは何かを私たちが推測し、カスタマイゼーションではユーザーが欲しいものは何かをユーザーが私たちに伝えるのです。

パーソナリゼーションもカスタマイゼーションも既存のナビゲーションシステムを改善あるいは補足するものとして利用されます。しかし残念ながら、コンサルタントやソフトウェアベンダーは「これこそがナビゲーションの問題をすべて解決できるソリューションです」と大げさに売り込んでいるのです。パーソナリゼーションとカスタマイゼーションの現実は以下のようにまとめられます。

- 一般的に重要ではあるが限られた役目を果たす
- 構造化と組織化の基盤がしっかりしている必要がある
- うまく生かすのは非常に困難である
- 計量した数値を収集しユーザー行動を分析するのがさらに困難になる

パーソナリゼーションの成功例として最もよく挙げられるのがAmazon.comです。中には本当に価値のあることも実行されてきました。Amazonが私たちの名前や住所、クレジットカード情報を覚えてくれるのは便利です。しかしAmazonがあなたの購入履歴にもとづいて商品をおすすめし始めた時点で、システムの失敗が始まります（**図8-24** 参照）。この例では、ジョージはすでにおすすめの上位5冊のうち2冊を持っていますが、他の店で購入しているうえにKindle本ではないため、システムはこの事実を知りません。そしてこの無知は例外ではなく、常に起きているのです。システムに入力する時間がない、あるいはプライバシーを守るために、効果的なパーソナリゼーションを行うのに十分な情報をユーザーは共有してくれません。さらに多くの場合、「人々が明日何をしたいのか、知りたいのか、欲しいのか」を推測するのは非常に難しいのです。金融界で言われているように、過去のパフォーマンスが良いからといって、明日の結果がどうなるかは保証できません。パーソナリゼーションは状況が限られていれば非常にうまくいきますが、それを広げて全ユーザーの経験を操作しようとすると失敗します。

図8-24　パーソナリゼーションされたAmazonのリコメンデーション（おすすめ）機能

　カスタマイゼーションも同様の期待と危険を露わにしています。ユーザーに調整権を与え、設計への圧力を軽くするという考えは、非常に魅力的ではあります。それにカスタマイゼーションでかなりの価値が生まれることもあるのです。例えばGmailでは、グローバルナビゲーション構造内でドラッグ＆ドロップするだけで、ユーザーがラベルの見かけと順番を設定できるようになっています。ラベルはユーザーのメールの構造において、非常に重要な要素です（**図8-25**）。

カスタマイゼーションの問題は、大部分の人々はカスタマイズに時間を費やしたくないと考えていますし、本当に重要な数少ないサイトでしかそうした作業をしないという点です。企業のイントラネットには繰り返し訪れる専門の利用者がいるので、公的な Web サイトよりもカスタマイゼーションが利用されるチャンスが大きいと言えます。

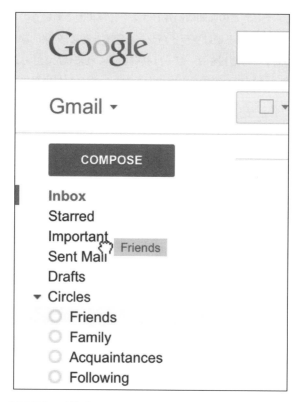

図8-25　Gmailのカスタマイゼーション

　しかし、もうひとつ問題があります。ユーザー自身でさえ、明日自分が何を知りたいのか、何をしたいのか分からないのです。お気に入りの野球チームのスポーツのスコアを追いかけたり、株式の相場を見たりする場合にはカスタマイゼーションが非常にうまく働きます。しかし、ニュースやリサーチといった幅広いニーズになるとそう

うまくはいかなくなります。今日はフランスの選挙結果が知りたくて、明日には「イヌが家畜化されたのはいつからか」に興味を持つかもしれないのです。あなたは自分が来月何を必要とするのか、想像できるでしょうか？

8.8.2　視覚化

Web の出現以降、「ユーザーがサイトを視覚的にたどることができるように」と、人々は便利なツールの作成に奮闘してきました。まず現れたのが、オンライン美術館や図書館、ショッピングモールなどの Web サイトを物理的な場として表示しようと試みた、メタファー駆動型のものです。その後、Web サイトのページ間の関係を示そうと試みて、動的で空を飛んでいるような「サイトマップ」が出現しました。どちらも非常にすばらしく、我々の想像力を広げてくれました。しかしどちらもそれほど役に立たないことが明らかになりました。ユーザーが選択が必要な要素の結果がどのように見えるかを知っている場合には、視覚化が最も有効であることが証明されています。図 8-26 のように、実際の商品を購入するようなケースがそうです。

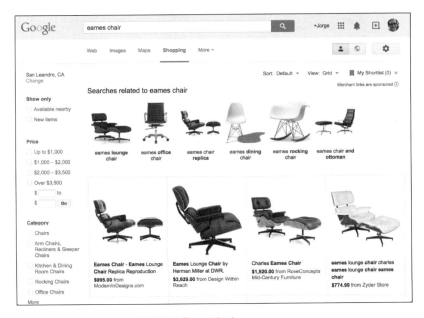

図8-26　Google Shopping の検索結果（グリッド表示）

8.8.3　ソーシャルナビゲーション

FacebookやTwitterといった巨大なソーシャルネットワークの興隆により、ソーシャルナビゲーションは情報を構築するための重要な手段となっています。こうしたSNSにより、人々は自分の関心に合った新しい情報を見つけられるようになりました。ソーシャルナビゲーションは、「他のユーザーの行動を観察することで、ユーザーは利益を得ることができる」という前提にもとづいて築き上げられたものです。そのユーザーに関係がある場合はなおさらです。

簡単な例では、ソーシャルナビゲーションはトラフィックの量やユーザー主導の投票システムの実装によって、人気のあるコンテンツを見つける手助けをします。コンテンツ集計およびディスカバリーサービスのReddit[※1]は、こうした投票システムを採用しています。実質これが他サービスとの差別化の柱となっているのです（**図8-27**）。

図8-27　Redditのホームページに表示されるストーリーの順序は、登録したサイトユーザーの投票によって決まる

※1　Reddit：ウェブサイトへのリンクを収集・公開するソーシャルブックマークサイト。投稿されたニュース記事や、画像のリンクやテキストにコメントをつけられる。https://www.reddit.com/

他のシステムはもっと内容が濃く複雑なソーシャルアルゴリズムを取り入れています。例えばFacebookのナビゲーション構造の大半が、動的に生成されたコンテンツのリストで構成されています。これらのコンテンツは、ユーザーのタイムラインに表示される一連の書き込みやおすすめのページ、知り合いかもしれない他のユーザーなどです（**図8-28**）。こうしたアルゴリズムが実際にどのように機能しているかは公開されていませんが（これはFacebookの「シークレットソース」の一部です）、コンテンツの選択と表示される順番がユーザーの「ソーシャルグラフ」（Facebookのコンタクト先リスト）に依存しているのは明白です。

図8-28　Facebookは、ソーシャルグラフに影響を受けたナビゲーションリンクのリストをさまざまなアルゴリズムによって生成、表示する。広告もまた、ユーザーのプロフィールによってアルゴリズム的に選択されている（Facebookはジョージがサンフランシスコ湾周辺に住んでいて、今日がバレンタインデーだと知っている）

こうしたネットワークでつながった人々や端末が増えるのに従って、生成されるソーシャルナビゲーションシステムは劇的に複雑になり、洗練され、そして便利になるでしょう。その結果、組織は個々のユーザーのニーズに合った情報環境のナビゲーション構造を構築する新たな方法を見つけていくことになります。しかし行き過ぎには要注意です。特定のユーザーのソーシャルグループの好みにあまりにもぴったり一致したシステムは、他のものの見方を軽視する傾向に陥りがちです。またプレイスメイキングにおいては、グローバルナビゲーション構造が重要な役割を果たすことも覚えておくべきです。Webサイトを訪れる時、ユーザーは共通する、変化のない構造をある程度共有する必要があるからです。情報アーキテクチャには、バランスが求められるのです。

8.9 まとめ

この章で学んだことをまとめましょう。

- 進路を定め、現在地を把握し、帰り道を見つけるためにナビゲーションシステムを使います。ナビゲーションは前後の感覚を提供し、新しい場所も安心して探検できるようにしてくれます。

- ナビゲーションの表層、つまりユーザーが操作を行う部分は、非常に早く変化しています。

- ナビゲーションシステムにはさまざまなタイプがあります。グローバルナビゲーションシステム、ローカルナビゲーションシステム、コンテキストナビゲーションシステムの3種類が一般的です。

- ブラウザなどの情報環境を探検するためのツールは、独自のナビゲーションメカニズムを提供します。

- ユーザーがシステム内で現在位置の把握を可能にするコンテキストの構築は、ナビゲーションシステムの重要な機能です。

- グローバルナビゲーションシステムは、情報環境においてすべてのページま

たはスクリーンに表示されるものです。

- ローカルナビゲーションシステムはグローバルナビゲーションシステムを補足するもので、これによってユーザーは現在いるところを探検することができます。

- コンテキストナビゲーションシステムは環境内で表示されるコンテンツのコンテキスト内にあります。項目間に定めた関係を発掘することで、ユーザーの関連学習をサポートします。

- サイトマップ、インデックス、ガイドなど、利用できる補足型ナビゲーションシステムにもさまざまな種類があります。

それではWebサイトで探しものを見つけるのに役立つ、検索システムへと進みます。

9章
検索システム

究極の検索エンジンとは、
基本的に世界中のものごとすべてを理解していて、
常に正しい答えをくれるものだ。
そして究極の検索エンジンまでの道のりはとても遠い。
——**ラリー・ペイジ**
(**Larry Page**)

本章では、次の内容を取り上げます。

- サイトに検索システムが必要かどうかを判断する

- 検索システムの基本解剖学

- 検索しやすくするものとは

- 検索アルゴリズムの基本的理解

- 検索結果を表示するには

- 検索インターフェース設計

- もっと学ぶには

8章では、Webサイトにとって最高のナビゲーションを作成する手助けをしてきました。この章では情報を探すもうひとつの方式である検索について述べていきます。検索（広い意味では情報獲得行動）の領域は広大かつ奥深く、確立されたものです。この章で触れられるのは、ほんの表層に過ぎません。そこで、何が検索システムを構成しているのか。検索システムを使うタイミングはいつか。そして、検索インターフェースと検索結果の表示法を設計する際の実践的なアドバイスということに話題を絞って説明することにします。

この章では、Web全体検索から携帯アプリにいたるあらゆるタイプの情報環境が検索できる検索システムについて、例をあげて説明します。本章で紹介する検索ツールは、かなり幅広いコンテンツを索引の対象としていますが、これらの研究は非常に意味があることです。

9.1　サイトに検索は必要なのか

検索システムを詳しく検討する前に、行わなければならないことがあります。それは、サイトに検索機能を付与する前に、今一度しっかりと考えなおすことです。

もちろん、サイトの情報を見つけやすくするようにサポートするのは当然です。しかしこれまでの章でも紹介してきたように、情報を見つけやすくするには他の方法もあります。ありがちですが「検索エンジンさえあれば、すべてのユーザーのニーズが満たせる」と仮定しないことです。サイトを検索したいユーザーはたくさんいますが、中には単にブラウズしたいだけで、小さな検索ボックスに入力して「検索」ボタンを押すのは面倒、という人もいます。サイトに検索システムを付ける前に、以下の項目について考えてみることをおすすめします。

サイトにはコンテンツが十分にあるか

どれくらいのコンテンツがあれば、検索エンジンを使うメリットが生まれるのでしょうか。5ページかもしれませんし、50ページかもしれません。あるいは、500ページかもしれません。はっきりとは言えません。閾値の基準となるような値はないのです。重要なのは、「ユーザーはあなたのサイトにどんな情報を求めてやってくるのか」ということです。テクニカルサポートのユーザーのほうが、オンラインバンキングアプリのユーザーよりも求める情報がはっきりしているので、検索機能を必要としていることが多いでしょう。あなたのサイトがアプリケーションというよりも図書館のようなものであるなら、おそらく検索は役に立つでしょう。その場合はコンテンツの量を考慮し、検索システムの設計とメンテナンスに必要とする時間と、ユーザーにとっての利益とのバランスをとるように心がけましょう。

より有益なナビゲーションシステムに集中しているか

「検索エンジンは、ユーザーがサイトの情報を探す際のソリューションである」……こう考えているサイト開発者が数多くいるため、検索エンジンはお粗末な設計のナビゲーションシステムやその他のアーキテクチャの欠点を保護する絆創膏のようなものになりつつあります。自分がこの罠にかかりそうになっていると気づいたら、ナビゲーションシステムの問題解決ができるまで検索エンジンの実装は見送るべきです。制限語彙の用語がコンテンツのタグ付けに使われているような、しっかりとしたナビゲーションシステムを利用してこそ、検索エンジンはうまく働くものです。そして、ナビゲーションシステムと検索エンジンが一体となってうまく機能しているのなら、もちろんユーザーは両方を利用して情報を見つけられるというメリットがあります。あなたの会社の意思決定者が、システム全体をカバーするナビゲーションシステムに同意してくれないなど、政治的な理由によってナビゲーションが悲惨な状態にある場合もあります。このようなケースでは、現実が何より重要なので、検索エンジンが実際最良の代替案かもしれません。

サイトの検索システムを最適化する時間とノウハウはあるか

検索エンジンを実装して動かすのは非常に簡単ですが、それを効果的に実行するのは難しいものです。Webユーザーの一人として、あなたも理解不能な検索インターフェースに遭遇したことがあるはずです。また、クエリーに対して返ってきた答えがおかしな結果ばかりだったということもあったでしょう。こうしたことが起こるのは、サイトの開発者が計画を怠ったためです。検索エンジンをデフォルト設定のままインストールして自分のサイトを位置づけ、放置してしまったのでしょう。きちんと時間をとって適切な設定を行うつもりがないのなら、検索エンジンの実装は考え直した方がよいかもしれません。

検索よりもよい代替案があるか

ユーザーのためには検索の実装がベストな方法かもしれませんが、もっとよい方法が他にあるかもしれません。例えば、プロの技術者がいない場合や、検索エンジンの設定を行う自信や資金がない場合、検索の代わりにサイトインデックスの作成を検討してみて下さい。探しものが分かっているユーザーの手助けをするという点では、サイトインデックスも検索エンジンも同じです。サイトインデック

ス作成にはうんざりする量の作業が伴います。しかし手作業で作成されてメンテナンスされるのが通常であるため、実装も簡単です。また Google のようなサードパーティの検索エンジンへのアクセスを提供することもできます（コスト削減となる代替案ですが、欠点もあります。ひとつには、検索が、コンテンツを見つける他の手法から切り離されてしまうため、ユーザーはまとまりのない印象を受けます。もうひとつは、検索結果が検索分析と同じデータや見解を示さないという点です）。

ユーザーは検索を嫌がらないか

明らかに検索よりもブラウジングがユーザーに好まれている、という場合もあるでしょう。例えば、ハンドメイド作品のサイトを考えてみましょう。ユーザーがしたいのは検索よりも作品のサムネール画像をブラウジングすることであるケース。または、ユーザーは検索したいかもしれないけれど、それほど検索の優先度は高くないケースなどです。そうなると、あなたが「情報アーキテクチャの予算をどのように使えばよいだろう」と考える際にも、検索の優先度は低くしなければなりません。

さて、注意や脅威はおいておくとして、ここからは検索システムを実装するタイミングについて考えていきましょう。構築前に細かく計画される情報環境、特に Web サイトはほとんどなく、むしろ生き物のように育っていくものです。それほど拡張の可能性がない小規模なサイトならば、これで問題ないかもしれません。しかし、将来的に広く利用され、拡張が予想されるサイトではどうでしょうか。コンテンツや機能が行き当たりばったりにどんどん詰め込まれていくと、恐ろしくナビゲーションしにくいサイトになってしまいます。以下の項目を参考にすれば、サイトに検索システムを実装すべきタイミングを決めやすくなるでしょう。

情報が多すぎてブラウズしきれない時、検索が役に立つ

では、実際の建築物の例を紹介しましょう。「Powell's Books（パウエル書店：http://www.powells.com）」は世界最大をうたった書店で、店の総面積は約 6,318 平米もあり、オレゴン州ポートランド市の一区画すべてを占めています。おそら

くこの書店も最初はその区画に小さく店先を構えていた「街の本屋さん」だったのでしょうが、商売が広がるにつれて、隣の店、そのまた隣の店へと店を広げ、ついに全区画にまで広がりました。その結果、店内はいくつもの部屋、妙な曲がり角のある通路、突然現れる階段などの寄せ集めになってしまいました。雑然とした迷路のような店内は、ぶらぶら眺めるには楽しい場所かもしれません。しかし特定の本を探している場合には、それこそ幸運を祈るだけです。本当に運が良ければ掘り出し物に出会えるかもしれませんが、探している本を見つけるのは非常に困難でしょう。

Yahoo! はかつて「Web 版パウエル書店」でした。最初のころはそこにいけば何でもあり、探し物を見つけるのも簡単でした。なぜでしょうか。当時の Web がそうであったように、Yahoo! も比較的小規模だったのです。当初、Yahoo! が検索対象にしていた情報源は数百ほどだったので、ブラウズできる階層式の主題リストで簡単にアクセスできたのです。当時はこれ以外の検索方法はなく、今日の Yahoo! ユーザーには想像もつかないものでした。ところが事態は急変しました。Yahoo! の技術的アーキテクチャは優れていて、サイトの持ち主は自分のサイトを簡単に登録できたのですが、その一方で情報アーキテクチャは計画性に乏しいものでした。そのような情報アーキテクチャでは、毎日毎日追加されていく情報源の量に対応しきれなくなったのです。結果として、階層式の主題リストではナビゲートしづらくなってしまいました。情報を見つけるための代替策として、検索エンジンが Yahoo! に導入されたのです。Yahoo! は 2014 年、ディレクトリ検索サイトを終了しています。

あなたのサイトは Yahoo! ほど大規模ではないかもしれませんが、同じような成長をしていることでしょう。コンテンツがブラウジングシステムを追い抜いてしまいましたか？あまりにもカテゴリページが長いために目的のリンクを見つけられず、ユーザーがいらいらしていますか？それなら、検索を取り入れるタイミングがやって来たのかもしれません。

検索は断片化したサイトの役に立つ

パウエル書店では、本だらけの部屋が幾部屋も続いています。これは多くのイントラネットや大規模な公的サイトを構成するコンテンツのサイロ（情報の貯蔵庫）

によく似ています。幾つものビジネスユニットが独自に物事を進め、コンテンツを作るにしても基準は（あるにしても）皆無に等しい状態で、無計画です。おそらくメタデータもないので、ブラウジングをしてもわけが分からないでしょう。これがあなたの状況だとしたら、道のりは長いということになります。検索ではユーザーの問題も解決できませんし、ましてやすべての問題を解決することはできないでしょう。しかし最優先にすべきことは、組織横断的なコンテンツに対して、可能なかぎり全文テキストによるインデックス化を行う検索エンジンを設定することです。たとえ穴埋めに過ぎないかもしれませんが、検索のおかげでユーザーは至急必要としている情報がどのビジネスユニットの所有するものであっても見つけることができます。情報アーキテクトの立場からすると、検索によって実際にどのようなコンテンツがそこにあるのかが分かりやすくなります。

検索は学習ツールである

7章で触れた検索ログ分析によって、ユーザーが実際にサイトに何を求めているのか、またユーザーが自分のニーズをどのように表現しているのか（検索クエリという形で）という、有益なデータが収集できます。検索システムや、情報アーキテクチャのその他の側面、コンテンツのパフォーマンス、またその他多くの領域についても、この価値の高いデータを分析することで診断、調整が可能です。

ユーザーが望むから検索はそこにある

あなたのサイトにはYahoo!ほどの大量のコンテンツはないにしても、かなり大規模なサイトなら検索エンジンを実装する意味はあるでしょう。これには最もな理由があります。まず、ユーザーはサイト構造の隅から隅までをブラウズするようなことを嫌がります。ユーザーにとって時間は限られており、あなたが思うほど辛抱強く待ってはくれません。興味深いことに、ユーザーは別の理由でブラウズしないということがあります。つまり、必ずしも探したいものが分かっておらず、ブラウジングで十分かもしれない場合でも、とにかく検索してみるわけです。しかし何より、ユーザーはどこに行っても「あの小さな検索ボックスはあって当然」と期待しているかもしれません。これはWebの慣例であり、ユーザーの期待に反するのはよくありません。

検索はダイナミズムを制御する

非常に動的なコンテンツがサイトに含まれる場合も、検索システムの構築を考えるべきです。例えば、Web版の新聞ならば、商業的なニュースフィードやコンテンツシンジケーション[※1]などを通じて、毎日大量の記事ファイルが追加されることになるでしょう。毎日手作業でコンテンツを分類し、細かい目次やサイトインデックスを維持する時間などないはずです。検索エンジンがあれば、毎日1回あるいは何回でも自動的にサイトのコンテンツにインデックスを付けてくれます。このプロセスを自動化することで、ユーザーは新聞のコンテンツに常にうまくアクセスできます。また、記事ファイルに手作業によるインデクシング（索引付け）とリンク張りを行わなくて済むので、他のことに時間が使えます。

9.2　検索システムの解剖学

表面的にみると、検索システムはかなり単純です。検索ボタンのついたボックスを探し、クエリーを入力して送信、結果がロードされるまでちょっと祈ります。祈りが届けば、役に立つ結果が表示され、先に進むことができるでしょう。

もちろん水面下ではたくさんのことが起きています。検索エンジンアプリケーションは、サイトのコンテンツにインデックスをつけています。全部でしょうか、それとも一部でしょうか？それはユーザーにはおそらく決して分からないでしょう。またコンテンツのどの部分にインデックスがつけられているのでしょうか？検索エンジンは通常、各ドキュメントのテキスト全文を見つけることができます。しかし検索エンジンは、タイトルや制限語彙などドキュメントの構成によって、各ドキュメントに関連した情報にもインデックスをつけています。そして検索エンジンのインデックスには、検索インターフェースのウィンドウがあります。このウィンドウに入力したものが参照されるのです。うまくいけば、クエリーにマッチした結果が返されるでしょう。

ここでは多くのことが起きています。検索エンジンの心臓部分、つまりインデックス化とスパイダー化のためのツールのほか、クエリーをソフトウェアが理解できる言葉にし、結果をランク付けするためのアルゴリズムがあります。またクエリーを入力

※1　コンテンツシンジケーション：Webサイトのコンテンツを他のWebサイトに配信・提供すること

するためのインターフェースや（シンプルな検索ボックスから、高度な自然言語やSiriのような音声インターフェースまで）、検索結果を表示するためのインターフェース（各結果で何を表示するか、また結果のセット全体をどのように表示するかの決定を含む）もあります。さらにクエリー言語の多様さ（例：AND、OR、NOTなどのブール演算子を使うかどうか）やクエリーを向上させるクエリービルダー（例：スペルチェッカー）があり、事態をさらに複雑にしています。

検索のために、目に見えない部分で多くのことが行われているのは明らかです。そしてあなたのクエリーがあるわけですが、これが少々厄介です。クエリーはどのように作成されたのでしょうか？情報が必要なのは分かっているものの、何を探しているかをどう表現するかは分かっていない場合が多いのです。検索はしばしば繰り返されます。これは必ずしも検索結果に満足していないからではなく、クエリーに適切な言葉を思いつくのに数回はかかるためです。次に、単純なGoogleのようなボックスか、あるいは「高度な」ものを目指すなら、高度な検索インターフェースを利用します。そして最後に得られた検索結果から、どれがクリックする価値があり、どれを無視すべきなのか、あるいは戻ってもう一度言葉を入力し直して再検索すべきかどうかを、急いで判断します。**図 9-1**はその道筋の一部を示しています。

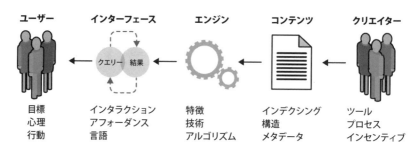

図 9-1　検索システムの基本解剖学（画像出典：Search Patterns:「Design for Discovery, by Peter Morville and Jeffery Callender」より）

検索システムで起きていることを上空1万5,000メートルから見たのがこの図です。技術的な詳細についてはITスタッフに任せましょう。情報アーキテクトとしては「検索エンジンの技術的な仕掛けはどうなっているのか」よりも「検索パフォーマンスに

影響するのはどのような要素か」の方が関係があるのです。つまりITチームはサイトの情報アーキテクチャが、検索システムの選択と実装プロセスの一部であることに責任を持つのが重要なのです。「このプラットホームが好きだから」とか「気に入っている言語で書かれているから」という誰かの言葉で検索エンジンが選ばれてはいけません。情報アーキテクトは、「ユーザーに最も適した」検索エンジンの選択をしっかり説得できるように準備しておかなくてはなりません。

9.3 何をインデックスするかを選ぶ

　では、検索エンジンの実装はもう決定済みとしましょう。どんなコンテンツに検索用のインデックス付けを行うべきでしょうか。コンテンツの検索エンジンを指定して、「見つけたドキュメントすべてにインデックス付けをせよ」と伝えるのが合理的な方法でしょう。検索システムは総合的であり、膨大なコンテンツをすばやくカバーできます。この点が検索システムの価値の大半を占めています。

　しかし、すべてにインデックス付けをすることは、ユーザーにとって必ずしも便利なわけではありません。大規模で複雑なWeb環境には、性質が異なるサブシステムやデータベースがぎっしりと詰まっています。そうした環境では、「カフェテリアメニューに魚のフライが新登場！」などという最新時事ニュースにユーザーがはまり込むことなく、テクニカルレポートや社員住所録のサイロを検索できるようにすべきでしょう。検索領域――つまり、より同質のもののポケット――を作ると、きちんと比較できるものが表示される可能性が高まるので、ユーザーは検索に集中することができます。

　検索可能なものを選ぶのは、適切な検索領域を選択することだけではありません。ひとつひとつのドキュメントやレコードは、HTMLやデータベース領域で表現されており、何らかの構造があります。また、その構造がコンテンツの要素を蓄えているのです。コンテンツの「アトム（atom）」やかけらはドキュメントよりも小さいものです。この構造の中には検索エンジンに使われるものもあります。例えば著者の名前が考えられます。その一方、各ページ下にある法律に関する注意書きなどは検索エンジンでは無視されています。

　最後に、サイトのコンテンツを分析したり目録を作成したりするのなら、どんなコンテンツが「ふさわしい」コンテンツなのか、もう感覚的に分かることでしょう。手

作業によるタグ付けや、その他何らかのメカニズムを通して、どのコンテンツが価値があるかを見分けられる場合もあると思います。サイト全体の検索に加えて、「ふさわしい」ものはそれ単独で検索できるよう検討する場合もあるでしょう。検索エンジンにプログラムを設定して、「ふさわしい」ものを最初に検索し、そこで役立つ結果が得られない場合は、サイト全体を検索するようにするといいかもしれません。例えば、eコマースサイトの大半のユーザーがサイトで製品を探しているなら、製品をデフォルトで検索できるようにし、その後、検索見直しのオプションの一部として、検索をサイト全体へと広げられるようにします。

このセクションでは検索対象を選択する問題について論じる際、粒度の荒いレベル（検索領域）と、ドキュメント（コンテンツ要素）内の検索におけるアトムレベルでの検索と、両方の観点から解説します。

9.3.1 検索領域の決定

検索領域は、サイト内のほかのコンテンツとは別にインデクシングされたサブセットです。ユーザーが検索領域を検索すると、サイトとのやり取りを通じて、特定の種類の情報を検索する人として識別されます。特定のニーズに応じ、検索結果を向上させることがサイト内の検索領域の理想です。ニーズに合わないコンテンツを除外することによって、検索結果の数が絞られるとともに、よりふさわしいものをユーザーは手に入れることができます。

図9-2 に示したWindows 8.1 では、ユーザーは選択領域を、探しているコンテンツのタイプ（設定、ファイル）と、そのロケーション（Web 画像、Web 動画）によって選ぶことができます。ここでの「Web」が指す「設定」と「ファイル」は、コンピューター内の設定とファイルを意味しています（デフォルトは「everywhere（すべての場所）」となっていることに注意してください）。しかしユーザーがWebで動画や画像以外のものを検索したい場合はどうすればいいのでしょうか？コンピューター内の動画や画像を検索したい場合はどうでしょう。

Windows 8.1 の検索ボックスと検索結果画面は、どちらもすべての検索に対し、単一の同じユーザーインターフェースを表示していますが、背後ではシステムが2つのまったく異なる検索領域からの結果を表示しています。設定とファイルではユーザーのコンピューターシステムから、画像と動画では（MicrosoftのBing 検索エンジンに

よって）Web全体から検索しているのです。

図9-2 Windows 8.1の検索領域

あなたがドキュメントを物質的にどれだけ分離可能とするか、またはどれだけ論理的にタグ付け可能にするかによって、検索ゾーンは幾通りにも作成できます。サイトの組織化体系を選択する際に下した決断が、検索領域の選択の際にも役立ちます。6章で解説した項目が検索領域の基本にもなるのです。

- コンテンツの種類
- 顧客
- 役割
- 主題／トピック
- 地理

- 時系列

- 著者

- 部門／ビジネスユニット

　このように続きます。ブラウジングシステムがそうであるように、検索領域も大きなコンテンツを細かくし、ユーザーにサイトとコンテンツの「見方（view）」を複数提供しています。しかし検索領域は諸刃の刃です。検索領域によって検索を狭めていけば結果の精度は上がりますが、設定がさらに複雑になってしまうため、注意が必要です。多くのユーザーは検索領域を無視して検索を開始し、全体索引を気にせず単純な検索ワードを入力する傾向があるからです。ユーザーは2回目の検索で高度な検索インターフェースを使うまで、あなたが念入りに作成した検索領域など、まったく気にかけないかもしれないのです。

　以下に細分化していく方法をいくつかご紹介します。

ナビゲーション VS 目的ページ

　コンテンツが豊富な Web サイトの大半は、少なくとも 2 種類の異なる主要ページを持っています。「ナビゲーションページ」と「目的ページ」です。目的ページはスポーツの試合のスコア、書評、ソフトウェアの文書など、Web サイトで入手できる実際の情報が掲載されたページのことです。ナビゲーションページは、メインページや検索ページ、サイトのブラウジングを助ける働きをするページを指しています。ナビゲーションページの主な目的は、ユーザーを目的ページに導くことです。

[NOTE]
サイトを検索する時、ユーザーは目的ページを探しています。検索結果を得るプロセスの途上にナビゲーションページがあると煩雑になり、検索結果が分かりづらくなります。

　分かりやすい例をあげましょう。あなたの会社が Web サイトでアクセサリー（周辺機器）を販売しているとします。目的ページは製品の詳細、価格、注文するための情報、1 ページに 1 つずつ掲載された製品から構成されています。ユーザーが製品を

探しやすいように、ナビゲーションページもたくさんあり、デバイスの製品リスト（例：タブレットとスマートフォン）、アクセサリーの製品リスト（例：スクリーンプロテクタ、ケースなど）、メーカー別の製品リスト（例：Apple、サムスン、LGなど）などが掲載されています。ここでユーザーがMophie社のiPhoneケースを検索したらどうなるでしょうか。検索結果はMophieの製品ページではありません。ユーザーは次のようなページをすべて見て回らなければならないでしょう。

- iPhoneケースのインデックスページ

- 外付けバッテリーのインデックスページ

- Apple社デバイス製品のインデックスページ

- Mophie社製品のインデックスページ

- Androidデバイス製品のインデックスページ

- Mophie社iPhone製品のインデックスページ

　正しい目的ページ（例えばMophie社のiPhone製品ページ）は見つかりましたが、同時に単なるナビゲーションページが5つも検索されてしまいました。言い換えると、検索結果の83%は余計な情報であり、ユーザーが最適な結果を得る邪魔となっているのです。

　もちろん、似通ったコンテンツのインデキシングが必ずしも簡単なわけではありません。「似通った」というのはかなり相対的な言葉だからです。ナビゲーションページと目的ページの違いは常に明確であるとは限りません。ひとつのページが両方を兼ねていると思われる場合もあります。だからこそ、ナビゲーションページと目的ページの分類の仕方を、実際に適用する前に試すべきなのです。ナビゲーションページ／目的ページへのアプローチの問題点は、それが本質的に厳密な組織構造の体系（6章参照）であり、ページの役割を目的かナビゲーションかに限定してしまう点です。次に紹介する3つのアプローチでは、組織構造の捉え方が曖昧なため、ページを複数の分類に仕分けることができます。

特定のユーザー層のためのインデクシング

　サイトのアーキテクチャに、ユーザー中心の組織構造の体系を採用しようと決めているなら、ユーザー層ごとに分けた検索領域を作るのがよいかもしれません。この方法がよいと気がついたのは、ミシガン州立図書館（Library of Michigan）の Web サイトを作った時のことです。

　ミシガン州立図書館の Web サイトの主なユーザー層は 3 つです。ミシガン州議会とその職員、ミシガン州内の図書館とそのライブラリアンたち、それにミシガン州の一般市民です。サイトで求められている情報は、ユーザー層ごとに異なっています。例えば、貸し出しの際のルールも、ユーザー層ごとに大きく異なっていたのです。

　そこで私たちは 4 つのインデックスを作成しました。3 つのユーザー層にひとつずつと、総合インデックスをひとつです。総合インデックスは、特定の検索をする際にユーザー層を限定したインデックスが期待に沿えない場合に備えたものです。**表 9-1** は「circulation（貸し出し）」という言葉について、4 つのインデックスで検索した結果を示しています。

表9-1　クエリーの検索結果

インデックス	検索されたドキュメント数	検索結果の減少率
総合インデックス	40	—
議会	18	55%
図書館	24	40%
市民	9	78%

　どの検索領域でもそうですが、インデックス同士の重複が少なければ検索のパフォーマンスは向上します。検索結果の減少率が小さい場合、例えば 10%や 20%にしか満たない場合は、改めて別のインデックスを作成するまでもないでしょう。しかしこれは、サイトのコンテンツの大部分が個別のユーザー層に特化している場合です。

主題によるインデクシング

　Mayo Clinic は主題中心の検索領域を採用している代表的なサイトです。例えばリハビリを指導してくれる医師を探している場合、「医師と医療スタッフ」を検索領域

で選択すると**図9-3**のようになります。

　88件という検索結果は多いように思えますが、サイト全体を検索すると1,470件もの結果が表示されます。しかもその結果の多くは、医師の発見とは関係のないものです。

図9-3　「医師と医療スタッフ」検索領域で検索を実行

最近のコンテンツをインデクシングする

　コンテンツの構成を時系列にすれば、もっと簡単に検索領域を設置できるでしょう（検索領域ではおそらく最も一般的です）。日付のある資料は一般に明確なものです。それに、日付情報は簡単に入手できます。日付による検索領域は、特別な領域でさえも直接的で簡単に作成できるのです。

　New York Timesの検索インターフェースは、日付によるフィルタリング機能を提供しています（**図9-4**）。

　サイトに戻ってきた常連ユーザーは、いくつかある日付順の検索領域から検索したい範囲を選んで（例：今日のニュース、先週、先月、3ヶ月前、去年、1851年以降など）

ニュースをチェックできます。さらに、ユーザーが特定の日付や期間のニュースを探している場合、それに合わせて特別な検索ゾーンを作ることができるのです。

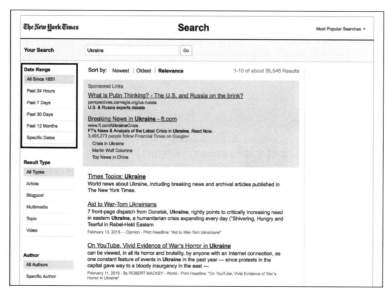

図9-4　ニューヨークタイムズの日付検索には、過去24時間／7日間／30日間／12ヶ月など複数の絞り込み条件が用意されている

9.3.2　インデックスを付けるコンテンツの要素を選択する

サイト内コンテンツのサブセットへのアクセスを提供することがとても役に立つように、ドキュメント内の特定の要素をユーザーが検索できるようにすることにも価値があります。検索によって、ユーザーはより絞り込まれた、適切な情報が得られるのです。そして、もしもドキュメント内に管理者向けなどユーザーにとってはあまり意味のない情報があったとすれば、それらを検索対象から除外することも可能です。

図9-5に示したYelpの事業者リスティングでは、目に見えないところにもコンテンツ要素が存在しています。事業者名、営業時間、画像、事業者のWebサイトへのリンクのほか、いくつかの属性はユーザーの目には見えません。また、検索対象からは外したいコンテンツ要素もあります。画面下にあるレビューやヒントなどがその一例として挙げられるでしょう。もし競合レストランのレビューが検索されてしまうと、

検索結果が紛らわしくなります。コンテンツ管理システム（CMS）と論理マークアップ言語が登場したおかげで、ナビゲーションオプション、広告、注意書きなど、ドキュメントのヘッダーやフッターに表示されるインデックスをつけたくないコンテンツを、簡単に除外できるようになりました。

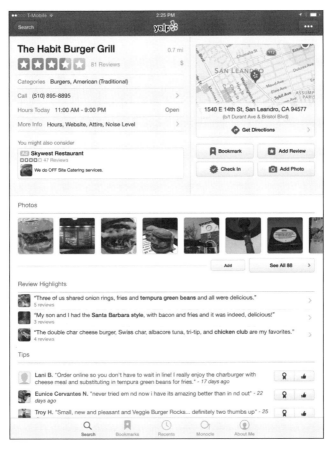

図9-5 Yelpの事業者リスティングにはさまざまなコンテンツ要素が詰め込まれている。目に見えるものもあれば見えないものもある

　Yelpの検索システムでは、ユーザーはサイトの構造を利用できます。以下のコンテンツ要素が検索をサポートしています。

- 事業者名

- カテゴリー（例：ハンバーガー、アメリカ料理）

- 雰囲気と服装（例：カジュアル、フォーマルなど）

- 店内の雑音レベル

- 住所

　果たしてユーザーは、こうした要素を使った検索を厄介だと思っているのでしょうか。Yelp の場合は、検索クエリーのログを調査すれば分かります。しかしまだ実装されていない検索システムの場合はどうでしょう。「この特別な機能をユーザーが利用するかどうか」を、検索システムの設計前に知ることはできるのでしょうか。

　ドキュメントの構造を開発すべき理由はもうひとつあります。コンテンツ要素はより正確な検索を可能にするだけではなく、検索結果のフォーマットにも意味を持たせるのです。図 9-6 の Yelp の検索結果には、カテゴリーとリスティングのタイトル（「Boulevard Burger」、「Burgers」、「Breakfast & Brunch」）、レビューのスニペット（「My wife & I came in last night for dinner...」）、レビューの数、平均的な評価、住所が含まれています。検索用に膨大な量のコンテンツ要素にインデクシングすることで、検索結果をさらに柔軟に設計できるようになります（「9.6 検索結果の表示」を参照）。

　この疑問は難しいパラドックスにつながっています。高性能な検索機能で得をするかもしれませんが、ユーザーが最初の検索でそれを求めることはほとんどありません。ユーザーには検索システムの複雑さや能力がよく分かりません。ユースケースやシナリオを作ると、詳細検索機能をサポートすべき理由がほとんどなくなってしまうかもしれません。しかし、ユーザーが価値があると思っている他の検索インターフェースを研究し、それと同様の機能を提供するかどうかを決める方がいいでしょう。

図9-6 検索結果として、タイトル、評価、住所のコンテンツ要素が表示される

9.3 何をインデックスするかを選ぶ 245

9.4　検索アルゴリズム

　検索エンジンが情報を見つける方法はさまざまです。実際、検索アルゴリズムは約40種類もあり、そのほとんどはここ10年に出てきたものです。ここではすべて説明しませんので、詳しく知りたい場合はinformation retrieval（情報検索）に関する標準テキストを読んでください[※1]。

　検索アルゴリズムは本質的にはツールであり、他のツールと同様、特定のアルゴリズムが特定の問題解決の際に役立つのです。検索アルゴリズムは検索エンジンの心臓のようなもので、全ユーザーの情報ニーズを満たせる検索エンジンなどひとつとしてありません。これを心に留めておくことが重要です。もし今度検索エンジンベンダーが「新作の専用アルゴリズムで、あらゆる情報関連の問題が解決できます！」などと言うのを耳にしたら、この事実を思い出してください。

9.4.1　パターンマッチアルゴリズム

　ほとんどの検索アルゴリズムはパターンマッチを使用しています。パターンマッチとは、ユーザーが入力したクエリーとインデックスとを比較し、同じ単語の連なりを探すものです。インデックスのほかにドキュメントの全テキストと比較する場合もあります。適合する単語が見つかると、ソースドキュメントが検索セットに加えられます。ですから、ユーザーが「electric guitar」とクエリーを打ち込むと、「electric guitar」という一連の単語を含むドキュメントが得られるわけです。これは非常に単純に聞こえますが、適合プロセスは多種多様な方法があり、生成される結果もさまざまです。

再現率と適合率

　適切なものからそうでないものまで膨大な結果を返すアルゴリズムもあれば、質の高い結果だけに絞り込んで返すアルゴリズムもあります。この両極を表わす言葉が「再現率（recall）」と「適合率（precision）」です。**図 9-7** はこれらを算出する公式を示しています（分母の違いに注目してください）。

[※1] Ricardo Baeza-Yates、Berthier Ribeiro-Neto『Modern Information Retrieval』（Addison-Wesley、2011年）が情報検索を詳しく知る出発点としてはよいだろう

$$再現率 = \frac{検索された適切なドキュメント数}{適切なドキュメントの総数}$$

$$適合率 = \frac{検索された適切なドキュメント数}{検索で表示されたドキュメントの総数}$$

図9-7 再現率と適合率

　サイトのユーザーは法的な調査をしていたり、現在の科学的リサーチについて学習していたり、知識の習得に励んで検索を実行しているのでしょうか。このような場合、求められるのは高い再現率です。それほど深い関わりはないとしても、ユーザーの検索に関連性を持つものが何百、何千（またはそれ以上）と出てきます。一例として、ユーザーが「エゴサーチ（Web上で自分の名前を探すこと）」をしている場合、自分の名前が出るものすべてを見たいと思っていることでしょう。この場合、ユーザーが望んでいるのは高い再現率なのです。問題点はもちろん、よい結果と共に不適切な結果も大量についてきてしまうことです。

　その一方、「ウールのカーペットの染み抜き方法について、本当に役立つ情報だけをいくつか知りたい」という場合、ユーザーが望んでいるのは精度の高い結果です。もし即座に十分な検索結果を得られたら、他に関連情報がいくつあったとしても、もう関係ありません。

　再現率と適合率をどちらも高くできれば、どんなにすばらしいことでしょう。非常にクオリティの高い情報が大量にある状態になるのです。しかし悲しいことに、どちらも同時に実現するのは不可能です。再現率と適合率は反比例の関係にあるからです。ユーザーにとって最適となるよう、この2つのバランスをとる必要があります。再現率か適合率のどちらかに重きを置いたアルゴリズムの検索エンジンを選ぶこともできますし、どちらかをもう一方に合わせるエンジンを実装する場合もあります。

　例えば、自動ステミング機能を提供している検索ツールもあります。これは同じ語根（または語幹という）を持つ単語を含めて検索するような機能です。強力なステミング機能の場合、「computer」を検索すると、同じ語幹（comput）を持つ「computers」や「computation」、「computational」、「computing」も同様に検索します。強力なステミング機能はユーザーのクエリーを発展させて、このような言葉のいずれかを含むドキュメントを検索します。こうして発展したユーザーのクエリーからは関連ド

キュメントがより多く検索されることになり、再現率が高くなるのです。

それとは逆に、まったくステミング機能がない場合、「computer」というクエリーが検索するのは「computer」という言葉を含むドキュメントだけです。他の変化形は無視されます。ステミング機能が弱い場合は、クエリーの複数形のみを含めて「computer」と「computers」だけを含むドキュメントを検索することになるかもしれません。ステミング機能が弱い場合やまったくない場合は、適合率が高くなり、再現率が低くなります。高い再現率と高い適合率、あなたのサイトではどちらを選ぶべきでしょうか。この答えは、「ユーザーがどのような情報ニーズを持っているのか」によって異なってきます。

他にも、コンテンツがどれだけ構造化されているのかを考慮する必要があります。HTMLまたはXMLに翻訳された、またはドキュメントレコード内にあって検索エンジンが「見て」検索できるフィールドはあるでしょうか。もしあるのなら、著者のフィールドに「William Faulkner」と入力した場合、「Faulknerによって執筆された本を探しているのだろう」という推測にもとづいた検索がなされ、より高い精度の結果が得られるはずです。検索できるフィールドがない場合は、ドキュメントの全テキストで「Willium Faulkner」を検索することになり、名前が出てくるドキュメントはすべて（Faulknerが執筆したものであろうとなかろうと）検索結果として表示されてしまいます。

9.4.2　他のアプローチ

すでに手元に「優れた」ドキュメントがある場合、そのドキュメントをクエリーの等価物に変換するアルゴリズムもあります（このアプローチは類似ドキュメントとして知られています）。ドキュメントからは「the」「is」「he」のような「ストップワード」が取り除かれるため、ドキュメントの内容をよく表した、意味の豊富な用語だけが残るという理想的な結果になります。これらの用語はクエリーに変換され、類似した検索結果を収集します。もうひとつのアプローチは、類似したメタデータでインデックス付けされた検索結果を表示することです。**図9-8**ではDuckDuckGo検索エンジンが、同じドメインにある、検索結果とマッチするさらに多くの結果を示しています。

図9-8　DuckDuckGoの検索結果と同じドメイン内にある「More results（さらに多くの結果）」へのリンク

協働的フィルタリングや引用検索のようなアプローチがあると、1件の適切なドキュメントから結果をさらに広げていくことができます。以下の例はCiteSeer（図9-9）から抜粋したものです。ここで「Application Fault Level Tolerance in Heterogeneous Networks of Workstations」という私たちのほしい記事を確認できました。CiteSeerでは、さまざまな方法で自動的にドキュメントを見つけてくれます。

Cited by（引用元）
どんな論文がこの論文を引用しているのか。引用先と引用元の関係はある程度の相互関係を暗に示します。著者同士が知り合いという場合もありえます。

Active bibliography（関連ドキュメント）
逆に、この論文のbibliographyには他の論文が引用されており、これは同様な関連性を示しています。

9.4　検索アルゴリズム　249

Related documents from co-citation（共引用から抜粋した関連ドキュメント）

引用の応用として共引用があり、「ある文書に一緒に引用されている文献は、どこか共通点があるはずだ」と推測できます。

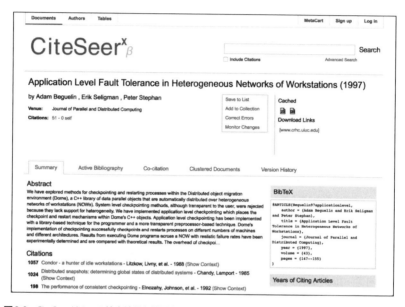

図9-9　CiteSeerは1つの検索結果を拡張するいくつもの方法を提供している

検索アルゴリズムは他にもありますが、一番大切なのは「これらのアルゴリズムの主な目的は、最高のドキュメントを割り出して、検索結果として表示する」ことです。しかし「最高」は主観であり、ユーザーが検索で何を求めているのかをしっかり把握する必要があります。ユーザーが見つけたがっている情報を把握できたら、ユーザーの情報ニーズを表現する検索アルゴリズムを持った検索ツールを手に入れられるよう検討してください。

9.5　クエリービルダー

検索アルゴリズムのほかにも、多くの方法が検索結果に影響しています。クエリービルダーはクエリーのパフォーマンスを強化するツールです。これはクエリービル

ダーの価値や使い方が分からないユーザーの目には見えません。一般的には以下のものが含まれています。

スペルチェッカー
　スペルチェッカーがあれば、単語のつづりを間違っても自動的に正しい検索用語に修正されるので、適切な結果を得ることができます。例えば、「accomodation」は「accommodation」として扱い、正しい用語が含まれた検索結果が得られるようにします。

音韻ツール
　名前を検索する時には、このツールが特に役立ちます。「Smith」というクエリーに対して「Smyth」という用語での検索結果も含まれるからです。最もよく知られた音韻ツールに「Soundex」があります。

ステミングツール
　ステミングツールがあると、ユーザーがある用語（例：「lodge」）を検索して出て来たドキュメントには、同じ語幹を持つ変化形（例：「lodging」や「lodger」）での検索結果も含まれます。

自然言語プロセッシングツール
　クエリーの結合関係を調査するツールです。例えば、その疑問は「how to」なのか、「who is」なのか、という知識を活かして検索の幅を狭めます。例えば Siri は自然言語プロセッシングを使って、Web 検索を行うべきか、つまらないジョークを言うべきかを判断しています（**図 9-10**）。

図9-10 Siriは自然言語プロセッシングを使って、ユーザーがWeb検索をしたいのか、天気予報アプリを見たいのか、つまらないジョークを聞きたいのかを判断する

制限語彙とシソーラス

10章で詳しく説明していますが、このツールは自動的に同義語をクエリーに含め、クエリーの語義的な性質を拡大します。

スペルチェッカーは検索ユーザーにほぼ共通する問題を修正するので、検索システムへの採用を検討する価値があります（自分の検索ログを見てください。検索クエリにある大量のタイプミスとスペルミスに驚くことでしょう）。

これらのクエリービルダーは違った状況で違った情報ニーズに対処しているので、どれもよい例と悪い例があります。繰り返しますが、サイトのユーザーがどのような情報ニーズを持っているのかを読み取れば、どのアプローチが最適か決めやすくなるでしょう。加えて、検索エンジンの中にはこうしたクエリービルダーをサポートしない場合もあることを忘れないで下さい。

9.6　検索結果の表示

検索エンジンが表示する結果を集めた後には、何が起こるでしょうか。検索結果の表示方法はさまざまなので、ここでもまた選択が必要となります。そしてここでも同様に、サイトのコンテンツを理解し、ユーザーがそのコンテンツをどう使いたいかを

理解することが、選択プロセスを左右するでしょう。

検索エンジンでの結果表示法を確認する際に、考慮すべきことが2つあります。1つは獲得したドキュメントでどのコンテンツ要素を表示するか。もう1つはどのように検索結果を並べグループ分けするかです。

9.6.1　どのコンテンツ要素を表示するか

探し物が分かっている人には少なく情報を表示し、何を探したいか分かっていない人にはより多く情報を表示します。

この単純なアプローチのバリエーションとして、探し物がはっきりしているユーザーには象徴的コンテンツ要素、つまりタイトルや著作者などのみを表示して、求める結果を素早く区別できるようにします。探し物があまりはっきりしていないユーザーには記述的コンテンツ要素、つまりページの要約やキーワードなどを表示すれば役に立つでしょう。何を表示するかユーザーに選んでもらう方法もあります。結果表示のデフォルトを設定する前に、「自分のユーザーにとって、最も一般的な情報ニーズは何か」を考慮して下さい。例えば Yelp の iPad アプリでは、リスティング、ロケーションマップ、画像で検索結果を表示できます（**図 9-11**）。

図9-11　YelpのiPadアプリでは、リスティング、ロケーションを示した地図、画像の3種類の方法で検索結果の表示が選択できる

表示されたフィールドが一般的過ぎる（タイトルなど）ため取得したドキュメントの区別が困難な場合は、ページ番号などを表示して情報を増やし、検索結果をユーザー

が区別できるようにしましょう。

図9-12でも同様の概念が使われています。このページでは同じ本について複数のバージョンが表示されていますが、これらの違いには役に立つ情報もあれば役に立たない情報もあります。どの図書館でなら本が借りられるかは知りたいでしょうが、表紙についてはあまり気にしないでしょう。

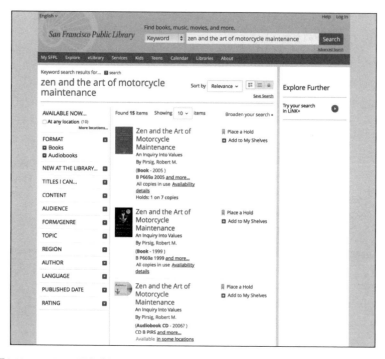

図9-12　コンテンツ要素があるおかげで、同じ本に関する複数のバージョンの違いが分かる

結果1件あたりにどれだけの情報を表示するかは、典型的な検索結果がどれだけの量になるかと相関関係があります。コンテンツが少ない、またはほとんどのユーザーが非常に特定されたクエリーしか使わない場合、数少ない検索結果しか出てこないかもしれません。情報を多く表示した方がユーザーに喜んでもらえると思うなら、検索結果に表示するコンテンツ要素を増やしてもいいでしょう。ただし「検索結果はこの画面のほかにもありますよ」とがんばって伝えたところで、ほとんどのユーザーが見

るのは最初の画面だけです。このことを忘れないでください。結果1件あたりにあまりに多くのコンテンツを表示しようとすると、最初のいくつかの結果以外はあいまいなものになってしまいます。

　検索結果についてどのコンテンツ要素を表示するかは、各ドキュメントでどのコンテンツ要素が使えるか（例：コンテンツがどのように構造化されているかなど）にも、またコンテンツがどのように使われるかにも依存します。例えば、イエローページ[※1]のような業種別電話帳のユーザーが知りたいのは何よりもまず電話番号です。ですから、ユーザーに示す情報は電話番号のフィールドから始めるべきでしょう。電話番号を見つけるのにクリックしなければいけないようではだめです（**図 9-13**）。

図9-13　イエローページの検索では、余計なクリックをしなくても電話番号が見つけられる

※1　イエローページ：もとは米国の電話帳を指したが、ここでは情報をデータベース化して管理しているWebサービスのこと。http://www.yellowpages.com/

特に引き出すような構造がない場合や、検索エンジンが全テキスト検索をする場合は、ドキュメントのテキストから「コンテキスト」の一部をそのまま表示するのもよいでしょう（**図9-14**）。この例では、Verge は表示された文章内で太字のフォントを使うことによって、検索用語を目立たせています。ユーザーがページの中で、各検索結果に関連する部分を素早く把握できるという好例です。

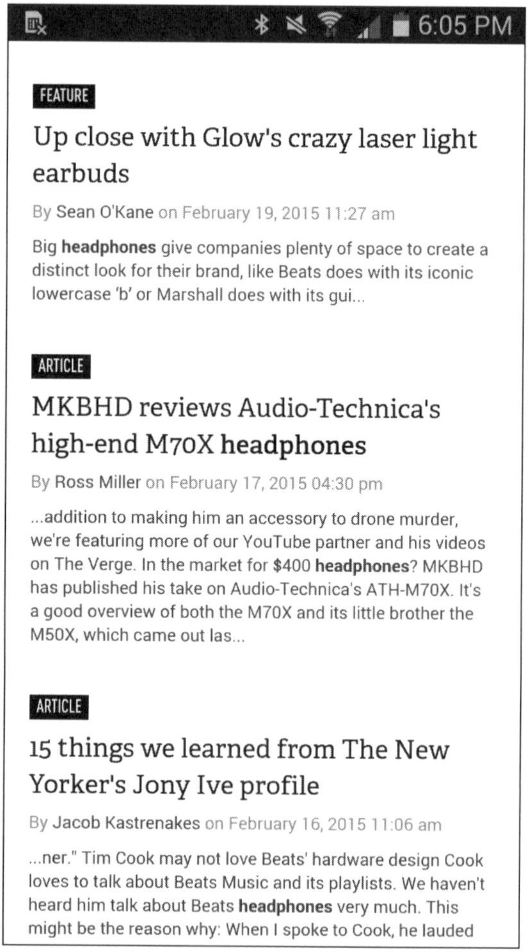

図9-14 Vergeは検索クエリーの結果を太字にして、コンテキストを示す周りの文章から目立つようにしている

9.7　ドキュメントをいくつ表示するか

　表示するドキュメント数は、前述の2つの要素によって決められます。もしエンジンが獲得したドキュメントひとつひとつに対して大量の情報を表示するよう調整されているなら、得られる結果が少ない方がよいでしょうし、その逆の場合もあるでしょう。それに加えて、効率的に表示できる結果の数は、ユーザーのモニター解像度、接続速度、ブラウザ設定にも関係してきます。ユーザーが自分のニーズに合わせて選べるようにさまざまな設定方法を提供する一方、少ない結果を示すことで単純化し、使い勝手を調整していくと、信頼できる検索結果となります。

　検索で得られたドキュメントの総数は、必ずユーザーに知らせましょう。検索結果の前後に、いくつドキュメントが残っているかユーザーが分かるようにしてください。また、検索結果を移動しやすくなるように、検索ナビゲーションシステムの提供も考慮に入れましょう。**図 9-15** の Reuters ではそうしたナビゲーションシステムを提供していて、検索結果の総数を表示するとともに、ユーザーが一度に10件ずつ検索結果を移動できるようにしています。

　大量の検索結果を目にしたユーザーは、多くの場合「検索結果の数が多すぎる」と決めつけます。これは検索方法を見直し、狭めるオプションをユーザーに提供する最高のチャンスです。Reuters は検索ボックスでクエリーを繰り返せるようにすることで、これを簡単に達成しています。

図9-15 Reutersでは1ページに10件ずつ検索結果を表示させ、ページを移動して次の結果に進むことができる

9.7.1 検索結果を一覧表示する

ここまででたくさんの検索結果と、その中で表示したいコンテンツ要素の感覚をつかみました。では、今度はそれをどう並べればいいのでしょうか。繰り返しますが、

この答えのほとんどが「ユーザーはどのような情報ニーズから始めたいのか」によります。どのような順番でユーザーは情報を得たいのか、そして検索結果をどう使いたいのかによるのです。

獲得した結果を並べるには、一般的に 2 つの方法が用いられます。「並び替え」と「ランク付け」です。獲得した結果を日付で時系列に並べたり、コンテンツ要素の種類でアルファベット順に並べる（例：タイトル別、著作者別、部門別など）こともできます。また、検索アルゴリズムでランク付けも可能です（例：関連度、人気など）。

何かを決めたり実行したりするために情報を探しているユーザーにとっては、並び替えが特に役立ちます。例えば、製品一覧を比較しているユーザーは、どれかを選ぶ参考にするために価格や何かの機能で並べ変えたいのかもしれません。どんなコンテンツ要素でも並び替えることができますが、ユーザーがタスクを遂行する際に役に立つコンテンツ要素で並び替えるのが現実的です。そのコンテンツ要素のうち、どれがタスク指向でどれがそうでないのかはもちろんその状況次第です。

情報を理解する必要や何かを学ぶ必要がある場合は、ランク付けのほうが役に立ちます。一般的に、ランク付けは得られたドキュメントの「関連性」を、高いものから順に示すために使われています。ユーザーはドキュメントの中で最も関連性の高いものから知ろうとして探しているのです。もちろん、関連性は相対的なものですし、ランク付けをするアプローチも厳選しなければいけません。一般にユーザーは「上位に表示されている結果が一番いいものだ」と思うことでしょう。

以下のセクションでは、並び替えとランク付けの両方について例示しています。また、どれがあなたのユーザーにとって最適かについても触れています。

アルファベット順の並び替え

どのようなコンテンツ要素もたいていはアルファベット順に並び替えが可能です（図 9-16）。アルファベット順の並び替えは一般的な目的用の並び替え、とくに名前の並び替えにはよい方法です（ユーザーの大部分はアルファベット順に慣れ親しんでいます）。この方法は「a」や「the」などの最初の冠詞を並べ替える順番から除外するとうまくいくでしょう（このオプションを提供している検索エンジンもあります）。「The Naked Bungee Jumping Guide」を検索する際、「T」よりも「N」から探すユーザーの方が多いことでしょう。

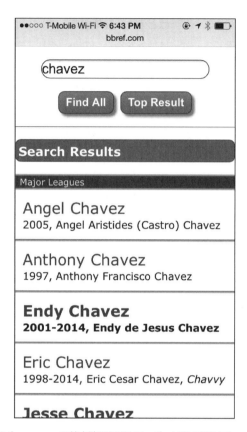

図9-16　Baseball-Reference.comは検索結果をアルファベット順に表示する

時系列の並び替え

　コンテンツ（あるいはユーザーのクエリー）が時間を問題とするのなら、時系列の並び替えが役に立つアプローチです。日付情報を得る手段が特になければ、ファイルシステムに備え付けてある日付入力機能を利用できます。

　プレスリリースやニュース志向の情報へのアクセスを提供しているサイトであれば、逆の時系列で新しいものから古いものへと並び替えるとよいでしょう（**図9-17、図9-18**）。時系列順はそれほど一般的ではなく、歴史的なデータを提示する場合に役立つ方法といえます。

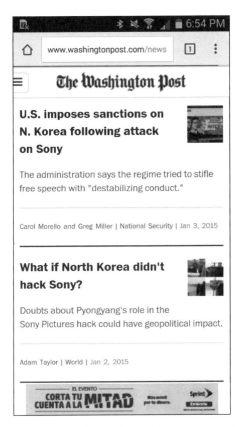

図9-17　The Washington Postでは、一覧順のデフォルトが時系列の逆順になっている

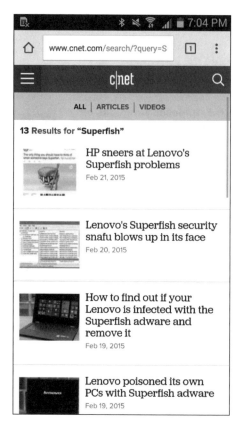

図9-18 CNETでも一覧順のデフォルトは時系列の逆順

関連性でのランキング

関連性によるランキングアルゴリズム（特徴はさまざまあります）は以下の1件あるいは複数の条件で順序を決定しています。

- 獲得したドキュメント内に何回クエリー用語が出てくるか
- そのドキュメントにどれだけの頻度でクエリー用語が出てくるか
- クエリー用語がどれだけ接近して出てくるか（例：直前／直後にあるか、同じ文章内にあるか、同じパラグラフにあるかなど）

- どこにクエリー用語が出てくるか（例：タイトルにクエリー用語があるドキュメントの方が、クエリー用語が本文に出てくるドキュメントよりも関連性が高いといえる）
- クエリー用語が出てくるドキュメントの人気度（頻繁にリンクされているか、リンクのソースそのものがよく見られているかなど）

コンテンツのタイプが異なれば、関連性によるランキングアプローチも異なって当然でしょう。しかし検索エンジンの大半では、あなたが探しているコンテンツはリンゴとオレンジなのです。例えば、ドキュメントAはドキュメントBよりも高いランクにあるのに、関連性が高いのはどうみてもドキュメントBです。なぜでしょうか。ドキュメントBは関連する作品の著書目録引用で、ドキュメントAはたまたま検索クエリーにあった用語を数多く含んだ長い文書だったからです。そのため、ドキュメントの内容が雑多なほど、関連性のランキングには注意する必要があります。

人によるインデクシングでも関連性を確立できます。キーワードと説明文の領域で検索して、人の判断した価値を利用できます。例えば、手作業で選ばれた「おすすめ」（この場合は「Best bets」）は、関連性のある結果として返すことができます。**図9-19**では、検索結果の最初の組は、あらかじめ「Ukraine」というクエリーに対して関連付けられていたものです。

専門技術と時間とにかなりの投資が必要なため、「best bet」のアプローチは実装コストが高くつきます。そのため、このアプローチはサイトの全ユーザークエリーの開発には適していません。リコメンデーション（おすすめ）は、最も一般的なクエリー（検索ログ解析によって得られたもの）に使われるのが一般的で、自動的に出てくる検索結果との組み合わせによって使われるのがほとんどです。

図9-19 BBCのサイト検索では、自動的に得られる結果と同じように、手作業でタグ付けしたドキュメントも検索結果に表示される。「おすすめ」は「best bets」ではなく「Editor's Choice」と呼ばれる

人気度によるランキング

人気度は、Google の評判の源になっています。

言い方を変えると、Google が成功している大きな理由は、最も人気のあるものから順に検索結果のランク付けをしているからです。検索で得られたドキュメントに対していくつリンクが存在するのかを分析することで、このランク付けがなされます。また、Google はこうしたリンクの品質も区別しています。ほとんど人に知られていないサイトから張られたリンクよりも、リンクがたくさん張られているサイトから張られたリンクの方が価値があるとしているのです。このアルゴリズムは、検索結果を表示する Google の「秘密のソース」の一部で、PageRank として知られています。

他にも人気度を測る方法はありますが、忘れないでほしいことがあります。ユーザーが数多くいる大規模なマルチサイトと違って、小さなサイトやリンクの張られていな

い個別のサイトの集まり（「サイロ（情報の貯蔵庫）」と呼ばれることが多い）は、必ずしも人気度を利用できるとは限りません。より大規模なサイトは利用範囲も幅広く、リンクもたくさんされています。より小さなサイトでは、このアプローチに値するほどそれぞれのドキュメントの人気度に差がない傾向にあり、その上「サイロ」環境においては、他家受粉（他の品種の花粉が何らかの方法で運ばれて花柱に着くこと）が少ないということから、サイト同士のリンクも少ないという結果になっています。またもうひとつ記しておきたいのは、関連性を計算するために、GoogleはPageRankに加え、その他にも多くの基準を利用しているということです。

ユーザーまたは専門家の評価によるランキング

　ユーザーが情報の価値を進んで評価するという状況も増えています。ユーザーの評価を、検索結果の順位の基本として利用することも可能です。Yelpの場合（**図9-20**）、サイトに並んだ事業主に対するユーザーのレビューにもとづく評価は、ユーザーが事業主の価値を判断するために必須であり、情報エコノミー全体の基盤となっています。もちろん、Yelpのユーザーには遠慮なく意見を述べる人がたくさんいるため、ランキングに活用できる意見が豊富に存在しています。

　価値のある評価をしてくれる、モチベーションにあふれるユーザーが充分に存在するようなサイトはそんなに多くはありません。しかし、もし利用する機会があるのなら、ドキュメントとともにユーザー評価を表示すると役に立つことでしょう。一緒に表示できないにしても、表示アルゴリズムの一部として見せるとよいでしょう。

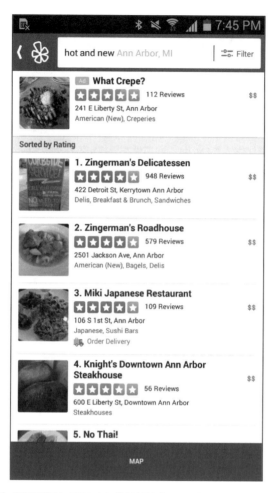

図9-20 ユーザーの評価がYelpのランキングの結果となっている

広告型検索サービスによるランキング

広告はオンライン出版における重要なビジネスモデルで、広告型検索サービス（PFP：pay for placement）が多くの検索システムにおいて一般的になってきています。先述のYelpの例ではユーザー評価によって結果を並び替えていましたが、リストの最初に表示される結果は、実際はほかの項目よりも評価が低いのです。リストの上位に表示されるのは、単にそれが有料広告だからです。

もしサイトのコンテンツがさまざまなベンダーから集められたもので構成されているとしたら、検索結果を表示するために PFP の実装を検討するのもよいでしょう。またユーザーが買い物をするのなら、このアプローチが喜ばれるかもしれません。最も成功を収めて安定しているサイトは一番上位に表示されるため、資金を出す余裕のある企業のものだと推測できるからです。これはトイレを修理してもらうのに、イエローページの中から一番大きな広告を出している配管工業者を選ぶようなものです。

9.7.2　結果のグルーピング

　検索結果を一覧にする方法をさまざまに挙げましたが、どれも完璧ではありません。Google のように、混合させるアプローチの方がうまくいきますが、このような高度なレベルでツールに関わるとなると、検索エンジンを制作する作業をしなければならなくなります。どんな場合でも通常、サイトは縮小することはなく拡大していくものです。検索結果も同様に増加の一途を辿っています。ですから、ユーザーが見る気にもならないようなところに理想的な検索結果が埋もれてしまう可能性も大きくなっていきます。

　このような場合、並び替えとランキングに代わるアプローチ、つまり得られた結果を何らかの一般的な観点によってクラスタリングする（まとまりにする）方法がうまく機能します。近年の Microsoft とカリフォルニア大学バークレー校による研究で、検索結果がカテゴリー別にクラスタリングされていると、一覧を評価の順番で並べたサイト同様にパフォーマンスが向上するという結果が出ています[※1]。どのように結果をまとめればいいのでしょうか？検索結果は、ドキュメントのタイプ（例：.doc、.pdf）や、ファイル作成／修正の日付などの既存のメタデータを使って分類できますが、このよくある方法は残念ながら、最も有効ではない方法です。トピックやユーザー、言語、製品群などのメタデータを使って手作業で分類するほうが、はるかに効果的なのです。しかし手作業となるとかなりのコストがかかってしまいます。

　図 9-21 では、Forrester が「user experience」のクエリーを、「Marketing Leadership」などの職務や特定の日付範囲でコンテキスト化しています。

※1　Susan T. Dumais、Edward Cutrell、Hao Chen「Optimizing search by showing results in context」（Proceedings of CHI '01、Human Factors in Computing Systems、2001 年）

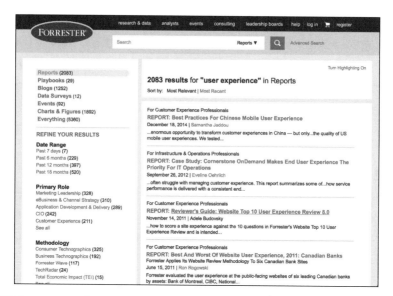

図9-21 Forresterは「user experience」のクエリーの検索結果をコンテキスト化している

　これらのクラスタにより、検索結果にコンテキストが生まれます。あなたの興味に最も合うカテゴリーを選択すると、検索で得られる結果が大幅に減り、同じトピックを記述しているドメインからのドキュメントが（理想的には）得られるようになります。このアプローチは、検索の進行中に検索領域を作り出しているようなものです。

9.7.3　検索結果を出力する

　ユーザーに検索結果を提供できました。さて、次は何でしょう？ユーザーはクエリーを見直したり、探している途中で探し物を考え直したりしながら検索を続けることもあります。または、探していたものを幸運にも発見し、次へと移る用意ができているかもしれません。コンテキスト分析とタスク分析のテクニックを使うと、ユーザーが検索結果で何をしたいのかが分かります。以下のセクションでは、一般的なオプションについて解説しています。

行動喚起（Call To Action）

　検索結果によっては、中間段階を飛ばして直接行動に移せるケースがあります。こうした場合、個々の検索結果に「Call To Action」ボタンやリンクを含めるのがいいでしょう。例えば iOS の App Store では、アプリの説明画面やユーザーレビューを見なくても、検索結果から直接アプリを「GET（入手）」できます（**図9-22**）。

図9-22　iOS App Store の検索結果には「GET（入手）」ボタンが表示される（無料でない場合は、ボタンにアプリの価格が表示される）

結果のサブセットを選択する

複数のドキュメントを持ち帰りたい時もあるでしょう。Amazon.com で本を買うように、ドキュメントを「買う」ことができたらと思うかもしれません。それに、もし何十、何百とある検索結果を並び替えているのなら、それを見失わないようにドキュメントに目印を付けられたらと思うこともあるでしょう。

図書目録のような検索集中型の環境では、ショッピングカート機能が非常に役に立ちます。図9-23 では、ユーザーは検索結果のサブセットを「保存」でき、その後、検索を終えてからでも「棚」の中で操作が可能です。

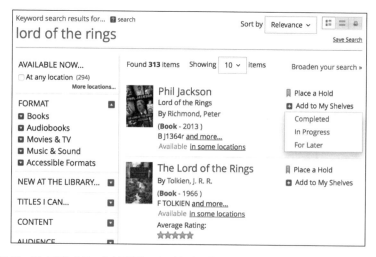

図9-23　サンフランシスコ公立図書館では、利用者は検索結果を「Completed」「In Progress」「For Later」の3つの棚（shelves）に追加できる

検索の保存

検索結果ではなく、検索自体を「保存」したい場合もあります。定期的に動的に生成されるコンテンツをクロールするような場合には、検索の保存が非常に便利です。手作業で保存した検索を定期的に再実行したり、保存した検索を自動的かつ定期的に実行することができます。図9-23 の例では、検索結果の表示の右上隅に「Save Search（検索の保存）」のリンクがあります。ユーザーはあとで再検索できるよう、検索条件に名前をつけて保存しておくこともできます。

9.8 検索インターフェースの設計

　ここまで論じてきたこと、つまり何を検索するか、何を提供するか、どのように検索結果を表示するかは、すべて検索インターフェースにまとめられます。ユーザーと検索テクノロジーの機能には幅広いバリエーションがあるので、唯一の理想的なインターフェースは存在しません。情報検索の調査報告書には、検索インターフェース設計の研究が数多く含まれますが、バリエーションが幅広いために検索インターフェースを設計する「正しい方法」は出てこないのです。バリエーションの例を以下に挙げます。

ユーザーの検索経験のレベルと動機づけ
　特別なクエリー言語（例：ブール演算子）と自然言語のどちらがユーザーにとって使いやすいのか。求められるインターフェースは単純なものか、高性能なものか。検索結果を完璧なものにするために努力するのか、「そこそこの」結果で満足するのか。どの程度の回数まで進んで検索するのか。

ユーザーの求める情報のタイプ
　ユーザーは少しだけかじってみたいだけなのか、総合的なリサーチを行いたいのか。どのようなコンテンツ要素を表示すれば、ユーザーが先へ進む決断を下す際の役に立つのか。結果は簡潔な方がよいのか、それとも各ドキュメントに対して詳細まで表示した方がよいのか。自分が必要な情報を表現するのに、どの程度まで詳しいクエリーを提供したいと思っているのか。

検索される情報のタイプ
　情報は構造化されたフィールドで構成されているのか、すべてテキストか。ナビゲーションページか、目的ページか、それとも両方なのか。HTMLで書かれているのか、それともテキスト以外も含む他のフォーマットなのか。コンテンツは動的なものか、それともより静的なものか。メタデータでタグ付けされたもの、フィールドで構成されているもの、それともすべてテキストか。

検索される情報の量
　検索されたドキュメントの数にユーザーが圧倒されないか。「適正な数」の検索

結果とはどのくらいか。検討すべきことはたくさんありますが、基本的なアドバイスを示していくので、検索インターフェースを設計する際の参考にしてください。

　Webでは昔、数多くの検索エンジンが「伝統的な」検索エンジンの機能を真似ていました。つまり、オンライン図書目録とデータベースに用いられた機能を真似たり、その一部を直接取り込んだりしていたのです。この伝統的なシステムの設計が対象としていたのは、研究者、ライブラリアンのほか、自分の持つ情報ニーズを複雑なクエリー言語で表現するための知識や動機を持つ人々でした。そのため、当時の検索システムの多くはブール演算子や検索フィールドなどを使えるようにしていたのです。実際、ユーザーは複雑な言語を習得し、使いこなすことが要求されていました。

　Webのユーザーが拡大するにつれて、ユーザーに検索の経験と専門性が求められることは減り、そして新しいユーザーはそれほど忍耐強くありませんでした。ユーザーは演算子も使わずに用語を1つか2つ入力して「検索」ボタンをクリックする。そして、最高の結果を期待する。こうした状況が一般化しました。

　これに反応した検索エンジンの開発者は、昔のすばらしい技を「高度検索」インターフェースの中に埋め込んだり、検索エンジンの中に高度機能ディレクトリを構築してユーザーには見えないようにしたりしました。例えば、Googleはユーザーが求めるのはどのような種類の検索結果か（関連アルゴリズムを通じて）、どのように結果を表示してほしいのか（人気度アルゴリズムを通じて）を推定しています。推測が適切であったことがGoogleの成功の理由です。しかし、大部分の検索システムは、全Webを対象にしたものでも、ローカルなものでも、それほどうまくいっていません。

　こうした理由から、真理を求める振り子は結局ユーザーをサポートする方向へと振れるようになるでしょう。ユーザーはフラストレーションから抜け出し、検索に慣れてきました。もっと時間をかけて複雑な検索インターフェースを学び、クエリーを作りたいと思うようになったのです。しかし今のところは、ライブラリアンや研究者、専門家（例：特許検索を実行している弁護士など）でないかぎり、よく練ったクエリーを作成するために時間や努力を費やすことはないでしょう。つまり検索がうまくいくかどうかは、主に検索エンジンとそのインターフェース、コンテンツがどのようにタグされ、インデックス化されているかにかかってきます。したがって検索インター

フェースはできるだけシンプルにした方がよいでしょう。シンプルな検索ボックスと「検索（search）」というボタンだけユーザーに提示してください。

9.8.1　ボックス

サイトに設置するのは、図 9-24 のような、どこにでもある検索ボックスです。

図9-24　どこにでもある検索ボックス（この場合はAppleのもの）

単純明快です。キーワードを打ち込む（「lost iPhone（iPhoneを紛失）」）か、自然言語表現を打ち込む（「Where can I find my iPhone?（どこで iPhone が見つかる？）」）かして、キーボードの「Return（または Enter）」を押せば、サイト全体が検索され、結果が表示されます。

「検索インターフェースはこんなふうに動くのだろう」とユーザーは仮定するものなので、検索システムを設計する際はテストを行ったほうがよいでしょう。よくあるユーザーの仮定には以下のようなものがあります。

- 「探しているものを記述した用語を打ち込めば、残りは検索エンジンがやってくれるだろう」

- 「ANDだとかOR、NOTとかいうおかしなものは入力しなくてもよいだろう」

- 「用語の類義語については心配しなくてもよいだろう。dogについて探していたら、"dog" と打ち込めばいいのであって、"canine（イヌ科）" とは打ち込まなくてもよいだろう」

- 「フィールド検索？どのフィールドを探しているかなんて、調べている暇はないよ」

- 「打ち込んだクエリーはサイトの "全体" を探してくれるのだろう」

もしユーザーがこうした仮定をしていて、特に検索の仕方について学ぶ意欲がないのであれば、その流れに乗ってしまいましょう。ユーザーに検索ボックスを提供します。「ヘルプ」ページでより高度で適切なクエリーの作成方法を載せることもできますが、このページを訪れるユーザーはほとんどいないでしょう。

　その代わりに、「ユーザーに学ぶ用意ができた時に、教えてあげる」機会を考えてください。その一番よいタイミングは、最初の検索を実行した後でユーザーが決められない、またはフラストレーションがたまった時です。ユーザーが最初に持っていた「探していた情報そのものを獲得する」という望みは消え去りました。そしてこの時ユーザーは検索を見直す用意ができ、どうやって検索をやり直せばよいのかを知りたがっていることでしょう。例えば eBay のアプリで「watches（腕時計）」を検索したとします（**図 9-25**）。そこで得られる検索結果の量は、期待した量をはるかに超えているでしょう。

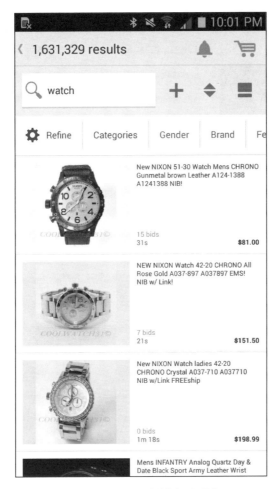

図9-25 eBayアプリの検索結果は、検索行為を見直す機会を提供する

　この時点で、eBay の検索システムは検索ボックスより先に進んでいます。検索システムが伝えているのは、要するに「ここにあなたの質問に対する結果が 1,631,329 件あります。ちょっと多すぎるでしょうか？もしそうなら、高機能な "Refine" インターフェースを使って検索をやり直してみてください。検索を絞り込むことができます。または、カテゴリーのリストから選択して、検索結果をさらに絞り込んでください」（**図 9-26**）。

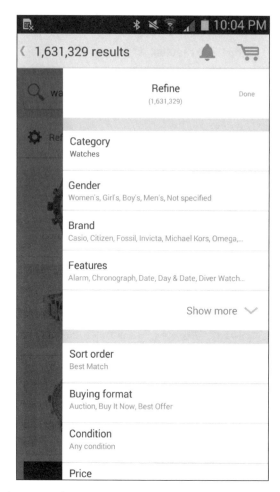

図9-26 カテゴリーのさまざまな特徴を指定して、検索結果を絞り込める

　多すぎる検索結果や少なすぎる（一般的にはゼロの）検索結果が表示された時は、ユーザーに検索をやり直してもらうのが最適です。これについては、「9.8.4　検索のやり直しのサポート」で詳しく述べます。

　検索ボックスの表示方法についても考慮しましょう。検索ボックスの他にボックスがあると、混乱を招きます。多くの旅行関連サービスのように、検索機能に本当に複数のフィールドが必要でない限り、検索ボックスは1つにしておくのが最良です（複

数のフィールドが必要な場合、図 9-27 のように分かりやすいラベルをつけるべきです）。

図9-27 Kayakのフライト検索フォームでは、フィールドに「From」や「To」といった分かりやすいラベルがついている

サイト全体を対象としたナビゲーションの選択肢の近くに検索ボックスを置いて一貫性のある配置にし、ボックスの横に「search（検索）」とラベリングしたボタンを一貫して使うことで、ユーザーは少なくとも「どこにクエリーを入力すればよいのか」を理解してくれるようになります。

無味乾燥な小さい検索ボックスの背景には、数多くの仮定があるのです。ユーザー側が作った仮定もあれば、ボックスの背後に隠れた機能を決定する設計者が作った仮定もあります。シンプルな検索インターフェースを設計する際には、ユーザーの持つ仮定を判断し、それを考慮してデフォルト設定を決めるようにしましょう。

9.8.2　オートコンプリートとオートサジェスト

オートコンプリートとオートサジェストは、検索システムにおいて広く利用されている手法です。どちらの場合でも、ユーザーが最初に入力したいくつかの文字に合いそうな結果の一覧が、検索ボックスのそばに表示されます。これらの結果は検索インデックス、制限語彙、手作業で作成された一致リスト、またはこれらすべてから選り抜かれたものです。表示は非常にシンプルで直接的なテキストの一覧（オートコンプ

リートのパターン）から、高度にカスタマイズされたレイアウトのポップオーバーまでさまざまです（図 9-28）。

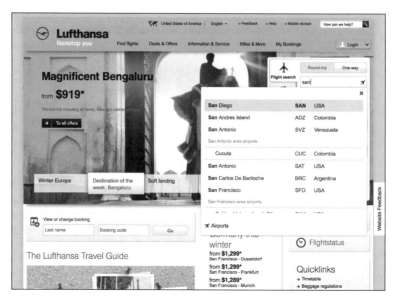

図9-28　ルフトハンザドイツ航空のWebサイトでは、多くの航空会社と同じように、ユーザーが出発地と目的地の検索ボックスに入力した最初の数文字に合った空港の一覧を表示する

　このテクニックは非常に有効です。一部の、あるいは不完全な情報をもとに、ユーザーが合っているかもしれない情報を見つける手助けになるからです。またシステムの成り立ちがヒントになる場合もあります。ユーザーは検索ボックスからシステムを探っていけるため、検索をより賢くしていくことが可能なのです。そのためこのオートコンプリート機能が、昔ながらの専用で高度な検索メカニズムをほぼ置き換えています。

9.8.3　高度な検索

　昔、多くの Web サイトは、検索システムの足りない機能や未熟な構成を支える機能として、高度検索インターフェースを提供していました。検索ボックスとはまったく正反対に、高度検索インターフェースでは検索システムをさらに深く操作できるの

で、大きく分けて2種類のユーザーがこれを使用していました。高度検索者（ライブラリアン、弁護士、医学部生、薬理学者）と、最初の検索をやり直さなければならないフラストレーションのたまった検索者（たいていは、検索ボックスではニーズを満たせなかったユーザー）です。検索エンジンが改良されるのに伴い、高度検索インターフェースは前者に焦点を当てた機能となっています。

今日では以前より一般的ではなくなっていますが、高度検索インターフェースは探している情報の構造を理解しているユーザーには、柔軟性とパワーを与えます。例えば米連邦議会のWebサイトでは、知識のあるユーザーであればブール演算子を使って、非常に高度な検索条件にもとづいた検索を実行できます（**図 9-29**）。

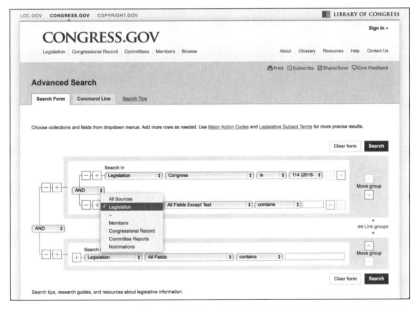

図9-29　Congress.govでは、上級ユーザーはブール演算子を使って複雑な検索条件が作成できる

高度検索を使うメリットがあるなら、高度検索ページに取り組みたいという稀有な人用に、検索エンジンの機能の中から重要な部分を抜き出して、高度検索ページに載せる方法がいいでしょう。しかしほとんどのユーザーが高度検索ページを訪れる必要がないよう、検索システムを設計するという目標を持つほうがよさそうです。

9.8.4 検索のやり直しのサポート

ユーザーが探し物を見つけたら、検索は終わりです。しかし、たいていはそううまくはいきません。ユーザーが検索スキルに磨きをかける（できれば、その過程でサイトの検索システムをちょっと覚えてもらう）役に立つガイドラインを以下に紹介します。

検索結果ページで検索を繰り返す

「何を探していたんだっけ？」時にユーザーは忘れっぽいものです。何十もの検索結果をあちこち見ていると、特に忘れっぽくなってしまいます。最初の検索で検索ボックスに入力した文字を表示すると便利です（**図 9-30**）。実行したばかりの検索が表示されれば、ユーザーは再入力することなく検索条件を変更・修正できるからです。

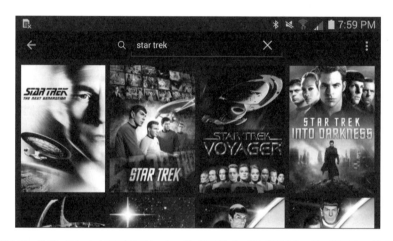

図 9-30　Netflix の Android アプリでは、クエリーは結果ページに表示され、その結果ページに再度訪れたり、再検索したりできる

検索結果がどこから引き出されたかを説明する

複数の検索領域を持つ検索システムの場合、**図 9-31** に示したように「どのコンテンツが検索されたのか」をはっきりさせることが重要です。「これを検索しました」と提示すると、ユーザーが検索の幅を広げたり狭めたりしたい時に役立ちます。つまり、検索をやり直す際に検索領域を増やしたり減らしたりできるということです。

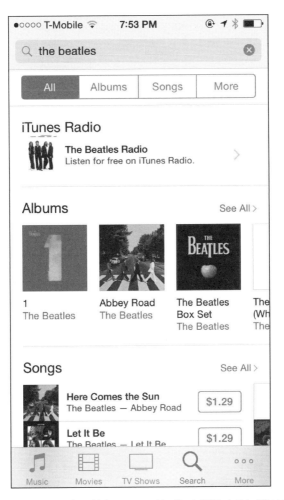

図9-31 iOSのiTunes Storeアプリの検索システムでは、どこを検索したのか（例：All）が示される。他の検索領域からの結果にも簡単にアクセスできる

ユーザーが行ったことを説明する

　もし検索の結果が満足できないものであれば、背後で何が起こったかを説明してもよいでしょう。「現在の状況がどうなっているのか」と「再検索をどう始めればよいか」を、ユーザーがよりよく理解できる場合もあります。

　「何が起こったか」には、上で述べた2つのガイドラインの他に、以下のようなも

のも含まれます。

- クエリーの言い換え
- どんなコンテンツが検索されたかを説明
- 可能性のあるフィルターを説明する（例：日付の範囲）
- スペースを使うことで自動的に適用される「AND 検索」のように、暗に示されたブール演算子や他の演算子を示す
- 並び替えの順序など、その他の現在設定を示す
- 検索結果の数の提示

図9-32 は、ニューヨーク・タイムズ誌の Web サイトが「ユーザーが行ったこと」について説明しているよい例です。

図9-32 検索結果の一部として、検索のあらゆる側面が言い直されている

検索とブラウジングの統合

検索とブラウジングを統合することは本書のテーマです（この2つが一緒になることで「発見」とみなします）が、ここでは長々と論じません。検索とブラウズシステムをつなぐ機会を探して、ユーザーが簡単に前後に進めるようにすることを忘れないでください。

図9-33と図9-34では、Barnes & Noble が両方向でこの機能を提供しています。

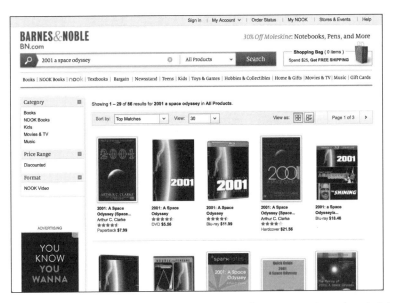

図9-33　検索がブラウジングにつながる。Barnes & Noble で「2001 a space odyssey（2001年宇宙の旅）」を検索した場合、ドキュメントと同様にカテゴリーも検索している

図9-34 ブラウジングが検索につながる。「Movies & TV」セクションをたどると、その領域を検索する検索ボックスが見つかる

9.8.5　ユーザーがつまづいてしまった時

　完全にブラウジングを調整して、最先端の検索・表示アルゴリズムを備えた反復検索のサポートに励んでも、ユーザーは何度も失敗してしまうことでしょう。検索結果がゼロの場合や多すぎる場合に、何をすればよいのでしょうか。

　検索結果が多すぎる場合はまだ簡単です。たいていの場合、出て来た結果は検索エンジンによって関連性でランク付けされているからです。多すぎる検索結果を選別するのは検索のやり直しであり、結果の見直しを終えたら、ユーザーは自分で選択するものです。しかし、それでも検索結果を狭める方法が提示されると助かります。この例が**図 9-35**です。

　現在の検索結果内で検索し直せば、この方法でもユーザーが検索結果を狭める役に立ちます。**図 9-36**では最初はニューヨーク市のホテルの検索に対して 600 以上ものドキュメントが検索されました。特定のブランドを探すなら「ホテル名でフィルターする」で検索すれば、結果を狭めることができます。

図9-35　Congress.govは検索を狭める方法をアドバイスしてくれる

図9-36　Priceline.comではユーザーは検索結果の画面で再検索できる

逆に検索にヒットするものがゼロだった場合は、ユーザーにはフラストレーションが、情報アーキテクトには難題が降りかかってきます。この問題に対して、おすすめは「行き止まりがない」ポリシーを採用することです。「行き止まりがない」とは、単に「検索結果がゼロだったとしても、ユーザーには常に他の選択肢が用意されているようにする」ということです。この選択肢には次のような例があります。

- 検索を変えてやり直す方法

- 検索を向上させるためのヒントやアドバイス

- ブラウジングの方法（例：サイトのナビゲーションシステムやサイトマップを含む）

- 検索やブラウジングが役に立たない場合の人とのコンタクト

これらの基準をすべて満たしている検索システムはほとんど見たことがありません（あるとしてもとても少ないでしょう）。

9.9　もっと知るためには

この章は本書の中で一番長い章ですが、ここでカバーしたことは検索システムの氷山の一角にすぎません。もし興味がわいてきたら、もっと深く情報検索の分野を探求するとよいでしょう。お気に入りのテキストからいくつかご紹介します。

- 『検索と発見のためのデザイン──エクスペリエンスの未来へ』（オライリー・ジャパン、2010 年）[1]

- 『Modern Information Retrieval』（Addison-Wesley、2011 年）[2]

---

[1] Peter Morville、Jeffery Callender『Search Patterns: Design for Discovery』(O'Reilly Media、2010 年)
[2] Ricardo Baeza-Yates、Berthier Ribeiro-Neto『Modern Information Retrieval』（Addison-Wesley、2011 年）

- 『Concepts of Information Retrieval』[※1]：絶版ですが、Amazon などで古本が見つかるかもしれません
- 「On Search, the Series」[※2]：XML の父、ティム・ブライ（Tim Bray）による優れたエッセイのコレクション

「もっと実践的な、すぐに役立つアドバイスが欲しい」というのなら、検索ツールについて学ぶのに最も役立つサイトは Searchtool.com [※3] です。アヴィ・ラパポート（Avi Rappoport）のインストール概論と設定のアドバイスや製品リスト、業界ニュースが載っています。もうひとつのすばらしい情報源は、ダニー・サリバン（Danny Sullivan）の「Search Engine Watch」[※4] です。こちらは Web 全般レベルの検索に焦点を当てていますが、サイトレベルの検索に関連する情報も豊富です。

9.10　まとめ

この章で学んだことをまとめましょう。

- 検索は情報を見つける重要なメカニズムです。しかしあなたのサイトが検索システムを必要としているという意味ではありません。
- 検索ボックスに言葉を入力するだけの検索はシンプルに見えますが、背後ではたくさんのことが起きています。
- 情報システムにおいて何をインデックス化するかの選択は、検索システムを構成する上で重要なステップです。
- 検索アルゴリズムは多種多様です。
- 検索結果をユーザーに表示する方法も多種多様です。

[※1]　Miranda Lee Pao『Concepts of Information Retrieval』（Libraries Unlimited、1989 年）
[※2]　Tim Bray「On Search, the Series」http://www.tbray.org/ongoing/When/200x/2003/07/30/OnSearchTOC
[※3]　Searchtool.com：http://www.searchtools.com
[※4]　Search Engine Watch：http:// www.searchenginewatch.com

- 何を探すか、何を検索するか、結果をどのように表示するかという、これらすべての要因が検索インターフェースで一体となっているのです。

では最後の原則の説明に移りましょう。シソーラス、制限語彙、メタデータです。

10章 シソーラス・制限語彙・メタデータ

> 現実を操作する基本的なツールは言葉の操作である。
> ── **フィリップ・K・ディック**
> (Philip K. Dick)

本章では、次の内容を取り上げます。

- メタデータと制限語彙の定義
- 同義語の輪、典拠ファイル、分類体系、シソーラスについて
- 階層、等価、連想関係
- ファセット分類法とガイド付きナビゲーション

　Web サイトのようなインタラクティブな情報環境は、システムが複雑に依存しながら繋がり合った集合体です。ページ上の1つのリンクはサイトの構造の一部であり、組織化、ラベリング、ナビゲーション、検索システムの一部でもあります。こうしたシステムを別々に学ぶのも役に立ちますが、これらがどう関わり合っているかを考えなければなりません。還元主義はすべての真実を教えてはくれません。

　システム間のネットワーク関係を見る際に、メタデータと制限語彙はすばらしいレンズを提供してくれます。メタデータで動いている大規模な Web サイトでは、制限語彙が、システムを1つにつなぎ合わせる糊の役目を果たすようになってきました。バックエンドのシソーラスは、フロントエンドでのユーザーエクスペリエンスをシームレスで満足のいくものにしています。

　さらに、シソーラスのデザインを行うことは、過去と現在との間に存在する溝を乗

り越える助けとなります。最初のシソーラスは、図書館や美術館、政府機関のために作られました。World Wide Web が生まれる、はるか昔のことです。こうした何十年もの経験を私たち情報アーキテクトは活用できるのですが、そうかといって、なにもかも無差別に真似することはできません。現在デザインしているシステムには新たな問題があり、創造的なソリューションを必要としているのです。

話が先に進みすぎました。まずは基本的な用語と概念を定義することから始めていきましょう。そのあとで、全体的な見通しに戻りたいと思います。

10.1 メタデータ

いざ定義するとなると、メタデータはまるで掴んでは手から逃げる魚のようなものです。メタデータを「データのためのデータ」と表現してもよく分かりません。Wikipedia から引用した解説で少しは分かりやすくなるはずです。

> メタデータ（メタコンテンツ）は、あるデータの一面または複数の側面についての情報を提供するデータとして定義される。例えば以下のようなものとなる。
>
> - データの作成方法
>
> - データの目的
>
> - データ作成の日時
>
> - データのクリエイターまたは作者
>
> - データが作成されたコンピューターネットワークのロケーション
>
> - 使用された標準

例えばデジタルイメージには、画像のサイズ、色深度、解像度、画像が作成された日時などを説明したメタデータが含まれている。テキストドキュメントのメタデータには、ドキュメントの長さ、著者、ドキュメントが書かれた日時、簡単なサマリーについての情報が含まれている。

メタデータタグが使われるのは、他のコンテンツオブジェクトを描写するためです。ドキュメント、ページ、画像、ソフトウェア、ビデオファイルやオーディオファイルなどのナビゲーションと検索を向上させることが目的です。簡単な例として、HTMLの <meta> タグにおける keywords 属性があります。これはたくさんの Web サイトで使われてきたもので、作者は自由に言葉や文章を入力し、コンテンツについて書くことができます。このキーワードはインターフェースには現われませんが、検索エンジンに利用されます。

```
<meta name="keywords" content="information architecture, content management, knowledge management, user experience">
```

今日、多くの企業はもっと洗練されたやり方でメタデータを使っています。メタデータで動く動的なサイトは、分散型オーサリングとパワフルなナビゲーションをサポートしますが、こうしたサイト作成の手段としてコンテンツマネジメントソフトウェアと制限語彙が使われているのです。メタデータ駆動型モデルを見ると、Web サイトの作られ方と管理のされ方が大きく変化したことが分かります。「分類学のどこにこのドキュメントを入れればいい？」と質問していたのが「このドキュメントをどう表現すればいい？」と質問できるようになりました。あとはソフトウェアと語彙システムが面倒を見てくれます。

10.2　制限語彙

語彙の制限は形も大きさもさまざまです。最もあいまいなところでは、制限語彙は自然言語の中で定義された部分集合です。簡単に言うと、制限語彙は同義語の輪の中にある適当な言葉のリストであり、典拠ファイルのフォーム内の同意義用語のリストです。用語と用語の間に階層的な関係を定義（幅広い、狭いなど）すれば分類体系ができあがります。概念間の関連関係（例：see also、see related）を規範にすればシソーラスに取り組み始めることになります。図 10-1 は異なるタイプの制限語彙の関係を描写したものです。

図10-1 制限語彙のタイプ

シソーラスでは簡単な形式ですべての関係と機能がまとめられているので、「Swiss Army Knife」の制限語彙を詳しく見ていく前に、これらを構成するブロックについて探っていきましょう。

10.2.1　同義語の輪

同義語の輪（図10-2）は、検索を目的とした際に、同義の言葉であると定義された単語をつなげて1つのセットにします。しかし実際には、これらの単語は本当は同意義ではないことがよくあります。例えば、ある消費者向けポータルサイトが複数の企業から発売されている家庭用製品を評価した情報を提供しているとします。

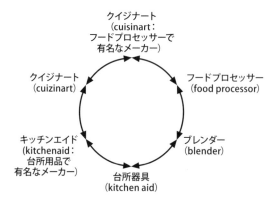

図10-2　同義語の輪

検索ログを調べたりユーザーと話したりすると、「同じ製品を探していても、人々が入力する単語は多岐にわたる」ということが分かるでしょう。フードプロセッサー

を買う人は「ブレンダー」と入力するかもしれませんし、製品名（またはそのつづりを間違えたもの）を入力するかもしれません。コンテンツを見てみれば、似たようなケースを数多く見つけられるでしょう。

　最適語はないかもしれませんし、少なくともそれを定義するほどの理由もないかもしれません。その代わりに検索エンジンのすばらしい機能を使って、同義語の輪を作り上げることができます。そのためにはテキストファイルに同義語を1セット入力するだけです。ユーザーが検索エンジンに単語を1つ入力すれば、テキストファイルでその単語が調べられます。もしその単語が見つかれば、クエリーはすべての同義語を含めて「急増」します。例えば、ブール論理では以下のように表示されます。

> (kitchenaid) becomes (kitchenaid or "kitchen aid" or blender or "food processor" or cuisinart or cuizinart)
>
> kitchenaidは、kitchenaid（キッチンエイド）かkitchen aid（台所用品）、ブレンダー（blender）、フードプロセッサー（food processor）、cuisinart（フードプロセッサーのメーカー）、cuizinart（「cuisinart」のタイプミス）となります

　同義語の輪を使わない場合はどうなるでしょうか。図10-3の例を考えてみてください。これは「itouch」（よく知られているものの非公式な、「iPod touch」の造語です）をFrys.comで検索した結果です。同サイトで「ipod touch」で検索すると648件もの結果が検索されるのに、「itouch」では2件しか結果が出てきません。

図10-3　Frys.comで「itouch」（上）と「ipod touch」（下）をそれぞれ検索した結果

ほかの小売店では「itouch」の同義語も提供しているので、ユーザーが「間違った」検索用語を入力しても、役立つ結果が表示されます（**図 10-4**）。

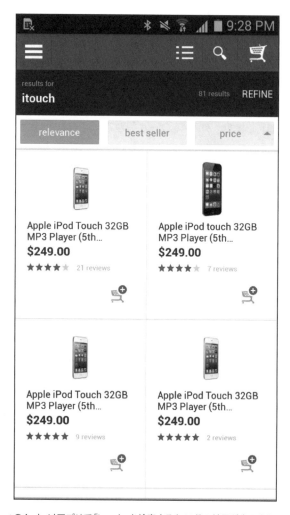

図10-4 TargetのAndroidアプリで「itouch」を検索すると81件の結果が表示される

しかし同義語の輪は、新たな問題を引き起こす可能性があります。クエリー用語を広げたことが舞台裏に影響すると、自分が入力したキーワードを含まないのに出てき

た検索結果を見て、ユーザーが混乱してしまう恐れがあります。その上、同義語の輪を使ったために、結果の最適度が落ちてしまうかもしれません。これは適合率と再現率の問題を再び持ち出すことになります。

9章にありましたが、適合率とは、与えられた検索結果に対して、適切なドキュメントが存在する度合いを意味します。高い適合率を求める場合は「適切なドキュメントだけを表示して」と言いたくなるでしょう。再現率はシステム内にあるすべての適切なドキュメントのうち、検索結果に表示された比率がどれだけかを意味します。高い再現率を求める場合は「適切なドキュメントはひとつ残らず表示して」と言いたくなるでしょう。9章で説明した適合率と再現率を再度見直してみましょう。図10-5は適合率と再現率比を出すための数式です。

$$適合率比 = \frac{検索された適切なドキュメント数}{検索で表示されたものの総数}$$

$$再現率比 = \frac{検索された適切なドキュメント数}{システム内の適切なドキュメントの総数}$$

図10-5 適合率比と再現率比

適合率比と再現率比の両方が高いのが理想的かもしれませんが、情報検索分野ではどちらかを高めるためにもう一方を犠牲にするのが一般的です。これは制限語彙の利用と密接な関係があります。

ご想像のとおり、同義語の輪は再現率を劇的に高めてくれます。1980年代にBellcore社で実施された実験では、同義語の輪（彼らは「非制限エイリアシング（unlimited aliasing）」と表現しましたが）を小規模なテストデータベースで利用したところ、再現率は20%から80%にまで増加したといいます[※1]。しかし、同義語の輪は適合率比を低下させてしまいます。インターフェースデザインをよくし、ユーザーの目標をうまく理解すれば、2つのバランスを取ることができるでしょう。例えば、デフォルトで同義語の輪を使うとしても、検索結果の一番上には正確にキーワードと

※1　Thomas K. Landauer『The Trouble with Computers: Usefulness, Usability, and Productivity』（MIT Press、1996年）。和書は『そのコンピュータシステムが使えない理由』アスキー、1997年

マッチした結果を並べられるかもしれません。または一番最初の検索では同義語の輪を無視して、それで結果がまったく、またはほとんどない場合に「関連する単語を含めて検索してください」と表示するオプションを加えてもよいでしょう。

　まとめると、同義語の輪は、制限語彙の単純かつ便利な形式です。今日の多くの巨大な情報環境において、この基本的な機能を明らかに欠いているというのは、なんの言い訳にもなりません。

10.2.2　典拠ファイル

　厳密に定義すれば、典拠ファイルとは優先語、すなわち条件に合う価値を一覧にしたものです。バリエーションや同義語は含まれません。典拠ファイルは伝統的に図書館や政府機関で広く使用され、制限範囲内のエンティティに適切な名前を付けることを目的としています。

　実際、典拠ファイルにはさまざまな優先語が含まれています。言葉を変えると、典拠ファイルは好ましいと定義された、または条件に合った価値がある用語を含んでいる同義語の輪、と言えます。

　アメリカ郵政省がアメリカの州の略として定義したアルファベット2文字のコードは、良い例です。最も単純な定義が用いられているため、典拠ファイルに含まれているのは条件に合ったコードだけなのです。

```
AL, AK, AZ, AR, CA, CO, CT, DE, DC, FL, GA, HI, ID, IL, IN, IA, KS, KY, LA, ME, MD,
MA, MI, MN, MS, MO, MT, NE, NV, NH, NJ, NM, NY, NC, ND, OH, OK, OR, PA, PR, RI, SC,
SD, TN, TX, UT, VT, VA, WA, WV, WI, WY
```

しかし、このリストがきちんと役立つようにするには、最低限州名をはっきりさせておくことが必要です。

```
AL Alabama
AK Alaska
AZ Arizona
AR Arkansas
CA California
CO Colorado
CT Connecticut
...
```

情報環境では、公式な州名以外にもよくあるバリエーションを含めるとこのリストがさらに役立つかもしれません。

```
CT Connecticut, Conn, Conneticut, Constitution State
```

ここである重要な問題にぶつかります。オンライン環境で典拠ファイルを使うことと、その価値に関する問題です。ユーザーの行うキーワード検索は、1つの概念に対して多くの用語をマッピングします。そこで本当に優先語は必要なのか、同義語の輪だけでもうまく対処できるのではないのか、なぜ、「CT」を受け入れられる価値として区別するような特別なステップをとるのか、という問題です。

まず、バックエンドでの理由があります。典拠ファイルがあれば、コンテンツの著作者とインデックス供給者は、承認された用語を効率的に、かつ一貫性を持って使うことができます。また、制限語彙管理の点から見れば、優先語があるおかげで類義語の追加、削除、変形を効率よく行うことができ、同義語の中からどれを使えばよいかを判定できるのです。

またユーザーにとっても、優先語を選択しておくとさまざまな場面で役に立ちます。図 10-6 について考えてください。これは Drugstore.com が正式なブランド名である「Tylenol」とそれに相当する誤った表記の「Tilenol」との対応付けを表示している図です。優先語を示すことでユーザーを教育できるのです。スペルミスを直してあげることもあるでしょうし、業界用語を説明する場合やブランド名の認識を高めることもあるかもしれません。

組織内の人と顧客が電話で話す時や、店内でやり取りをする時に、コンテキストが非常に異なる場合、こうした「レッスン」が役立つかもしれません。検索システム内での一致を確認したり、求めたりせずに、同じ言語を話す人々にそっと注意を促すよいチャンスです。実際、検索エクスペリエンスは、セールスのプロとのやり取りに似ているともいえます。セールスのプロは顧客が使った言葉を理解して、それを企業や業界で使われている用語に翻訳して顧客に返すからです。

ユーザーが検索からブラウジングに移る際にも、優先語は重要です。分類体系、ナビゲーションバー、インデックスを設計する時を考えてみてください。一語一語について類義語や略語、頭字語、よくある綴り間違いまで、すべて出していては混乱しています。

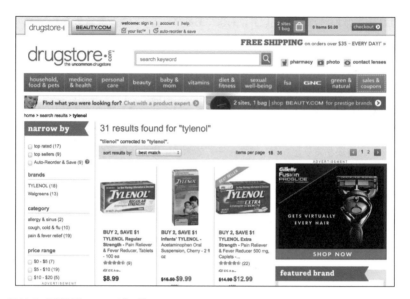

図 10-6 同義語間でのマッピング

　Drugstore.com でインデックスに含まれるのはブランド名だけで（**図 10-7**）、「tilenol」のような類義語は表示されません。これはインデックスを比較的短く、整頓された状態にするためであり、この場合ではブランド名を強化するという意味もあります。けれども、交換条件もあります。同義語が違うアルファベットで始まる場合（例えば aspirin と Bayer）、以下のようなポインターを作ることにも価値があります。

　　Aspirin see Bayer（Aspirin は Bayer を参照）

　そうしなければ、ユーザーは aspirin を求めて A のインデックスを見てしまい、Bayer（バイエル）[1] を見つけることができなくなってしまいます。ポインターを使うことを用語のローテーションと言います。Drugstore.com はこの方法をまったく取り入れていません。

※ 1　Bayer：バイエル（Bayer Aktiengesellschaft）は 1863 年に操業されたドイツに本部を置く製薬会社で、解熱鎮痛薬アスピリンを製品化したことで知られる

図10-7 Drugstore.com のブランドインデックス

図 **10-8** では、米国食品医薬品局（FDA）のサイトで「Tylenol（タイレノール）」[1]を探しているユーザーを、一般的な用語の「Acetaminophen（アセトアミノフェン）」[2] へと導いています。このように入力した語彙を調整すると、サイトインデックスの有効性をかなり増すことができます。しかし、これは特定のものだけにしなければなりません。そうしなければインデックスがあまりにも長くなりすぎてしまい、ユーザビリティ全体に悪影響を及ぼします。繰り返しますが、バランスをとって注意深く行動しなければいけません。そのためには調査と的確な判断が必要です。

---

[1] Tylenol：ジョンソン・エンド・ジョンソン社が販売するアセトアミノフェンを単一成分とする解熱鎮痛剤
[2] Acetaminophen：1893 年から医薬品として用いられている、解熱鎮痛剤の主成分の一種

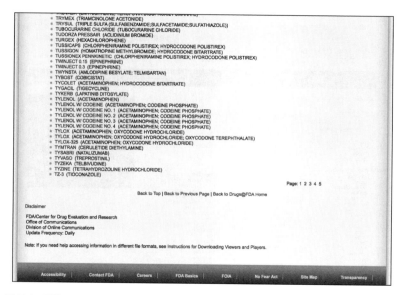

図10-8　用語のローテーションが設定されているサイトインデックス

10.2.3　分類体系

優先語を階層として変化させることを**分類体系**と言います。今日、分類体系の代わりに分類学が多くの人に好まれています。どちらにしても重要なのは、これらの階層が「異なる形式をとれるし、複数の目的を果たせる」ということを認識することです。異なる形式、複数の目的には以下のものが含まれます。

- フロントエンドのブラウズ可能な階層。可視性があり、ユーザーインターフェースを統合している。

- 著者やインデクサー（インデックス・索引を作成する人）によって使われるバックエンドツール。ドキュメントの組織化とタグ付けを目的とする。

例えば、デューイ十進分類法（DDC）[※1]を考えてみてください。1876年に初めて公

※1　OCLCL『Introduction to the Dewey Decimal Classification』を参照。http://www.oclc.org/dewey.en.html

表された DDC は、「現在世界で最も幅広く利用されている分類体系」です。135 ヶ国以上の図書館が DDC に従って蔵書を整理し、人々が利用しやすいようにしています。最も純粋なフォームでは、DDC は最上層が 10 のカテゴリーに分かれた階層的な一覧となっていて、各カテゴリーをかなり細部まで掘り下げています。

> 000 Computers, information, & general reference（コンピューター科学・情報学・百科事典）
> 100 Philosophy & psychology（哲学・心理学）
> 200 Religion（宗教）
> 300 Social sciences（社会科学）
> 400 Language（言語）
> 500 Science（科学）
> 600 Technology（技術（応用科学））
> 700 Arts & recreation（芸術・レクリエーション）
> 800 Literature（文学）
> 900 History & geography（歴史・地理）

もうひとつ例を挙げましょう。動画配信サービスの「Netflix」では、利用者が自分の好みに近い新しい映画を見つけられるよう、高度な分類スキームを使っています（**図 10-9**）。「ドラマ」「コメディ」といった基本的な映画のジャンルはもちろん、Netflix で配信されている映画は数千もの細かいジャンルに分類されています。それらの分類には「Based on Real Life（事実をもとにしたもの）」「With a Strong Female Lead（強い女性主人公）」といった大まかな分類もあれば、「Dark Suspenseful Gangster Dramas（暗い、サスペンス風のギャングもの）」のように細かく指定された分類もあります。映画は分析され、ハッピーエンドかそうでないかといった物語の特徴にもとづいて「マイクロタグ」付けされているのです。これらのマイクロタグが分類プロセスにおいて情報を提供しています[※1]。

※1 Netflix の映画分類スキームがどのように機能しているかをさらに詳しく知るには、Alexis C. Madrigal の記事「How Netflix Reverse Engineered Hollywood」（The Atlantic、2014年1月）を参照。
http://www.theatlantic.com/technology/archive/2014/01/how-netflix-reverse-engineered-hollywood/282679/

図10-9　Netflixはマイクロジャンルを使って映画を分類する。この分類によって、顧客に賢く映画をおすすめできる

　分類スキームは検索のコンテキストでも使われています。**図10-10**はWalmart（ウォルマート）[※1]のWebサイト上で検索結果に「Departments（分野）」カテゴリーが表示されている様子です。これによってユーザーはWalmartの分類体系により親しむようになります。

※1　Walmart：米アーカンソー州に本部を置く世界最大のスーパーマーケットチェーン。http://www.walmart.com/

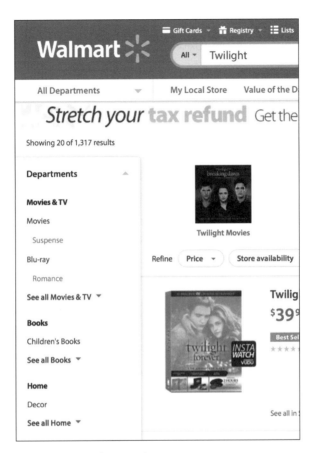

図10-10 Walmart.com でのカテゴリーの一致

　ここで重要なポイントは、分類体系は一度きりの閲覧やインスタンスに縛られているのではないということです。分類体系はあらゆる方向から、バックエンドにもフロントエンドにも利用できます。本章の後半で分類体系のタイプを探求していきますが、まずは「Swiss Army Knife（スミス・アーミーナイフ）」の詰彙制限、つまりシソーラスを見ることにしましょう。

10.2.4 シソーラス

『オックスフォード英語辞典（Oxford English Dictionary）』ではシソーラスのことを「類義語と関連する概念の言葉のグループを一覧にした本」と定義しています。こうした使い方は、高校の英語の授業でよく耳にしたものです。先生をびっくりさせようとシソーラスからたいそうな単語を引っ張ってきたものでした。

私たちにとってのシソーラスは、ナビゲーションや検索を改善するために情報環境の中で統合化されたもので、慣れ親しんだ参考書と同じ性質を引き継いではいますが、形状と機能は異なっています。参考書と同じように、私たちのシソーラスは語義に関する概念のネットワークであり、単語とその類義語、同音異義語、反意語、意味が広い用語や狭い用語、関連用語などと結びついています。

しかし私たちのシソーラスはオンラインデータベースの形となっており、デジタル製品やサービスのユーザーインターフェースと緊密に結びついています。そして伝統的なシソーラスは、人々がひとつの単語から多くの単語へと進んでいく手助けをする一方で、私たちのシソーラスはその反対の手助けもしているのです。すなわち私たちのシソーラスにとって最大の目標は類義語の管理であって、たくさんの類義語や変形語を1つの優先語や概念にマッピングすることで、言葉のあいまいさを減らし、人々が欲しいものを見つけられるようにしているのです。

そのことから、この本の意図からみて、シソーラスとは以下のように定義できます。

> 検索向上のために同義性、階層性、関連性を明らかにした制限語彙のこと。
> シソーラスはこれら3つの語義関係を基本にしながら、単純な制限語彙の構造物の上に成り立っています。[※1]

図10-11にあるように、それぞれの優先語は語義のネットワークの中心になっています。同意義関係の焦点は同義語の管理です。階層関係は、優先語をカテゴリーやサブカテゴリに入れることができます。連想関係は階層関係や同意義関係では扱うことのできない、意味深いつながりを表します。これら3つの関係は情報検索およびナビゲーションのために違う方法で役立ちます。

※1 「Guidelines for the Construction, Format, and Management of Monolingual Thesauri」（ANSI/NISO Z39.19-1993、R1998） http://www.niso.org/apps/group_public/download.php/12591/z39-19-2005r2010.pdf

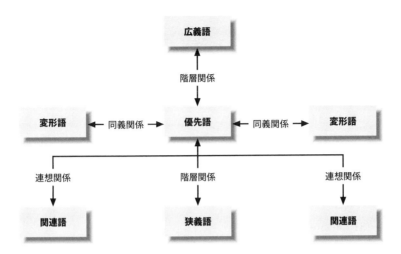

図10-11 シソーラスにおける語義上の関係

10.3 技術専門用語

制限語彙やシソーラスに取り組んでいるのなら、その分野で専門家によって使われている中心的な専門用語を知るのも定義や関連性を伝える上で役に立つでしょう。専門家とコミュニケーションをとる際に、そのような専門の技術用語を使えば効率がよく、意味を限定できます。ただし、ユーザーがこうした用語を理解できるとは考えないでください。Web環境では、「私の情報システムを使う前に図書館学を学んでください」などとユーザーに言うことはできないのです。中心的な専門用語には次のようなものがあります。

優先語（PT：Preferred Term）

受容用語（accepted term）、受容価値（acceptable value）、件名標目[※1]（subject headings）、ディスクリプタ（descriptor）としても知られる。すべての関係は優先語に関して定義されている。

※1 件名標目：図書館などで情報検索に用いられる索引用語を規定してまとめたもの

変形語（VT：Variant Term）

エントリー用語（entry terms）、非優先語（non-preferred term）としても知られている。変形語は優先語に相当する言葉、または漠然とした意味での同義語と定義されている。

広義語（BT：Broader Term）

広義語は優先語の親。階層の1レベル上にある。

狭義語（NT：Narrower Term）

狭義語は優先語の子。階層の1レベル下にある。

関連語（RT：Related Term）

関連語は結合関係で優先語につながる。この関係はSee also（参照）で表現されることが多い。例えば、「Tylenol（タイレノール：解熱鎮痛薬）see also（参照）Headache（頭痛）」など。

使用（U：Use）

伝統的なシソーラスでは、インデクサーとユーザーを対象としたツールとして、「変形語 Use 優先語」の構文を採用している。例えば、「Tylenol Use（使用）Tyleonol」など。多くの人々は「See（参照）」の方が馴染みがある。この場合は「Tilenol See（参照）Tylenol」など。

優先関係（UF：Used For）

これは「優先語 UF 変形語」の相互関係を示す。優先語に対する変化形の全リストを表示するために使用される。例えば、「Tylenol UF（優先関係）Tilenol」など。

スコープノート（SN：Scope Note）

スコープノートは本来、優先語を定義する種類のものではなく、できる限り言葉のあいまいさを除外して限定した意味を伝えることを目的として用いられる。

ここまで見てきたように、優先語は語義の世界の中心に存在しています。もちろん、どこかでは優先語として表示されていた言葉でも、おそらく他では広義語、狭義語、関連語または変形語として表示されることでしょう（**図 10-12** 参照）。

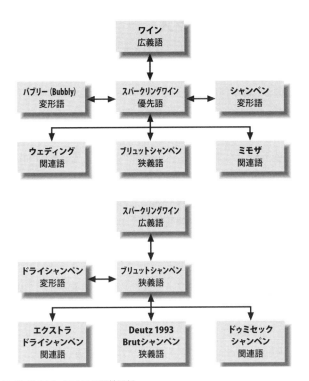

図10-12 ワインのシソーラスでの語義関係

　ワインの分類経験によっては、この例にある優先語や語義の関係についてすでに疑問を感じている方もいるかもしれません。スパークリングワインは本当に優先語なのだろうか？だとすれば、なぜだろう？一番普及している言葉だから？専門的に考えて正確な言葉だから？ウェディング（wedding）やミモザ（mimosa）よりも最適な関連語はないのだろうか？どうしてこれらが選ばれたのか？実は、こうした質問に「正しい」答えはないのです。そして、シソーラスの設計にも「正しい」方法はありません。調査で情報を得た専門的な判断、と言う要素が常に存在しているはずです。これらの質問にはあとで「よい」答えのためのガイドラインをお伝えします。その前にWeb上にある実際のシソーラスを見ていきましょう。

10.4　作動中のシソーラス

サイトがシソーラスを使っていても、ぱっと見て分かることはあまりありません。うまく溶け込んでいるシソーラスは、訓練を積んだ人の目にしか見えない可能性があります。探しているものが何かを知らなければ、気付かないということです。TilenolとTylenolの例をもう一度思い返してみましょう。サイトがスペルの間違いを直してくれた時に、それに気付くユーザーは一体何人いるのでしょうか。

良い例として挙げるのが、米国立医学図書館のサービスである「PubMed」[※1]です。PubMedは、MEDLINEやその他の生命科学分野の専門誌から1,600万件以上もの引用文を利用できるサービスを提供しています。MEDLINEは、医者や研究者、その他薬学関係の専門家を対象とした電子雑誌サービスとして、長い間首位の座にあります。1万9,000語以上の優先語や「主な件名標目」を含む膨大なシソーラスを利用するとともに、強力な検索機能を提供しています。

PubMedは、シンプルなインターフェースでジャーナルの一部に自由にアクセスできますが、全文へのアクセスはできません。最初にインターフェースに着目し、その後内部がどうなっているのかを見ていきましょう。

仮にAfrican sleeping sickness（睡眠病）について勉強しているとしましょう。PubMedの検索エンジンにその語句を入力します。すると全部で5,758件の検索結果のうち、最初の20件が表示されます（**図10-13**）。ここまでは、この検索体験にそれほど変わった点は見られません。すでにお分かりのように、2,400万件ある論文記事の全テキストを検索しただけかもしれません。何が起こっているか理解するためには、もっと注意して見る必要があります。

※1　PubMed：米国立医学図書館の国立生物工学情報センター (NCBI) が運営する、医学・生物学分野の学術文献検索サービス。http://www.ncbi.nlm.nih.gov/pubmed

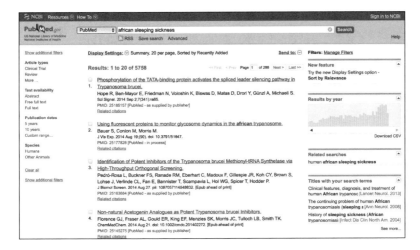

図10-13　PubMedの検索結果

実際のところ、私たちは論文のすべてのテキストを検索していたのではありません。そうではなく、これらの論文のメタデータレコードを検索していたのです。メタデータレコードには、要件と件名標目の組み合わせが含まれています（**図10-14**）。

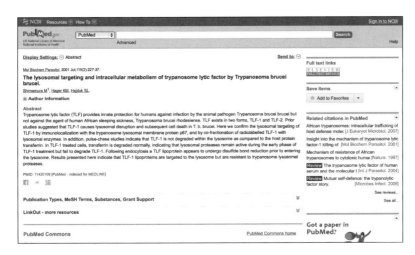

図10-14　PubMedの要約サンプル

10.4　作動中のシソーラス　309

検索結果から他のアイテムを選択すると件名標目（「MeSH Terms（MeSH 用語）」）のレコードを見ることができますが、要約はありません（**図 10-15**）。

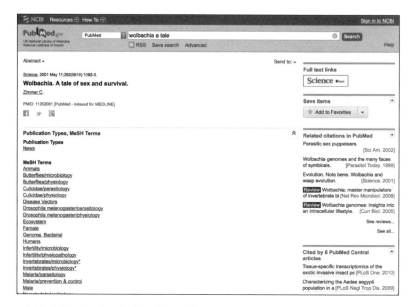

図10-15 PubMedのインデックス用語サンプル

すべてのレコードを見るために下にスクロールすると、「African Sleepig sickness」という言葉は収録されていません。ではなぜこの論文が検索されたのでしょうか？この質問に答えるには、方法を変えて MeSH ブラウザを見る必要があります。MeSH ブラウザとは MeSH[※1] の構造と語彙をナビゲーションするためのインターフェースのことを指します（**図 10-16**）。

※1　MeSH：「Medical Subject Headings」の略で、米国立医学図書館が定める生命科学の用語集のこと

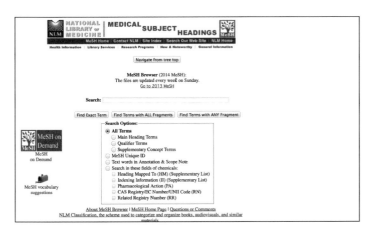

図10-16　MeSHブラウザ

　MeSH ブラウザのおかげで、私たちはシソーラス内の階層的分類体系をブラウズや検索によってナビゲートできます。「African sleeping sickness」で検索すると、なぜ「Wolbachia. A tale of sex and survival」という記事が検索結果となるのかが分かります。実際のところ「African sleeping sickness」は優先語、または「MeSH」の見出し項目である「Trypanosomiasis, African」に対するエントリー用語です（**図 10-17**）。PubMed を検索する際、私たちが入力した変形語は、裏で優先語に対応付けられています。残念ながら、PubMed はその根底にあるシソーラスをさらに使おうとはしていません。**図 10-18** は私たちの入力したサンプルレコードを Amazon.com がライブリンクにし、検索とブラウジングの可能性を向上させたところです。MeSH 用語もこのような機能を提供してくれたらどんなにすばらしいことでしょう。

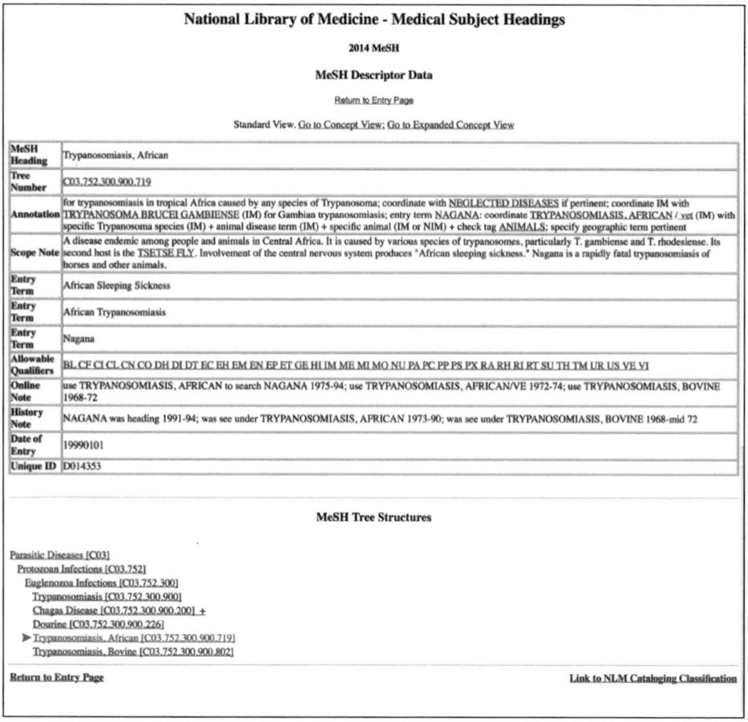

図10-17 trypanosomiasis（ページの上と下）用のMeSHレコード

図10-18 Amazonにおける拡張ナビゲーションのための構造と件名標目の使用

この例では、Amazonは階層的分類体系と件名標目を手段として、検索とブラウズに強力な選択肢を提供しています。これによりユーザーはインタラクティブにクエリーを絞り込んでいくことができます。PubMedの質を向上させる上で、この機能が役立つことは間違いありません。

　シソーラスにはすばらしい能力と柔軟性があります。これらを使うことで、時間をかけてユーザーインターフェースを形成し、精度を高めていくことができます。これがシソーラスを利用する利点のひとつです。一度にすべての能力を手に入れることはできないものの、さまざまなユーザーテストを実行して、その結果から学んだり適応させたりしていくことができます。これまでのところPubMedはMEDLINEの全力を出し切ってはいません。しかし設計と開発は今後も続くものですから、豊かな語義のネットワークを持つというのはすばらしいことです。

10.5　シソーラスのタイプ

　自分のシステムにシソーラスを構築すると決めたら、3つのタイプから選ばなくてはなりません。3つのタイプとは、古典的シソーラス、インデクシングシソーラス、検索シソーラスです（**図10-19**）。どのようにシソーラスを使うつもりなのか、その考えにもとづいて決定を下すべきです。この決断が設計上で重要な意味を持ちます。

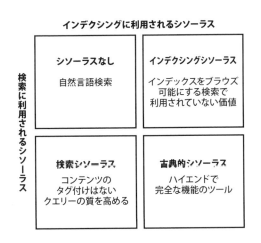

図10-19　シソーラスのタイプ

10.5.1　古典的シソーラス

　古典的シソーラスが使われるのは、インデクシングと検索をする間際です。インデクサーはドキュメントレベルのインデクシングを行う時に、さまざまな用語を優先語に対応させるためにシソーラスを利用します。検索者は検索のためにシソーラスを利用しますが、検索体験においてシソーラスの果たす役割に検索者が気付いているかどうかは分かりません。クエリー単語はシソーラスの豊富な語彙にマッチし、これにより同義語管理や階層的ブラウジング、関連リンクが可能になります。これが完成された形であり、完全に統合されたシソーラスで、私たちがこの章の大部分で言及してきたシソーラスのことです。

10.5.2　インデクシングシソーラス

　しかし古典的シソーラスの構築は必須ではないし、必ずしもできることでもありません。制限語彙を開発し、ドキュメントをインデクシングできるけれども、検索体験に対して同義語の管理能力を自分では構築できない、というシナリオを想定してみてください。他の部門の誰かが検索エンジンを管理していて、情報アーキテクトと作業することがなかったり、かなりカスタマイズしないと検索エンジンが機能をサポートできないという場合があるかもしれません。

　どんな場合でも、制限語彙のインデクシングはできますが、検索とユーザーが使うさまざまな用語を優先語に対応させることはできません。これは深刻な弱点ですが、何もないよりはインデクシングシソーラスがあるほうがよい理由はあります。

- インデクシングシソーラスは一貫性と効率性を高め、インデクシングプロセスを構築する。インデクサーは優先語とインデックスガイドラインの理解を共有し、統合されたユニットとして働くことができる。
- 優先語のインデックスがブラウズ可能になる。ユーザーはあるテーマや製品に関するすべてのドキュメントを1回のアクセスで見つけることができる。

　このようにインデックスに一貫性を持たせると、サイトを頻繁に訪れる人々にとって情報システムはかなり価値があります。イントラネットのアプリケーションのよう

に、同じ人が一定間隔で使用するシステムの場合、ユーザーは時間が経つにつれて優先語を覚えてくれるでしょう。そうした環境ではインデクシングの一貫性がインデクシングの価値を決めるようになります。

そして最後に、インデクシングシソーラスは古典的シソーラスという次の段階へのステップにあなたを進めてくれるのです。蓄えられたドキュメントに対して発展・適用した語彙があれば、ユーザーインターフェースのレベルの統合に集中できます。これはブラウズ可能なインデックスに初期レベルの語彙を追加することから始まり、うまくいけば検索機能を取り入れられるでしょう。シソーラスの価値は、検索体験とブラウジング体験の強化に利用されることにこそあるのです。

10.5.3　検索シソーラス

古典的シソーラスが非実用的な状況もあります。コンテンツ側にドキュメントレベルのインデクシングを妨げる要因がある場合です。第三者のコンテンツを扱っていたり、毎日変わるニュースを扱うケース、または単にコンテンツがありすぎて、手作業でインデクシングをすると天文学的なコストがかかってしまうケースなどです（この場合、自動分類ソフトウェアを使った古典的シソーラスのアプローチでうまくいくかもしれません）。理由は何であれ、すべてのドキュメントに制限語彙のインデクシングをするのは無理だという Web やイントラネット環境は多々あります。とはいえ、やはりユーザーエクスペリエンス（User Experience：ユーザー体験）を向上させるためにシソーラスは役に立ちます。

検索シソーラスは、検索の時点で制限語彙を手段としていますが、インデクシングの段階では利用していません。例えば、ユーザーが検索エンジンに言葉を入力すると、検索シソーラスはすべてのテキストインデックスに対してクエリーを実行する前に、その入力された言葉と制限語彙とを対応付けます。同義語の輪で見られたように、シソーラスは同意義の用語を爆発的に提供するかもしれませんし、類義関係を超えて狭義用語の階層もすべて含めるように階層を下へ下へと下かっていくかもしれません（「post down」として知られています）。これらのメソッドを使用すると、適合率を犠牲として再現率を向上させることができます。

また、クエリーで優先語、変形語、広義語、狭義語、関連語などを組み合わせて使用したいかどうかをユーザーに問いかけ、ユーザーがコントロールできるようなオプ

ションを提供することもできます。検索シソーラスを検索インターフェースと検索結果画面にうまく統合すると、必要に応じて検索を狭めたり広げたりして調整できるようになるため、ユーザーが検索する上で非常に強力な武器になります。

検索シソーラスはブラウジングにかなりの柔軟性をもたらすこともできます。ユーザーにシソーラスの一部または全体をブラウズしてもらい、類義関係や階層関係、同義関係をナビゲートさせることもできます。用語（優先語と変形語の組み合わせ）は、あらかじめ定めた「かんづめ」クエリーとして利用し、全テキストを対象に検索を実行することも可能です。言い換えると、シソーラスは真のポータルとなり、莫大な量のコンテンツをナビゲートし、アクセスする新しい方法を提供することもできるのです。検索シソーラスの主な利点は、開発費と維持費がコンテンツのボリュームに依存しない点にあります。その一方で、同義語と関連語に関しては質が要求されます。

検索シソーラスについてもっとよく知りたければ、以下の論文を参考にしてください。

- Anderson, James D. and Frederick A. Rowley. "Building End User Thesauri From Full Text." In Advances in Classification Research, Volume 2; Proceedings of the 2nd ASIS SIG/CR Classification Research Workshop, October 27, 1991, eds. Barbara H. Kwasnik and Raya Fidel, 1-13. Medford, NJ: Learned Information, 1992.

- Bates, Marcia J. "Design For a Subject Search Interface and Online Thesaurus For a Very Large Records Management Database." In American Society for Information Science. Annual Meeting. Proceedings, v. 27, 20-28. Medford, NJ: Learned Information, 1990.

10.6　シソーラス標準

　前にも述べましたが、人々は長い年月をかけてシソーラスを発展させてきました。1993 年に書かれた記事「The Evolution of Guidelines for Thesaurus Construction」[1]の中でデビッド・A. クラークス（David A.Krooks）と F.W. ランカスター（F.W.Lancaster）はシソーラスについて「シソーラス構築における基礎的な問題は、その大部分が 1967 年までの段階ですでに明らかにされ、解決されてきた」と述べています。

　この貴重な歴史によって、私たちは、数多くの国内・国際標準を得ることができ、その標準は単一言語圏におけるシソーラスの構築を網羅しています。

- ISO 2788（1974、1985、1986、国際標準）
- BS 5723（1987、英国）
- AFNOR NFZ 47-100（1981、フランス）
- DIN 1463（1987 〜 1993、ドイツ）
- ANSI/NISO Z39.19（1994、1998、2005、2010、米国）

　この本では、米国標準である ANSI/NISO Z39.19-2005 を優先的に引用しています。これは国際標準の ISO 2788 とよく類似しています[2]。ANSI/NISO シソーラス標準は「Guidelines for the Construction, Format, and Management of Monolingual Thesauri」と題されています。タイトルにある「ガイドライン」という用語は非常に多くを語っています。ソフトウェアベンダーの Oracle がこの標準の解釈について述べた内容を考えてみてください。

> シソーラス標準という用語はどこか誤解を招く部分がある。コンピューター業界は「標準」を振る舞いやインターフェースを明確化するものとして考えている。これらの基準は何も明確にしていない。もしシソーラス機能インター

※1　Libri「43:4」(2009 年) 326-342 ページを参照
※2　ISO 2788 は、JIS（日本工業規格）では JIS X 0901「シソーラスの構成及びその作成方法」として、1991 年に制定されている

フェースを探していたり、標準シソーラスフォーマットを探していたとすると、ここでは何も見つけることができない。その代わりに、これらのガイドラインはシソーラスコンパイラのためのものである。ここでいうコンパイラは実際の人間であり、プログラムではない。

Oracle が成し遂げたのは、こういった考えをこれらのガイドラインと ANSI Z39.19 に取り入れ、それらを我々の作成物を明確化する基礎として利用することである。そのため、Oracle がサポートするのは ISO-2788 関連つまり ISO-2788 に準拠するシソーラスである。

　いくつかの例で分かるように、ANSI/NISO シソーラス標準が提供しているガイドラインは非常に単純ではありますが、適用はきわめて困難です。この標準が提供している概念的な枠組みは価値があり、具体的なルールを提示している場合もあります。しかし論理的思考や創造性、リスクテイキング（リスク愛好）の必要性はシソーラス構築のプロセスからまったく取り除かれていません。

　クラークスとランカスターは「この分野における基本的な問題は解決されている」と言いましたが、これには全く同意できません。また、ANSI/NISO シソーラス標準のガイドラインにも賛成しかねることがあります。ここで何が起きているのでしょうか？単に難しくなっているだけなのでしょうか？そうではありません。こうした葛藤の背後には、インターネットの爆発的な威力というものがあります。シソーラスが伝統的な形式から解き放たれ、ネットワーク情報環境に埋め込まれた新しいパラダイムへと移行するまっただ中にあるのです。

　伝統的なシソーラスは、学問的なコミュニティと図書館のコミュニティ内で出現してきました。印刷物の形式で使用され、主に専門家を対象に設計されていました。1980～1990 年代に図書館学のコースを受講した時、オンラインでの情報獲得は、図書館にある膨大な量の印刷物のシソーラスに関することがほとんどでした。ダイアログ情報サービスのオンライン検索用に、サブジェクト（主題）記述子（subject descriptor）を確認することが目的だったのです。こうしたツールを利用できたのは訓練された人々でしたし、「専門家が定期的に利用するのだから、時間が経てば効率よく使えるようになるだろう」と仮定されていました。処理時間とネットワーク帯域幅が比較的高いコストである状態でシステム全体が成り立っていたからです。

それから世界は変わりました。今日私たちはすっかりオンラインシステムに染まっています。「Webサイトを利用する前に図書館に行ってください」などとは言えるわけがありません。一般的に、私たちがサービスを提供しているのは、オンライン検索テクニックの訓練など受けていない初心者のユーザーです。頻繁に訪れるわけではないので、時間がたってもサイトに親しみを覚えてくれるとは考えにくいのです。それに、広大なビジネス環境で仕事をしている私たちの目標は、学者やライブラリアンの目標とは大幅に異なるかもしれません。

新しいパラダイムの中で、私たちは昔のガイドラインのどれが適用できて、どれができないかを見分けるよう求められています。何十年ものリサーチにもとづいたANSI/NISOシソーラス標準のような、価値あるリソースを投げ捨ててしまうのはもったいありません。まだ今日にも通じることがかなりあるのです。しかし、盲目的にガイドラインに従うのも間違いです。これは現在のハイウェイを進むのに、1950年代の地図を使うようなものだからです。

標準に忠実であることには、以下のような利点があります。

- ガイドラインを定めた考え方と知性が存在している

- シソーラス管理ソフトウェアの大部分はANSI/NISOシソーラス標準に従った設計である。そのため、技術統合の観点から見て、標準を守ることが役立つ可能性がある

- 標準に従うことでデータベース間の互換性のチャンスが増える。そのため、もしあなたの会社が競合他社と合併しても、2社の語彙をより簡単に融合することができる

以下のように対処することをおすすめします。ガイドラインを読み、納得できる部分は標準に従う。ただし必要に応じて標準からはずれてもいいように準備すること。結局、規則を破る機会があるからこそ、私たち情報アーキテクトの人生は楽しくて刺激に満ちているのです。

10.7　語義の関係

シソーラスと単なる制限語彙との違いは、語義がしっかりと整理されていることによるものです。それぞれの関係について、もっと詳しく調べていきましょう。

10.7.1　等価

等価関係（**図 10-20**）とは、優先語とその変形語とをつなぐために使われます。これは大まかに「類義語管理」を指している場合もありますが、重要なのは等価は類義語よりも幅広い用語だと認識しておくことです。

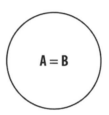

図 10-20　等価関係

私たちの目標は「検索目的の等価」として用語をグループ分けすることです。これには類義語や類義語に近いもの、頭字語、略語、辞書変形語やよくあるスペルミスも含まれます。以下に例を挙げましょう。

優先語

Apple Watch Sport

同義語（等価）

Apple Watch、iWatch、Smart watch、Smartwatch、Wearable computer、Galaxy Gear、Moto 360

製品データベースの場合、廃盤になった製品名や競合他社の製品名も含むかもしれません。制限語彙をどれだけ限定したいかによって、余計な階層を増やさないために、より一般的な用語やより限定した用語を同義語関係に含めることもあるでしょう。目

標は、ユーザーが探している、そしてあなたがユーザーに見つけて欲しいと思う製品 / サービス / コンテンツにユーザーを導く「漏斗（じょうご）」役となる収録語彙を作り上げることです。

10.7.2　階層性

階層関係（**図 10-21**）は情報空間を分割してカテゴリーとサブカテゴリーにします。概念の広さや狭さ、いわゆる親子関係で情報を分けます。

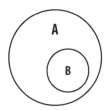

図 10-21　階層関係

階層関係には 3 つのサブタイプがあります。

一般化（Generic）
　　これは生物学分類で伝統的に利用されている類種関係です。B 種は A 類の一部であり、親の特徴を後継しています。例えば、「鳥類 NT ツチスドリ」など（NT：狭義語）[※1]。

全体－部分（Whole-part）
　　この階層関係では、B は A の一部です。例えば、「足 NT 足の親指の爪先」など。

インスタンス（Instance）
　　この場合、B は A の事例、または一例です。この関係は固有名を含むことが多くあります。例えば、「海 NT 地中海」など。

※1　NT（Narrower Term）については、「10.3 技術専門用語」を参照

一見して、階層関係は非常に簡単に思えます。しかし、これまでに階層を開発したことがある人であれば、思ったほど簡単ではないことが分かることでしょう。情報空間を階層的に整理するには、さまざまな方法があるのです（例えば、主題別、製品カテゴリー別、地理別など）。簡単に説明すると、多面体シソーラスは一般的なニーズである複数の階層へのニーズをサポートしています。また、粒度や何階層を開発するかなど、注意しなければならない問題もあります。

　繰り返しますが、ユーザーが必要としているものを見つけやすくする、という究極の目標にもとづいて作業を進める必要があります。ユーザーのニーズと振る舞いにもとづいた階層を形成し始めるにはカードソーティング・メソドロジー（11章で説明しています）も役に立つでしょう。

10.7.3　連想

　たいていの場合、連想結合関係（**図10-22**）は最も注意が必要ですし、他の2タイプの関係でよいスタートを切ったあとに、この関係の必要性が発展します。シソーラス構築において、たいていの場合、連想関係は同意義または階層関係内では捉えられない語義のつながりを強くほのめかすものとして定義されます。

　関係は「強くほのめかす」べきという概念があります。例えば、「ハンマー RT 釘」などです（RT：同義語）[※1]。しかし実際このような関係を定義することはかなり主観的なプロセスです。

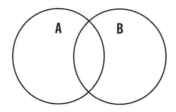

図10-22　連想関係

　ANSI/NISOシソーラス標準は多くの連想関係サブタイプを論じています。**表10-1**

※1　RT（Related Term）については、「10.3 技術専門用語」を参照

に例を挙げます。

表10-1 関係サブタイプの例

関係サブタイプ	例
研究領域と研究主題	心臓病学 RT 心臓
プロセスとその手段	シロアリ対策 RT 殺虫剤
概念とその構成要素	毒 RT 毒性
行動と行動結果	飲食 RT 消化不良
因果的依存につながる概念	祝賀 RT 大みそか

オンラインコマースでは、連想関係は、顧客と関連商品、関連サービスとを結ぶすばらしい手段です。連想関係によって、マーケティング業界で言う「クロスセル」[※1]が見込めます。例えば、「いいパンツですね。それにはこのシャツがぴったりですよ」と言うようなことです。こうした連想関係は、ユーザーエクスペリエンスとビジネス目標の両方の向上につなげることができます。

10.8　優先語

用語学（terminology）は欠かせません。以下のセクションで用語学について詳しく検証します。

10.8.1　用語形

優先語の語形を決めるのは、取り掛かるまでは簡単に思えます。それが突然、文法的な細かい問題についての白熱した議論に飛び込むことになります。名詞を使うべきか、動詞にするべきか。「正確な」綴りはどれだろう。単数形か複数形か。略語を優先語にしてもいいのだろうか。こうした議論にはかなりの時間と気力を奪われます。

幸いにも、ANSI/NISO シソーラス標準はこうした分野についてかなり詳細に述べています。明らかにこの方がよい、という場合は例外として、あとは次のガイドラインに従うことをおすすめします。標準がカバーしている問題を**表10-2**に示しています。

※1　クロスセル：購入した商品による別途関連商品を販売すること

表10-2　ANSI/NISOシソーラス標準でカバーしている問題

トピック	私たちの解釈とアドバイス
文法的語形	標準では名詞の使用が奨励されている。ユーザーは動詞や形容詞よりも名詞のほうがよく理解、記憶できるため、これはよいデフォルトガイドラインである。しかし現実世界では、制限語彙内の動詞（例：タスク志向の単語）や形容詞（例：価格、サイズ、種類、色）を使った方がよい理由も数多く存在する
スペル	標準の表記では、特定の辞書や用語辞典のような「定められた権威」を使ってもよいし、独自の「ハウススタイル」を使ってもよいとされている。最も一般的なスペルはユーザーによって使用されているスペルだとも考えられるかもしれない。ここで最も重要なのは、一度どれを採用するかを決定したらそれを固守することである。一貫性がインデクサーとユーザーの生活を向上させるだろう
単数形と複数形	「加算名詞（例：車、道、地図など）」は複数形を使用することを標準では推奨している。概念的な名詞（例：数学、生物学）は単数形のままとする。検索技術のおかげでこの問題は以前ほど重大ではなくなった。繰り返すが、一貫性がこの場合の目標となる
略語と頭字語	標準では、一般的な用法をデフォルトとするよう提案している。優先語の大部分は、省略語ではない単語になるだろう。しかし、RADAR、IRS、401K、MI、TVなどのような場合は、略語や頭字語を使う方がよいだろう。変形語を使ってユーザーをある語形から他の語形へ誘導することもできる（例：Internal Revenue ServiceについてはIRSを参照）

10.8.2　用語選択

もちろん、優先語の決定に関わっているのは語形の選択だけではありません。まず適切な用語を選び出さなければいけないのです。ANSI/NISOシソーラス標準はここではあまり助けにはなりません。以下の引用文について考えてください。

- Section3.0.「（ドキュメント内に存在する）用語は文語的に正当であることが優先語を選択する上での原則である」

- Section5.2.2.「優先語はユーザーの大部分のニーズを満たす目的の上に選択されるべきである」

文語的な正当さとユーザーにとっての正当さのバランスを解決するのに必要なのは、目標が何であるかと、Webサイトにシソーラスがどう組み込まれているかを再

確認することです。業界用語をユーザーに教えるために優先語を使いたいか。入力語彙として（つまり、インデックスには変形語を置かないために）優先語を頼りにしているか。用語選択に何をよりどころにするか決める前に、まずこれらの問題を考える必要があります。

10.8.3　用語の定義

シソーラスの中では、私たちはどうにかして言葉の使い方を極度に特定しようと奮闘しています。私たちは語彙を制限しようとしているのです。しかしはっきり区別できる優先語の選択よりも一歩進んだ、あいまいさの管理を可能にするツールもあります。

挿入用語限定子（Parenthetical term qualifier）は同綴異義語を管理する方法を提供しています。シソーラスのコンテキストによっては、「Cell」という単語の意味を以下のような方法で限定しなければいけないでしょう。

- Cell（生物学）※細胞
- Cell（電気）※電池
- Cell（刑務所）※独房

スコープノート（Scope note）も、意味をより限定する他の方法を提供しています。スコープノートは定義付けによく似ていることもありますが、まったく違います。定義は複数の意味を示しているのに対して、スコープノートは1つの概念に限定した意味を伝えるためのものです。スコープノートはインデクサーが適切な優先語を選択する役に立ちます。また、検索の手段か結果として表示されて、ユーザーの役に立つこともあります。

10.8.4　用語の限定性

用語の限定性もまた、すべてのシソーラスデザイナーが避けて通れない難題です。例えば、「knowledge management software」は1語として表示するべきでしょうか。それとも、2語または3語でしょうか。以下が標準の述べていることです。

- ANSI/NISO Z39.19.「記述者は各々……提示するのは1つの概念にすべきである」

- ISO 2788.「一般的な規則として、複合した意味を持つ用語は因数分解し（分けて）単純な要素とするべきである」

標準はあなたの仕事を楽にはしてくれません。何が「1つの概念」を構成しているかについて、ANSI/NISOシソーラス標準ではその決定をあなたに委ねているのです。ISOは単一語にする（つまりknowledge、management、softwareとする）ように言っていますが、この例の場合、おそらくその分け方では間違っています。

コンテキストにもとづいてバランスを算定しなければなりません。特に重要なのはサイトのサイズです。コンテンツのボリュームが増すに従って、精度の高い複合語を使う必要性が増してきます。そうでなければユーザーが検索するたびに（各優先語に対して）何百、何千という検索結果がヒットしてしまうのです。

コンテンツの見通しもまた重要です。例えば、Knowledge Managementマガジンの Web サイトに取り組んでいるのであれば、「knowledge management software」または「software（knowledge management）」のように1語にするのがよいかもしれません。しかし、もしCNETのように広範なITサイトに取り組んでいるのであれば、「knowledge management」と「software」のように個別の優先語にしたほうがよい場合もあります。

10.9　平行階層

厳密な階層制では、各用語は1ヶ所に1度しか現れません。これが生物学的分類における元来の計画です。各種属は1つの枝にきちんと収まることが前提とされています。

```
界：
    門：
        亜門：
            網：
                目：
                    科：
                        種：
```

しかし、物事は計画通りには進みません。実際、生物学者はさまざまな種の正しい配置先について何十年もの間、議論し続けているのです。複数の部類にまたがった性質を示す生物もいるのです。

　もしあなたが純粋主義者であれば、Webサイトには理想的な、厳密な階層を定めようと考えてもいいでしょう。実用主義者であるなら、ある程度は平行階層を許して、用語のいくつかを複数のカテゴリーにまたがってクロスリストしてもよいでしょう。これは**図10-23**に示しています。

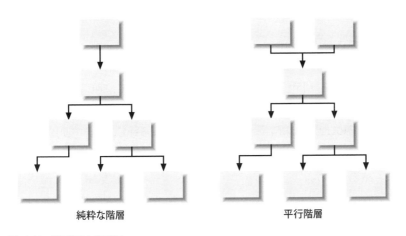

図10-23　階層制と平行階層

　大規模な情報システムに対処する時には平行階層は避けられません。ドキュメントの数が増大するにつれ、精度を高めるためのpre-coordination（複合用語を使ってあらかじめ調整すること）を高レベルで行う必要が生じます。例えば、MEDLINEeはViral Pneumonia（ウィルス性肺炎）をVirus Disease（ウィルス性疾患）とRespiratory tract Disease（呼吸器系疾患）両方の下にクロスリストしています（**図10-24**）。

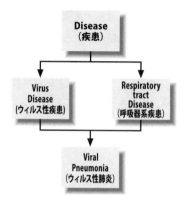

図10-24 MEDLINEの平行階層

平行階層を豊富に利用している大規模なサイトの例として、他にはWikipediaがあります。Wikipedia内のほとんどの記事のフッターにはボックスがあり、ボックス内にはその記事のひとつ上の階層へつながるリンクが張られています（**図10-25**）。

図10-25 Wikipediaのフッターに表示された平行階層へのリンク

物体の分類、配置で平行階層を用いると問題が発生します。通常物体は1回に1ヶ所にしか配置できないのです。米国議会図書館分類体系では、各図書が1回につき1ヶ所の本棚だけに配置され（そして発見され）るよう創り出されました。デジタル情報のシステムでは、たった1回の平行階層による試みが、ナビゲーションのコンテキストで表現されています。ほとんどのシステムは階層の中の主題と副題の位置という概念を認めています。

10.10 ファセット分類

1930年代、インドの図書館学者であるS.R.ランガナータン（S.R. Ranganathan）[1]は新しいタイプの分類法を考案しました。トップダウン方式の単一分類法ソリューションの問題と限界に気付いていたランガナータンは、ドキュメントとオブジェクトには多面性がある、つまりファセットがあるという観念のもとにシステムを築き上げました。

旧式のモデルの出す問いは「これはどこへ置けばいいか」というものでした。これは物質的な世界でのエクスペリエンスと深く結びついており、1つの品目には1つの場所という考えを持ったものです。それに反してファセットアプローチが出す問いは「どうこれを記述できるか」というものです。

多くのライブラリアンがそうであるように、ランガナータンもまた理想主義者でした。彼は一度に1つの分類という原則を使いながら、複数の「純粋な」分類法を築かなければならないと主張していました。あらゆるものを整理するために、ランガナータンは普遍的な5つのファセットを提案しました。

- Personality（擬人観、動物学）
- Matter（無機物、加工した対象物）
- Energy（動作、テーマ）
- Space（場所）
- Time（時）

ファセットアプローチには価値がありますが、私たちは経験上、あまりランガナータンの普遍的なファセットを利用していません。その代わりに、ビジネスの世界で一般的なファセットは以下を含んでいます。

---

[1] S.R. ランガナータン：Shiyali Ramamrita Ranganathan（1892-1972）。インドの図書館学の父であり、分類理論の世界的な権威。図書館分類法の分野に大きく貢献した人物

- Topic（トピックス）
- Product（製品）
- Document type（ドキュメントタイプ）
- Audience（顧客）
- Geography（地理）
- Price（価格）

ファセットが何かはっきり分かりましたか？**図 10-26** を見てください。私たちが本当に行っているのは、フィールドを持つデータベースの構造を、Web 上でより同質のドキュメントとアプリケーションの混合物に適用することなのです。「one-taxonomy-fits-all（フリーサイズ型）」アプローチよりも、コンテンツの異なる面に注目した複数の分類学の概念に私たちは取り組んでいます。

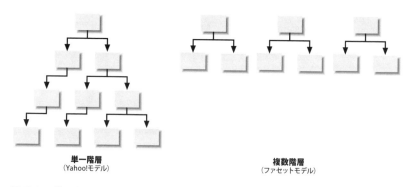

図10-26 単一階層 対 多面的（ファセット）階層

Wine.com は多面分類の単純な例です。ワインにはいくつかの側面があり、**表 10-3** に示したように、レストランや食料品店で選ぶ時にそうした側面を結びつけたり比べたりするのはよくあることでしょう。

表10-3 ワインのファセット

ファセット	制限語彙の価値のサンプル
タイプ	赤（メルロー、ピノノワール）、白（シャブリ、シャルドネ）、スパークリング、ロゼ、デザート
地方（産地）	オーストラリア、カリフォルニア、フランス、イタリア
ワイナリー（製造者）	ブラックストーン、クロ デュ ボワ、ケークブレッド
年	1969、1990、1999、2000
価格	3.39 ドル、20.99 ドルから 199 ドル、安価、中級、高級

　ファセットの中には必ず階層的に表示しなければならない項目（例：タイプ）がある一方、均一な項目（例：価格）もあります。このことに注意してください。中級価格のカリフォルニア産メルローを探している時、無意識のうちにファセットの範囲を限定し、組み合わせて考えています。Wine.com はこうしたエクスペリエンスをオンラインで実現するためにファセット分類を開発しました。**図10-27** に示したメガメニューはどうブラウズするかさまざまな方法を表示しており、同じ情報でも複数の道筋を提供しています。

図10-27　Wine.com でのファセット分類

図 10-28 に示したアドバンスドワインサーチ（The Advanced Wine Search）では、ファセットを組み合わせて、自然言語でいつも表現しているような豊かなクエリーを可能にしています。

図 10-28　Wine.com でのアドバンスドワインサーチ

　検索結果のページ（図 10-29）には、中級価格のカリフォルニア産メルロー一覧が表示されました。検索の際にファセットが使えただけでなく、検索結果を並べ替えるにもファセットを使える点に注目してください。Wine.com はいくつかの雑誌（RP ＝ Robert Parker's The Wine Advocate、WS ＝ Wine Spectator）から評価を抜粋して加え、これももう 1 つのファセットとなっています。

　Wine.com の情報アーキテクトとデザイナーはサイト全体にわたって「インターフェース内でいつ、どのようにファセットを手段とするか」について決定を下しています。例えば、メインページからは評価順にブラウズすることはできません。これらはユーザーのニーズ（どのようにブラウズし、検索するか）、ビジネスニーズ（いかに Wine.com が高マージン商品の販売量を最大にできるか）、そして 4 章で説明した意味のあるコンテキストの創造とのバランスを取ることで、意思決定がされるよう期待しているのです。

図10-29　フレキシブルな検索と結果表示

　ファセット分類アプローチの長所は、すばらしい能力と柔軟性です。基礎をなす記述的なメタデータと適切な構造のおかげで、情報アーキテクトとデザイナーはナビゲーションの選択肢を何百通りも試すことができます。ファセット分類は耐久性のある基盤を提供し、その一方インターフェースは時間の経過とともに試され、修正されていきます。

　ガイド付きナビゲーション（ファセット分類を導入したナビゲーションシステム）は、発見しやすさと利益性が明確に直結している通販サイトですぐに採用されました。近年では検索とブラウズのハイブリッドモデルが、政府やヘルスケア、出版、教育などの業界で広く取り入れられています。**図10-30** が示すように、ガイド付きナビゲーションは図書目録の機能向上にも利用されています。これを知ったらランガナータンもさっと誇りに思うでしょう。

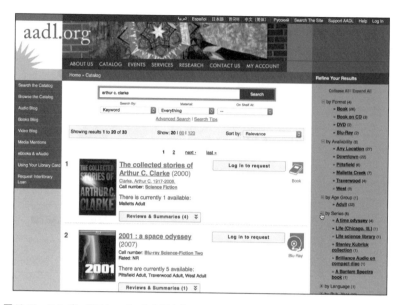

図10-30　ミシガン州アナーバー公立図書館Webサイトのファセット分類を導入したナビゲーションシステム

　制限語彙の実装が主流となるのに伴い、こうした努力をサポートするリソースが増えているのも喜ばしいことです。以下にいくつかそのリソースを挙げます。

ANSI/NISO Z39.19-2005「Guidelines for the Construction, Format, and Management of Monolingual Controlled Vocabularies」
　2005年に完全改定、書名も変更された。http://www.niso.org/apps/group_public/download.php/12591/z39-19-2005r2010.pdf

『Controlled Vocabularies: A Glosso-Thesaurus』Fred Leise、Karl Fast、Mike Steckel
　http://boxesandarrows.com/controlled-vocabularies-a-glosso-thesaurus/

Dublin Core Metadata Initiative
　http://dublincore.org/

Flamenco Search Interface Project
http://flamenco.berkeley.edu/

シソーラスに関する用語集
http://www.willpowerinfo.co.uk/glossary.htm

Taxonomy Warehouse
http://www.taxonomywarehouse.com/

オンラインシソーラスと典拠ファイル
http://www.asindexing.org/about-indexing/thesauri/online-thesauri-and-authority-files/

　メタデータ、制限語、制限語彙、シソーラスは主要な Web サイトやイントラネットを構築するためのブロックになるでしょう。単一分類法のソリューションは柔軟なファセットアプローチに影を潜めることになります。つまり情報アーキテクチャを設計する場合、将来はファセットを使うことになるのです[※1]。

10.11　まとめ

この章で学んだことをまとめましょう。

- シソーラス、制限語彙、メタデータは、フロントエンドのエクスペリエンスをシームレスでかつ満足できるものにするため、情報環境のバックエンドで運用されます。

- メタデータタグは、ドキュメント、ページ、画像、ソフトウェア、ビデオ、オーディオの各ファイル、またその他のコンテンツオブジェクトを説明し、効率よくナビゲーション、検索できるようにするために用いられます。

[※1] Wine.com とファセット（多面的）分類については、ピーター・モービルの記事「The Speed of Information Architecture」（2001 年）を参照。http://semanticstudios.com/the_speed_of_information_architecture/

- 制限語彙は自然言語のサブセットであり、同義語の輪、典拠ファイル、分類体系、シソーラスが含まれます。

- これらのシステムによって言語を構造化、マップ化できるため、利用者はより簡単に情報が探せるようになります。

- ファセット分類と平行階層によって情報を複数の方法で提示できるので、利用者は自分が探しているものを自分の方法で見つけることができます。

シソーラス、制限語彙、メタデータを見たところで、本書の「基本原則」の部分は終了です。これで情報アーキテクチャを構成する基本要素について学んだので、今度はこれらシステムが組み合わさって、どのように効果的で魅力的な情報環境を生み出していくかを見ていきましょう。

III部
情報アーキテクチャの仕上げ

　II部までは概念と要素に注目してきました。III部からは方向を変えて、情報アーキテクチャを作り上げるためのプロセスとメソッドを追求していきます。

　標準的なサイトマップを2、3件パパッと仕上げるだけなら、私たちの仕事は簡単です。しかしここまで説明してきたとおり、情報アーキテクチャは他から孤立した状態で必要となるものではありません。複雑なWebサイトの設計には、さまざまな分野の人々、例えばインタラクションデザイナーやソフトウェア開発者、コンテンツ戦略家やユーザビリティエンジニア、その他の分野の専門家が関わるチームが必要となるのです。

　全員が効率よく協力するためには、同意にもとづいた開発プロセスを構築しなければなりません。チームが小さくて一人一人が複数の役割をこなしているような小規模プロジェクトでさえも、適切な時に適切な問題に取り組むことが成功のために欠かせません。このあとの章ではプロジェクトを進めるにつれて遭遇するであろう難題とプロセス全体の概要を説明します。私たちは実装や管理のようなプロジェクト後半の段階についてよりも、早期の段階である調査、戦略、設計などに注目していますが、これが私たちコンサルタントのバックグラウンドを誤って伝えています。私たちの経験の多くは、テンポの速い情報アーキテクチャのプロジェクトの戦略と設計に関わるものですが、実装と持続可能な情報アーキテクチャのプログラムを詳しく暴き出すことが重要だと確信しています。長期にわたる困難な仕事を通じて、情報アーキテクチャを保護し、完璧なものにすることを専門とする社内スタッフは、賛美されないとはいえ、この分野のヒーローとなるでしょう。

11章
調査

> 調査は興味を形式化したものだ。
> 目的をもってのぞいたり、詮索したりすることである。
> —— ゾラ・ニール・ハーストン
> (Zora Neale Hurston)

本章では、次の内容を取り上げます。

- 情報アーキテクチャの開発プロセスへの統合
- 人、コンテキスト、コンテンツを学ぶ方法と理由
- ステークホルダーへのインタビュー、実践的評価、ユーザーテスト、カードソーティングを含む調査方法

　Web サイトデザインの初期の頃、多くの企業は「HTML コード」というワンステップのプロセスを実行していました。誰もが「今すぐ飛び込んでサイトを構築したい」と思っていたのです。調査をしたり戦略を策定するような忍耐強さを人々は持ち合わせていませんでした。ある熱心なクライアントが企画会議の途中で「それで、いつ実際の仕事を始めるのか」と質問したことを覚えています。何年も苦しい体験をしてきましたが、幸いにも、Web サイトの設計は困難な作業であり、**図 11-1** に示したような段階的なアプローチが必要であるという認識がようやく広がってきたようです。

図11-1　情報アーキテクチャ開発のプロセス

するとこのように考えるかもしれません。「ウォーターフォール型開発プロセスとそっくりだ。アジャイル手法だ」情報アーキテクチャでは、これが誤った二分法になります。アジャイルプロセスは、チームが求めている目標が何か分かっている時にうまくいくのです（「寺院を建てているのか？それとも車庫を建てているのか？」）ここで概略を説明する以下のプロセスは、今後作り上げていく全体図をチームが理解するのに役立ちます。設計の他の側面と同じように、情報アーキテクチャも製品の構築が進むのに合わせて改良し、繰り返す必要があります。製品が現実世界に直面すれば、変更は避けがたいからです（アイゼンハワー元大統領の「戦いに備えるにあたって、私はいつも、計画は役に立たないものだと思う。それでも、計画を立てることは不可欠なのだ」という名言が浮かびます）。

　これを踏まえた上で、プロセスの各段階を見ていきましょう。**調査**の段階は現在ある背景の情報をよく検討し、戦略チームとミーティングを行うことから始まります。ここでの目的は、目標とビジネス上のコンテキスト、既存の情報アーキテクチャ、コンテンツ、対象としている顧客をよく理解することです。その後、情報の生態環境を探求するために、さまざまな手法を用いて一連の調査、検討を行っていきます。

　この調査でコンテキストの理解が深まり、情報アーキテクチャ**戦略**を築く基盤が形成されます。トップダウンの観点では、この戦略は一番上から2レベルまたは3レベル分のサイトおよびナビゲーションの構造を定義します。ボトムアップの観点では、ふさわしいドキュメントタイプと大まかなメタデータスキームが提案されます。この戦略によって導入までプロジェクトを導く方向性の見通しが確立でき、情報アーキテクチャに高いレベルの枠組みが提供されます。

　設計は、高レベルの戦略を情報アーキテクチャへと形成し、詳細なサイトマップやワイヤーフレーム、メタデータスキームを作成する段階です。そしてここで作ったものがグラフィックデザイナーやプログラマー、コンテンツの作成者や制作チームによって使われることになります。設計段階で、情報アーキテクチャの作業のほとんどが行われますが、量を求めて質を失うわけには行きません。貧弱な設計を仕上げてしまうと、最高の戦略も台無しです。情報アーキテクトにとって、楽しみのただ中にあっても、悪魔は細部に宿るのです。

　実装はサイトが構築され、テストされ、開始されることで、デザインが試される段階です。情報アーキテクトはこの段階でドキュメントの組織化とタグ付けを行い、テ

ストとトラブルシューティングをし、時が経っても情報アーキテクチャが効率よく維持されるようにドキュメンテーションを開発し、プログラムを整えます。

最後にくるのが**保守**です。これはサイトの情報アーキテクチャを継続的に評価し、改善する段階です。保守には新しいドキュメントに対するタグ付けや古いドキュメントの削除といった日常的なタスクも含まれます。また、サイトの利用状況やユーザーからのフィードバックのモニタリングも必要ですし、大幅なまたは細かな調整を通じてサイトを改善する機会も明らかにしなければなりません。効果的な保守によって、よいサイトをすばらしいサイトにすることができるのです。

正直なところ、この説明はプロセスをかなり簡略化しています。各段階の間には明確な境界線はありませんし、プロジェクトのほとんどは完全なスケジュール表があって始まるものでもないのです。予算、スケジュール、社内政治などがあなたを道から外れさせ、森の茂みへと迷い込ませることは避けられないでしょう。私たちの狙いは、「数字の順に色を塗ってください」というような設計ガイドを提供することではありません。実際の世界はあまりにも煩雑です。その代わり、フレームワークやツール、手法を紹介していきます。環境に合ったものを選んで適用すれば、きっと役に立つことでしょう。

始める前に、ひとこと勇気づけるためのメッセージを送ります。コンテキストを外してこの作業を見てみると、作業の大部分は単調で退屈に思えるに違いありません。押し寄せるような大量の検索ログやコンテンツ分析を考えて、活き活きするような人は限られているでしょう。しかし、実世界でこの作業を行ってみると、これが驚くほど魅力的なのです。それに、魔法の電気がぱっとついた時、つまりソリューションを示唆するようなパターンが現れた時、「時間をかけて正しくやってきてよかった」と思うことでしょう。

11.1　調査フレームワーク

よい調査とは、適切な質問をすることを指しています。そして、適切な質問を選ぶには幅広い環境の概念的なフレームワークが必要です。2 章でも紹介した、3 つの円の図（**図 11-2**）は私たちが信頼しているものです。調査のためにバランスのよいアプローチを形作る上で、この図は非常に貴重です。どこにフラッシュライトを当てるべきか決める上でも、私たちが分かっていることは何か理解する上でも、役に立ち

ます。この結果、調査プロセスで調査をまとめるのにもこの図を使ってきました。

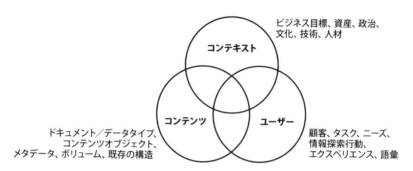

図11-2　調査のためのバランスの取れたアプローチ

　調査のためのツールとメソッドの概要から始めます（**図 11-3**）。どのプロジェクトにもすべてのツールを利用するのは、明らかに無意味であったり不可能だったりするでしょう。それにもちろん、私たちがカバーしていないメソッドを探したり試したりすべきです。私たちの目標は、地図とコンパスを提供することです。旅そのものはあなたの手に委ねられています。

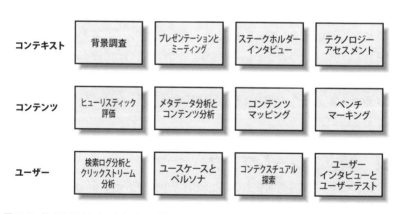

図11-3　調査のためのツールとメソッド

11.2　コンテキスト

　実際には、ビジネスのコンテキストを調査することから始めるのがよいでしょう。プロジェクトは、目標を明確に理解し、政治的環境を正しく認識するところから始めるべきです。ビジネスの現実を無視するのはユーザーを無視するのと同じぐらい危険です。申し分なく使いやすくても、ビジネス上の目標を支えていないのであれば、そのサイトやアプリは長持ちしません。「ユーザー中心設計（UCD：User Centered Design）」という言葉は、経営者中心の設計から振り子を遠くへ動かす上では価値がありますが、その振り子をあまりにも遠くへ動かし過ぎないようにしてください。

　もちろん、コンテキストは政治に関することだけではありません。目標、予算、スケジュール、技術基盤、人材や企業文化についても理解しなくてはいけません。法的な問題も重要です。規制の厳しい産業では特にそうです。これらすべての要素が情報アーキテクチャ戦略に影響しますし、影響すべきなのです。

11.2.1　必要なものの入手

　調査は一方通行ではありません。調査を進める一方で、プロジェクトに対して人々の注意を促し、サポートを得ることにも価値があることを意識してください。あなたは実験用のラット相手に研究している科学者ではありません。被験者は人間であって、独自の疑問や心配を抱えています。例えば以下のような疑問や懸念を持っているのです。

- この人はどういう人で、なぜ私にこんな質問をするのだろうか
- 情報アーキテクチャとは一体なんだろう。なぜそれに構う必要があるのだろうか
- この人の方法論は何だろう。私の仕事とどういう関係があるのだろう

　あなたがこれらの質問にどう答えるかによって、人々がプロジェクトの間にどれだけサポートしてくれるかが変わってきます。大規模なサイトは、大部分がさまざまな部門のコラボレーションの上に成り立っており、コンテンツの所有先も分散しているので、幅広いところから必要なものを手に入れなくてはなりません。このため、調査のプロセス全般に、プレゼンテーションと説得を織り込む必要があります。

11.2.2　背景調査

プロジェクトが始まると、情報アーキテクトの頭は質問でいっぱいになります。

- 短期的目標、長期的目標は何か
- ビジネスプランは何か。政治的要因は何か
- スケジュールと予算
- 対象の顧客はどのような人々か
- なぜ人々はこのサイトにやってくるのか。なぜ戻ってくるのか
- ユーザーが実行すべきタスクはどのようなタイプか
- どのようにコンテンツが作り出され、管理されるのか。それは誰の手によってなされるのか
- 技術的基盤はどうなっているのか
- 過去にうまくいった施策、うまくいかなかった施策は何か

しかし、適切な質問をするだけでは不十分です。適切な人に対して、適切な聞き方で、適切なタイミングで質問しなければならないのです。人々の時間をどう使うかに注意し、誰がどの質問に答えることができるのかといった現実を見極めなければなりません。

そのため、まずは背景についてをじっくり調べることから始めるとよいでしょう。未来について学ぶには、過去を掘り起こすのが一番という場合もあるのです。サイトの使命、ビジョン、目標、期待される顧客、コンテンツに関するものならどんなドキュメントでもよいので手をつけてください。また、マネジメント構造と企業文化の鳥瞰図を得られるようなドキュメントも見つけるようにしましょう。例えば外部のコンサルタントなら、組織図が非常に役立ちます。イントラネット構築の際には、特にそうです。組織図は組織に対するユーザーのメンタルモデルがどうなっているのかという重要な要素を表しているので、インタビューやテストを行う際に、どの出資者、ユー

ザーグループに依頼すればよいかを決めるのに役立つでしょう。

> [NOTE]
> 現在のWebサイトができる前のビジョンと、実際のサイトとを比べることには意義があります。このようなケースもあります。目にしてきたビジョンは何百ページにもわたる手の込んだパワーポイントによるプレゼンテーションで、「Webサイトはこうあるべき」と圧倒されるほど野心的な考えを述べていたものの、実際のWebサイトを見てみると、ちっぽけで機能も限られていて、ひどい設計のものだったりするのです。ビジョンと現実との間にこのようなギャップがあるのは一種の危険信号です。スライドを作成したマネージャーと、サイト構築を任されたチームとの間に誤解があることを暗示しています。時間、資金、導入するための専門技術が揃わなければ、偉大なビジョンも役に立ちません。こうした場合は、何が期待されているかを素早く見極める必要があります。

11.2.3　導入のプレゼンテーション

プロジェクトの開始時には、導入のプレゼンテーションを行う時間を設計しましょう。著作者やソフトウェア開発者、インタラクションデザイナー、ビジュアルデザイナー、マーケティング担当者、マネージャーなど、すべての人に以下の問題について等しく理解してもらうことが望ましいのです。

- 情報アーキテクチャとは何か。なぜ重要なのか
- 情報アーキテクチャと、サイトを構成する他の要素との関連はどのようなものか。また、組織自体にはどう関連するのか
- 主なマイルストーンと成果物は何か

これらのプレゼンテーションを聞き、人々が議論を交わすことによって、今後起こりうる危険を察知できると同時に、チーム間に生産的な関係が生まれます。共通の語彙ができ、人々がコミュニケーションしやすくなるという点で非常に効果があるのです。

11.2.4　調査ミーティング

1990年初期、私たちはクライアントのWebチームと24時間のマラソンミーティ

ングを行いました。使命、ビジョン、顧客、コンテンツ、インフラについて可能な限り知るためと、情報アーキテクチャのフレームワークを肉付けし始めるのが目的でした。その頃のWebデザインチームは小さくて中央集権的な組織だったので、大規模な調査ミーティングは一度で十分でした。今日、情報豊富なWebおよびサービスの設計と制作はより複雑になり、いくつかの異なる分野からチームが引っ張り出されます。このように分散しているため、対象者を絞った調査ミーティングを何度かに分けて続けて行わなくてはならないかもしれません。以下の3つのミーティングと議題について検討してください。

戦略チームミーティング

　今日、多くの組織に集中戦略チームまたは作業グループがあり、デジタル製品やチャンネルの管理が一任されています。高いレベルの目標を設定したり、使命、ビジョン、期待する顧客、コンテンツ、機能を定義したりするのはこの戦略チームです。このグループは中央集権と自治運営との間でバランスを取ろうとしています。

　信頼関係とお互いを尊重する気持ちを築き上げる必要があるので、このチームとは実際に顔を合わせるミーティングを欠かすことができません。こうしたミーティングを通じてのみ、プロジェクトの真の目標と、行く手に隠れている地雷を見つけることができるのです。そして、難しいけれど必要な質問を質問しやすいと感じられるようになるのは、あなたにとってもあなたの同僚にとっても、顔を合わせた実際の会話の中でのみなのです。

　このミーティングは小規模で、自由な雰囲気で行うことが大切です。5人から7人が理想的な人数でしょう。もしグループが大きくなりすぎると、人々は政治的な調整に考えを奪われてしまい、自由に話すことができなくなります。議題に関しては、以下の質問からいくつか始めてみるとよいでしょう。

- このシステムの目標は何か
- 期待される顧客は誰か
- 計画しているコンテンツと機能は何か

- システムにアクセスするために使われるチャンネルは何か
- 誰がこの作業に関わるのか
- いつ結果を出す必要があるのか
- 予期している障害は何か

しかし、このミーティングではあなたの勘を頼りに行動することが成功のカギとなります。もっと興味深い話題や重要な話題が出た時に、そこを掘り下げていけるように準備してください。準備した議題にとらわれてしまっては最悪です。自分は指導者ではなく司会者だと考えてください。議論が散漫になることを恐れないことです。もっと多くのことを学べるのですし、みんなにとってはより楽しいミーティングになるはずです。

コンテンツマネジメントミーティング

コンテンツの性質とコンテンツマネジメントプロセスについて詳細を論じる必要があるのが、コンテンツの発信者とマネージャーです。普通この人々は実戦経験が豊富であり、ボトムアップの現実による観点を持っています。信頼関係を築くことができれば、組織の文化や政治について彼らから多くを学べるかもしれません。彼らに問うべき質問には以下のようなものが含まれます。

- コンテンツを発信するにあたっての公式なポリシーと非公式なポリシーは何か
- オーサリングとパブリッシングを扱うコンテンツマネジメントシステム（CMS）はあるか
- それらのシステムにはコンテンツを管理するための制限語彙や属性があるか
- コンテンツはどのようにシステムに入れらるのか、また誰が行うのか
- どのような技術を利用しているか

- 各発信者が扱うコンテンツは何か

- コンテンツの目的は何か。このコンテンツエリアの背後にある目標とビジョンは何か

- 誰が顧客か

- 顧客はどのようにシステムにアクセスするのか

- コンテンツのフォーマットは何か。動的か、静的か

- 誰がコンテンツのメンテナンスを行うのか

- 将来発信しようと計画しているコンテンツやサービスは何か

- コンテンツはどこから生み出されるのか。コンテンツはどのようにして取り除かれるのか

- CMSに強い影響を及ぼす法律上の問題は何か

情報技術ミーティング

　システム管理者やソフトウェア開発者にも早めに会い、製品をサポートしている既存の技術基盤と計画されている技術基盤について学びましょう。これは情報アーキテクチャと技術基盤との関係を論じるよい機会であり、信頼関係やお互いを尊重する気持ちを養う機会でもあります。アイデアと実装をつなぐためには、この人々の手を借りなければならないことを忘れないでください。以下のような質問が挙げられます。

- CMSを手段として用いることは可能か

- タグ付けをサポートするために必要なインフラをどのように作成すればいいか

- CMSはドキュメントの自動カテゴリゼーションをサポートしているか

- インデックス生成の自動化についてはどうなっているか

- パーソナリゼーションについてはどうなっているか

- 検索エンジンはどれくらい柔軟性を持っているか

- 検索エンジンはシソーラスの統合をサポートしているか

- 検索ログや利用者解析には定期的にアクセスできるか

　残念ながら、多くの組織では IT グループは仕事でがんじがらめになっているため、情報アーキテクチャやユーザビリティのサポートに時間を割くことができません。この問題を早めに確認し、現実的かつ実地的なソリューションに発展させましょう。そうしなければ、実装する時になってあなたの努力はすべて報われないことになってしまいます。

11.2.5　ステークホルダーインタビュー

　ビジネスコンテキストをリサーチする上で、オピニオンリーダーやステークホルダーへのインタビューは最も価値のある要素の１つに挙げられます。さまざまな部門やビジネスユニットの役員やマネージャーにインタビューすると、プロセスに参加する人の幅が広がり、新しい観点で物事を見ることができ、新しい考えや情報源を得られます。

　このインタビューの間、情報アーキテクトはオピニオンリーダーらに対して選択式ではなく自由解答式で質問をします。尋ねる内容は現在の情報環境に対する評価や、組織と Web サイトまたはアプリのビジョンについてです。時間をかけてこの人々にプロジェクトを説明することにはそれだけの意義があります——仕事が長期にわたった時重要になるのは、インタビューにおける回答そのものよりも、彼らの政治的なサポートかもしれません。イントラネットのプロジェクトでは下のような質問がサンプルとして考えられます。

- 組織内でのあなたの役割は何か。あなたのチームはどのようなことをしているのか

- 最高の状態を想定した場合、会社はどうやってイントラネットを利用して競合優位を築くのか

- イントラネットが直面している主な課題とは何か

- イントラネット戦略チームが知っておくべき企業レベルのイニシアチブは何か

- 既存のイントラネットを利用しているか。利用していないのであれば、それはなぜか。利用しているのなら、イントラネットのどの部分を利用しているか。利用頻度はどれくらいか

- どのようにイントラネットにアクセスしているのか

- 部門や社員の間で知識の共有を促進するものは存在するか

- イントラネット成功の必須要因は何か

- その要因はどうすれば計れるのか。投資対効果は何か

- イントラネットの再設計に、最も重要なことを3つ挙げるとしたら何か

- イントラネット戦略チームに何か1つ言えるとしたら何か

- 私たちが聞かなかったことで、聞いておくべきだった質問はあるか

　戦略チームミーティングと同じく、このセッションもざっくばらんなディスカッションにすべきです。そして、ステークホルダーが実際に何を考えているのか、話してもらいましょう。
　インタビュー以外で、ビジネスコンテキストを理解するのに役立つもうひとつの調査としては、**コンテキストインタビュー**があります。ステークホルダーやユーザーに単にインタビューをするのではなく、調査員は彼らの職場での仕事ぶりを観察し、質問をします。これらの質問は、相互作用を維持するためにはどうするかというもので、デザインチームの守備範囲内のトピック関連に限られます。コンテキストインタビューについては、この章の後半で調査方法について説明する際に、詳しく掘り下げ

ます。

11.2.6　技術評価

　技術に頼ることなく情報アーキテクチャを設計し、そのビジョンをサポートするためにシステムアドミニストレータやソフトウェア開発者がインフラとツールを開発する。これが私たちの望む夢の世界です。

　現実世界ではそうなることはほとんどありません。たいていの場合、実装済みのツールとインフラで作業します。つまりは、プロジェクトの始めに IT 環境を評価して現実味のある戦略と設計にするということです。

　だからこそ、前もって IT 担当者と話すことが欠かせないのです。何が実施されているのか、プロセスに何があるのか、誰に助けを求めることができるのかを頭に入れておきましょう。それからギャップ分析を行います。ギャップ分析とはビジネス目標、ユーザーニーズ、既存の技術インフラの限界との間にあるギャップを明らかにすることです。

　そうすればこのギャップを埋めるのに市販のツールを利用できるかどうか分かりますし、現在のプロジェクトのコンテキスト内でそれらを統合するのが現実的かどうかを判断するプロセスに取り掛かれます。いずれにせよ、こうした IT 問題については早めに話をまとめておいた方が得策です。

11.3　コンテンツ

　大まかに定義すると、コンテンツとは「情報環境にあるもの」です。コンテンツにはドキュメントやデータ、アプリケーション、e サービス、画像、オーディオファイルやビデオファイル、Web ページ、アーカイブしたメールも含まれるかもしれません。そして、現在あるものと同様に将来含まれるものもコンテンツに含むと考えています。

　コンテンツを利用する前に、ユーザーはコンテンツを見つけなければなりません──見つけやすさはユーザビリティより先に起こる問題です。見つけやすいオブジェクトを作りたければ、時間をかけてこうしたオブジェクトをよく調査しなければなりません。オブジェクトを区別しているものは何か、ドキュメントの構造やメタデータが見つけやすさにどのような影響を及ぼすのかを明らかにする必要があります。既存の情報アーキテクチャを見るトップダウンの観点と、ボトムアップの調査のバランス

をとるようにしましょう。

　運良くコンテンツ戦略家と一緒にプロジェクトに取り組むことができれば、調査を進めるにしたがって彼らがこれから説明するようなツールや技法を提供してくれるでしょう。コンテンツ戦略家がいない場合は、以下のツールや技法はコンテンツ関連の課題に向けたレベルの高い導入編だと、認識しておいてください。

11.3.1　ヒューリスティック評価

　多くのプロジェクトは、Webサイトをゼロから作るというよりも、既存のサイトの再構築になります。そうした場合は、前任者の後を引き継ぐチャンスです。残念ながら、このチャンスは多くの場合見逃されています。人が目を向けるのは前任者の失敗点で、始めるならば白紙の状態から始めるのを願うものだからです。クライアントがWebサイトを破棄して、「今あるサイトはひどいものだから、見ていただいても時間の無駄ですよ」と説明することがよくあります。これは、大事なものとそうでないものとを一緒くたにまとめてて捨てている典型的な例です。可能な限り既存のサイトを学び、その中でとっておく価値があるものは何かを見極めるようにしてください。このプロセスを指導するには、ヒューリスティック評価を行うという方法があります。

　ヒューリスティック評価とは、専門家が製品やサービスをデザインガイドラインに従ってテスト、評価することです。たいていの場合、この評価は組織外の人間に行ってもらうのが一番です。外部者であれば、新鮮な観点で評価できますし、政治的な重荷を感じることもありません。理想を言えば、背景要因を見る前にヒューリスティック評価を行うべきです。その方が偏見なく評価できるからです。

　情報アーキテクチャのヒューリスティック評価に関わるのは1人の専門家、というのが一番シンプルな形です。どうすればサイトを改善できるか、主な問題点とチャンスを割り出してもらいます。この専門家は多くのプロジェクトや組織での経験を元に「何がうまくいき、何がうまくいかないか」を推定し、それをミーティングに提出するのです。

　この作業は医者の診断や処方と同じことです。子供が「のどが痛い」というのに対して、参考書を見たり、精密検査を行ったりすることはまずないでしょう。患者の訴えや目に見える症状、一般的な病理知識から、何が問題でどう治療すれば直るのか推測するはずです。こうした推測が必ずしも正しいわけではありません。しかしたいて

いの場合は、上で述べた専門家1人によるヒューリスティック評価モデルによってコストと質のバランスの取れた判断が得られます。

　より厳密でお金もかかりますが、ヒューリスティック評価に複数の専門家が関わり、原則とガイドラインをまとめたリストを使ってサイトをテストし、それを検討することもあります[※1]。このリストには以下のような一般的なガイドラインが含まれています。

- 同じ情報に対して、サイトはさまざまなアクセス方法を提供する
- 分類法の補助として、インデックスとサイトマップを利用する
- ナビゲーションシステムがユーザーにコンテキストの感覚を提供する
- サイトに使用される用語は、顧客に合うものにし、一貫性を持たせる
- 検索およびブラウジングは統合され、互いを強化し合う

　専門家がサイトを調査し、上記の基準に沿ってどうやっていけばよいかそれぞれコメントを残します。専門家はその後コメントを比較し合い、違いについて論じ、意見を擦り合わせていきます。こうすることで個人的な意見が過当に大きな役割を果たしてしまう確率を減らせますし、異なる分野の専門家を集めるチャンスにもなります。それぞれがまったく異なる問題、まったく異なるチャンスを目にするはずです。明らかにこちらのアプローチの方がコストがかかります。そのため、関わる専門家の人数や評価形式はプロジェクトの範囲に応じてバランスを取る必要があります。

11.3.2　コンテンツ分析

　コンテンツ分析は情報アーキテクチャに対するボトムアップのアプローチ要素だと定義されます。実存するドキュメントやオブジェクト（先に述べた「Webサイトにあるもの」のことです）を綿密に調査していくものです。分析の結果が戦略チームや

※1　原則とガイドラインをまとめたリストについては、Jakob Nielsenの「Ten Usability Heuristics」を参照。https://www.nngroup.com/articles/ten-usability-heuristics/

オピニオンリーダーがまとめたビジョンや数量、質と一致しないこともあるでしょう。トップダウンのビジョンとボトムアップの現実とのこうしたギャップを見極め、取り組んでいかなければなりません。

　コンテンツ分析は公式な調査という形式や、細部にわたる監査という形式をとることができます。調査フェーズの早い段階で高レベルなコンテンツ調査を行っておけば、コンテンツの目的や性質を知る役に立ちます。プロセスの後半にはページごとにコンテンツを徹底調査し、目録を作成します。こうすることでコンテンツマネジメントシステム（CMS）に統合する見通しが立ちますし、最低でもページレベルのオーサリングやデザインを組織化してアプローチしやすくなります。その結果コンテンツの価値が高まり、全体的なユーザーエクスペリエンスもよいものとなるでしょう。

コンテンツ収集

　まず始めに、サイト内のコンテンツから「代表サンプル」を見つけ、印刷して、分析しなければなりません。代表を定義する際には、あまり科学的なアプローチをとらないことをおすすめします。「必ず成功する」と保証された手順やソフトウェアはありません。そのため、プロジェクトの期限とサンプルのサイズとのバランスを取りつつ、直感や自分の判断を活用することが大切です。

　私たちがおすすめするのは、「ノアの方舟」アプローチです。それぞれの動物を1組ずつ集めます。私たちが集める「動物」とは、白書や年次報告書、オンラインの返済フォームなどですが、ここで難しいのは「何が独自の種を構成しているか」を決めることです。以下の特徴を考慮すれば、動物たちを区別しやすくなり、多様性のある有効なコンテンツのサンプルに仕立てることができます。

フォーマット

　　さまざまな種類が混ざったフォーマットに着目してください。例えば、テキストドキュメント、アプリケーション、動画や音声、保存されたメールなどです。オフラインのリソースも含めるよう心がけてください。オフラインのリソースとは、サイト内の記録に示されている書籍や人々、設備や組織などのことです。

ドキュメントタイプ

多様なドキュメントを集めることが第一優先事項です。例を挙げると、製品カタログやマーケティングパンフレット、プレスリリース、ニュース記事、ブログの書き込み、年次報告書、テクニカルレポート、白書、フォーム、オンライン電卓、プレゼンテーション、スプレッドシートなど、他にもまだまだあります。

情報源

サンプルはコンテンツの情報源の多様性を表すものであるべきです。企業のWebサイトやイントラネットでは、これが組織図をありのままに映し出すことになります。エンジニアリング、マーケティング、カスタマーサポート、ファイナンス、人事、営業、調査など、必ず各方面からサンプルを集めるようにしてください。これは単に役立つだけではありません——これにより政治的な方面に目先が利くようになります。外部でホストされているブログ、Facebookページ、Twitterフィード、Tumblr、Instagram、電子雑誌、API、ASPサイトのように、サイトに第三者のコンテンツが含まれているのなら、それらも集めるようにしましょう。

主題

これは難しい特徴です。サイトに用いられているトピック関連の分類法をあなたが持ち合わせていない場合もあるからです。その産業分野に関する分類体系やシソーラスで、公にされているものを探してもよいかもしれません。コンテンツサンプルにある幅広い主題やトピックを集めるのもよい訓練ですが、無理やり行ってはいけません。

既存のアーキテクチャ

多様なコンテンツタイプを知る上で、上記の特徴を併用すればサイトの既存構造もすばらしいガイド役を果たします。単純にメインページまたはグローバルナビゲーションバーにある主要なカテゴリーのリンクに従えば、充分な量のコンテンツのサンプルに到達できるでしょう。しかし、コンテンツ分析が過去のアーキテクチャに影響されすぎてはいけません。このことはよく肝に銘じておいてください。

あなたが取り組んでいるサイトで代表的なコンテンツサンプルを作り上げるためには、ほかにどのような特徴が役立ちそうか、考えてください。対象とする顧客やドキュメントの長さ、ダイナミズム、言語、ページテンプレートなども含まれる可能性があるでしょう。

　時間と予算に対してサンプルサイズのバランスを取る際には、それぞれの種類の相対数を考慮しましょう。例えば、サイトに何百ページものテクニカルレポートがあるのなら、間違いなくそこから2つ以上の例が必要です。しかし白書については1件あるだけなら、おそらくその白書はサンプルに含める価値はないかもしれません。その一方、特定のコンテンツタイプの重要性について計算に入れておく必要があります。Webサイトにある年次報告書はあまり数が多くないかもしれません。しかし年次報告書はコンテンツが豊富で、ダウンロードされることも多く、投資家にとっても非常に重要な資料です。例のごとく、判断が求められるところです。

　最後に考慮しなければならないのは、収穫逓減（Diminishing returns）の法則[※1]です。コンテンツ分析を行ううちに、どこかの時点で「何も新しいことは学んでいない」と感じる時が来るでしょう。これは得たサンプルを取り上げて追求すべきだというサイン、あるいは一端中断すべきというサインと言えます。サイト内にあるものとそこへユーザーを引き込む方法とを洞察できなくなったら、それ以上コンテンツ分析を行っても役には立ちません。形だけの分析を行うのはやめましょう。非生産的な上に非常に退屈なものです。

コンテンツ分析

　コンテンツ分析で私たちは何を求めているのでしょうか。そして、何を学びたいのでしょう。コンテンツ分析を行うと、組織やそこで働く人々にとって重要な主題に精通するというおまけが付いてきます。素早くクライアントの言葉遣いに流暢になる必要があるコンサルタントにとっては、これは特に重要なことです。しかしコンテンツ分析を行う主要な目的は、優れたユーザーエクスペリエンスの創造に欠かせないデータを供給することにあります。コンテンツとメタデータとのパターンと関連性を明ら

※1　収穫逓減の法則：生産要素を追加で増やそうとした際に、投入一単位辺りの収穫量が次第に減っていくこと

かにする役に立ちますし、それを利用してコンテンツの構造、組織化、コンテンツへのアクセス方法をさらに向上できます。つまり、コンテンツ分析はかなり非科学的なものなのです。私たちのとるアプローチは、まず探す事柄を短いリストにするところから始めて、それから先に進むにつれてコンテンツがプロセスを形成していくようにしています。

例えば、各コンテンツオブジェクトに対しては、下記の点に注目しながら始めればよいでしょう。

構造的メタデータ

このオブジェクトの情報階層を描写してください。タイトルはありますか。コンテンツに独立したセクションやチャンクはありますか。ユーザーは各チャンクに個別にアクセスしたいと思うでしょうか。

記述的メタデータ

このオブジェクトを表現する方法をすべて考えてみてください。トピック、顧客、フォーマットについてはどうでしょうか。あなたが学ぼうとしているオブジェクトを表現するには、少なくとも十数種類の方法が必要です。すべてを議論の場に持ち出しましょう。

管理的メタデータ

このオブジェクトがビジネスのコンテキストにどう関わるのか描写してください。誰が作成したのか。誰が所有しているのか。いつ作成されたのか。破棄すべきタイミングはいつでしょうか。

このリストによって作業に取り掛かることができます。オブジェクトにすでにメタデータがある場合もありますが、それも把握してください。しかし、あらかじめ定義されたメタデータのフィールドにとらわれてはいけません。コンテンツに語らせて、考えていなかった新しいフィールドを提案してもらいましょう。以下の質問を自問してみましょう。

- このオブジェクトは何か

- このオブジェクトを人々やマシンに対してどう表現できるか

- このオブジェクトと他のオブジェクトとを区別するものは何か

- このオブジェクトを人々やマシンに見つけられるようにするにはどうすればいいか

　大量のコンテンツオブジェクトを調査する際には、個々の項目だけではなく、パターンや関係にも注意しましょう。コンテンツのグループ分けがはっきりしてきませんか？明確な階層関係が見えませんか？共通のビジネスプロセスでつながっている項目があったのなら、関連関係があるのではないかと気付いていますか？

　全サンプルのコンテキスト内にあるパターンを認識する必要があるので、コンテンツ分析は必然的に反復プロセスになります。本当に革新的で役立つソリューションがぱっと思いつくのは、ドキュメントを2回3回と見直した時かもしれません。

　本物のボトムアップオタク（尊敬の念を込めてこう呼びます）ででもない限り、コンテンツ分析が非常に面白いとか夢中になれるという人はあまりいません。しかし経験からして、この注意を要する痛みを伴う作業が新しいひらめきにつながり、成功を導く情報アーキテクチャ戦略を生み出すことにつながります。特にコンテンツ分析は、ドキュメントタイプとメタデータスキーマに肉付けをし始める設計フェーズで役に立ちます。しかし、組織化、ラベリング、ナビゲーション、検索システムなどの幅広い設計においても価値あるインプットを提供します。

11.3.3　コンテンツマッピング

　サイトの組織構造とナビゲーション構造構造はヒューリスティック評価によってトップダウンで理解できますが、コンテンツ分析ではコンテンツオブジェクトをボトムアップで理解できます。今こそコンテンツマップを作成して、この2つの観点の橋渡しをする時なのです。

　コンテンツマップは既存の情報環境を視覚的に表現するものです（**図11-4**）。コンテンツマップは一般的にレベルが高く、概念的な性質があります。設計の成果物を具

象化するというよりも、理解するためのツールとして用いられます。

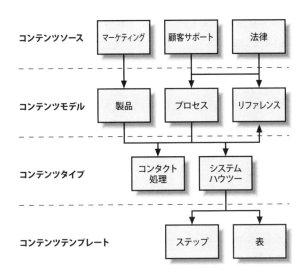

図11-4 コンテンツマップの一部

コンテンツマップにはかなりの多様性があります。コンテンツの所有者や発信プロセスに着目しているものがあれば、コンテンツのカテゴリー間の関係を視覚化するために使われるもの、コンテンツアリア内のナビゲーション経路を調査するものもあります。コンテンツマップを作成する目標は、あなたや同僚が構造、組織化、既存のコンテンツのありかを理解することと、最終的にはアクセスの改善方法のアイデアを生み出せるようにすることです。

11.3.4　ベンチマーキング

ベンチマーキングという言葉は、比較測定や比較評価をするための参考地点を非公式に指し示します。このコンテキストでは、ベンチマーキングに関わるのはシステム的な確認、評価、Webサイトやイントラネット、アプリなどの情報環境における情報アーキテクチャ機能の比較です。

これらの比較は量的でも質的でも可能です。競合するWebサイトでタスクを実行するために要した秒数を評価する場合もありますし、各サイトの最も興味深い機能に

ついてメモを取ることもあります。異なる Web サイト間で比較することもあります
し（競合ベンチマーク）、同じサイトの異なるバージョンで比較する場合もあります
（実施前後ベンチマーク）。いずれの場合でも、ベンチマーキングは柔軟性に富み、高
価値のツールといえるでしょう。

競合ベンチマーキング

　競争相手からであろうと、友人、敵、見知らぬ人からであろうと、優れたアイデア
を借用するのは誰にとっても自然なことです。これは人間としての競争優位の一部と
いえます。もし忠告も援助もなしに自分で車輪を考案しろと言われたとしたら、ほと
んどの人はいまだに歩いて会社に行っていたことでしょう。

　しかし、このように手っ取り早く人まねをしてしまう場合に、私たちは優れたアイ
デアだけでなく間違ったアイデアまで借用してしまう恐れがあります。これは Web
環境では常に発生していることです。Web サイト設計の開拓時代から、人々は繰り
返し「莫大な出費と強力なマーケティングキャンペーンが優れた情報アーキテクチャ
のしるしだ」と誤解し続けてきました。注意深くベンチマーキングを行えば、制御不
能になる前に間違った方向へ進んだ模倣に気付くことができます。

　例えば、主要な金融サービス会社と作業した際、Fidelity Investment 社の長年にわ
たる業界のリーダーとしての位置付けにより、その Web サイトが自動的に金融サー
ビス会社が提供する Web サイトのデファクトスタンダードになっているという意見
にぶち当たりました。数回にわたってクライアントのサイトに対して、確実に良くな
る改善策を提案したのですが、「これは Fidelity のやり方と違う」という論議によっ
て差し止められてしまいました。

　確かに、Fidelity は幅広いサービスを提供し、ワールドクラスのマーケティングを
行っており、金融業界の中では権威があります。しかし当時の彼らの Web サイトに
おける情報アーキテクチャはひどいものでした。見習うに値しないモデルだったので
す。クライアントの名誉のために言うと、私たちのクライアントは公式なベンチマー
ク調査を行い、そこで私たちは数社の競合のサイトの特徴を評価し、比較しました。
この調査により Fidelity の欠点が徐々に明らかとなったため、誤った推測へ陥ること
なく、前進することができたのです。

　ここでのポイントは、競争相手から情報アーキテクチャの特徴を借用するのは価値

がありますが、注意して行わなければならないということです。

実施前後ベンチマーク

　ベンチマーキングは、1つのサイトにおいて時間の経過に伴ってどれだけ改善されたかを測定するのにも適用できます。私たちはこの方法を投資対効果（ROI：Return On Investment）に関する質問に答えるために活用しています。以下のような質問があります。

- イントラネットの再設計によって、社員が重要なドキュメントを見つけるまでの時間は、平均でどれだけ短縮できたのか
- Webサイトの再設計によって、顧客が必要な製品を発見する能力は向上したか
- 再設計のどの面がユーザーの効率や効果にマイナスの影響を与えていたのか

　実施前後ベンチマークにより、使命とビジョンに述べられた高レベルの目標を引き受けることがあなたに課せられます。その目標を明確で測定可能な評価基準と結びつける必要性が生じるでしょう。あなたには説明と詳細にわたる方向付けが強いられますが、これによって成功を評価する基準が手に入り、情報アーキテクチャ設計をよりよい方向へと進めることができます。以下は、実施前後ベンチマークの利点です。

- 既存のサイトの情報アーキテクチャ機能を鑑定し、優先順位を付けることができる
- 幅広い概念（例：「私たちのサイトのナビゲーションは最悪だ」）から、より明確で実行可能な定義（「テスターが意味が分からないと言っていたので、このリンクのラベルはアップデートすべきだ」）への移行を促進する
- 改善度を図るための評価基準を作成する

　一方、競合ベンチマークには次のような利点があります。

- 情報アーキテクチャ機能に関する長いリストを作成し、新しいアイデアを議題に上らせることができる

- 幅広い概念（例：「Amazon は優れたモデルだ」）から、より明確で実行可能な定義（例：「Amazon のパーソナリゼーション機能は、頻繁に訪れる訪問者に対して効果的だ」）への移行を促進する

- 心に深く埋め込まれた仮定（例：「我々のサイトも Fidelity のようにすべきだ」）に異議を申し立て、間違った理由のために間違った機能を真似ることを避ける

- 競合との比較から現在の位置を確認できる。改善速度を図る測定基準を作成できる

11.4　ユーザー

　ユーザー、回答者、訪問者、実行者、社員、顧客など呼ばれ方はさまざまです。ユーザーはクリック数、影響、広告収入、売り上げとしてカウントされます。呼び方や数え方がどうであろうと、Web を最終的に評価するのは彼らなのです。顧客を混乱させる Web サイトを構築すると、彼らは他のサイトへ行ってしまうでしょう。社員にフラストレーションを与えるイントラネットを構築すると、彼らはイントラネットを使わなくなるでしょう。

　インターネットの発展は急速に進みます。Web 創世記の頃、タイム・ワーナー社は画像だらけのけばけばしい Pathfinder というサイトに何百万ドルを費やしました。ところがユーザーがそれをこの上なく嫌ったため、最初の公開からわずか数ヶ月でサイト全体が再設計されました。この高くついたきまりの悪い教訓は、ユーザーに敏感な設計が重要であることを伝えています。

　さて、ここまででユーザーは強力であることが確認できました。ユーザーは、複雑で予測不可能でもあります。Pfizer.com の情報アーキテクチャに対して、Amazon で学んだ教訓を盲目的に当てはめてはいけません。そのサイトと、ユーザー人口の独自性を考慮する必要があります。

ユーザー人口を研究する方法は数多く存在します[※1]。市場調査会社はフォーカスグループを実施してブランドに関する嗜好性を調べます。政治関連の世論調査員は、電話調査で候補者やその意見に対する人々の印象を判断します。ユーザビリティ会社はインタビューを行って最も効果的なアイコンやカラー体系はどれかを決定します。文化人類学者は現地の環境における人々の行動やインタラクションを観察し、その人々の文化や振る舞い、信仰を学びます。

　ユーザー、ユーザーのニーズ、優先事項、メンタルモデル、情報探索行動を学ぶのに、その1つのアプローチだけが唯一の正攻法だといえるものはありません。これは多面的な謎なのです。さまざまな方向から眺めなければ、全体像をうまく把握できません。1種類のテストを10回行うよりも、インタビューを5回、ユーザビリティテストを5回を行うほうがはるかに効果的です。どのアプローチも収穫逓減の法則に従っています。

　このようなユーザーリサーチのメソッドを設計プロセスに組み込む際には、いくつか気をつけるべきことがあります。1つ目は、ディスカウントユーザビリティエンジニアリングの黄金律です。どんなテストでも行わないよりはましということ。予算がないとかスケジュールがきついと言い訳をしてはいけません。2つ目は、ユーザーは最も強力な味方になりうるということです。同僚や上司はあなたと論議するのは簡単ですが、顧客と実際のユーザーの振る舞いについて論議するのは困難です。そのため、ユーザー調査は政治的なツールとしても非常に効果的です。

11.4.1　利用統計

　今日のプロジェクトのほとんどは既存サイトの再設計です。こうした場合、データを見てどのように人々がサイトを利用しているのか、どこで問題に突き当たるのかを知ることから始めるとよいでしょう。

　手始めとして、サイトの利用統計から見ていきましょう。以下のようなレポートが、Google Analyticsなどのほとんどの統計ソフトウェアパッケージで利用できます。

[※1] ユーザー人口についてさらに深く掘り下げたいなら、JoannHackosとJaniceRedishによる『User and Task Analysis for Interface Design』(Wiley、1998年)を読んでほしい。そしてもちろん、ユーザビリティーの神様JakobNielsenの記事はすべてがおすすめだ

コンテンツパフォーマンス

　一定期間におけるサイトのコンテンツへの訪問者数とインタラクション数。訪問者数、ページビュー、ナビゲーション利用数などが例として挙げられます。このデータでユーザーに役立つ人気のコンテンツはどれで、どのコンテンツがそうでないかが分かります。時間の経過でデータを追うことにより傾向を観察でき、広告キャンペーンやサイトナビゲーションの再設計といったイベントにコンテンツの人気を結びつけることができます。

訪問者情報

　統計製品は「あなたのサイトを利用しているのは誰なのかが分かる」と主張しています。実際に分かるのは、訪問者がやってきたサイト元（検索エンジンから来たのか、ほかの Web サイトなのか、ソーシャルメディアからなのか）、ユーザーの IP アドレスが登録されている国名、使用している Web ブラウザの一般的な機能といった、もっと一般的な情報のみです。

　そのほかに人々の訪問時間や日付、新規ユーザーとリピーターの比率、使用しているブラウザなどを利用データに含めるソフトウェアもあります（**図 11-5**）。

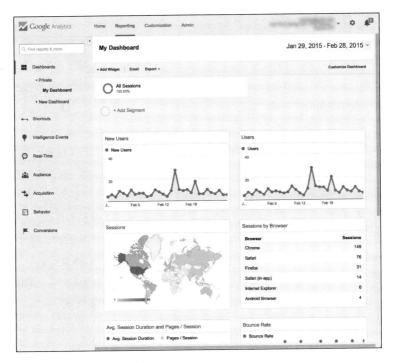

図11-5 Google Analyticsの利用データ

　ユーザーがWebをたどってきた道筋は**クリックストリーム**と呼ばれます。どこからユーザーがやってきたのか（元サイト）、あなたのサイト内でユーザーはどのような道筋をたどったのか、あなたのサイトの次にどこへ向かったのか（行き先ページ）を突き止めることができます。それと、ユーザーが各ページに滞在した時間も分かります。これにより非常に豊富なデータストリームが作成されます。このデータストリームを細かく見るのは非常に面白いものですが、これにもとづいて行動を起こすのは困難です。クリックストリームのデータを価値あるものにするのに本当に必要なのは、「なぜサイトへやってきたのか、何を見つけたのか、なぜ去ってしまったのか」というユーザーからのフィードバックです。こうしたフィードバックを得るために、ユーザーがサイトを去る際にポップアップ調査を行っている会社もあります。

11.4.2　検索ログ分析

　検索エンジンに入力されたクエリーをトラッキングし、分析することは、単純ですが非常に有効なアプローチです[※1]。こうしたクエリーをじっくり調べることで、「ユーザーが探しているのは何か」「どんな単語や語句を使用しているのか」が明らかになります。制限語彙の開発時にはこのデータが役に立ちます。また、「best bet（おすすめ）」戦略用に用語の優先順位を付ける際にも有効です。

　基本的なレベルでいうと、検索ログ分析を行うとユーザーが実際に検索している方法、そして探しものを見つけた時（あるいは見つけられなかった時）何が起きているかに敏感になります。ユーザーは通常キーワードを1語ないし2語入力しますが、そのスペルが正しくない場合もあります。ブール演算子の威力やネスティング（入れ子の構築方法）といったプログラミングばかり勉強してきた、大学を出たばかりの情報アーキテクトにとって、検索ログを見ることは、非常に有効な教育です。Google Trendsのようなライブ検索表示を利用しても同じ効果が得られます。ここでは実際のユーザーがまさに今利用している用語が表示されています（**図11-6**）。

[※1] 検索ログ解析についてさらに詳しく知りたいなら、ルーの『Search Analytics for Your Site: Conversations with Your Customers』（Rosenfeld Media、2011年）を参照。和書は『サイトサーチアナリティクス - アクセス解析とUXによるウェブサイトの分析・改善手法』（丸善出版、2012年）

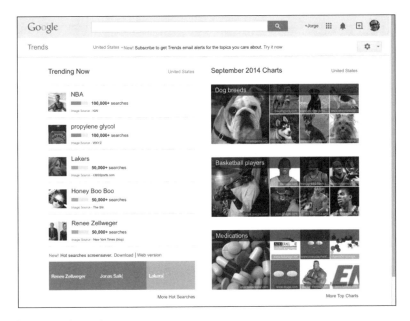

図11-6 Google Trends

　しかし自分のサイトの検索ログがあれば、より詳しく学ぶことができます。最低限でも、ある用語がその月に何回ユーザーによって検索されたのか毎月レポートを入手できるようにしておきましょう。検索レポートの例を以下に示します。

```
54 e-victor
53 keywords:"e-victor"
41 travel
41 keywords:"travel"
37 keywords:"jupiter"
37 jupiter
31 esp
30 keywords:"esp"
28 keywords:"evictor"
28 evictor
28 keywords:"people finder"
28 people finder
27 fleet
27 keywords:"fleet"
27 payroll
```

```
26 eer
26 keywords:"eer"
26 keywords:"payroll"
26 digital badge
25 keywords:"digital badge"
```

しかしうまくいけば、IT グループと共同作業をして、より複雑なクエリー分析ツールを購入または構築し、日付や時間、IP アドレスでフィルタリングしたり、ユーザーが検索を完了した後に何をしたかを知ることも可能です。**図 11-7** はそのようなツールの好例です。このツールは以下の質問に答える際の役に立ちます。

- 人気のあるクエリーで検索結果がゼロのものはどれか？
- ヒット数ゼロのユーザーは間違ったキーワードを入力しているのか、それともサイトに存在しないものを探しているのか？
- 人気のあるクエリーで、何百もの検索結果が出てきたのはどれか？
- この数百ヒットのユーザーが実際に探していたものは何か？
- 人気が出てきたクエリーは何か？人気がなくなってきたクエリーは何か？

回答にもとづいて、すばやくしっかりと問題の解決法と情報獲得の改善法に取り掛かることができます。制限語彙に優先語と変形語を追加したり、主要なページでナビゲーションラベルを変更したり、検索のヒントを改善したり、サイトのコンテンツを編集してもよいでしょう。洗練されたマーケティンググループでは、顧客ニーズの重要な情報源として検索ログに関心を持っています。このことに注目してください。

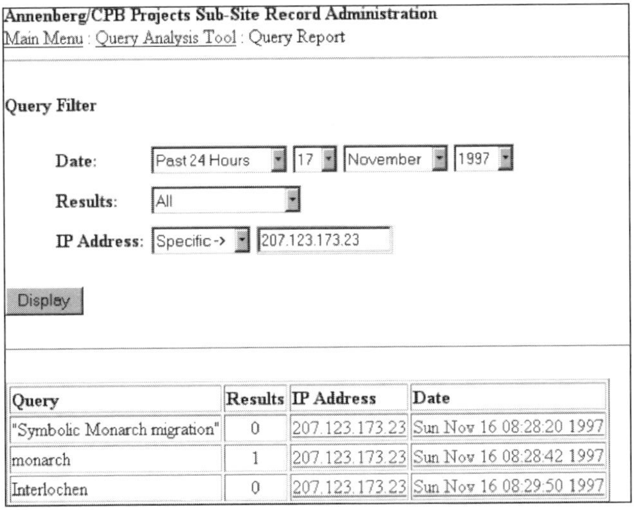

図11-7　クエリー分析ツール

11.4.3　顧客サポートデータ

利用パターンの確認に加えて、顧客サポートまたはテクニカルサポート部門で、Webサイトに関して問題や質問、顧客からのフィードバックなどを把握し分析していないかを探してみましょう。ヘルプデスクのオペレーターやコールセンターの代表者、ライブラリアンや保守アシスタントも優れた情報源となります。多くの大企業では、顧客や社員が答えを求める相手はこうした人々です。これはつまり、彼らこそが質問を知っている人々だと言うことなのです。

11.5　参加者定義とリクルーティング

サーベイ、フォーカスグループ、インタビュー、エスノグラフィー（民族誌学）研究を含め、ユーザー調査方法には調査研究に参加するユーザーのサンプルが必要です。サーベイでは例外的に可能となる場合もありますが、Webサイトの全ユーザーで研究することはほぼ不可能です。

予期されるユーザー及び実際のユーザーの定義と優先順位付けは必須です。すでに述べたように、これらの顧客を区切る手段は無数に存在しています。Webサイトの優先階層を定義したのと同様に、参加者の選択でも優先階層を定義する必要がありま

す。この階層では、組織が顧客を見る際の伝統的な方法（例：ホームユーザー、ビジネスユーザー、VAR[※1]）と、情報アーキテクトが興味を持つ区別（例：昔のサイトに慣れ親しんだ人々、昔のサイトをあまりよく知らない人々）で分ける方法とのバランスをとらなければいけません。

大規模なプロジェクトでは、情報アーキテクトは昔ながらの市場調査会社との共同作業を考慮すべきです。顧客のカテゴリー定義の経験やそのカテゴリー内の参加者の性格特性図の作成経験、参加者の募集の経験、そして設備や動機付け、事項の記入といったロジスティックの取扱い経験のある市場調査会社と共同作業をしましょう。

11.5.1 サーベイ

サーベイは広く浅い調査手段で、多数の人々による入力を比較的早く、低額で得られます。サーベイはメールやWeb、電話や手紙、対人方式によって、量的または質的なデータを集めることができます。

サーベイを設計する際、回答率を上げるには質問数を限ることが必要です。匿名であることを保証し、回答したいと思えるような動機を与えなければなりません。質問をフォローアップするチャンスや会話をする機会はほとんどないため、サーベイでユーザー探索行動について豊富なデータを集めることはできません。しかし、以下の事項を確認する上では有効な手段です。

- どのコンテンツとタスクが最も価値が高いか

- 現在のサイトでユーザーに最もフラストレーションを与えているものは何か

- 改善のためにどのようなアイデアをユーザーが持っているのか

- 現在のユーザー満足度はどのくらいか

実際のユーザーの意見そのものに価値があるだけでなく、サーベイ結果は強力な政

[※1] VAR：Value-added-resellerの略で、付加価値再販業者。既存の製品にほかの製品を組み合わせたり、別の機能を付け加え、価値を高めて別個の製品として売る業者のこと。付加価値には翻訳や製品のカスタマイズ、サポートなども含まれる

治ツールともなり得ます。もし 90% のユーザーが「社員名簿は最も重要かつ最もフラストレーションを与えるイントラネットリソースである」と回答したのなら、これはもはや改善しないわけにはいきません。

11.5.2　コンテキスト調査

　動物行動学から文化人類学まで、フィールド調査は幅広い分野のリサーチプログラムの重要な要素になっています。環境的なコンテキストは振る舞いと深く結びついています——ハゲタカやバンドウイルカについて研究室内で学べることは限られています。同じことが人々や情報技術についても当てはまります。実際、文化人類学者の調査メソッドがプロダクトデザインにも当てはまるとビジネス世界で煽っていることから、ビジネス業界における文化人類学者の数は増えつつあります。

　コンテキスト調査の手法は、情報アーキテクチャの構築に役立ちます。[※1] 例えば、ユーザーの仕事場を見るだけでも、日常どのような情報源を利用しているか知る上で有用です（例：コンピューター、電話、掲示板、付箋など）。

　可能であれば、通常のビジネスの中でユーザーがサイトと関わりを持つ様子を観察することにも価値があります。ユーザーが一日中関わるような、主要なコールセンターアプリケーションを再設計する場合、数時間かけてユーザーを観察してください。ただし、典型的なビジネス Web サイトを再設計するのなら、時々使われるという性質上、観察によるアプローチは実践的ではないかもしれません。ほとんどのユーザーは数週間や 1 ヶ月に一度訪れるだけでしょうから。こうした場合はユーザーテストに頼る必要がありますが、このテストをユーザーの職場で行うことも可能です。

　単に人々が作業する様子を観察するだけでも役に立つこともあります。ユーザーが日常の業務を行う様子、ミーティングに参加する様子、電話で話す様子などを観察することで、イントラネットや Web サイトがどのように人々の生産性を高めているのか（または高めていないのか）洞察できます。ここ（そして観察によるアプローチ全般においても）での問題点は、情報アーキテクチャがナレッジマネジメントとビジネスプロセスの再設計へと流れ込んでしまうことです。理想的な世界では、部門やチー

※1　コンテキストについてさらに詳しく知るには、Hugh Beyer と Karen Holtzblatt『Contextual Design: Defining Customer-Centered Systems』（Morgan Kaufmann、1997 年）を参照

ム、個人の役割と責任は一体となった形式で設計されています。実際の世界（とくに大規模な組織）では、ほとんどのプロジェクトはこれら異なる部門の見通し、スケジュール、予算によって制約を受けています。情報アーキテクチャの設計に責任を持つ人々が他の部門の仕事に影響を及ぼすことはほとんどありません。そのため、調査プロセスの前段階において、実際のデータにもとづいて行動できるかどうかを自問し続けてください。仕事をするなら、答えは「イエス」でなければいけません。

11.5.3　フォーカスグループ

　フォーカスグループはユーザーから学ぼうとする時に使う最も一般的な方法であり、また多用されすぎている方法でもあります。実行する際には、サイトの実際のユーザーまたは潜在的なユーザーに集まってもらいます。一般的なフォーカスグループのセッションでは、サイトの内容はどんなものがよいかなどの質問を記載した原稿を見せて質問したり、サイトのプロトタイプや実際のサイトを見せて感じたことや改善すべき点について意見を述べてもらいます。

　フォーカスグループは、特にサイトのコンテンツや機能についてアイデアを集める時に有効です。ターゲットとするユーザー層から何人かを選び、ブレーンストーミングを行えば、瞬く間に長々とした提案事項のリストを得られるでしょう。しかし情報アーキテクチャに対しては、フォーカスグループは消費者製品のデザインやマーケティングで役に立っているほどの効果を期待することはできません。例えば、人々は冷蔵庫についてなら「これが好き」「ここが嫌い」「こうして欲しい」と言うことができますが、情報アーキテクチャを的確に述べられるような理解や言葉を持ち合わせている人々はほとんどいないからです。

　フォーカスグループはユーザビリティテストにはまったく役立ちません。デモンストレーションはユーザーが実際にWebサイトやアプリとやり取りするのとは環境がまったく異なります。理解、そして4章で説明した「そこにいる」という体験は、個人個人で異なるからです。したがって、フォーカスグループで出された提案は必ずしも説得力を持ちません。悲しいことに、フォーカスグループは特定のアプローチがうまくいくかいかないかの理由を証明するのによく使われています。巧みな質問の選び方と表現方法によって、フォーカスグループは容易にひとつの方向へ動かされてしまいがちなのです。

11.6 ユーザー調査セッション

　ユーザー調査セッションでは、一度に 1 人のユーザーと顔を付き合わせるセッションが中心となります。しかし、このセッションは非常に高くつき、時間もかかります。このセッションで最大の価値を得るには、複数のリサーチ手法を組み合わせることです。私たちは通常インタビューと組み合わせて、カードソーティングかユーザーテストを行います。複数の手法を用いたアプローチにより、限られた時間内で実際のユーザーをできるだけ利用できるからです。

11.6.1　インタビュー

　ユーザー調査セッションの最初と最後に、一連の質問を投げかけることがよくあります。簡単な Q & A から開始することで参加者の気持ちをほぐせるからです。この時、サイトについての総合的な優先事項やニーズを尋ねるとよいでしょう。セッションの最後の質問は、ユーザーテストで浮かび上がった問題をフォローアップするために利用できます。これは「現在のサイトの何にフラストレーションを感じているのか」と「改善するために提案することは何か」を尋ねるのによいタイミングです。最後の Q & A がセッションを締めくくります。過去のイントラネットプロジェクトで使った質問をここに挙げておきます。

背景
- 現在の役職は何ですか。
- バックグラウンドを教えてください。
- 会社での在職期間を教えてください。

情報利用
- 仕事ではどのような情報を使用しますか。
- 最も見つけにくいのはどのような情報ですか。
- 見つけられない時はどうしますか。

イントラネット使用
- イントラネットは使いますか。
- イントラネットの印象は？使いやすいですか、使いにくいですか。

- イントラネットでどのように情報を見つけますか。
- カスタム機能やパーソナライズ機能は使いますか。

ドキュメント発行
- あなたの作成するドキュメントを、他の人や他の部門は使いますか。
- あなたのドキュメントのライフサイクルについて知っていることを教えてください。作成したドキュメントはどうなっていますか。
- イントラネットにドキュメントを発行するためにコンテンツマネジメントシステム（CMS）を使用しますか。

提案
- イントラネットで何か3つ変えられるとしたら、何を変えますか。
- 3つ機能を追加するとしたら、何を追加しますか。
- Web戦略チームに3つのことを伝えられるとしたら、何を伝えますか。

どんな質問をするかを決める際に重要なのは、大部分のユーザーは情報アーキテクチャを理解していないと認識することです。既存の、または将来の情報アーキテクチャについてテクニカルな意見交換ができるほど、彼らには理解も語彙もありません。「現在の組織構造スキームは気に入っていますか」とか「シソーラスがあればサイトのユーザビリティが向上すると思いますか」などと質問したら、彼らはポカンとした顔をするか、適当な思いつきを口から出すだけでしょう。こうした質問への答えを導くために、ほかの調査方法に頼るのです。

11.6.2　カードソーティング

情報アーキテクチャリサーチのツールで、世界一強力なものを手に入れたいですか？それならインデックスカードを一塊と、付箋とペンを掴んでください。カードソーティングはローテクかもしれませんが、ユーザーを理解するには優れた方法なのです。

さて、では何が必要なのでしょうか。**図 11-8** を見てのとおり、そんなに多くはありません。カテゴリー、サブカテゴリー、コンテンツからヘッダーを抜き出してインデックスカードに書き、そのインデックスカードをラベリングします。カードは20枚から25枚あれば十分でしょう。後で分析が楽なように、カードには番号を振って

おきます。積み重ねたカードをユーザーに渡して、それを納得できるような山に分けてもらいます。それからその山に付箋で名前をつけてもらいます。作業中は考えていることを口に出すように頼みましょう。しっかりメモを取り、分けられた山の中身と名前を記録します。それでおしまいです！

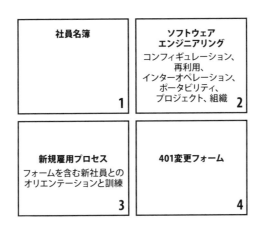

図11-8 インデックスカードのサンプル

　カードソーティング研究でユーザーのメンタルモデルを見抜くことができます。グループ分けや分類、タスクおよびコンテンツのラベルなど、ユーザーの頭の中で暗黙のうちに行われているやり方が明らかになるのです。この方法は単純であるがゆえにかなり柔軟です。リサーチの最も初期段階では、上で述べたように入門的なオープンエンドのカードソーティングを行います。後になったらクローズドのカードソーティングを利用します。この方法では、ユーザーはあらかじめ定義されたラベルを頼りにします。これは情報アーキテクチャのプロトタイプについて議論したり、有効性を確認したりするためです。「何が自分にとって最も重要か」を基準にしてカードを分けるように指示することもできます。「気にしない」という山もできるかもしれません。組み合わせは無限です。以下に述べるカードソーティングの特徴を考慮してください。

オープン／クローズド

　完全にオープンなカードソートでは、ユーザーが自分でカードとカテゴリーラ

ベルを記入します。完全にクローズドなカードソートではあらかじめ名称が書かれたカードとカテゴリーのみを使用します。オープンなソートは問題発見のため、クローズドなソートは問題確認のために利用されます。その間にはかなりのひらきがあるので、自分の目標に従ってバランスを取ることが必要でしょう。

言葉使い

カードのラベルは単語かもしれませんし熟語や文章、またはサンプルのサブカテゴリーが書かれたカテゴリーかもしれません。絵を添えることもできます。カードラベルの言葉使いは、質問や回答としてもよいでしょうし、トピック指向またはタスク指向の単語にしてもよいでしょう。

粒度

カードは粒度が高いレベルのものもあれば詳細なものもあります。ラベルはメインページのカテゴリーやサブサイトの名称でもよいですし、特定のドキュメントに注目したものや、さらにドキュメント内のコンテンツ要素でもよいのです。

異種

最初はさまざまなものを一緒にして机上を埋め尽くし、とにかく量的に豊富なデータを引き出したくなるかもしれません（例：サブサイトの名前、ドキュメントタイトル、主題の見出し）。異種のカードが混ざったものでユーザーを困惑させて、話を引き出すこともできます。後半になったら高度な一貫性を持たせ（例：主題の見出しのみを使用するなど）、量的なデータを作り出すことができます(例：ユーザーの80%がこの3つのアイテムを一緒のグループに入れたなど)。

クロスリスティング

サイトの第一階層に肉付けしているのでしょうか、それともナビゲーションのほかの通り道を探っているのでしょうか。もし後者ならば、ユーザーにカードのコピーと複数のカテゴリーにクロスリスティング（X-Listing）[※1]することを許可しましょう。カードやカテゴリーラベルに記述用語（例：メタデータ）を記入して

※1 クロスリスティング：複数のディレクトリ型検索エンジンに代理登録を行ってくれるサービスのこと

もらってもよいでしょう。

ランダムさ

仮説の証明を行うために戦略的にカードラベルを選ぶこともできますし、考えうるラベルの中からランダムに選び出すこともできます。いつもと同様、あなたの力は結果に影響を与え、悪い方向にも善い方向にも導きうるのです。

量的／質的

カードソーティングはインタビューの道具として、またはデータ収集ツールとしても利用できます。質的なデータの収集に最も役立つことはすでにわかっています。量的な方向を歩むのなら、科学的なメソッドの基本原則を遵守し、結果を偏見で歪めないよう注意してください。

　カードソーティングにさまざまな方法があるように、その結果を分析する方法もさまざまです。質的な観点からみると、テストの間に学びながら考えを形作るべきです。なぜなら、ユーザーは論拠や疑問、フラストレーションを口に出して話すからです。フォローアップの質問をすることでさらに詳しい内容へと掘り下げ、コンテンツを組織化しラベリングする機会について理解を深めることができます。

　量的な方法では、把握すべき明らかな測定基準がいくつかあります。

- ユーザーが2枚のカードを一緒に置いた回数の割合。アイテム間に高レベルの関連性があるということは、ユーザーのメンタルモデルで高い親和性があることを示している。

- 特定のカードが同じカテゴリーに置かれた回数の割合。これはクローズドソートでうまく働く。オープンソートではカテゴリーラベルを標準化する必要がある（例：Human Resources = HR = Admin/HR など）

　これらの測定基準は、**アフィニティダイアグラム**で視覚的に表示されます（**図11-9**）。これはクラスターを示すとともに、クラスター間の関係を示しています。データを統計分析ソフトウェアに詰め込んで、自動的に図を作成すればよいでしょう。しか

し、こうした自動的な図の作成はかなり複雑で、理解が困難な場合が多いのです。結果について話し合うより、パターンを見抜くことを目的にした方がよいという傾向があります。

　クライアントにリサーチ結果を提示する用意ができたら、自分の手で簡単なアフィニティモデルを作成してみます。手書きのダイアグラムであれば、カードソーティング結果の顕著な部分だけに注目することができます。

　図 11-10 では、ユーザーの 80% が「DHTML のイベントプロパティの設定」と「エンタープライズ版：展開」とを同じ山に分けています。これによりこの 2 つはサイトで密接につながりを持つべきだということが示されています。「Web サーバロードバランス」が境界の橋渡しであることに着目すると、この項目はサイトの両方のカテゴリーから参照されるべきだろうと考えられます。

　賢い使い方をすれば、アフィニティダイアグラムはブレーンストーミングプロセスを活気づけますし、リサーチ結果をプレゼンする際や戦略決定を弁護する際に役立ちます。しかし、質的なリサーチを量的な分析で覆い隠さないことが重要です。もし 5 人のユーザーテストしか行っていないのならば、その数は統計学上では無意味です。ですからカードソートはとても魅力的なデータセットを作り出すのですが、最も役立つのはカードソートから論理的に導かれた、質に関する洞察の方なのです。

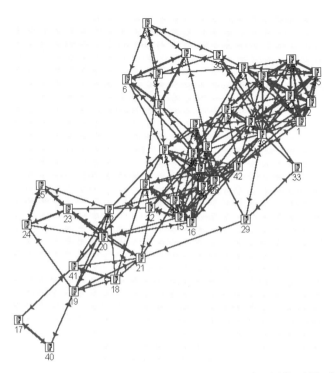

図11-9 自動生成したアフィニティダイアグラム（Valdis KrebsのInFlow 3.0ネットワーク分析ソフトを用い、Edward VielmettiがLouis RosenfeldとMichele de la Iglesiaのために作成）

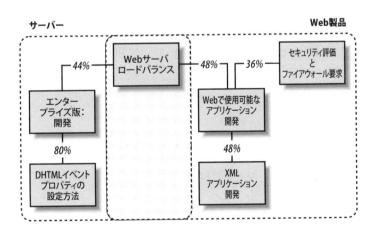

図11-10 手書きのアフィニティダイアグラム

11.6　ユーザー調査セッション　379

11.6.3　ユーザーテスト

　ユーザーテストはさまざまな名称で行われています。ユーザビリティエンジニアリングや情報ニーズ分析などもこれに含まれます。呼び方は何であれ、ユーザーテストはかなり簡単です。ユーザビリティの専門家として、Advanced Common Sense 社のスティーブ・クルーグ（Steve Krug）氏は「それほど難しいことじゃないよ（It's not rocket surgery）」というフレーズを好んで口にしています。[※1]

　基本的なユーザーテストでは、端末の前にユーザーを座らせ、調査中のサイトを開いてもらいます。それからそのサイトを使って情報を見つけたり、タスクを達成したりしてもらいます。タスク 1 つにつき約 3 分とし、ナビゲートの最中には考えたことを口に出すようにユーザーに頼みます。しっかりメモを取り、ユーザーが口に出したこととユーザーがどこへ行ったかを記録します。クリック数を数えたり、各セッションにストップウォッチを利用してもよいでしょう。

　もう一度繰り返しますが、このリサーチを行う方法は数限りなくあります。このセッションを録音したりビデオに撮ったりしてもいいですし、ユーザーのクリックストリームを測定する特別なソフトウェアを利用してもいいでしょう。既存のサイトや忠実度の高い Web ベースのプロトタイプ、または忠実度の低いペーパープロトタイプさえも利用できます。ブラウズのみまたは検索のみユーザーにさせることも可能です。

　可能であればいつでも、幅広い顧客タイプを含めるようにしてください。特に重要なのは、Web サイトに精通した人と慣れていない人とを混在させることです。熟達者と新参者とでは、示す振る舞いが大幅に異なります。もうひとつの重要な要素に、適切なタスクを選ぶ、ということがあります。以上は調査議題で明確に定義しなければなりません。まだ探索フェーズであるなら、以下の文章を考慮してタスクを振り分けてみてください。

簡単なことから不可能なことへ

　簡単なタスクから始めれば、たいていの場合ユーザーは自信を持ち、気が楽になります。後から難しい、または不可能なタスクをいくらか含め、困難な状態に置

[※1] ユーザビリティを一から学びたい人におすすめなのがスティーブ・クルーグの『Rocket Surgery Made Easy: The Do-It-Yourself Guide to Finding and Fixing Usability Problems』（New Riders、2009 年）を参照

かれたサイトがどのように機能するかを観察します。

既知項目から網羅的に

特定の回答またはアイテムを見つけるようユーザーに指示します（例：カスタマーサポートの電話番号など）。また、あるトピックについて見つけられるものはすべて見つけ出してもらいます。

トピックからタスクへ

ユーザーにトピック的な質問または主題的な志向の質問（例：超小型電子技術について何か見つけてください、など）をしましょう。また、いくつかのタスクを遂行してもらいましょう（例：携帯電話を購入する、など）。

人為的なものから現実へ

タスクの大部分は人為的なものですが、現実味のあるシナリオを組み立ててみてください。「プリンター X を見つけなさい」と言うのではなく、問題文を提示するのです。例えば、「あなたはホームビジネスを始めるところで、プリンターを購入しようと決心しました」のように。ユーザーにロールプレイをしてもらいましょう。ユーザーは「このプリンターについて他の人のレビューはどうだろう」と考え、他の Web サイトを訪れるかもしれません。「ファクスとコピー機も一緒に買ってしまおう」と決心する可能性もあるでしょう。

コンテンツ分析と同様に、これらのタスクを Web サイトの複数の分野やレベルに展開すべきです。一般に、ユーザーテストからは分析に豊富なデータセットが得られます。観察し、耳を澄ますだけでかなり多くを学ぶことができます。明らかな測定基準の中には「クリックした回数」と「発見までの時間」が含まれています。これらは実施前後の比較にも役立ちます。あなたの行った再設計でどれだけサイトが改善されたかを示すことができます。また、ユーザーを間違った方向へと導いてしまう、よくある間違いも突き止める必要があります。

私たちと同じような情報アーキテクトであるならば、こうしたユーザーテストでかなり元気がでるはずです。実際の人々が既存のサイトに一生懸命になり、苦労している姿を見る。ユーザーに敏感な専門家からすれば、これほどモチベーションを与えら

れることはありません。苦労している姿を見て、何がうまくいかないのかが分かれば、あなたの頭の中では必然的にありとあらゆる改善策が創られ始めるのです。こうしたすばらしいアイデアを無視してはいけません。「クリエイティビティは戦略段階だけ」などと自分を押さえつけないようにしてください。鉄は熱いうちに打たなければいけません。調査セッションの間にアイデアを書き留めておきます。セッションの合間に同僚やクライアントと話し合い、空き時間を見つけてはアイデアを発展させましょう。戦略段階に移った時、このメモとディスカッションはとてつもない価値を持っていることが分かるでしょう。

11.7　調査の擁護

　複雑な Web サイトを設計または再設計する時には、まず調査に取り掛かり、情報アーキテクチャ戦略を策定すべきです。調査を通じてビジネス目標やユーザー、情報エコロジーを知り、強力な戦略を展開するのが狙いです。戦略を策定し、表明し、磨きをかけることにより、私たちはサイト構造と組織化の方向性および範囲に関して意見を一致させようとします。

　この戦略は後に続く設計と導入作業にとってロードマップとなります。情報アーキテクチャプロセスを進めるだけでなく、グラフィックデザイナー、コンテンツ作成者、ソフトウェア開発者の作業なども導くのです。これらのチームは別々の道を歩みますが、情報アーキテクチャ戦略の存在によって向かう目的地は同じ場所になります。

　調査と戦略は別段階となることもありますし、組み合わさって 1 つの段階になることもあります。いずれにしても、重要なのは調査を実行する人々と戦略を開発する人々を同じチームにすることです。調査チームと戦略チームが別々だと問題が生じます。興味深いけれども必ずしも理由が得られないような答えを求めがちになり、調査チームは方向性と焦点を見失います。戦略チームはというと、ユーザーやオピニオンリーダー、コンテンツと直接インタラクションを持たなくなってしまいます。形式的な発表とレポートでは、実践向きの知識はほとんど伝えられません。

　リサーチに時間を割かないと、何が起こるのでしょうか。これははっきりと断言できます。組織立っていない Web 開発プロジェクトが非常に厄介な結果に終わったのを、私たちは直接経験してきました。大規模な e コマースプロジェクトの途中で参加させられた時のことです。クライアントは「一刻も早く先に進みたい」と考え、リサー

チと戦略段階を飛ばすことにしました。グラフィックデザイナーは美しいページテンプレートを作成し、コンテンツ制作者は膨大な数の記事を再構成してインデックス付けを行いました。テクニカルチームはある CMS を選んで購入しました。ところが各チームの作った要素を合わせたものの、どれもうまくいきませんでした。「ユーザーとコンテンツとをいかにつなぐか」というビジョンが共有されていなかったからです。実際、Web サイトの最優先目標について折り合いすらつけることができませんでした。ある関係者が「死のスパイラル（death spiral）」と表現した状態にこのプロジェクトは陥りました。どのチームも「自分たちのビジョンが正しい」といい、他のチームを説得しようと躍起になっている状態です。どのチームがやったこともかなり的外れで、組み合わせることもできません。この事態の改善を図るよりも、もう一度はじめからやり直したほうがむしろ効率的だとクライアントは決心し、結局プロジェクトを中断してしまいました。

　残念ながら、このシナリオは珍しいものではありません。今日の進歩が早い世界では誰でもが近道を見つけたがります。「時間をかけてリサーチし、しっかりとした戦略を展開することが非常に重要である」と人々を説得することはかなり困難です。Web の実践経験がほとんどないシニアマネージャーに対しては特に困難と言えます。もしあなたがこうした問題で苦労しているのなら、次のセクションが役に立つかもしれません。

11.7.1　調査抵抗勢力に打ち勝つ

　多くの企業環境では調査の言葉を出した途端、抵抗されます。一般的な異議は以下の 3 つです。

- 我々には時間も金もない
- 必要なものはすでに知っている
- 調査ならすでに実施している

　この異議の背後には適切な理由があります。誰もが時間と予算の制限のもとで仕事をしています。「何がうまくいくか、うまくいかないものはどう直せばいいか」につ

いては誰でも意見（時にはよい意見）を持っています。最新のプロジェクト以外はどのプロジェクトでもある程度の調査がされており、現状にも応用できます。分析の麻痺状態に陥ることを恐れ、ビジネスマネージャーは極端に実践行動指向になる傾向があります。「調査なんかは飛ばして、実際の作業に取り掛かろうじゃないか」といった言葉がよく聞かれます。

しかし設計・再設計に関わらず、重大なプロジェクトでは情報アーキテクトが「情報アーキテクチャのリサーチを実行することは重要です」と伝える方法を見出さなければいけません。事実を発見するために調査や実験をしてこそ、間違った推測や偏見のない、安定した基盤の上に戦略を築くことができるのです。情報アーキテクチャのリサーチを実行する際によく出される異議に対してじっくり考えてみましょう。

調査をすることで時間もお金も節約できる

調査を飛ばして設計に飛び込む、という傾向は多くの場合、プロジェクトマネージャー版「アクティブユーザーのパラドックス」[※1]です。前進しているという感覚は即座に満たされるでしょうが、総合的な効率と効果がこの犠牲になっています。全Webサイトの基盤を成すのは情報アーキテクチャですから、ここで犯した過ちが恐ろしい波及効果を持ってしまうのです。

私たちの経験（図11-11に要約）からして、以下の考えは常に強まっています。リサーチに必要な時間を割くと、設計と実装期間がかなり短縮され（膨大な論議と再設計を避けられるため）、実際にプロジェクト全体が短縮されることになるという考えです。

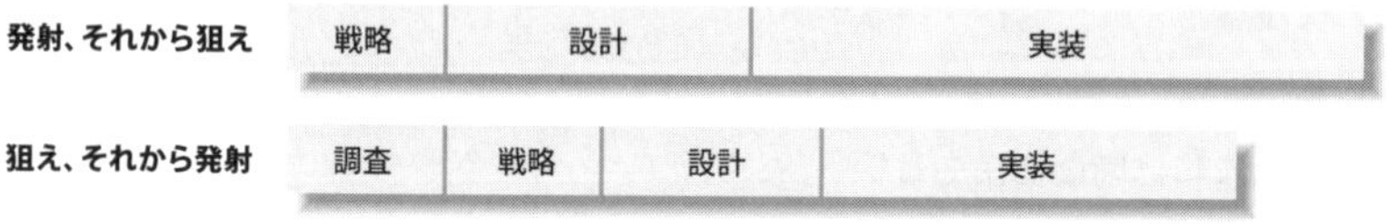

発射、それから狙え	戦略	設計		実装
狙え、それから発射	調査	戦略	設計	実装

図11-11　アクティブマネージャーのパラドックス

※1　ユーザーは実際の効率よりも、スピードという幻想を選びがちだ。ここでは、目的の結果が得られなくても、検索エンジンに繰り返しキーワードを入れてしまう理由を説明している。ブラウジングが遅く感じられることだろう

しかし、最大の節約は、サイトが実際に機能し、そして「半年後に完全に設計のやり直し」という羽目にならないということです。

ユーザーが望んでいることは、マネージャーには分からない
ユーザー中心設計の重要性を認識する話となると、大半のデジタルデザイナーは「郷に従って」きました。しかしビジネスマネージャーはそうではありません。彼らは自分の希望、上司の希望、自分が予想するユーザーの希望、実際にユーザーが持っている希望とを混同しています。こうした信じてくれない人の考え方を変えるには、ユーザーテストに巻き込んでしまうのが一番です。一般の人が製品やサービスを使おうとしている様子を見れば、嫌でも謙虚な気持ちにさせられるでしょう。

私たちは情報アーキテクチャの調査を行う必要がある
情報アーキテクトはユニークな質問をユニークなやり方で行わなければなりません。市場調査の研究や一般的な目的のユーザビリティテストも役立つデータを提供するかもしれませんが、それだけでは不十分です。また、テストと設計の両方に同じ人々が関わらなければなりません。過去の調査レポートを投げ出してしまうと、価値を制約することになるでしょう。

11.8　まとめ

この章で学んだことをまとめましょう。

- 優れた調査とは適切な質問をし、広範囲な環境の概念的な枠組を必要とする適切な質問を選択することです。

- 調査の基本として、コンテンツ／コンテキスト／ユーザーの概念フレームワークを使います。

- コンテキストを調査する際は、目標、予算、スケジュール、技術基盤、人材、企業文化、政治を理解するようにします。

- コンテンツを調査する際は、「サイトにあるもの」を理解するようにします。

- ユーザーを調査する際は、サイトを使う人々、実際に生きた人々を理解するようにします。

- プロジェクトにおいて調査時間をとるよう出資者を説得するのが難しい場合もありますが、説得は重要です。

ではプロセスの次のステップである、「戦略」を見てみましょう。

12章
戦略

> 戦略とは何をやらないかを決めることである。
> ── **マイケル・ポーター**
> （Michael Porter）

本章では、次の内容を取り上げます。

- 情報アーキテクチャ戦略の要素
- 調査から戦略へ移行する際のガイドライン
- メタファー、シナリオ、概念的ダイアグラムを使って戦略を実現
- プロジェクト計画、プレゼンテーション、戦略報告書（Weather.com の詳細な例を含む）

　調査は癖になります。学べば学ぶほど疑問がわいてくるのです。学生が博士論文の完成に 10 年以上もかかってしまうことがあるのはこのためですが、情報アーキテクトにはそんな贅沢は許されません。年単位というよりも月単位や週単位でスケジュールがたてられ、そのスケジュール内に調査から設計へと移らなければならないのが通常です。

　調査と設計とをつなぐ橋が情報アーキテクチャ戦略です。調査を開始する前に、どのようにその橋を構築するかを考え始め、調査プロセス中でも考え続けることが非常に重要です。同様に、橋を構築している最中にもテストを繰り返し、推測に磨きをかけるといった調査の作業を続ける必要もあります。

　調査と戦略との境界線はあいまいです。ページをめくったら 11 章から 13 章に

進んだ、というほど単純な話ではありません。調査から保守へと移行する過程は**図12-1**に示されるように直線的ですが（11章にも記載しています）、細部に踏み込んでみると、かなり反復を要するインタラクティブなプロセスなのです。

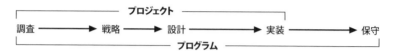

図12-1　情報アーキテクチャ開発プロセス

情報アーキテクトは、前に進んでは後ろに戻るということを繰り返し、限られた予算とスケジュール内で調査担当と戦略担当との二役をこなさなければなりません。ストレスもあります。この作業は確かにきついものですが、楽しくてやりがいがある仕事でもあるのです。

12.1　情報アーキテクチャ戦略とは何か

情報アーキテクチャ戦略とは、情報環境の構造化と組織化を目的とした、上位レベルの概念的フレームワークのことです。情報アーキテクチャ戦略によってしっかりとした方向感覚と見通しが得られるため、確信をもって設計フェーズへ進み、そして実装フェーズへと作業を進めていくことができます。また、よりコストのかかる設計フェーズに突入する前に話し合いを進め、人々が同じ考えを持つ役に立ちます。各部門の行動計画が統一された経営戦略によって決められるように、詳細な情報アーキテクチャも全体的な情報アーキテクチャ戦略によって決められなければなりません。

成功のためには、目の前の独特な情報環境でうまく作用するソリューションが必要です。コンテキスト、ユーザー、コンテンツに対する調査結果にもとづいて、ニーズと現実とのバランスを取る戦略を策定するべく努力していきます。情報アーキテクチャ戦略は以下の点について、上位レベルの提言をします。

情報アーキテクチャの管理

先を見据えて、情報アーキテクチャの発展とメンテナンスの現実的な戦略を開発することが非常に重要となります。政治や部門別の構造、コンテンツの所有権な

どと結びついた、回避できない中央集権化対分散化の問題をカバーします。あなたの目の前にあるのは命令・支配型モデルでしょうか、それとも連邦政府型アプローチでしょうか。あなたのアーキテクチャはユーザーにサブサイト、それともコンテンツやアプリケーションへの道筋をすべて伝えているでしょうか。コンテンツの制作者がメタデータを付けてくれると信頼できるでしょうか。制限語彙を管理するのは誰になるでしょう。

技術統合

戦略段階では、既存のツールを活用する機会に取り組むとともに、情報アーキテクチャを発展、管理する技術があれば、追加が必要かどうか判断しなくてはなりません。鍵となる技術カテゴリーに含まれるのは、検索エンジン、コンテンツマネジメント、自動分類、協調フィルタリング（Collaborative Filtering）[1]、パーソナリゼーションです。

トップダウン型重視か、ボトムアップ型重視か

どこにエネルギーを集中すべきかは多くの要素から影響を受けます。この要素には現在のサイトの状態や政治的環境、情報アーキテクチャ管理モデルなどが含まれます。例えば、すでにしっかりとしたトップダウン型の情報アーキテクチャが存在していたり、強力な設計チームが第一階層を「所有」していたりするのなら、取るべき道はおそらくボトムアップ型の方でしょう。

組織構造とラベリングシステム（トップダウン型）

サイトの主要な組織体系の定義（例：ユーザーが製品別、タスク別、顧客カテゴリー別にナビゲートできるようにするべき、など）が必要です。その後、第一階層として機能する主要な組織体系の確認を行います。

ドキュメントタイプの確認（ボトムアップ型）

ドキュメント一式とオブジェクトタイプ（例：記事、レポート、白書、財務計算、オンラインコースモジュールなど）の確認が伴い、コンテンツ制作チームおよび

---

[1] 協調フィルタリング：多くのユーザーの情報を蓄積し、特定のユーザーと嗜好の類似した他のユーザーの情報を使って、自動的に推論を行うこと

コンテンツマネジメントチームとの緊密なコラボレーション（協働作業）が要求されます。

メタデータフィールド定義

保守的、構造的、記述的メタデータフィールドの定義が必要です。中にはグローバルな（全ドキュメントに適用する）フィールドもあれば、ローカルな（特定のサブサイト内でのみ適用する）フィールドもあります。他にも、特定のドキュメントタイプにのみ関係するものもあります（例：ニュース記事全般に対しては、ヘッドラインの確認が必要）。

ナビゲーションシステム設計

統合されたナビゲーションシステムや補足的ナビゲーションシステムがどのようにトップダウン、あるいはボトムアップ戦略を活用するのか、説明していなければなりません。例えば、検索ゾーンがあればユーザーがトップダウンの製品階層を利用できるようになるかもしれませんし、フィールド検索があればユーザーは特定の白書を検索できるようになるかもしれません。ナビゲーションシステム設計はカスタマイゼーションとパーソナリゼーション機能の有無にも影響を受けます。

　上記すべてを網羅するのは多すぎると思われるかもしれませんが、これでもまだ足りません。何を戦略に含めるべきか、どこに重点をおくべきかに関しては、それぞれの情報環境独自のニーズをアーキテクトが考慮する必要があります。いつも通り、あなたはクリエイティブである必要がありますし、優れた判断を下さなければなりません。

　戦略は情報アーキテクチャ戦略レポートの中で詳細に述べられ、高度な戦略プレゼンテーションにおいて伝達されます。そしてプロジェクトの計画から情報アーキテクチャ設計へと実現されていきます。しかし完璧な成果物の作成に集中しすぎないようにしてください。結局情報アーキテクチャ戦略を理解し、受け入れるのは人々の心です。デザイナー、開発者、制作者、出資者など、サイトの設計、構築、メンテナンスに関わるすべての人々の心をつかまなければなりません。人々にあなたのビジョンを受け入れてもらうことが成功には欠かせないのです。

12.2　批判される戦略

戦略を受け入れてもらうことに関して、情報アーキテクチャ戦略を発展させている時に何度も持ち上がる重要な問題について論じておくことも大切です。クライアントの組織内にいるプロジェクトに対して好意的でない出資者が、調査のインタビュー中に以下のような質問を持ち出すことが少なからずあります。

- うちの会社には経営戦略もないのにどうやって情報アーキテクチャを発展させられるのか。

- コンテンツが手元に揃っていないうちに、どうやって情報アーキテクチャを発展させるのか。

こういった質問を予期していなかった情報アーキテクトはまごついてしまうかもしれません。その質問がFortune誌が選んだ500社の最高情報責任者（CIO：Chief Information Officer）や事業戦略担当副社長からであれば、とりわけそうです。こんなことならば「難しい性格の人との上手な付き合い方の本」とか「霞になって消える方法」でも読んでおけばよかった、と思うことでしょう。

幸い、経営計画書や完璧なコンテンツが手元にないからといって、サイトマップをたたんで帰る必要はありません。Fortune誌が選んだ500社を相手にした私たちのコンサルティング経験において、これまで一度も「完璧な計画書」や「時代にあった計画書」など目にしたことがありません。それに、12ヶ月の期間の間で大幅に変化しなかったコンテンツなどありません。

あなたが扱っているのは、古典的な「鶏と卵のどちらが先か？」という問題と同じなのです。これにははっきりした回答はありません。

- 経営戦略が先か、情報アーキテクチャが先か。

- コンテンツが先か、情報アーキテクチャが先か。

経営戦略、コンテンツ収集、情報アーキテクチャの3つはバラバラに孤立した状態では存在しませんし、完璧に形成された卵から孵るものではありません。強い相互

関係の下で共に発達していくものなのです。

　情報アーキテクチャ戦略の策定は、経営戦略とコンテンツの間にあるギャップを暴き出すのに効果的な手段です。このプロセスにより、人々はこれまでどうにか避けてきた困難な選択をせざるを得なくなります。組織化とラベリングの問題に関するごく単純な質問が、経営戦略ポリシーやコンテンツポリシーに波紋を投げかけるのもよくあることです。以下に例をあげましょう。

設計者の無邪気な質問

「この Consumer Energy 社の Web サイトの階層を設計しようとしているのですが、Consumers Energy 社のコンテンツと、その親会社である CMS Energy 社のコンテンツとの調和を取るような階層がなかなかできません。2 つの別の階層を用意してコンテンツを別々にしなくてもいいのでしょうか」

この質問の長期的意味合い

この単純な質問が議論の始まりとなり、別々の Web サイトを構築するという決定が経営的になされることになりました。この 2 つの組織はそれぞれ独自のオンライン上のアイデンティティとコンテンツを提供することになったのです。

- http://www.consumersenergy.com/
- http://www.cmsenergy.com/

　2 つのサイトを用意するというこの決断は、今でも続いています。それぞれの URL を調べてみてください。

　経営戦略とコンテンツポリシーとの間にも、同様の双方向性があります。例えば、私たちの同僚はオーストラリアのイエローページの情報アーキテクチャ設計に関わっていました。この時の経営戦略の焦点はバナー広告導入による収入増加でした。この戦略を実行する鍵となる要素はコンテンツポリシーであるということがじきに明らかになり、最終的に戦略は大成功を収めたのです。

　理想的なのは、情報アーキテクトが経営戦略チームやコンテンツポリシーチームと直接協働作業し、情報アーキテクチャ、経営戦略、コンテンツポリシーという 3 つ

の重要な分野がどう関係しているのか探り、定義していくことです。情報アーキテクチャ戦略の発展により、その分野のギャップがあらわになったり、または新たなチャンスが見出される可能性があることを経営戦略担当やコンテンツ管理者は受け入れるべきですが、情報アーキテクチャも、情報アーキテクチャ戦略も完全に固まったわけではないと自分の（そして人々の）心に留めておくことが必要です。プロジェクト後半のフェーズでインタラクションデザイナーとプログラマーが関わるにつれ、彼らの作業で情報アーキテクチャのギャップがあらわになり、改善の新たなチャンスが見出されることもあるのです。

12.3　調査から戦略へ

　調査が始まる前から、サイトの構造化と組織化で可能な戦略について考え始めましょう。調査フェーズでは、ユーザーインタビュー、コンテンツ分析とベンチマーク調査でデータを集めて研究します。そして次々に入ってくるデータに頭の中にある仮定を照らし合わせ、テストし、再度磨きをかけていきます。最大限の努力を払ったのならば（あるいは払う準備が整ったら。あなたがどう見るかによりますが）、たくさんの組織構造およびラベリング体系との格闘の始まりです。ここでホワイトボードの出番となります。

　どのような場合でも、戦略フェーズに入る前からチーム内で戦略について考え始めたり話し始めたりしておいてください。これは当たり前のことです。考えうる戦略に関するアイデアを生み出し、伝達する、あるいはテストを開始する時期を決める時には、さらに厄介なタイミングという問題が待っています。概念的サイトマップとワイヤーフレームの第1弾はいつ作るのか？それをいつクライアントと共有するのか？ユーザーインタビューで仮説を試すのはいつにするか？

　これもまた、答えは簡単ではありません。調査フェーズはあなたの（そして他の人々の）コンテンツやコンテキスト、ユーザーに対する先入観に挑むために存在します。学習に必要なスペースを作るには、構造化されたメソドロジー（方法論）の実行が必要でしょう。しかし、収穫逓減の法則を経験し始めた時に、調査プロセスのポイントに到着するのです。オープンエンドの質問をユーザーにしても、もはや何も新しいことは得られず、あなたはどうしても1、2の階層に肉付けし始めたくなります。そして構造やラベルをユーザー、クライアント、同僚に紹介したくてたまらなくなります。

このタイミングが公式なプロジェクト計画に対応していてもそうでなくても、ここが調査から戦略へと移行するポイントです。ここまではオープンエンドの学習に重点が置かれていましたが、ここからの重点はデザイン、テストへと移ります。調査から戦略へのフェーズ移行中も調査のメソドロジーは継続して使うことができますが、アイデアを視覚的（概念的なサイトマップとワイヤーフレーム）に表現することに焦点を移行しなければなりません。戦略会議でこれらのビジュアルをクライアント、同僚と共有し、組織構造とラベリング体系のユーザーテストを実施します。

12.4　戦略の発展

　これまではプロセスが注目されていましたが、調査から戦略へと移行すると今度はプロセスと製品結果とのバランスが優先的に注目されるようになります。メソドロジーはここでも重要ですが、注目の的となるのはそのメソドロジーを適用した上で作成した作業の結果と成果物です。

　吸収モードから制作モードへの移行は情報アーキテクチャにとっては容易ではありません。どれだけの調査を量的、質的に行っても、情報アーキテクチャ戦略開発は本来創造的なプロセスであり、そこにはあらゆる混乱、フラストレーション、辛さ、そして楽しみがあるのです。

　図 12-2 は戦略開発プロセスとその結果の成果物を表しています。矢印の優位性に着目してください。このプロセスは反復が多く、非常にインタラクティブです。4つのステップ、**TACT**（「think（考える）」「articulate（表現する）」「communicate（コミュニケートする）」「test（テストする）」）を見ていきましょう。

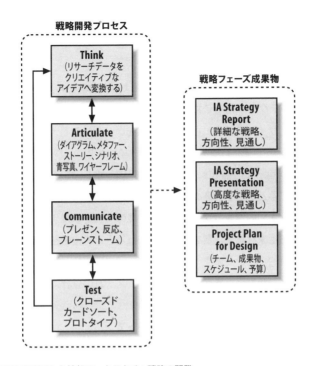

図12-2 TACTを利用した情報アーキテクチャ戦略の開発

12.4.1 Think（考える）

　人の心は究極のブラックボックスです。どの入力（例：調査データ）によってこの結果が出力された（例：クリエイティブなアイデア）のか、そのプロセスは誰も本当に理解することはできません。私たちのアドバイスは、「あなたにとって最もうまくいくものを利用しましょう」ということです。散歩したり紙に落書きをしながら1人で考えるのが一番だ、という人がいれば、グループで考えるのが一番だ、という人もいます。重要なのは、「時間と場所をとって調査で学んだものを消化し、いつでも生産できる用意をする必要がある」と認識することです。

12.4.2 Articulate（表現する）

　アイデアが形を成し始める時には、それを表現することが重要です。図やメモを紙やホワイトボードにざっと書きながら、ざっくばらんに始めるのが最もよいでしょう。

この段階ではビジュアルデザイン用のソフトウェアは使わないでください。ソフトを使うと、アイデアの発展に集中すべき時なのに、レイアウトやフォーマットに無駄なエネルギーを注ぐことになります。

繰り返しますが、単独作業が一番の人もいれば、相談役が必要な人もいます。2、3人の情報アーキテクトが組んで共にアイデアを肉付けし、ホワイトボード上で高度なビジュアルのデザインを行う、というチームをいくつも見てきましたが、こうしたチームはうまく協働作業を行っていました。一方バックグラウンドの異なる8人以上がチームとなって、一日中部屋に閉じこもって「コラボレーション型のデザインワークショップ」をするというケースもありました。私たちの経験からして、このような大人数のチームは集団的浅慮（グループ内の意見の一致を重視するため、現実的な判断がなされず、お粗末な意思決定を行ってしまうこと）と疲労を招くため、かなり非効率的かつ非生産的だといえます。大人数のグループはブレーンストーミングや反応を共有するにはよいかもしれませんが、複雑なシステムの設計には適しません。

12.4.3　Communicate（コミュニケートする）

ついにアイデアを作り上げる段階からそれを人に伝達（コミュニケート）する段階へとやってきました。この特定のアイデアをターゲットの顧客に対して最も効果的に伝達する方法を見分けなければなりません。ツールボックスには、メタファー、ストーリー、ユースケースシナリオ、概念的ダイアグラム、サイトマップ、ワイヤーフレーム、レポート、プレゼンテーションが含まれているでしょう。形式よりも機能を優先し、目的に適したコミュニケーションツールを選択してください。

まず最初は「安全な」同僚相手に打ち解けたコミュニケーションをとり、アイデアに磨きをかけ、自信を付けさせてもらうのが一番です。その後「安全ではない」同僚相手に作業成果の草案をぶつけることができます。この同僚はきっと厳しい質問をあなたにし、粗探しをしてきます。このプロセスで自信を付けることができ、アイデアも進歩し、より幅広いクライアントたちや同僚に披露する用意ができます。

多くの経験から、アイデアは早めにそして、頻繁に伝えた方がよいということを学びました。多くの人は、未完成のアイデアを人に伝えることを嫌がります。自分のエゴがリスクを嫌っているのです。その脅威の念を軽減するひとつの方法は、これはあくまで「たたき台」であって、反応を引き起こしたりそこから論議をすぐに始めたり

することではないと提案することです。このようなはっきりとした断りによって、誰もが気軽に参加でき、代替案となる見方を話し合うこともできます。それから合意へと移行できれば望ましいでしょう。積極的にコラボレーション型のアプローチをとることにより、結果的によりよい情報アーキテクチャ戦略を策定できますし、クライアントや同僚からより多くの賛同を得られるでしょう。

12.4.4　Test（テストする）

　プロジェクトの予算がわずかであろうと何千万ドルであろうと、情報アーキテクチャ戦略に鍵をかけてしまう前に、アイデアを必ずテストしなければなりません。自分の友人に対して非公式なユーザビリティテストをするだけでも、何もしないよりはましなのです。

　調査フェーズをカバーしたメソドロジーの多くは、多少変更すれば、可能な戦略のテストに適用できます。例えば、作業成果物の草案を数人のオピニオンリーダーや出資者に披露し、経営戦略と方向性があっていることを確認するなどです。同様に、コンテンツ分析サンプルには含まれていなかったドキュメントやアプリケーションに対してあなたのモデルをテストし、戦略がコンテンツ全体に対応することを確認してもよいでしょう。しかしこの段階でのテストで最も価値のあるメソッドは、カードソーティングとタスクパフォーマンス分析の変化形であることが分かっています。

　クローズドカードソーティングを実行すると、上位レベル組織化とラベリング体系に対してユーザーがどのような反応を示すかが観察できます。まずそれぞれの上位レベルカテゴリーに対して「カテゴリーカード」を作ります。おすすめのカテゴリーラベルを使ってください。それから先ほどのカテゴリーに属する項目をいくつか選び出します。この演習は粒度のレベルが異なる項目を用いて何度か行うとよいでしょう（例：第2層のカテゴリーラベル、目的ドキュメント、アプリケーションなど）。カードを混ぜたら，抜き出した項目がふさわしいカテゴリーに入るようにユーザーに並び替えてもらいます。この演習はユーザーに考えを口に出してもらいながら行うと、自分のカテゴリーやラベルがユーザーに対してうまくいっているかどうかを感じ取ることができます。

　タスクパフォーマンス分析もまた有効なアプローチです。調査段階ではユーザーが既存のWebサイトを使う能力をテストしましたが、今度は紙またはインタラクティ

ブなプロトタイプを作成してユーザーに試してもらえます。こうしたプロトタイプテストの設計に油断してはなりません。何をテストしたいのか、そして信頼できる結果を出すにはどのようにテストを構成すればいいのか、注意深く考える必要があります。

あなたの立場からすれば、インターフェースの要素（例：グラフィックデザイン、レイアウト）から上位レベルの情報アーキテクチャ（例：カテゴリー、ラベル）は切り離したいと思うかもしれません。ユーザーに階層的メニューを提示していくつかのコンテンツを見つけてもらったり、タスクを遂行してもらったりすることにより、純粋な情報アーキテクチャをテストするという理想に近づくことは可能です。例えば、ユーザーに以下のような一連の階層を提示し、「これをたどって Cisco 社の現在の株価を見つけてください」と頼むことができます。

- 芸術＆人文科学
- ビジネス＆経済
- コンピューター＆インターネット

それでも、インターフェースデザインの影響から完全に逃れることはできません。これらのカテゴリーをどう並べるか（例：アルファベット順、重要度順、人気順など）だけでも、結果は変わってきます。さらに、階層を提示する際に第 2 レベルカテゴリーのサンプルを提示するというインターフェース的な決断をしなければなりません。調査によると、第 2 レベルのカテゴリーは、ユーザーが主要なカテゴリーのコンテンツを理解する能力に大幅に影響します。第 2 レベルカテゴリーを加えることで情報の「香り」[※1]が増加します。

- 芸術＆人文科学
- 文学、写真…

※1 「情報の香り」という概念は、Xerox PARC で発展した情報狩猟獲得理論（information-foraging theory）から引用した

- ビジネス＆経済
- B2B、金融、ショッピング、求人…
- コンピューター＆インターネット
- インターネット、WWW、ソフトウェア、ゲーム…

情報アーキテクチャを分解したプロトタイプテストには以下のような利点があります。

- プロトタイプの作成には作業はほとんど必要ない。
- このテストによりユーザーはインターフェースよりも情報アーキテクチャおよびナビゲーションに集中できる。

また、以下のような欠点もあります。

- インターフェースから情報アーキテクチャを切り離せていないのに、「切り離せた」と思い込んでしまう危険性がある。
- インターフェースが情報アーキテクチャのユーザーエクスペリエンスをどのように変えるかを見るチャンスを失う。

　この逆が、完全にデザインされた、インタラクティブなプロトタイプです。たいていの場合、このテストはプロセスの後半に行われます。これらのプロトタイプの開発にはかなりの作業が必要であり、中にはインターフェースデザイナーやソフトウェア開発者が関わる作業もあります。加えて、テスト自体にさまざまな変数がもたらされるため、情報アーキテクチャに対するユーザーの反応を学ぶ力を失うことも多々あります。

　純粋に階層だけを分離したものや単純なワイヤーフレームを用いたものなどのテストを組み合わせて実行します。ワイヤーフレームは未完成なデザインのプロトタイプ

ですが、Web ページという幅広いコンテキスト内に埋め込まれると、どのようにユーザーが情報アーキテクチャとやり取りするかを知ることができます。これは**図 12-3** に示しています。

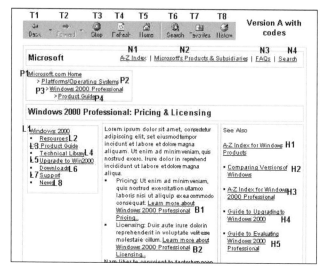

図12-3　アルファベットと数字によるコードが書かれているサンプルワイヤーフレーム。これらは紙のプロトタイプテストでのユーザーの選択を追跡調査したもの

　これらのテストで、発展させた情報アーキテクチャ戦略の有効性を証明できれば理想的です。ところが現実には、テストは戦略における問題点を明らかにし、戦略を見直すための洞察を得る機会となります。

　戦略開発のプロセスは反復しなければならないことを忘れないでください。予算とスケジュールという制限内で「考える」ことから「表現する」、「コミュニケートする」そして「テストする」へと進みまた戻る、という工程を繰り返すほど、自分の情報アーキテクチャが正しい方向へ進んでいるという自信を強めることができるでしょう。また、戦略的な指示が繰り返されることに二の足を踏むクライアントや、同僚からの抵抗にも覚悟が必要です。こうした抵抗は織り込み済みですが、リスクもあります。レベルが高すぎるか、あいまいすぎて使い物にならない「安全な」戦略へと流れてしまう可能性があるからです。

12.5　作業成果物と成果物

　この章全体を通じて、さまざまな作業成果物と成果物について触れてきました（例：サンプルアーキテクチャ、組織体系、ラベリングシステム）。これらが情報アーキテクチャ戦略を伝達する上で有効であることは証明されたと思います。そこで、これらの長所、短所、そして適切な利用法を探っていきましょう。

12.5.1　メタファー探し

　メタファー（隠喩）は複雑なアイデアを伝え、白熱した雰囲気を作る強力なツールです。メタファーを使えば、創造的な関係を提案したり、馴染みのあるものを新しいものに対応付けたりして、興味を駆り立てながら説明、提案することができます[※1]。1992年、アル・ゴア（Al Gore）副大統領候補は「情報スーパーハイウェイ」という言葉を有名にしました[※2]。合衆国の物理的基盤である「ハイウェイ」は馴染みのある言葉です。この言葉をメタファーとして使い、国内の情報インフラという馴染みの薄い概念を説明したのです。ゴア氏はこのメタファーを使って自分の描く将来像に有権者を興奮させたのでした。この言葉は単純化されすぎている上にあまりにも濫用されていますが、人々がグローバルインターネットの重要性と方向性について知り、議論を始めるきっかけとなったのは確かです。

　Webサイトの設計に適用できるメタファーは数多くありますが、ここでは最も重要なものを3つ挙げます。

構造メタファー

　あるシステムの構造が広く利用されているのを利用して、新しいシステムの構造をすばやく理解させるものです。例えば、自動車のディーラーショップに行くなら、新車販売、中古車販売、修理とサービス、部品と消耗品などの中からどこへ

※1　メタファーの使用について詳しく知るには、George Lakoff、Mark Johnson『Metaphors We Live By』(University of Chicago Press、2003年) を参照。初版 (1980年) の和書は『レトリックと人生』大修館書店、1986年

※2　Mark Stefik『Internet Dreams: Archetypes, Myths, and Metaphors』(MIT Press、1997年) によれば、「情報スーパーハイウェイのメタファーは少なくとも1988年までさかのぼる。Robert Kahnは高速全米コンピューターネットワークの構築を提案した際、これをしばしばハイウェイシステムと関連付けていた」とされる

行くか決めなくてはなりません。ディーラーショップの店内がどういう構造になっているのか、というメンタルモデルを人々は頭の中に持っています。あなたがもし自動車ディーラーショップの Web サイトを制作しているのなら、この実際の店の構造メタファーを使うのが合理的でしょう。

機能メタファー

従来の環境で行うタスクと、新しい環境でのタスクとの間をつなぐものです。例えば、図書館に行くとあなたは棚を見て回ったり、図書目録を検索したり、ライブラリアンに質問したりします。図書館の Web サイトの多くはこのようなタスクをオプションとして提供しています。つまり、機能メタファーを採用しているのです。

視覚メタファー

画像、アイコン、色など、馴染みのあるグラフィック要素を使って新しい要素を連想させます。例えば、企業の住所と電話番号を載せたオンライン電話帳は、背景が黄色で、電話のアイコンを使っています。これは人々によりなじみのあるイエローページ（電話帳）を連想させようとしているのです。

メタファーを探すプロセスは、創造性を激しく掻き立てます。クライアントや同僚と協働作業をするなら、プロジェクトに適用できるメタファーのアイデアについてブレーンストーミングすることから始めてください。提案されたメタファーは構造、機能、視覚のどれに当てはまるか考えましょう。バーチャル書店やバーチャル図書館、バーチャル博物館はどのように構成すればよいでしょうか。あなたのサイトはこのうちのどれに近いでしょうか。違いは何ですか。ユーザーはそこでどんなタスクができたほうがいいですか。サイトの見た目はどうすべきでしょうか。この演習は気の向くままに、楽しく行ってください。びっくりするようなすばらしいアイデアが生まれるかもしれません。

ブレーンストーミングが終わったら、参加者から出たアイデアをより批判的な目で見ていきます。メタファーベースの大雑把なアーキテクチャに、予定するコンテンツの項目をあれこれ載せてみて、うまく収まるかどうか検討します。ユーザーシナリオを 1 つか 2 つ試して、メタファーが当てはまるかどうか見てください。メタファー

探しは有効なプロセスですが、ここで出されたメタファーは必ずしも使わなくてもよいのです。メタファーは概念設計のプロセスでアイデアを湧き出させるには非常に優れていますが、サイトそのものに使おうとすると問題があります。

　例えば、バーチャルコミュニティのメタファーは行き過ぎの例のひとつです。これらのオンラインコミュニティの中には郵便局、公会堂、ショッピングセンター、図書館、学校、警察署などが用意されたコミュニティもあります。ユーザーにとっては「どの建物でどんな活動が行われているのか」が非常に分かりにくくなります。これはメタファーがユーザビリティの邪魔をしているのです。メタファーを使うことで可能性が制限されるのではなく、広がるようにアーキテクトとして注意をはらってください。

　Webの初期の頃には、現実世界のメタファーをベースとした構造スキームを試すサイトが数多くありました。例えば「The Internet Public Library」（**図 12-4**）は立ち上げ当初、視覚メタファーと構造メタファーを使ってリファレンスエリアにアクセスできるようにしていました。ユーザーは棚を見て回り、質問することができました。しかし従来の図書館のメタファーではマルチユーザーオブジェクト指向の統合環境（MOO：multiuser object-oriented environment）はサポートされておらず、結局サイト全体の再設計を余儀なくされました。このようにメタファーを無理に当てはめようとすると、アーキテクチャと設計を制限する要因となりうるのです。

図12-4 「The Internet Public Library」のメインページにおけるメタファーの使用（1990年代半ば）

また、人は自分の作ったメタファーに夢中になりがちであることを理解しておいてください。これは単なる演習であって、情報アーキテクチャ設計にこのメタファーが採用されることはまずないのだと全員に確認しておきましょう。メタファーの論議に関する危険性については、アラン・クーパー（Alan Cooper）著『About Face: The Essentials of User Interface Design, Fourth Edition』の「Metaphors, Idioms, and Affordances」というセクションを読んでください。

12.5.2 シナリオ

アーキテクチャのサイトマップは、情報の組織構造の詳細を体系立てて把握するためには最高のツールですが、見て心が躍るようなものではありません。アーキテクトとして自分のアプローチが賢明であると同僚に納得させるには、あなたが心の目で見ているサイトをその人たちも見られるようにすることです。シナリオは、あなたが設計するサイトをユーザーがどのようにたどり、体験するのかを人々に理解してもらうための優れたツールです。アーキテクチャとナビゲーションシステムの新しいアイデアも生まれるかもしれません。

サイトの持つ真の可能性を多次元的に表現するには、ニーズも行動パターンも異なる人々がサイトをたどっていく様子を見せるシナリオをいくつか作るのが一番です。このプロセスで、ユーザー調査が非常に価値のある情報源となります。以下の質問をしたり答えたりする前に、時間をかけてユーザー調査のデータをしっかり調べておいてください。

　サイトを利用するのは誰でしょうか。使いたい理由は何でしょう。急いでいるでしょうか、それとも時間をかけてサイト内を見て回りたいのでしょうか。サイトの使い方がそれぞれ大きく異なる4つの主要なユーザー「タイプ」を選びましょう。[※1] 調査を基に、各タイプを代表するキャラクターを作り、それぞれ名前と職業、あなたのサイトを訪れる理由を考えます。そしてその人物がサイトを使うというサンプルセッションを創作してください。そのシナリオを通じて、サイトの中で最もよい特徴を強調してください。新しいカスタマイズ機能を設計したのなら、シナリオの中の誰かにその使い方を披露させましょう。

　これは創造性を発揮するよい機会です。おそらく、これらのシナリオを書くのは簡単で楽しいと感じることでしょう。あなたのアイデアに力を貸してもらえるよう、同僚を説得する役に立てて欲しいものです。

サンプルシナリオ

　では、簡単なシナリオのサンプルを見てみましょう。ロザリンドはサンフランシスコに住む高校1年生の女の子。インタラクティブな学習体験ができる「LiveFunサイト」を定期的に訪れています。サイトでは、「investigative（調査）モード」と「serendipity（掘り出し物）モード」の両方を利用しています。

　例えば、解剖学のクラスで骨格について勉強していた時には、調査モードで骨格に関する資料を検索しました。それぞれの骨の正しい名称と機能についての知識をテストする、インタラクティブなページを見つけました。期末試験の前の晩にまた戻ってきて復習できるよう、このページをブックマークしました。

　宿題が終わると、時々掘り出し物モードでネットサーフィンします。「毒ヘビ」に

※1　最も有名な方法のひとつが、ペルソナを利用する方法だ。ペルソナとは、製品ユーザーの典型的なタイプを仮想の人物像として定義する手法である。ペルソナについては、Alan Cooper『The Inmates Are Running the Asylum』（Sams Publishing、2004年）を参照

興味を持ったので調べてみると、人間の神経系を犯す毒についての記事をいくつか見つけました。中には、血液脳関門を通り抜けるその他の化学物質（アルコールなど）について教えてくれるインタラクティブゲームにリンクした記事もありました。このゲームで化学に興味がわいてきて、もっと調べるために調査モードに切り替えました。

このような簡単なシナリオは、Webサイトの中でなぜユーザーが検索とブラウズの両方を行うかを教えてくれます。もっと複雑なシナリオにすれば、いろいろなユーザー層の人たちのニーズを表現できるでしょう。

12.5.3　ケーススタディとストーリー

多様なユーザー層を相手に、情報アーキテクチャのような複雑で抽象的なテーマをアクセスしやすくすることは容易ではありません。他の設計者とコミュニケーションをとる場合は、当然相手もよく知っているものと仮定して専門用語を使い、先を急ぐことができます。しかしクライアントや同僚などより幅広い顧客と話す場合にはコミュニケーションアプローチを創造的にして、相手の関心をひきつけ、理解を促がさなければなりません。

ケーススタディとストーリーは、情報アーキテクチャの概念に命を与えるすばらしい方法です。おすすめの情報アーキテクチャ戦略を紹介しようとする時には、過去のプロジェクトでは何が効果的で、何が効果的でなかったのかを話しながらこのケースと過去の経験とを比較、対比すると非常に効果的であることが分かっています。

12.5.4　概念的ダイアグラム

図もまた抽象的な概念に活気を与えます。情報アーキテクトは、組織化およびラベリング体系以上の上位レベルの概念とシステムを説明しなければならないこともよくあります。

例えば私たちは頻繁に、ビジネス内の幅広い情報環境の実情を描き出す必要に迫られます。イントラネットチームと作業する際、先の見えない見通しに圧倒されてしまうことも多々あります。彼らは社員にとっての情報源はイントラネットしかないと考えているのです。そうではないと言葉で伝えることもできますが、この時こそ絵が千の言葉に値する時なのです。

図12-5の概念的ダイアグラムで中心に置かれているのは、イントラネットではな

く社員です。「情報クラウド」の大きさは、ユーザーインタビューで社員が説明した情報源の重要度にほぼ対応しています。このダイアグラムによれば、人々は仕事生活において人とのネットワークや同僚が最も重要な情報源であり、現在のイントラネットは比較的価値が少ないと見ていることが分かります。このダイアグラムはまた、情報環境が断片化していることも示しており、そこには技術による人工的な境界（メディアとフォーマット）もあれば、地理的な境界もあります。これらをすべて言葉で説明することも可能ですが、図などで視覚化したほうがインパクトが強く、長続きするものです。それに、ポイントをしっかり伝えることができるのです。[※1]

図12-5 社員が企業の情報環境をどのように見ているかを示す概念的ダイアグラム

12.5.5　サイトマップとワイヤーフレーム

　コラボレーション型のブレーンストーミングはエキサイティングで混沌としており、楽しいものです。しかし、遅かれ早かれ、人ごみから離れてこの混沌を整理しなければなりません。この移行段階においてアーキテクトが選べるツールはサイトマップ（ページとその他のコンテンツ要素との関係を示すもの）とワイヤーフレーム（Web

---

※1　概念的なダイアグラムをより使いこなすには、Christina Wodtke「How to Make a Concept Model」（Boxes and Arrows、2014年3月）を参照。http://boxesandarrows.com/how-to-make-a-concept-model/

サイト内のコンテンツと主要ページとのリンクを示す、手早く描かれたビジュアル）の2つです。サイトマップとワイヤーフレームについては13章で詳しく論じています。

12.6　戦略報告書

　経験からして、この成果物は触媒として働き、情報アーキテクチャ戦略の最も詳細な集大成です。これまでの結果、分析、アイデアを統合して1つの文書にまとめるには、難しい決断、知的な誠実さ、明確なコミュニケーションが必要になります。一貫性と結合性のためには、すばらしいアイデアでもフレームワークに合わないものは切り捨てます。壮大であいまいなアイデアは細かく要素に分解し、関係者全員がその目的と言外の意味を理解できるように説明しなければなりません。

　設計チームにとって、戦略報告書は最大かつ最も困難で重要な成果物です。チームメンバーは統一された情報アーキテクチャビジョンの下に団結し、クライアントや同僚（つまり、情報アーキテクト以外の人々）に「情報アーキテクトやらが話しているよく分からない話」をしっかり理解してもらえるように、ビジョンを説明または図示できる方法を見つける必要があります。

　報告書作成で最も困難なのが、それを組織化することです。ここでもまた「鶏と卵のどちらが先か」問題に直面します。情報アーキテクチャ戦略は直線的（リニア）ではないのに、直線的（リニア）な報告書を作成するよう命じられます。「後のセクションを読んでいない人に、このセクションを分かってもらえるわけがない」というのはよくある問題です。完璧なソリューションはないものの、この問題の対処法はいくつかあります。まず1つ目は、上位レベルのビジュアルを報告書に含めることです。これにより直線的（リニア）ではない鳥瞰図が描け、直線的（リニア）なテキストによる説明で補うことができます。2つ目は、戦略報告書はそれだけでは役に立たないし、立つべきではないと心に留めておくことです。いつでも言葉でアイデアを説明し、疑問に答えられるようにしてください。理想的には直接対面して情報アーキテクチャ戦略のプレゼンテーションを行いたいものです。最低でも電話会議をして、相手の反応について話し合い、疑問に答えるべきです。

　情報アーキテクチャの報告書を書くことよりも困難で、抽象的なことがひとつだけあります。それは、情報アーキテクチャの報告書を書く方法について説明することです。このテーマを面白くするために、実際の戦略報告書を検証しましょう。次に紹

介する戦略報告書は、1999 年に Argus 社が Weather Channel（http://www.weather.com/）のために作成したものです。

12.6.1　戦略報告書のサンプル

　Weather.com は Weather Channel サービス（ケーブルテレビ、データ、電話、ラジオ、新聞、インターネットが含まれる）の一環として、1982 年以来速報性の高い天気情報を世界に提供してきました。Weather Channel の Web サイトは世界で最も人気のあるサイトのひとつです。各地方、地域に設置されたレーダーからの情報をもとに、世界中の 1,700 以上もの都市の現在の天候と天気予報を提供しています。

　1999 年、Weather.com の情報アーキテクチャ改善を目的とした調査の実施と戦略の提案を条件に、Weather Channel は Argus Associates 社と契約を締結しました。**図 12-6** は、この契約で出された最終戦略報告書の目次です。これを眺めていきましょう。

```
目次

エグゼクティブサマリー .................................................................................. 1
利用者層＆使命／サイトのビジョン ...................................................................... 2
ベンチマーキング、ユーザーインタビュー、コンテンツ分析を通じての学習結果 ................. 3
    地方天気情報の組織構造およびコンテンツ ........................................................ 3
    一般的な組織化とコンテンツ ....................................................................... 4
    ナビゲーション ......................................................................................... 5
    ラベリング ............................................................................................... 5
    特集 ....................................................................................................... 6
アーキテクチャ的戦略＆アプローチ ...................................................................... 7
    ローカルハブアーキテクチャ戦略 .................................................................. 8
    地理的ハブアーキテクチャ戦略 .................................................................. 10
    コンテンツエリアのモックアップ ................................................................ 12
    カスタマイゼーション＆パーソナリゼーション戦略 ......................................... 21
    ナビゲーションエレメンツ ........................................................................ 25
    分散化したコンテンツのアーキテクチャ戦略 ................................................. 26
コンテンツマネジメント ................................................................................ 31
```

図 12-6　Weather.com 戦略報告書の目次

この目次を見ると、戦略報告書の規模と見通しが大まかに把握できます。報告書は（サイトマップとワイヤーフレームも含めて）100ページ以上にわたることもあるかもしれませんが、どうにかして50ページ以下に収めることをおすすめします。50ページ以上もあると、誰も読む時間がない、誰も読む気にならない報告書になってしまいます。この報告書の主なセクションは、非常によく見られるセクションです。ひとつひとつ見ていきます。

エグゼクティブサマリー

エグゼクティブサマリーは、目標およびメソドロジーの上位レベルでの大まかな要点と、主要な問題および主要なアドバイスを深度5万フィート（約15キロ）の深さまで掘り下げて提供しなければなりません。ドキュメント全体の雰囲気を決めるのはこのエグゼクティブサマリーなので、細心の注意を払って書く必要があります。「この1ページは一番偉い上司が目を通すものだ」と考えるとよいかもしれません。伝えたいと思う政治的なメッセージを考慮するとともに、読者が途中で読むのをやめないよう関心を引きつけられる内容にする必要があります。

図12-7のエグゼクティブサマリーでは、その目標が1ページで達成されています。これはWeather.comチームがすでに組織化されており、かなりしっかりとした情報アーキテクチャを有していたおかげです。このエグゼクティブサマリーは競争優位をさらに得るための情報アーキテクチャ向上に重きを置いています。

> エグゼクティブサマリー
>
> Weather.comはArgus Associates, Inc（"Argus"）と上位2レベルのサイトアーキテクチャ戦略用に提言するため契約を締結した。この提言はWeather.comの利用者層、競合他社、コンテンツ、企業の戦略的焦点に基づくものとする。Argusはユーザーインタビューを実施し、ベンチマーキングおよびコンテンツ分析を遂行し、サイトアーキテクチャの戦略的提言を策定する。
>
> 現在のWeather.comサイトは膨大なヒット数を獲得しており、インターネット上で最も認識度の高い天気情報ウェブサイトである。サイトに既存のコンテンツは全利用者に満足を与えることを意図したものであるが、利用者とは特定地域の天気情報を求めている人々、天気をよく理解したがっている人々、欲しいときにだけ天気情報を必要とする人々に大別される。詳細な天気情報に加えて価値の高い独自開発情報も存在しているが、全コンテンツを1つのサイトで構成し、全利用者層のニーズを満たそうとすることは本質的に不可能である。
>
> 結果的に、我々の戦略的提言は二層となる。
>
> - 特定地域の天気情報へのアクセスおよび天気関連の情報に関心のあるユーザーをひきつけ、引き止めることを目的とした、しっかりとしたアーキテクチャを構築する。また、天気情報の理解を深めたいと思っているユーザーにも最適情報を提供する。
> - 多種多様な外部ソースへの配給を前提としてWeather.comコンテンツを開発、プロモートする。この外部ソースにはポータル、ソフトウェア、ハードウェアアプリケーション、専門分野に特化した利用者層が含まれる。これにより、天気情報へのアクセスに手間をかけたがらないユーザー、つまりconvenientuserをひきつけるとともに、特定の天気関連トピック（例：ガーデニングや天体観測）にのみ関心を持つユーザーもひきつける。
>
> 本レポートの提言は5つの重要な領域について述べる。これらはWeather.comサイトの発展にとって重要要素である。
>
> - コンテンツをよりユーザーに適したものにする——ローカルハブアーキテクチャを構築し、ユーザーが自分の地域の天気情報と関連コンテンツに同じ場所からアクセスできるようにする
> - パーソナリゼーション機能の向上——ユーザーに最も適したカスタマイゼーションとパーソナリゼーションオプションを提供する。
> - 天気情報データのローカリゼーションを強化する——ローカルハブエリアを作成し、魅力あるレイアウトで最も効果的な天気情報データを提供する。
> - 顧客ロイヤリティーの育成——ユーザーが自分に合った天気情報データおよびコンテンツをカスタマイズできる機会を提供する。また、サイト外の多様な場へとコンテンツを配給し、天気に関心のあるユーザーが互いに対話できる場を提供する。
> - 配給のチャンスを設定し、強化する——Weather.comコンテンツをインターネット経由で多様な外部ソースに配給することにより、ユーザー基盤を成長させる。
>
> 本レポートの提言を用いて実行可能な戦略ソリューションを発展させることにより、Weather.comユーザーは必要とする情報を容易化、ユーザー人口の拡大、およびサイトへの帰還を図ることが可能となる。Weather.comはブランディングとそのコンテンツから、既に天気情報Webサイトの発展をリードしている - Weather.comサイトと競合他社サイトの狭まりつつある格差を拡大するために、これらの提言が現在必要とされる。

図12-7　Weather.com 用のエグゼクティブサマリー

サイトの利用者層、使命、ビジョン

報告書（および読者）が幅広いコンテキストに根差していると保証するには、サイトの利用者層と目標を定義することが重要です。ここは Web サイトの使命を再び述べるのに適しています。

以下はWeather.com戦略報告書の基本的な理念を記述した箇所です。

> Weather.comはインターネット上で最高の天気情報Webサイトとなる。インターネット上の天気情報の最有力ブランドリーダーとして、Weather.comはすべてのユーザーに適した情報を即時に提供する。サイトの最重点は特定の地域に限定した天気データ、付加価値ある独自開発コンテンツ、独自の天気および天気情報関連コンテンツを提供することであり、これらはWeather.comが著作権を有さないコンテンツによりサポートされる。Weather.comは効果的なパーソナリゼーションとカスタマイゼーションを生み出す技術を使用し、異常な天候状況におけるユーザーのニーズに対応する。[※1]

これはユーザーの役割と利用者層のセグメントについて論じる語彙を定義するのに適した場でもあります。**図12-8**ではWeather.comレポートはこの定義をどのように行ったかが示されています。

役割	略語	Weather.comの顧客*
必要なときに天気についてだけ関心をもつ	Convenience	共通
街の予報について関心をもつ	My City	プランナー：Scheduling, Activities
他の街の予報について関心をもつ	Other Cities	利用者　：Caring, Tracking プランナー：Scheduling, Activities
天気について場所もしくみも関心をもつ	Understanding	利用者　：Understanding

* 1996年、Envision社による顧客セグメント研究より

図12-8　Weather.comの利用者とその役割

教訓

このセクションは調査および分析と、提言との橋渡しの役目を果たします。あなたのアドバイスが比較調査（ベンチマーキング）、ユーザーインタビュー、コンテンツ

[※1] 「有力なブランドリーダー」「付加価値のある自社コンテンツ」などのビジネス専門用語は、使わざるを得ない場合もあるが、混乱のもととなる。常にユーザーに明確に伝わるよう話し、書く努力をしよう

分析の結果にもとづくものだと示すことにより、信用と信頼が築けます。

Weather.comの報告書では、私たちはこのセクションを5つのサブカテゴリーに分けました。**表12-1**は、各カテゴリーのサンプル観察です。

表12-1 Weather.com報告書からの観察

観察	結論	サイトアーキテクチャへの影響
ローカル組織とコンテンツ		
ユーザーは自分の町の天気をまず見たい（ユーザーインタビューより）	ローカル（地域）に徹する	明確な検索ボックスおよび地図またはリンクのブラウズにより地域の天気情報にアクセスする
全般的な組織構造とコンテンツ		
天気情報のサイトでは、季節的なコンテンツが複数のエリアにばらばらになっている（ベンチマーキングより）	短期的なコンテンツは、サイトアーキテクチャ内にある個別エリアには置かない	あるトピックに関連したコンテンツは、たとえ季節的なものであっても個別の専用エリア内に置くべき。これにより全コンテンツエリアにとって効果的なコンテンツ管理ができる
ナビゲーション		
天気情報以外のコンテンツもあるポータルサイトでは、ローカルナビゲーションやグローバルナビゲーションでどこへ進むことになるのかユーザーには分からない（ユーザーインタビュー&ベンチマーキング）	天気情報はコンテンツの一部に過ぎない。結果的に、グローバルナビゲーションにあるべきものが天気情報専用のサイトではローカルナビゲーションとなり、ユーザーが混乱する	天気関連のコンテンツナビゲーションと天気に関連しないコンテンツナビゲーションは、ナビゲーションフレーム内に共存すべきでない
ラベリング		
ラベルの下にあるコンテンツエリアを的確に表しているラベルは少ない（ベンチマーキング）	ラベルはその下にあるものを正確に表現する必要がある	ラベルの意味を明確にするため、説明やスコープノートを利用する。会話体や専門用語はラベルに使用しない
機能		
効果的なパーソナリゼーション機能を提供している天気情報サイトはない。実際、非常にひどい状態になっているものもある（ベンチマーキング）	匿名のトラッキングとコンテンツアフィニティを用いてパーソナリゼーションを進めるのが最も効果的である	この機能のベンチマークとしてAmazonを用いる。「天気のお話トップ10」や「ミシガン州のユーザーによる購入商品トップ5」などのオプションを提供する。ローカル天気情報ページからここへリンクを貼る

アーキテクチャ的戦略およびアプローチ

さて、ついにレポートの要点にやってきました。提言したアーキテクチャ的戦略およびアプローチの説明です。このセクションはかなり広範なため、ここにすべてを含むことはできませんが、提言したアドバイスを図示したビジュアルをいくつか簡単に説明します。

このレポートは 2 つの戦略を提示しています。ローカルハブと分散化したコンテンツで、これらを相互依存的に使います。ローカルハブ戦略は「ユーザーは主に自分の住む地域の天気に関心がある」という事実に重点を置いています。図 12-9 の概念的青写真は、このローカルハブ戦略を中心として構築された情報アーキテクチャを提示したものです。

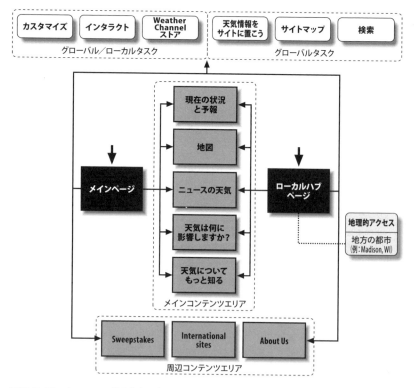

図 12-9　Weather.com の概念的青写真

テキストやコンテキストのサポートがなければ、この青写真はかなり難解です。**図 12-10** にはテキストとコンテキストをいくつか示しました。上位レベルでは、地理的に特化したアクセス（ローカルハブ）を提供し、主要なコンテンツエリアとタスクを明記しています。このコンテンツエリアとタスクは最終的にローカルハブページ上のナビゲーションオプションへと形を変えるものです。概念的サイトマップの後にはワイヤーフレームが続き、さらにキーポイントを表します。

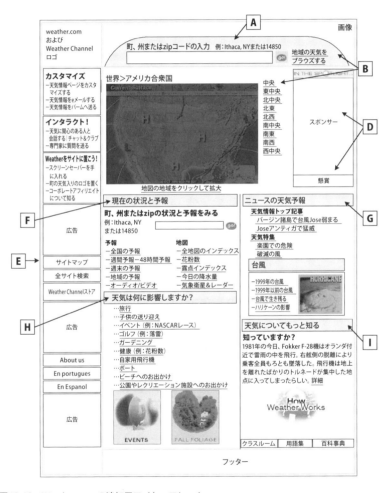

図12-10 Weather.com の追加用ワイヤーフレーム

ワイヤーフレーム内にあるアルファベットの引き出し線には、それぞれにテキストでの説明を加えました。**表 12-2** はそのうちの 2 つの例です。

表12-2 Weather.comワイヤフレームの引き出し線の説明

コード	エレメント	説明	影響（経験より学んだこと）
A	町、州、zip コード、検索ボックス	地域の天気情報検索はページの一番上に配置する必要がある。この存在がはっきり分かるようでなければ、ユーザーに見落とされてしまう	地域の天気情報へアクセスは、はっきりと認識できる検索ボックスおよび地図やリンクのブラウジングによるべき
B	地方の天気を見る（検索、地図、「パンくず」）	ある地域に直接アクセスするには、検索ボックス脇の「地方の天気をブラウズする」リンクや地図、地図脇のリンクをクリック。範囲を拡大したい場合は「World」で上層へあがる。これによりユーザーはあらゆるレベルで天気情報をナビゲートできる。検索ボックスがアクセスの主な手段であるため、地図があったとしてもユーザーの注意が地図へとそれないようにする	［同上］

　一方、分散化したコンテンツにおけるアーキテクチャ戦略の中心は、Weather.com 以外にもユーザーが天気情報にアクセスできるポータルサイトが複数あるという点です。例えば、多くのユーザーにとって Yahoo! は一般的なポータルサイトです。天気情報は Yahoo! ユーザーにとって幅広いニーズのうちの 1 要素だといえます。

　Weather Channel はこうしたポータルサイトのいくつかとパートナーシップを結んでおり、Weather.com へのアクセスをカスタマイズできるようにしています。分散化したコンテンツにおけるアーキテクチャ戦略を **図 12-11** に示しますが、これはこうしたパートナーシップに対してどのように情報アーキテクチャを構築するかのモデルです。

　このアーキテクチャ戦略の主な目標は、すべてのコンテンツを含んだ場所、つまり Weather.com のサイトへとユーザーを引き戻すことです。コンテンツが分散している場合、ユーザーが必要とするものすべてを提供するのは不可能です。ですから、ユー

ザーをサイトへとひきつけられるように何かで「心をくすぐる」ことが重要になります。

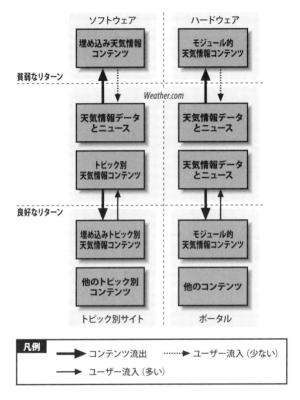

図12-11　Weather.com の分散化コンテンツアーキテクチャ

　このアーキテクチャ的ダイアグラムが重視しているのは、Weather.com へのリターン率です。ユーザーがどこからやってくるのかは、このダイアグラムによると、組み込み型のソフトウェア（例：Java ベースのマイアミ熱指数）やワイヤレスのハードウェアプラットフォーム（例：デスクトップ PC、携帯電話）よりもトピック別の Web リイトや一般的なポータルサイトであることが分かります。

コンテンツマネジメント

　このレポートの最終セクションでは、情報アーキテクチャに関するこれらのアドバ

イスが、どのようにコンテンツネジメントインフラに影響するのかを、現実的な面からチェックしています。コンテンツネジメントにおける論議ではコンテキストが非常に重要で、人、技術、コンテンツに強く左右されます。組織に専門のコンテンツ戦略チームがあるのなら、プロセスの初期段階から一緒に仕事をし、システムの情報アーキテクチャとコンテンツの目標が一致していて、互いにサポートしあっているかどうかを確認すべきです。

この情報戦略報告書では、情報アーキテクチャとコンテンツマネジメントとがどう関連するのかを説明しています。効果的なコンテンツ管理を実現するためには必要な要素を以下のとおり3つ、簡単に説明することから始まっています[※1]。

ルール

ルールはコンテンツを管理、監督するのを助けるための、標準化された反復可能なプロセスです。多くの場合、ルールはスタッフがサイトのコンテンツを作成、公開、維持する上で従うワークフローです。このワークフローはコンテンツマネジメントソフトの一部となっている場合もあれば、外部システムを利用する場合もあります。また、このソフトは市販のものを購入することも、独自開発することもあります。この周辺にあるプロセスドキュメントとしては、スタイルガイドラインとコンテンツ基準が含まれ、これらはコンテンツの作成および管理を長い時間をかけて行っていくことを目的としています。

役割

役割はコンテンツを管理するスタッフおよびその他の個人のタイプです。この人々はプロセス、基準、ガイドラインを作成、普及および維持する手助けをし、またそれに従います。役割はかなり限定されることもあります。例えばメタデータを作成する人、コンテンツをレビューまたは編集する人、コンテンツを執筆する人、外部コンテンツ提供者との連絡窓口となる人、ソフトウェアの修理をする人などです。同じ役割の人が複数いる場合もあります（例：インデクサー、編集者、マーケターなど）。

※1 コンテンツ戦略についてさらに詳しく知るには Kristina Halvorson、Melissa Rach『Content Strategy for the Web, Second Edition』（New Riders、2012 年）を参照

リソース

リソースにはさまざまな形で作成、変形、削除されたコンテンツが含まれています。静的なコンテンツのレポジトリ、及び動的なデータのソースもそうです。また、ルールと役割の実行を促進するコンテンツマネジメントソフトも含まれます。

ここからは Weather.com に特化したアドバイスをいくつか列挙します。これは効率的なコンテンツ管理を導き出すものです。

テンプレート

サイトに存在するコンテンツの大部分は、外部の情報源（例：露点温度、花粉の量、飛行機発着時刻）から引っ張ってきた動的なデータです。データはテンプレートに非常に向いています。同じタイプのデータが何度も使われるような共通構造を持つページは、簡単に構築できるからです。一方、テキストのコンテンツには性質に違いがあるため、テンプレートを適用するのは簡単ではありません。しかし同じドキュメントタイプのテキストコンテンツに対してはテンプレートが使えます（例：ニュースストーリーテンプレート）。静的なコンテンツも動的なコンテンツも、構造化されたナビゲーションテンプレートと、一貫性のあるフレームが必要です。フレームについてはユーザーが「グローバル」「ローカル」「コンテキスト」のどのタイプのナビゲーションかを分かるようにしなければいけません。

メタデータ

サイトアーキテクチャに関連するコンテンツをより簡単に定着させるために、記述メタデータを作成する必要があります。例えば、「ニュースの天気情報」メインページの各ニュースストーリーには**表 12-3** のような記述メタデータを記載すべきです。

表12-3 ニュースストーリーの記述メタデータ

メタデータ要素	例
著者	Terrell Johnson
発行人	Jody Fennel
タイトル	Antigua hardest hit by Jose
日付	Thu Oct 21 1999
使用期限	1031999 12:01:23
リンク	/news/102199/story.htm
ドキュメントタイプ	ニュースストーリー、用語集
サブジェクトエリア	熱帯暴風雨
キーワード	Jose、アンティグア島、ダメージ、強度
関連項目	天候の崩れ、ニュースストーリー、悪天候マップ
地理的アクセスレベル	地方都市別、地域別、国別
地理的エリア	アンティグア島、ノースカロライナ、サウスカロライナ

シソーラス

メタデータ用にシソーラスを構築すると、ユーザーは情報を見つけやすくなります。例えば、ユーザーが「熱帯暴風雨」と「ハリケーン」とでどちらの言葉を使うべきか分からない場合、シソーラスにアクセスすれば優先語が分かります。インデックスを作成する目的で「キーワード」メタデータフィールドを標準化したシソーラスがありましたが、それと同じように、天気情報の用語や地理的エリアの用語に対してシソーラスを作成しても役に立つでしょう。一般に、シソーラスはコンテンツチャンク用のメタデータ（例：チャンクを割り当てるための参照用）を作成するスタッフの手によって舞台裏で構築されますが、サイトの検索及びブラウジングの段階でも役に立ちます。

この戦略報告書は古い例ですが、本章で指摘したいポイントは十分説明していると思います。報告書はコンテンツ／コンテキスト／ユーザーによるフレームワークを基本としているので、こうしたプロジェクトに今日どれだけ違った方法でアプローチできるかが、簡単に分かるからです。この報告書を作成した後、Weather.com が運用される状況には非常に大きな変化が起きています。例えば1999年当時に比べ、今日

のモバイル端末ははるかに普及し、性能も向上しました。その結果、かなりの割合のユーザーが、昔よりもずっと小さな画面の端末を使い、自分たちが住む地域からアクセスできると仮定できるようになったのです。Facebook のようなソーシャルネットワークの普及も、もし今日戦略報告書を作成するのであれば、影響を与えるコンテキストとなるでしょう。つまりフレームワークというのは、時間の経過によって証明されるものなのです。すなわち変化するフレームワークの 3 つのカテゴリー内の状況だといえます。

12.7　プロジェクト計画

　コンテンツマネジメントに関して話し合うだけでなく、戦略フェーズの成果物の一部として実際に情報アーキテクチャの設計用に、プロジェクト計画を作成すると役立ちます。

　このプロジェクト計画は 2 つの主要な目的を達成します。第一に戦略報告書と並行して開発される場合、チームは絶えず以下のような質問をしなければなりません。

- いつまでに達成できるのか？
- どれだけの時間がかかるのか？
- 誰がするのか？
- どのような種類の成果物が求められているのか？
- 依存関係はどうなっているのか？

　これにより情報アーキテクチャ戦略は現実の中に置かれることになります。プロジェクト計画の 2 つ目の目標は、戦略とデザインとの橋渡しです。他のチーム（例：インタラクションデザイン、コンテンツ制作、アプリケーション開発）からのプロジェクト計画と統合して、全体的なサイトデザイン用の構築スケジュールを立てていくこともできます。

　通常、何らかの進歩をすぐに出すよう要求されるでしょう。このことを考慮して、私たちは短期計画と長期計画とを提供するようにしています。短期計画はすぐもぎ取

れる位置にある果実に焦点をあてて、設計変更を定義します。この変更で情報アーキテクチャはすぐに改善が見られることになります。長期計画では、情報アーキテクチャに肉付けする方法論を提示し、適切な場で情報アーキテクチャのチームが他のチームと互いに依存することもここで言及しておきます。

12.8　プレゼンテーション

　厳密な調査とすばらしいブレーンストーミングをこなし、クオリティの高い詳細な戦略報告書としっかりしたプロジェクト計画を作成。仕事も熱心に取り組んだし、戦略フェーズはこれで完了、というところでしょうか。いえ、そうではありません。

　情報アーキテクチャの成果物は、「自力で生き延びろ」と放置すると、静かに死んでいってしまうものです。これは私たちのつらい経験にもとづいた事実です。人々は忙しく、注意力が持続する時間は決して長くありません。50ページもの情報アーキテクチャレポートを喜んで読んでくれる人など、なかなかいないものです。何らかのプレゼンテーションやディスカッションをしなければ、せっかくのアドバイスもその大半が日の目を見ないままになってしまうでしょう。

　アドバイスを理解してもらいたい人々に対してプレゼンテーションを行うのがよいでしょう。Webサイト戦略チームやイントラネット戦略チームだけを相手に単発のプレゼンテーションを行う場合もあるでしょうし、いくつもの部門を相手に何十回とプレゼンテーションを行って、組織全体の理解と協力を得ようとする場合もあるでしょう。こうしたプレゼンテーションに関してはセールスの観点で考えることが必要です。どれだけはっきりと意思を伝えられたか、どれだけ相手の心をひきつけられたかが成功をはかる基準です。

　まずは、基本的な事柄から入ります。アドバイスの重要な点の中から、話しかけている相手が特に強く関心を持ちそうなものを選んでください。それから、スムーズにプレゼンテーションを行えるように、論理的な順番で考えを整理します。

　それが全部済んだら、活気あるプレゼンテーションにする方法を考えましょう。表やグラフ、概念的ダイアグラムなどのビジュアルがあると、かなり効果が違います。メタファーの使用も効果的です。忘れないで欲しいのですが、あなたが売り込もうとしているのはアイデアです。メタファーを使えば、「ありふれた考え」から「人から人へと広まる思い出」へと変化させることができます。

この例を考えてください。私たちはグローバルな企業100社に選ばれた企業の主要Webサイトにおける情報アーキテクチャ戦略を設計していました。3つの戦略を策定し、作業に対して以下のような名称をつけました。

個別のハブのための傘型のシェル
　広く浅い傘型Webサイトを構築し、ユーザーは個別にサブサイト、つまり「ハブ」を維持する。コントロールの分散化。低コスト、低ユーザビリティ。

統合化コンテンツリポジトリ
　データベースを統一、構造化し、強力で柔軟、一貫性のある検索とブラウジング。中央管理。高コスト、高ユーザビリティ。

アクティブインターハブ・マネジメント
　グローバルメタデータ属性に対しては標準を設定するが、ローカルサブサイト（ハブ）に対しても標準の設定を許可する。インターハブガイドとイントラハブガイドを組み合わせる。連合モデル。中コスト、中ユーザビリティ。

上記のタイトルは内容を詳しく説明しているものの、聞いていてもあまり面白くありません。プレゼンテーションでは、この複雑なトピックを楽しく、興味をそそるものにするために、音楽的なメタファーを使いました（**表12-4**）。

表12-4　戦略オプションプレゼンテーションのための音楽モデル

モデル	作業名称	説明	コメント
大型ラジカセ	個別のハブのための傘型のシェル	一番うるさくした者勝ち	「現状維持」。働くのは会社のためでもなく顧客のためでもない
オーケストラ	統合化コンテンツレポジトリ	多くの楽器がひとつにまとまって演奏する。多大な投資	「Bet the Farm」アプローチには多くのリスクが伴う
ジャズバンド	アクティブインターハブマネジメント	共通のキーとビート。優れたチームワーク。	私たちが気に入っているオプション。オーケストラア

このメタファーはその場の論議を活性化するだけではありません。プレゼンテーションそのものが終わってからもこのメタファーが人々の話題にのぼるでしょう。そのため、あなたのアイデアはウィルスのように広がっていきます。例えば、この章では戦略を「橋」と呼んできました。これは明らかにメタファーであり、抽象的な概念をよりはっきりとした、記憶しやすいものにするのが目的です。あなたもまた、自分の戦略が話題にのぼるよう、メタファーを利用できます。

　さて、ここでようやく将来のビジョンを考えられるようになりました。小休止を取り、設計と文書化フェーズという詳細の入門に向けて準備しましょう。

12.9　まとめ

この章で学んだことをまとめましょう。

- 情報アーキテクチャ戦略は調査と設計を橋渡しします。

- 情報アーキテクチャ戦略は、サイトを構築、組織化するための高いレベルの概念的フレームワークを提供します。

- 調査を始める前に、サイトを構築、組織化するための戦略の検討に着手すべきです。

- 戦略フェーズの主な成果物は戦略報告書です。

- 戦略フェーズの一環として情報アーキテクチャ設計のプロジェクト計画を立てるのは有益です。

- 報告書を作成したら終了ではありません。報告書を出資者にプレゼンし、話し合う必要があります。

13章
設計と文書化

製図台では消しゴムを、建設現場ではハンマーを使うことができる。
——**フランク・ロイド・ライト**
(Frank Lloyd Wright)

本章では、次の内容を取り上げます。

- 設計フェーズにおけるダイアグラムの役割
- 情報アーキテクチャダイアグラムにおいて2つの最も一般的なタイプであるサイトマップとワイヤーフレームを作成する理由、タイミング、作成方法
- コンテンツをマップ化し、インベントリを作成する方法
- 粒度の高いコンテンツにコネクトし、管理するためのコンテンツモデルと制限語彙
- 設計チームの他のメンバーとの協業作業を向上させる方法
- 過去の決定を記録し、未来の決定を導くためのスタイルガイド

調査・戦略から設計へと進むと、劇的に風景は変化します。これまではプロセスに重点を置いていましたが、ここからは成果物に重点が置かれるようになります。これはクライアントや同僚が、明確でうまく定義された情報アーキテクチャについて考えることから、実際に制作する作業への移行を期待するためです。

このような変化に不安を覚えることもあるでしょう。調査員としての白衣を手放し、戦略家の象牙の塔を後にして、今度は創造性と設計（デザイン）の領域へと足を踏み

入れなければいけないのですから。アイデアを紙に書き記した時「後戻りできないのだ」と、恐怖を覚えるかもしれません。今あなたが形作っているものが、ユーザーエクスペリエンスとなっていくのです。調査に十分な時間とリソースを割いた上で戦略を策定できたのなら、恐れや居心地の悪さは消え去ることでしょう。いきなり設計に踏み込んでしまった場合、よくあることなのですが、本能的直感に頼らざるを得ないような難しい領域を進むことになります。

　設計について書くことは非常に困難です。なぜならこの段階での作業はコンテキストに依存し、言葉には表れない知識に影響されるためです。小規模な Web サイト立ち上げのためにたった 1 人のグラフィックデザイナーと仕事をする場合もあるでしょうし、企業レベルのサイトの再設計の一部として、制限語彙やインデックスの構築で 100 人以上もの人々と関わる場合もあるでしょう。設計に関してどのような決断を下すのか、どのような特徴を持つ成果物を制作するのかは、これまでのあなたの経験次第です。

　要するに、私たちが言おうとしているのはクリエイティブなプロセスについてです。情報アーキテクトが絵を描こうとするキャンバスは巨大で複雑な上に、絶えず変化します。昔から言われているように、アートを教える最高の方法は、「見せて伝える」ことなのです。そこで本章では制作物と成果物を使って、設計プロセスで情報アーキテクチャが何をするのかについてお話していきます。

　先へ進む前に、ひとつ警告です。本章では成果物に焦点をあてていますが、設計においても調査や戦略と同様にプロセスが重要です。つまり、これまでに網羅してきたテクニックは、設計のような後のフェーズでも適用すべきという意味です。語彙に始まり、プロトタイプで作業するためのワイヤーフレームまで、より具体的にツールを用いて作業します。

　そして警告をもうひとつ。あなたの力の及ばないところで、調査と戦略が丸ごと飛ばされ、設計の深みへ真っ逆さまに落とされるという、気詰まりな状況に置かれることがたまに、いえ、しばしば起こるでしょう。こうした状況では成果物が特に重要になります。成果物はチームを足止めし、引き留め、作業を見直させ、制御不能となったプロジェクトを規制、調整する頼みの綱となるからです。成果物はまた、設計上の問題をあぶり出し、その問題を処理すべきだった調査および設計タスクの段階へと差し戻す際にも利用できます。

13.1　情報アーキテクチャをダイアグラム化するためのガイドライン

　「仕事の成果をはっきり示してくれ」情報アーキテクトにはこうした強いプレッシャーがかけられています。潜在顧客に情報アーキテクチャの価値を売り込むためにしろ、同僚にデザインを説明するためにしろ、実際「情報アーキテクチャとは何か」を人に伝えるには、情報アーキテクトは視覚的な表現に頼らざるを得ません。

　何度もいったように、情報アーキテクチャは抽象的で概念的なものです。サイトそのものも無限であり、どこが始まりでどこが終わりなのかはっきりとは言えません。サブサイトやデータベース内の「目に見えない Web」に至っては、特定のアーキテクチャに含めるべきか否かもはっきりしません。デジタル情報自体を組織化する方法は無限に存在するうえに、情報は再利用もされます。つまりアーキテクチャは普通多次元なので、ホワイトボードや紙といった 2 次元に表現することが極端に困難なのです。

　というわけで、厄介なパラドックスの中に私たちは残されてしまいました。私たちの作業自体は目に見えないにも関わらず、「作業の価値と本質を目に見える媒体で示してくれ」と強制されているのです。

　実際のところ、理想的な解決手段はありません。情報アーキテクチャの分野は未成熟で、情報アーキテクチャを視覚的に表現する最善の方法も未だ解明されていません。どのような状況でも、どのような顧客に対しても効果的という、万能な図式の基準についてはなおさらそうです[1]。それに、私たちが伝えたいメッセージは A4 サイズの紙に収まりそうにもありません。

　ですが、アーキテクチャを文書化する際に従うべきガイドラインはいくつか存在します。

---

[1] 成果物については、Dan Brown『Communicating Design: Developing Web Site Documentation for Design and Planning, Second Edition』(New Riders、2010 年。和書は『Web サイト設計のためのデザイン＆プランニング ドキュメントコミュニケーションの教科書』マイナビ出版、2012 年) を読むことをおすすめする。Dan はその仕事が非常に高く評価されている情報アーキテクトのひとりだ

情報アーキテクチャの「見方」を複数提供する

デジタル情報システムは1度にすべて見せるには複雑すぎます。「すべての人を対象に、すべてのものを提示しよう」とすれば必ず失敗するでしょう。そうではなく、アーキテクチャのさまざまな面を、さまざまなテクニックを用いて示すように考えてください。1つの観点からは全体像が見えませんが、複数のダイアグラムを組み合わせることで全体像に近づけるかもしれません。

特定の顧客とニーズに対して上で述べた「見方」を発展させる

クライアントにとって魅力的なのは見た目のよいダイアグラムだと考え、コストを正当化しようとするかもしれません。しかし一日に何度もダイアグラムを変更しなければならない制作環境の場合、必要なリソースが膨大になってしまいます。ダイアグラムを作成する前に、他の人々がこのダイアグラムに何を求めているのかをできる限り明確にしておきましょう。例えば以前IBMに勤務していた情報アーキテクトのキース・インストーン（Keith Instone）は、出資者と役員との「上流への」コミュニケーション用と、設計者や開発者との「下流への」コミュニケーション用に、まったく異なるダイアグラムを作成していました。

情報アーキテクチャダイアグラムは、できるだけ本人と会って（もし会うことができないのであれば、最悪でもテレビ会議か電話を通じて）プレゼンテーションをしましょう。情報アーキテクチャにあまりなじみのない相手の場合は、特に対面してプレゼンテーションしなくてはいけません。ダイアグラムが意図するものと、相手が「こういう意味だろう」と理解したものとがあまりにかけ離れていたことが何度もありました（そして、ひどいことになりました）。情報アーキテクチャを表現する視覚的言語にはまだ基準が存在しないのですから、それも当然です。ですからあなたがその場で意味を翻訳し、説明し、必要があればあなたの作業を弁護してください。

ダイアグラムをプレゼンテーションする相手はクライアント、マネージャー、デザイナー、プログラマーとさまざまでしょう。相手が誰にせよ「この相手がダイアグラムに求めているものが何か」をあらかじめ理解しておくために、一緒に作業してみるとよいでしょう。「こう使うだろう」という予想が大幅に間違っているかもしれません。相手のニーズといえば、ある有名企業が一大プロジェクトから外されたのを目に

したことがあります。その理由は、その有名企業がカラー印刷で表紙つきの美しいダイアグラムを何週間もかけて作成したためです。というのも、クライアントが望んでいた（そして要求していた）のは単純なダイアグラムを可及的速やかに見せてもらうことで、ダイアグラムは手書きの雑なスケッチでも構わなかったからです。

　前の章でも見てきたように、最も頻繁に使用されるダイアグラムはサイトマップとワイヤーフレームです。これらが焦点をあてているのは、コンテンツの語義的な価値よりも構造の方です。そのためサイトマップとワイヤーフレームは、コンテンツの語義的性質やラベルを伝える上ではあまり効果的ではありません。以下のセクションで両方のタイプのダイアグラムについて詳しく述べていきますが、まずこれらダイアグラムで使うビジュアル言語を理解しておくと便利です。

13.2　視覚的に伝える

　ダイアグラムはサイトの構造的な要素の2つの基本的な側面を伝えるのに便利です[※1]。ダイアグラムは以下を定義します。

コンテンツ要素
　　コンテンツの単位を構成するものは何か、これら要素はどのようにグループ分けし、連続させるべきか

コンテンツ要素間のつながり
　　コンテンツ要素間をナビゲートするようなアクションを可能にするには、コンテンツ要素をどのようにリンクすべきか

　ダイアグラムがどれだけ複雑であっても、最終的な目標は常に、サイトのコンテンツ要素は何か、またどのようにつながっているかを伝えることです。

　多様なビジュアル・ボキャブラリー（視覚的語彙）は、視覚的ダイアグラムで情報アーキテクチャの複雑さを伝えるのに役立ちます。それぞれが明確な用語と構文のセットを提供し、要素とそのリンクを視覚的に伝えるからです。なかでも有名かつ最も影響

※1　制限語彙のような意味論的な要素は、視覚的に表現するのは簡単ではない

力のある視覚的語彙はジェシー・ジェームス・ギャレット（Jesse James Garrett）によるもので、8カ国語に翻訳されています。ジェシーの語彙はさまざまな利用を見込み、またそれに適応しますが、成功した最大の理由はその単純さにあります。誰でもこの語彙を使ってダイアグラムを作ることができます。手書きも可能です。

視覚的語彙はサイトマップやワイヤーフレームの開発に使われる多くのテンプレートの要です。気前のいいテンプレート開発者たちのおかげで、成果物作成に利用できる無料のテンプレートが数多くあります。**表13-1**は便利なテンプレートの一例です。利用するには、Microsoft Visio（Windows用）、Omni GroupのOmniGraffle（Mac用）など、一般的な作図用ソフトウェアが必要です。

表13-1 一般的なダイアグラムツールのテンプレート

名称	開発者	アプリケーション	URL
OmniGraffle Wireframe Stencils	Michael Angeles	OmniGraffle	http://bit.ly/omnigraffle_wireframe
Sitemap Stencil	Nick Finck	Visio	http://www.nickfinck.com/stencils.html
Wireframe Stencil	Nick Finck	Visio	http://www.nickfinck.com/stencils.html
Block Diagram Shapes Stencil	Matt Leacock、Bryce Glass、Rich Fulcher	OmniGraffle	http://www.paperplane.net/omnigraffle/
Flow Map Shapes Stencil	Matt Leacock、Bryce Glass、Rich Fulcher	OmniGraffle	http://www.paperplane.net/omnigraffle/

あなたがビジュアル的な作業が苦手で、OmniGraffleを学ぶと考えただけですくみ上ってしまう場合はどうしたらいいでしょう。アイディアを伝える相手がビジュアル志向ではない場合はどうでしょう。制作物は視覚的でなければならないのでしょうか。

もちろんそんなことはありません。見た目は悪いでしょうが、ワープロソフトやスプレッドシートのセルを使って、サイトマップの枠組みだけを作成することは可能です。ワイヤーフレームもすべてをテキストに書き起こして、同じ内容をカバーする説明を書いてもいいのです。結局のところこれらの成果物は、コミュニケーションツールに過ぎません。自分が得意なコミュニケーション力を活かす必要があります。そし

てもっと重要なのは、伝える相手に最適なスタイルをとることです。

　ただし覚えておいて欲しいのは、「百聞は一見に如かず」と言われるのには理由があるということです。情報アーキテクチャと設計の視覚的な側面の境界線はあいまいです。しかしある時点において、情報アーキテクチャのテキスト的な概念を、グラフィックデザイナーやインタラクションデザイナーの責任下にある作業へと結び付けなければなりません。したがって本章では「視覚的」とは、ほぼ情報アーキテクチャを伝えるという意味で使っています。

13.3　サイトマップ

　サイトマップはページとそれ以外のコンテンツ要素など、情報要素の関係を示すものです。組織化、ナビゲーション、ラベリングシステムを表現するためにも使われます。ダイアグラムもナビゲーションシステムも、全体的な情報空間の「かたち」を表し、サイト開発者とユーザーそれぞれに対して要約した地図の役割を果たしています。

13.3.1　高位レベルのアーキテクチャサイトマップ

　高位レベルのサイトマップは、トップダウン型の情報アーキテクチャプロセスの一部として情報アーキテクトが作成するものです。またプロジェクトの戦略フェーズにおいても作成される場合があります。作業はメインページから始めます。情報アーキテクトはアーキテクチャに肉付けを繰り返してサイトマップを発展させていきます。サブページを追加し、さらに詳細を加え、トップダウンからナビゲーションを解決することになるでしょう。サイトマップはボトムアップデザインもサポートしています。コンテンツモデルのコンテンツチャンクや関係を表示するという場合がそうです。こうした使用法については、この章で後ほど説明します。

　アイデアをサイトマップという正式な構成に形成していると、嫌でも現実的かつ実際的にならざるを得ません。ブレーンストーミングがあなたを山頂へ連れて行くものだとすると、サイトマップは現実という下界にあなたを引き戻すものです。ホワイトボード上ではすばらしく見えたアイデアでも、実際に組織化しようとしたらうまくいかないこともあります。「パーソナリゼーション」とか「適応型情報アーキテクチャ」などといった概念を振りまくのは簡単ですが、それらの概念がどのように特定のWebサイトに当てはまるのかを、正確に紙の上に示すのは容易ではありません。

設計フェーズにおいて主要な組織体系やアプローチを探るには、高位レベルのサイトマップが最も有効です。高位レベルのサイトマップは、サイトの鳥瞰図からメインページまで、主要エリアの組織構造とラベリングとを対応付けて示すことができます。情報アーキテクチャをさらに細かく定義するには、主要な組織体系やアプローチを繰り返し検討していくことになります。

　ユーザーのためのアクセス経路（パスウェイ）やコンテンツの組織化と管理を中心テーマとした話し合いを活性化する場合にも、**図 13-1** のような高位レベルのサイトマップは大いに役立ちます。これらのサイトマップは手書きでも作れますが、私たちは Visio や OmniGraffle のようなダイアグラムソフトを好んで使用しています。これらのソフトを使うと、サイトマップのレイアウトがすぐにできるだけでなく、サイトの実装と管理の役にも立ちます。またよりプロフェッショナルな見た目にもなります。悲しいことですが、設計の質よりも、見た目が重視される場合が時としてあるのです。

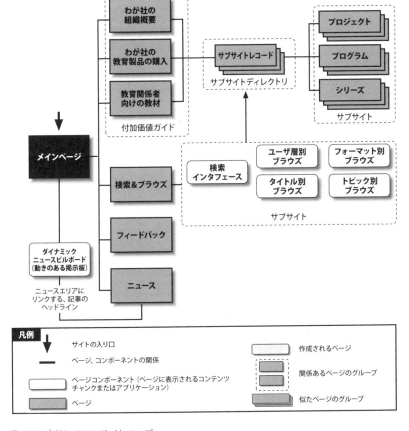

図13-1 高位レベルのサイトマップ

では、同僚やクライアントにプレゼンテーションする時と同じように**図 13-1** のサイトマップを順に見ていきましょう。このアーキテクチャを構成するブロックはサブサイトです。この会社内では、複数の部門のさまざまな人が各コンテンツの所有権を持ち、管理を行っています。すでに大小、数多くのサイトが存在し、それぞれに独自のグラフィックと情報アーキテクチャがあります。この一連のサイトに対して無理やりひとつの標準を押し付ける代わりに、このサイトマップでは包括的な「傘アーキテクチャ」アプローチを提案しており、たくさんの異質なサイトがその下に存在できるようにしています。

サブサイトから上に移動すると、サブサイトレコードのディレクトリがあります。このディレクトリは、サブサイトに簡単にアクセスできる「カードカタログ」として利用できます。各サブサイトにはサブサイトレコードがあります。各レコードはタイトル、説明、キーワード、ユーザー、フォーマット、トピックといったフィールドで構成され、サブサイトのコンテンツを説明しています。

サブサイトごとの標準化レコードを作成すると、事実上サブサイトレコードのデータベースが作られていきます。このデータベースアプローチによって、既知の項目の強力な検索や、より探索的なブラウズが可能になります。「Search & Browse（検索とブラウズ）」のページを見て分かるように、ユーザーはタイトル、ユーザー、フォーマット、トピックによって検索とブラウズができます。

サイトマップには 3 つのガイドも示されています。このガイドは簡単な解説あるいは物語形式になっていて、初めて訪れたユーザーにサイトのスポンサーと選ばれたエリアを紹介するものです。

最後に、ダイナミックニュースビルボードがあり、特集ニュースの見出しとお知らせが交代で表示されています。この掲示板は、メインページに動きを取り入れているだけでなく、重要なコンテンツがサブサイト内に埋もれてしまわないように、アクセスを提供する役目を果たしています。

高位レベルのサイトマップに関する話し合いがここまで進むと、必ず質問が出てきます。お分かりのように、サイトマップそれ自体では説明にはなりません。しかしそれが意図するところです。高位レベルのサイトマップはアーキテクチャ的アプローチを説明するのにもすばらしいツールですし、それがクライアントやマネージャー自身の課題であると確認する上でも有効です。「会社の新しい計画では顧客を地域別にター

ゲット化しているのだが、このガイドは本当に意味があるのだろうか」といった質問が浮上してきたら、計画を引き受けるいいチャンスです。それに、プロセスの後になってから同じような質問がきても非難を受ける心配がなくなります。後々変更するとなると、費用がより高くなってしまうので、この段階で修正できるのが望ましいでしょう。

　直接相手と顔をあわせてサイトマップをプレゼンテーションすると、質問にすぐ回答でき、クライアントの懸案事項にも対処できます。また、サイトマップの記憶が薄れないうちに新しいアイデアを探索することもできます。サイトマップについて話し合う時には、考えを説明する文書や、その場で出そうな質問への回答を簡単な文書にして添えておくのもよい考えです。最低でも、基本的なコンセプトを簡単に説明する「ノート」（この例でそうしたように）は提供することを考えましょう。

13.3.2　サイトマップを深く掘り下げる

　サイトマップを作成する際には、特定の型やレイアウトにとらわれないようにすることが大切です。形式より機能を優先しましょう。図 13-2 と図 13-3 との違いに注目してください。

　図 13-2 は世界的なコンサルティング会社の情報アーキテクチャを全体論的視点から見たものです。これはメンバー会社のコンテンツとサービスへのアクセスを一元管理した、全体的なビジョンを構築しています。これに対して、図 13-3 は Weather Channel Web サイトという一面だけに焦点を絞っており、地域の天気情報と全国の天気情報との中でユーザーがどのように動くのかを示しています。どちらのサイトマップも高位レベルで概念的な性質を有していますが、それぞれの目的に応じて独自の形式をとっています。

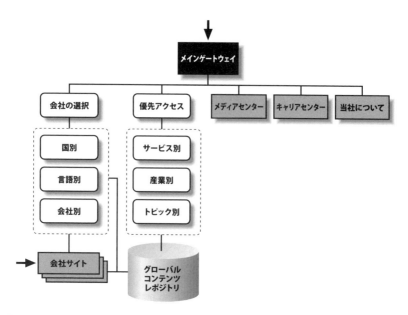

図13-2 コンサルティング会社の全体図を描いたサイトマップ

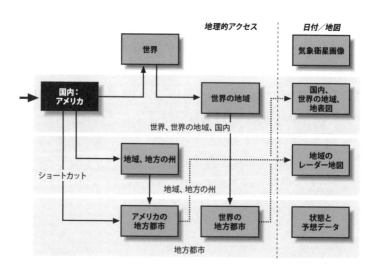

図13-3 Weather Channelサイトの地理的ハブナビゲーションに焦点をあてたサイトマップ

図13-4は、オンライン上でグリーティングカードサービスを提供する「Egreetings.com」の高位レベルサイトマップです。このサイトマップでは、ユーザーは第一次の分類体系をたどりながら、フォーマットやトーン（雰囲気）でカードをフィルターできることに焦点をあてています。

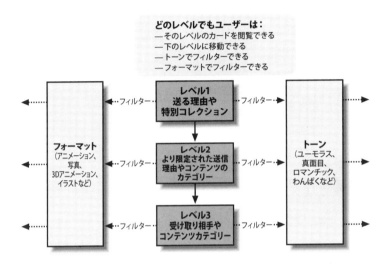

図13-4 Egreetings.comでのフィルタリングがどう作用するかを示すサイトマップ

コンテンツだけがWebサイトではないということを、心に留めておくことが大切です。コンテンツだけでなく、トランザクションやタスク中心型のシステムの設計にも私たちは貢献できるのです。この作業にはタスク中心型のサイトマップとプロセスマップが要求されます。

例えば**図13-5**は、再設計プロジェクト前のEgreeting.comのサイトマップです。カード送信プロセスで、ユーザー中心の視点を示しています。ここではプロジェクトチームはWebまたはメールによるプロセスを一歩一歩進み、ユーザーエクスペリエンスを向上させるチャンスを探しています。

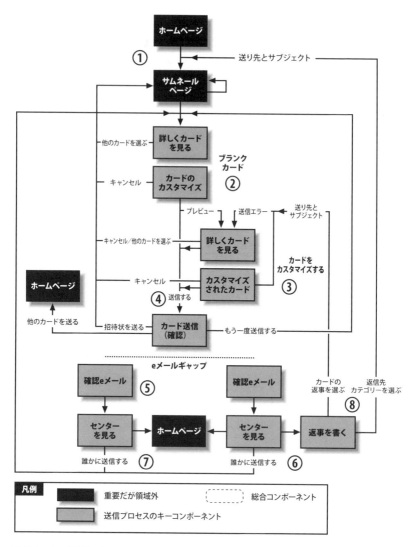

図13-5 カード送信プロセスのタスク指向型サイトマップ

図13-6 では、気軽にブラウズしていたユーザーが、Webサイトのコンテンツとやり取りするうちに、政治的キャンペーンに関わっていく様子を示しています。このサイトマップは、サイトのコンテンツの記述とナビゲーションに沿って変わっていく、

ユーザーの心境となっています。

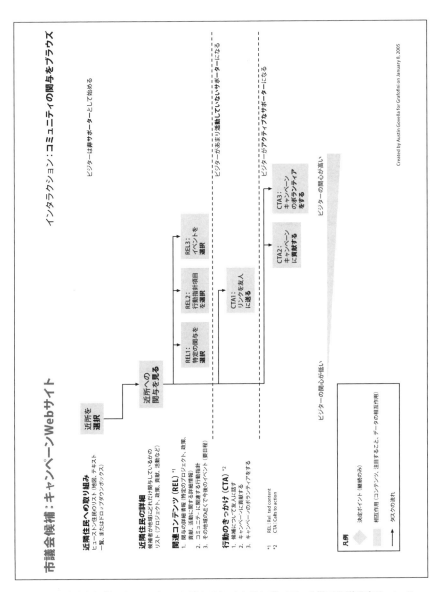

図13-6 政治家候補のキャンペーンに関わるレベルが上がっていく様子を説明する、Austin Gobellaによるサイトマップ

掘り下げれば掘り下げるほど、高位レベルのサイトマップからアーキテクチャの特定の側面に特化したダイアグラムへと進んでいくのに気付くでしょう。サイトの全体的な方向性を伝えていくことからは離れていくのです。サイトマップは非常に柔軟性があります。ボックスとコネクタで設計についてすべてを伝えることはできませんが、設計を開発し、理解するには十分です。

高位レベルのサイトマップでは、かなりの量の情報が抜け落ちていることにも気付くでしょう。サイトの主要な領域と構造に集中しているため、ナビゲーション要素やページレベルの詳細部分は無視されています。こうした漏れはデザイン上のものであって、偶然ではありません。サイトマップの基本的原則を忘れないでください。「少ないほどよい」のです。

13.3.3　サイトマップはシンプルに

プロジェクトが戦略から設計、実装へと移るにつれ、サイトマップは実用性だけをより重んじられるようになってきます。この段階では、戦略やサイトの定義よりも、設計や開発などに関わる他の人々に情報アーキテクチャを伝達することに対し、より重点が置かれます。「低位レベル」のサイトマップは迅速に作成して繰り返し修正しなければいけませんし、ビジュアルデザイナーから編集者、プログラマーまで、さまざまな観点から提供されたアドバイスを盛り込んでいくことになります。このアーキテクチャはチームメンバーに理解してもらわなければいけません。そのため、簡潔な凡例で説明できるような、単純に要約した語彙を作成することが大切です。**図 13-7** に例を示しました。

図13-7　このサイトマップの凡例は単純な内部的語彙を表現している

この図では、凡例で3段階のコンテンツ粒度を示しています。一番粒度が粗いも

のがコンテンツグループ（ページにより構成）です。これに続くのがページそのものです。コンテンツ要素はサイトマップに表すものの中では最も粒度が細かいものです。矢印はコンテンツオブジェクト間のリンクを表しています。この矢印は一方通行の場合も双方向の場合もあります。

　これがオブジェクトの最小セットです。語彙数を絞ることにより、ダイアグラムに過剰な情報を詰め込んでしまうという衝動を抑えやすくなります。結局のところ、他のダイアグラムも使ったほうが、アーキテクチャの他の観点もより効果的に伝えられるということです。

13.3.4　詳細なサイトマップ

　実装段階が進むにつれて、自然に焦点は外から中へと移動します。これまであなたの仕事はクライアントに高レベルなアーキテクチャ的概念を伝えることでしたが、今度は詳細な組織化、ラベリング、ナビゲーションに関する決定事項をサイト開発チームの同僚に伝えることになります。建築と建設の世界でも、似たような移行が起こります。建築家はクライアントに密接に協力し、空間のレイアウトや窓の位置決めについて全体図を作るでしょう。しかし釘のサイズや配管経路に関する決定には、通常クライアントは参加しません。実際、そのような細かいことには建築家も関わる必要がありません。

　実際の建築では、建設現場においてこうした細かい変更が頻繁に行われます。クライアントがホームオフィスの広さを変えたいと言い出したり、キッチンのコンセントが不便な位置にあって移動しなければならない場合もあるでしょう。いずれにしても、抽象的なダイアグラムが建設現場で現実に直面すると、変更されるのは当然のことです。私たちの業界では、しばしば不完全な情報をもとに、アジャイルでリーンな開発手法が素早く繰り返されます。こうしたタイプのプロジェクトにおいては、開発プロセスの途中で発生する新たな条件や要求に対処するよう、設計に沿って詳細なサイトマップを発展できるようにします（するべきです）。

　つまり製作チームが開発プロセスをスタートする時、あなたのプランをできる限り正確に実行できるよう、サイト全体について綿密に計画すべきだということです。サイトマップにはメインページから目的ページにいたるまでの完全な情報の階層構造が示されていなければいけません。また、サイトの各エリアにきちんと実装できるよう

に、ラベリングとナビゲーションシステムも詳しく記載されている必要があります。

サイトマップは、プロジェクトの規模によって大幅に異なります。小規模なプロジェクトでは、サイトマップを見せる主な相手は、おそらくアーキテクチャ、デザイン、コンテンツを担当する1人か2人のグラフィックデザイナーでしょう。より大規模なプロジェクトでは、データベース主導のプロセスによってアーキテクチャ、デザイン、コンテンツの統合を担当する技術チームかもしれません。では、さまざまなサイトマップがどのようなことを伝え、どのように異なるかを見てみましょう。

図 13-8 は「SIGGRAPH 96」[※1]のサイトマップで、いくつかの概念を紹介しています。独自の ID ナンバー（例：2.2.5.1）が各要素（例：ページおよびコンテンツチャンク）に振られ、ダイアグラムが組織化された制作プロセス用の下地を示しています。Web サイト構造にコンテンツを提供するデータベースシステムが理想的に関っています。

[※1] SIGGRAPH：「Special Interest Group on Computer GRAPHics」の略で、米国コンピュータ学会主催による SIG（分科会）。「世界最大かつ最高の CG の祭典」といわれるコンピュータグラフィックスの学会・展示会のひとつ

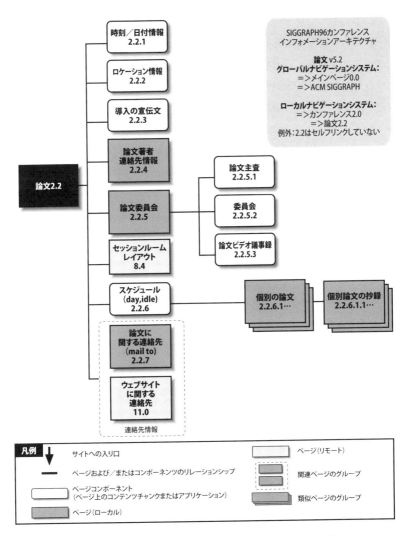

図 13-8 SIGGRAPHカンファレンスWebサイトの主要セクションのサイトマップ

図 13-8 では、ローカルページとリモートページの間には違いがあります。ローカルページは、サイトマップのメインページの子に当たるページです。ローカルページは画像やナビゲーション要素などを親から受け継いでいます。例えば、論文委員会ページはカラー体系とナビゲーションシステムを発表論文メインページから受け継いでい

ます。これに対して、リモートページは情報階層中の別の枝に属しています。セッションルームのレイアウトに関するページは、Web サイトのマップエリア特有の画像とナビゲーションシステムを使用しています。

　もうひとつの大切な概念が、コンテンツ要素あるいはコンテンツチャンク（コンテンツのかたまり）です。制作プロセスのニーズを満たすために、コンテンツの入れ物（例：ページ）からコンテンツを分けること（例：チャンク）が 必要になります。「論文に関する連絡先」や「このサイトについての連絡先」などがコンテンツチャンクにあたります。コンテンツチャンクは 1 つまたは複数のパラグラフからなるコンテンツセクションで、それぞれが独立した情報のパッケージです（チャンクについてはこの章で後ほど詳しく論じます）。コンテンツチャンクの回りを取り囲む長方形は、これらが密接に関係していることを示しています。このアプローチを取ると、デザイナーは柔軟にレイアウト決めができます。例えば、すべてのチャンクを 1 つのページ上に表示することも、複数のページが密接につなぎ合わさったものにすることもできます。

　アーキテクトはナビゲーションシステムを伝えるのにも、この詳細なサイトマップを使う場合があります。ナビゲーションを示すのに矢印が使われることもありますが、制作スタッフも間違えやすく混乱しがちです。多くの場合、グローバルナビゲーションシステムでもローカルナビゲーションシステムでも、サイドバーを使ったコミュニケーションが最もうまくいきます。この例は**図 13-8** に示しました。右上のサイドバーは、Web サイトのこのエリアに対してグローバルナビゲーションとローカルナビゲーションがどのように当てはまるか説明しています。

13.3.5　サイトマップの組織化

　アーキテクチャが発展するにつれ、サイトの最上層以外の部分も調整する必要が出てきます。ここでも同じ注意ですが、どうやったらドキュメントすべてを 1 枚の紙に詰め込むことができるのでしょうか。ほどんどのアプリケーションでは複数の紙に分割して印刷可能ですが、そうすると設計にかける時間よりも紙をテープで張り合わせる時間の方が長くなってしまいます。それに、もしダイアグラムが 1 枚の紙に印刷できないほどの大きさとなると、普通のモニターで見たり編集したりするにも大きすぎることでしょう。

　この場合、サイトマップをモジュール化することをおすすめします。上位レベルの

サイトマップを二次的サイトマップにリンクするという作業をひたすら続けます。これらのダイアグラムは、それぞれ独自の ID を持ち、密接に結び付けられています。例えば、**図 13-9** の上位レベルのダイアグラムでは、主要ページには「x.0」という番号が振られています。例えば「委員会と役員」のページには 4.0 という番号がついています。このページは新しいダイアグラム(**図 13-10**)の「リードページ」となりますが、新しいページ上でも 4.0 の番号がついています。二次的ページとコンテンツ要素を親ページにリンクさせるためには、4.0 から始まるコードを使用します。

独自の ID 機構で複数のダイアグラムを結びつけることにより、「A4 サイズの紙に収めろ」という圧力を緩和できます(それでも何十枚も紙が必要になるかもしれませんが)。コンテンツ要素はコンテンツインベントリでもサイトマップでも同じ ID 番号を使うので、この機構はコンテンツインベントリをアーキテクチャ的プロセスとをつなげる役にも立ちます。これはつまり、制作フェーズにおけるサイトへのコンテンツの追加は、番号に従って塗り絵をしていくのとほとんど変わらないことを意味しています。

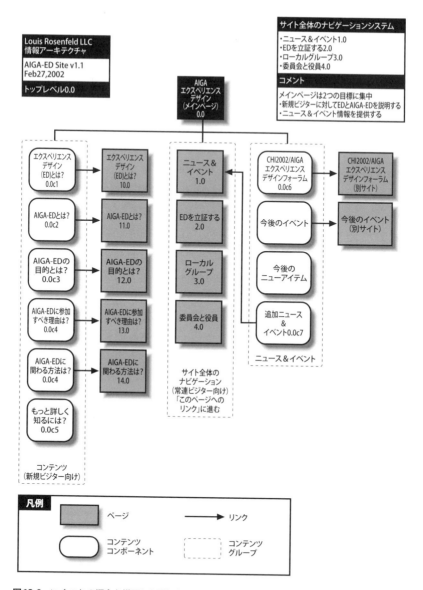

図13-9 いくつかの概念を描写した詳細なサイトマップ

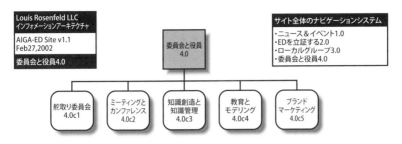

図13-10 この二次的サイトマップは上位レベルのサイトマップから続いている

13.4 ワイヤーフレーム

　「コンテンツはどこへ入れればよいのか？サイト、サブサイト、アプリ、コンテンツの集まりなどのコンテキスト内で、コンテンツはどのようにナビゲートされるべきなのか？」情報アーキテクトがこうした事項を決定する際にはサイトマップが役に立ちます。ワイヤーフレームの果たす役割はサイトマップとは違っており、ワイヤーフレームは「アーキテクチャ的観点からして、個別のページやテンプレートをどのように見せるべきなのか？」ということを描写します。ワイヤーフレームはサイトの情報アーキテクチャとインタラクションデザインとの交差部分にあるものです。

　例えばワイヤーフレームは「ページやスクリーンのどこにナビゲーションシステムを配置するのか」といった問題を考えるよう情報アーキテクトに強要します。レイアウトの初期段階で見ると、ナビゲートする方法があまりにも多すぎるように感じられるでしょう。そこでワイヤーフレームのコンテキスト内でアイデアを試してみると、場合によってはサイトマップの書き直しになるかもしれません。しかし、将来サイト全体を再設計することになるよりは、紙の上で変更を行うほうがましです。

　ワイヤーフレームはほぼ限定された二次元のスペース（例：ページ、スクリーン）に含まれるコンテンツと情報アーキテクチャを描写します。そのためワイヤーフレームそのもののサイズは制限されています。こうした制限があるため、情報アーキテクトはアーキテクチャの要素の中で「どれをユーザーの目に映るようにして、アクセスしやすいものにするか」を決めなければなりません。アーキテクチャ的要素が場所を占めすぎると、実際のコンテンツが入らなくなってしまいます。

　情報アーキテクトはどのようにコンテンツ要素をグループ分けするか、どのような

順序にするか、どのグループを優先させるかなどを決めなければなりませんが、ワイヤーフレームを発展させるとこれを決定しやすくなります。**図13-11**では、「送る目的」の方を「検索アシスタント」よりも優先させています。コンテンツの位置を目立つようにし、見出しに大きなフォントを使うと、優先順位がはっきりします。

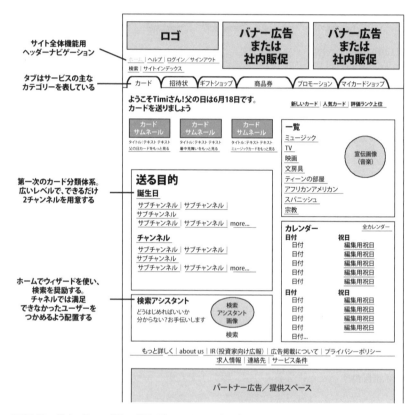

図13-11 グリーティングカードサイトでのメインページ用ワイヤーフレーム

　一般に、ワイヤーフレームはサイトの最も重要なページやスクリーンに対して作成されます。メインページや主要なカテゴリーページ、検索、その他重要なアプリケーションなどがその対象として挙げられます。ワイヤーフレームはサイトのコンテンツページなどに一貫して適用されているテンプレートの意味も表しています。また設計

プロセスにおいて、ビジュアル化に際して惑わせたり混乱を招くようなページであっても充分に適用できます。ワイヤーフレームは複雑なページや独特なページ、または他のページ用のパターン（例：テンプレート）を用意したページに対して作成するもので、全ページに対して作成するものではありません。

　ワイヤーフレームはスクリーンサイズによってページ構造が変化するのを表現するのにも便利です。**図 13-12** は携帯、タブレット、デスクトップ PC のそれぞれのブラウザに対応して変わるデザインを示しています。

　ワイヤーフレームはある程度までのルックアンドフィール（見た目）を表し、ビジュアルデザインとインタラクションデザインの領域を横断しています。ワイヤーフレーム（とページデザイン一般）は多くの Web デザイン関連の手法が一斉に集い、そしてぶつかり合うことの多い開拓前線を描写しています。ワイヤーフレームを作成するのがビジュアルやインタラクションデザイン経験のない情報アーキテクトで、デザイナーでない人間がビジュアルデザインについてコメントしている（ひどいコメントの場合もある）ため、グラフィックデザイナーやビジュアル指向の人々が非常に不愉快に思うことも少なくありません。

　そのため、「ワイヤーフレームは実際のビジュアルデザインを置き換えるものではない」というはっきりとした注意書きを添えることをおすすめします。ワイヤーフレーム上のフォント、色（あるいは色がないこと）、ホワイトスペースの利用やその他のビジュアル的特徴は、サイトの情報アーキテクチャがページにどう影響し、インタラクトするかを図で説明するためだけにあるのです。「グラフィックデザイナーと共働作業して、サイト全体の美的性質を向上させたい」あるいは「インタラクションデザイナーと共働作業して、ページの仕掛けの機能を向上させたい」という希望をはっきり伝えておきましょう。

　上の点については口頭で伝えることをおすすめします。また、ビジュアルデザイナーやインタラクションデザイナーがあまり喜ばない、または専門外だと感じる作業は、ワイヤーフレームで済ませておきましょう。例えば、ナビゲーションバーの色や配置はデザイナーに選んでもらいたいけれど、ナビゲーションバー内のラベル表記については、デザイナーが悩まなくてもいいようにワイヤーフレームで決めておくのです。

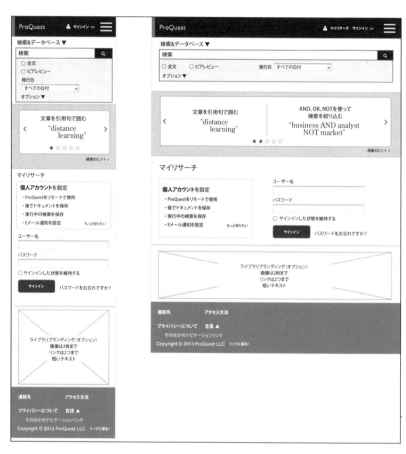

図13-12（1） ワイヤーフレームは設計者がスクリーンサイズによる違いを示すのに役立つ。ワイヤーフレームはクリス・ファーナム（Chris Farnum）がProQuest LLCのために開発したもの。ProQuest LLCの許可を得て再制作。許可なく再制作することを禁じる

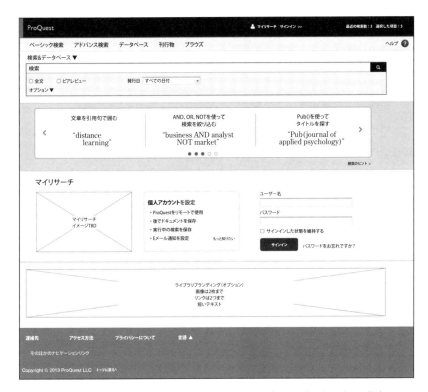

図13-12（2） ワイヤーフレームは設計者がスクリーンサイズによる違いを示すのに役立つ。ワイヤーフレームはクリス・ファーナム（Chris Farnum）がProQuest LLCのために開発したもの。ProQuest LLCの許可を得て再制作。許可なく再制作することを禁じる

　ワイヤフレームにはビジュアルデザインが関わってくるので、その開発はこの時点で多くのことを付け加えたいと思っている、ビジュアルデザイナーと協業する最適のチャンスです。デザイナーや開発者に渡してしまえばいいと考えるのではなく、各分野にまたがる健全な協業を生み出すきっかけとして、ワイヤーフレームを利用しましょう。

13.4.1　ワイヤーフレームのタイプ

　ワイヤーフレームの形やサイズ、忠実度は、サイトマップ同様目的によってさまざまです。紙やホワイトボード上にざっと描いたものから、HTMLやAdobe Illustrator

などで描いたものまであります。忠実度は開発ライフサイクルのステージによって異なりますが（初期のステージほど精度が低い）、たいていのワイヤーフレームはこの両極の間にあるといってよいでしょう。つまりそれほど雑でもなければ、精密でもないということです。では Argus Associates 時代の同僚でワイヤーフレームの専門家である、ProQuest の情報アーキテクト、クリス・ファーナム（Chris Farnum）が作成したものから、いくつかサンプルを見ていきましょう。最初の例（**図 13-13**）は忠実度の低いワイヤーフレームです。

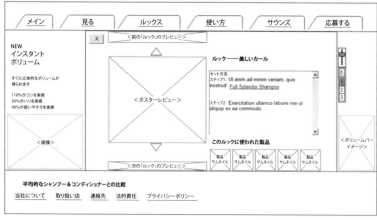

図 13-13　忠実度の低いワイヤーフレーム。コンテンツの正確さよりもコンテンツのレイアウトとビジュアル要素に焦点が当てられている（ワイヤーフレームは ProQuest LLC の開発による。ProQuest LLC の許可を得て再制作。許可なく再制作することを禁じる）

図 13-14 は詳細に書き込まれた、中程度の忠実度を持つワイヤーフレームです。このワイヤーフレームではコンテンツ、レイアウト、ナビゲーションなどの観点が紹介されており、それらに関する論議へとつながります。管理者やグラフィックデザイ

ナー、プログラマーらに情報アーキテクチャを伝えるために、こうしたワイヤーフレームをいくつも使うことになります。

図13-14 中程度の忠実度のワイヤーフレーム。Chris FarnumとKatherine Rootによる。より詳しく、説明も多く、コンテンツもユニークなものになっている（ワイヤーフレームはProQuest LLCの開発による。ProQuest LLCの許可を得て再制作。許可なく再制作することを禁じる）

最後の**図 13-15** は、比較的忠実度の高いワイヤーフレームで、実際のページが大体どのように見えるかを示しています。グラフィックデザイナー抜きで作成できる限界に近いといえるでしょう。

図13-15　忠実度の高いワイヤーフレーム（ワイヤーフレームはProQuest LLCの開発による。ProQuest LLCの許可を得て再制作。許可なく再制作することを禁じる）

このような忠実度の高いワイヤーフレームには、以下のような利点があります。

- コンテンツと色があるためページがいきいきとし、クライアントや同僚の注目をひきつけることができる。

- 実際のページ幅とフォントサイズを試せるので、HTMLページの持つ制限をはっきり理解できる。

このレベルの忠実度であれば、ユーザーに対して紙上プロトタイプ試験を行うことができます。その一方、以下のような欠点もあります。

- 忠実度が高いほど、多くの作業が要求される。このように詳細なワイヤーフレームのデザインにはかなりの時間がかかるため、プロセスの進度が遅れ、コストが増加する。

- 視覚的要素とコンテンツを構造化されたレイアウトに統合すると、情報アーキテクチャが未熟な内に焦点がインターフェースと視覚的デザインへと移ってしまう。

忠実度の違いによる長所と短所を認識した上であれば、ワイヤーフレームは情報アーキテクチャのデザインプロセスでコミュニケーション及びコラボレーションを促進するすばらしいツールになります。

13.4.2　ワイヤーフレームガイドライン

クリス・ファーナムはワイヤーフレーム作成時に考慮すべきベストプラクティスを以下のように提案しています。

- 一貫性がカギとなる。複数のワイヤーフレームをプレゼンテーションする場合は特にそうである。一貫性により、あなたのワイヤーフレームにはプロらしさがあるという印象をクライアントは強く受けるだろう。さらに重要なことは、同僚はあなたのワイヤーフレームをかなり文字通りに受け止めるということだ。そのため、一貫性が保たれていれば、デザイン作業と制作作業がよりスムーズに進行する。

- Visio やその他の標準的な表作成ツールは背景レイヤーをサポートしている。これを利用すると、サイト全体の複数のページでナビゲーションバーとページレイアウトを再利用できる。同様に、Visio のステンシルにはオブジェクトを描くための標準ライブラリが含まれており、ページ要素を作図する際に使用できる。

- Callout（ワイヤーフレームの周辺や脇に置く小さなメモ）でページ要素の機能性についてコメントを添えるのも効果的。ワイヤーフレームの脇と一番

上はスペースを空けておくこと。

- どの成果物でもそうだが、ワイヤーフレームを作成する際には使いやすさとプロらしさを重視すべきだ。一連のワイヤーフレームにはページ番号、ページタイトル、プロジェクトタイトル、最終更新日時を記入し、1つにまとめるようにすること。

- プロジェクト用のワイヤーフレームを複数の情報アーキテクトで作成している場合には、共通のテンプレート、ステンシルを開発し、共有し、維持すること（それとワイヤーフレーム担当の「幹事」の設置を考慮する）。プロジェクト計画で時間を都合し、見た目に一貫性が生まれるようチームのワイヤーフレームを合わせたり、別々のドキュメントでも1つにうまくまとまることを確認したりすること。

13.5　コンテンツマッピングとインベントリ

　調査と戦略の過程で中心となるのは、トップダウン方式で使命、ビジョン、ユーザー層そしてサイトのコンテンツを定義することです。設計と制作過程に入ると、今度はボトムアップ方式でコンテンツの収集と分析を完了させます。コンテンツマッピングとは、トップダウン方式の情報アーキテクチャとボトムアップ方式とが出会う場所です。

　詳細なコンテンツマッピングでは、既存のコンテンツを分解したり結合したりしてコンテンツチャンク（コンテンツのかたまり）にします。コンテンツチャンクはサイトに含める際に便利です。コンテンツチャンクは必ずしも文や段落、ページではありません。むしろ、個別に扱われるべき、最も微細なコンテンツパーツなのです。

　コンテンツは多種多様な情報ソース（情報源）からさまざまなフォーマットで提供されますが、それらを情報アーキテクチャにマッピングする必要があります。そうすることにより、制作プロセスで何がどこに置かれるのかがはっきりします。フォーマットの種類はそれぞれ異なるので、ソースページを目的ページに1対1にマッピングすることはできません。印刷されたパンフレットの1ページが必ずしもWebページの1ページにマッピングされるとは限らないので、コンテンツと入れ物を別にして、両方にソースと目的ページ先をつけておくことが大切です。さらに、コンテンツマネ

ジメントにデータベース主導型のアプローチを併用すれば、コンテンツと入れ物を分けることで、コンテンツチャンクを複数のページで再利用しやすくなります。例えば、顧客サービス部門の連絡先情報は、サイト上のさまざまなページで表示されるでしょう。もし連絡先情報が変更になったら、そのコンテンツチャンクのデータベースの記録を変更するだけで、後はボタン 1 つでサイト中の情報を一括で変更できます。

　サイトの新しいコンテンツを作成している時でさえも、コンテンツマッピングは必要です。コンテンツの作成にはワープロソフトを使うほうが合理的です。なぜなら Microsoft Word のようなツールの方が、より強力な編集、レイアウト、スペルチェック機能を備えているからです。その場合、Word ドキュメントを HTML ページ（あるいはサイトで使われているフォーマット）にマッピングしなくてはなりません。新しいコンテンツが組織内の複数の著者によって作成される場合は、さらに注意深くマッピングしなければいけません。このように別々の情報源からのコンテンツを追跡調査するツールとして、マッピングプロセスは管理上非常に重要になるでしょう。

　チャンクの定義は主観的なプロセスなので、次のような質問をした上で決めるべきです。

- このコンテンツはユーザーがそれぞれにアクセスできるように、より小さなチャンクに分解するべきか。

- インデクシングするコンテンツの最小のセクションは何か。

- このコンテンツは、複数のドキュメントで使えるように扱うべきか、あるいは複数のプロセスの部分となるように扱うべきか。

　コンテンツチャンクが定義されたら、目的地またはユーザーにとっての成果物へとマッピングします。これらは Web ページの場合もあれば、フィードやその他のメディアである場合もあるでしょう。すべてのコンテンツのソースと目的地を記述する体系的な方法が必要となります。そうすれば、制作チームがあなたの指示を実行に移すことができるからです。前にも述べたように、コンテンツチャンクそれぞれに独自の ID コードを付けるのもひとつの方法です。

　例えば、「SIGGRAPH 96 カンファレンス」サイトの作成では、印刷物の内容をオン

ライン用に翻訳する必要がありました。このような場合は、印刷物のコンテンツチャンクをどのように Web サイトのコンテンツにマッピングするかを示す仕様が必須です。「SIGGRAPH 96 カンファレンス」の場合は、美しくデザインされたパンフレットや案内状、プログラムのコンテンツを Web ページにマッピングしなくてはなりませんでした。印刷物 1 ページに Web ページ 1 ページというマッピングは合理的ではないため、その代わりに私たちが取った手段は、コンテンツエディタを使ってコンテンツのチャンキングとマッピング作業を行うという方法でした。まず、パンフレットの各ページを論理的なコンテンツのチャンクにし、結果のインベントリを作成し、ラベリングされた各チャンクと頁番号とをつなげた簡単な表を作成しました（**図 13-16**）。

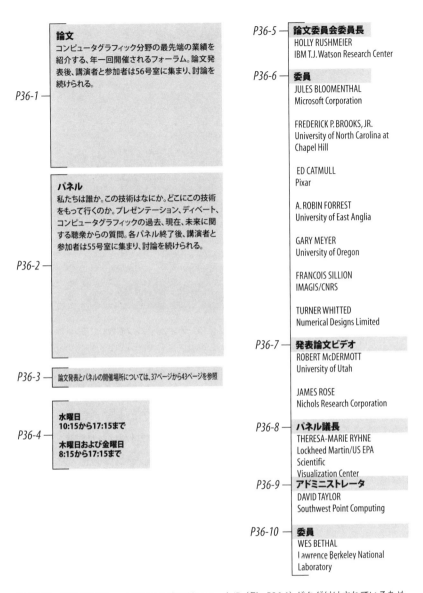

図13-16 印刷パンフレットのチャンクにはユニークID（例：P36-1）がタグ付けされているため、マッピングとインベントリ作成が行える

```
                    コンテンツマッピング表

    情報ソース（印刷パンフレット）            目的ページ（ウェブサイト）

         P36-1  -------------------------- 2.2.3

         P36-2  -------------------------- 2.3.3

         P36-3  -------------------------- 2.2.2

         P36-4  -------------------------- 2.2.1

         P36-5  -------------------------- 2.2.5.1

         P36-6  -------------------------- 2.2.5.2

         P36-7  -------------------------- 2.2.5.3

         P36-8  -------------------------- 2.3.5.1

         P36-9  -------------------------- 2.3.5.2

         P36-10 -------------------------- 2.3.5.3
```

図13-17　コンテンツマッピング表は目的ページとコンテンツチャンクを合わせる

　図13-9にあるように、私たちはすでにコンテンツチャンクID体系を使って、詳細な情報アーキテクチャのサイトマップを作成しました。次の段階では、印刷パンフレット内の各コンテンツチャンクがWebサイト上にどのように表示されるか（図13-17）を説明する、コンテンツマッピング表を作成しなければなりませんでした。

　この例では、P36-1はユニークIDであり、1番目のコンテンツチャンクはもともとの印刷物のパンフレットの36ページにあたるということを意味しています。このソースコンテンツチャンクは2.2.3とラベリングされた目的コンテンツチャンクにマッピングされています。そしてこの目的コンテンツチャンクはWebサイトのPapers（2.2）エリアに属しています。

　素材の印刷パンフレットと、アーキテクチャのサイトマップ、コンテンツマッピング表を使って、「SIGGRAPH 96 カンファレンスWebサイト」が作成されました。図13-18を見ると分かるように、Webページのコンテンツ（2.2）にはP36の3つのコンテンツチャンクが含まれています。

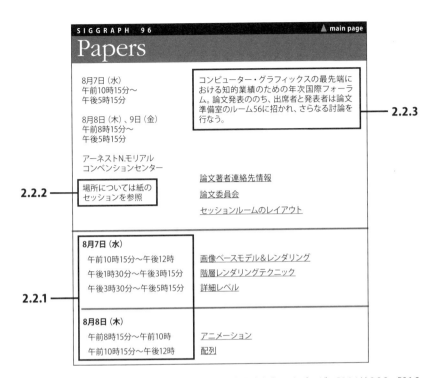

図13-18 コンテンツマッピングプロセスによって制作されたWebページ。P36-1は2.2.3、P36-3は2.2.2、P36-4は2.2.1にそれぞれマッピングされている

　コンテンツマッピングのプロセスで生じるもうひとつの重要な産物が、コンテンツインベントリです。これは入手できるコンテンツを描写し、どこでそのコンテンツを見つけられるかを示しています（例：現在のサイト、年次報告書など）。それと同時に、埋めなければならないコンテンツのギャップをも示します。Webサイトの規模と複雑さ、制作に利用したプロセスと技術に応じて、インベントリを提示する方法はたくさんあります。大規模サイトでは大量のコンテンツのコレクションを管理するために、データベース技術を駆使したドキュメントまたはコンテンツ管理ソリューションが必要かもしれません。こうしたアプリケーションの多くは、ページごとのデザインと編集をチームで行うワークフロープロセスを提供してくれます。もっと簡素なサイトであれば、**図13-19**のようなスプレッドシートでもいいかもしれません。Seneb Consultingのサラ・ライス（Sarah Rice）がこのすばらしいスプレッドシートを作成

してくれました。これはダウンロードして利用することができます[※1]。この例では、Information Architecture Institute（元 AIfIA）のサイトで使用しています。

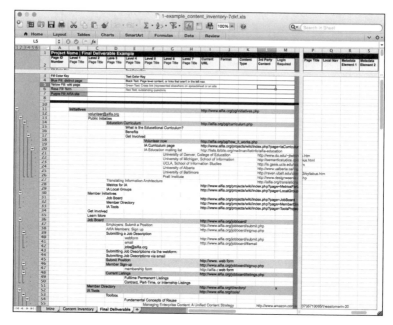

図 13-19　Microsoft Excel で管理されたコンテンツインベントリの一部

　もっとやる気があれば、Web ベースのインベントリを作成することもできます。インベントリでは**図 13-20** のように、サイトの各ページのタイトルとユニーク ID を表示するようにします。リンクが設定された番号を選択すると別のウィンドウが開き、該当する Web ページが表示されます。

　コンテンツマッピングプロセスが完了したらすぐに、コンテンツインベントリを作成できますし、その逆も可能です。またコンテンツインベントリを作成すれば、コンテンツ監査が作成できます。コンテンツ監査とは、制作が必要なコンテンツ、設計が必要なページの模型、最終的なサイトに統合する前に見直しが必要な設計ページを確

※1　Sarah Rice による「example_content_inventor」は、http://www.seneb.com/s/example_content_inventory.xls からダウンロードできる

認することです[※1]。

1.0	Pilot Site: Main Page
1.1	Pilot Site: Why Digital
1.2	Pilot Site: About this Pilot Program
2.0.1.A	Gateway (for subscribers)
2.0.1.B	Gateway (for non-subscribers)
2.0.2	Browser Compatibility Test
2.0.3	Browser Incompatible
2.0	Main
2.1.1	The Dissertation Abstracts Database
2.1.2	The UMI Digital Library of Dissertations
2.1.3	Future Enhancements
2.1.1.1	Submitting Electronic Theses and Dissertations
2.1.4	Feedback
2.1.5	Thank You
2.2.1	Search Results: Quick Search, Less Than 20 Hits
2.2.1.A	Search Results: Quick Search, Greater Than 20 Hits

図13-20 Webベースのコンテンツインベントリ

13.6 コンテンツモデル

　コンテンツモデルは、相互につながったコンテンツの小さなチャンクからできた情報アーキテクチャです。コンテンツモデルは多くのサイトに欠けている重要なピース、つまりサイト内の奥深くで動作するコンテクスチュアルナビゲーションをサポートします。なぜコンテクスチュアルナビゲーションが欠けているケースが多いのでしょうか。組織にとってコンテンツのユニットを蓄積するのは簡単、むしろ簡単すぎるくらいですが、これらのユニットを役に立つようにリンクさせるのは、非常に難しいからです。

13.6.1　なぜ問題なのか

　コンテンツモデルは常に目に入ります。レシピはそのよい例です。レシピのオブジェクトは、材料、調理手順、タイトルなどの一覧です。レシピを「lorem ipsum」[※2] と

[※1] コンテンツインベントリの入門書としては、Kristina Halvorson、Melissa Rach による『Content Strategy for the Web, Second Edition』（New Riders、2012年）が参考となる
[※2] Lorem ipsum：ラテン語で、デザイナーによってしばしば使われるダミーテキスト。https://ja.wikipedia.org/wiki/Lorem_ipsum

表現しても、レシピはレシピとして認識されるでしょう。しかしその論理を変えて、手順の方を材料よりも先に持ってきたり、重要なオブジェクトを忘れたりしたら、モデルが壊れてしまいます。コンテンツモデルはオブジェクトの一貫性と、オブジェクト間の論理的なつながりに依存しています。

コンテクスチュアルナビゲーションのサポート

　新しい、おしゃれな青のオックスフォードシャツを探して、アパレル店のWebサイトに入り込んだと想像してください。あなたはユーザーとして、必要とするものの情報を事細かにはっきりと述べました。サイトのメインページにやってきたユーザーのニーズと比べはるかに詳細な内容です。店がこの知識をあなたのために（店のためにというのは言うまでもありません）使わないのは、もったいなくはないでしょうか。

　多くのオンライン小売店がこの時点で「こちらの商品もお気に召すかもしれません」と、シャツに合うパンツやアクセサリーを勧めてくるのはそのためです。小売店があなたに、(1)店が関連商品を売っているのだなあと思ってもらう (2)トップダウン型組織およびナビゲーションシステムを使って実際にこれらの商品を探してもらう、といったことを期待するより、こうして勧めるほうがはるかに合理的です。階層を水平に動き回るのがコンテクスチュアルナビゲーションの形式であり、サイトの構造よりもユーザーのニーズにもとづく動きです。コンテンツモデルは主に、商品のクロスセリング、野球ファンを得点だけでないストーリーへとつなげる、あるいは潜在的な顧客に商品の仕様を教えるといったナビゲーションをサポートするために存在しています。

大量のコンテンツに対処する

　コンテンツモデルはまた、物量に対処する際にも役立ちます。コンテンツのインベントリを作成する時、コンテンツマネジメントシステムやデータベースに同じような情報が大量に埋まっているのに出くわすというのはよくあることです。例えばコンテンツインベントリを作成したあと、携帯電話情報を提供する企業が、携帯電話の各機種の基本的な製品情報について、数十個のコンテンツチャンク、数千の読者レビュー、関連アクセサリに関する膨大な情報があることを発見したとします。携帯電話の製品情報のページの見かけ、働き、動作は同じです。レビューページとアクセサリーペー

ジも一緒です。

　コンテンツチャンクのタイプの働きが同じなら、内容もほぼ予測できるという点を利用して、すべてリンクしてしまいましょう。ユーザーが特定の携帯電話のページから製品レビューへ、そしてアクセサリーへと自然に移動できるようにします。プログラマーの集団に、どのページとどのページをリンクさせるかを決めてもらうより、リンクがすぐに生成されるよう、自動化するほうが便利です。コンテンツチャンク間のリンク生成を自動化すると、ユーザーは関係性をたどってナビゲートできるというメリットが得られ、企業側もコンテンツに対する投資からより大きな価値が得られます。

　価値の高いコンテンツチャンクが大量にあり、それらがよく似ているが相互にリンクされていない場合、リンクを自動で行なうコンテンツモデルが特に便利です。リンクの自動化には、使い慣れたコンテンツマネジメントシステム（CMS）のような技術が必要となります。もちろんコンテンツチャンクの数が少ない場合にも、コンテンツモデルを作成することはできます。例えば会社の役員会に所属する、十数人に関連する情報のようなコンテンツチャンクです。しかしこのくらいであれば、手作業でも簡単につなげるでしょう。またすべてのコンテンツに対してもコンテンツモデルが作れますが、多少プロセスが必要になるので、一番重要なコンテンツのためにのみ、作成することをおすすめします。もちろんコンテンツモデルを作る価値があるかどうかは、ユーザーと組織のニーズを慎重に組み合わせた上で決まるものです。

13.6.2　コンテンツモデルの例

　ポップミュージックの情報を収集するために、大量のリソースに投資しているメディア企業で働いているとしましょう。アーティストの説明やアルバムページなどの数千にものぼるコンテンツチャンクは、どれも見た目が同じで、機能も一緒です。あなたはポップミュージックファン向けにコンテンツモデルを作成する可能性を見出しました。特定のアーティストやアルバムに関連するコンテンツを探すのに、ファンにシステムの階層構造を使ってもらうより、コンテンツモデルを作ったほうがいいからです。

　コンテンツインベントリとコンテンツ監査をもとに、コンテンツモデルのよい候補となるいくつかの音楽に関するコンテンツオブジェクトを、**図 13-21** に示しました。

アルバム「ページ」

アルバムの説明

アーティストの略歴

アルバムのレビュー

図13-21　アルバム情報のコンテンツモデルの基礎となるコンテンツオブジェクト

これらのオブジェクトはどのようにリンクすべきでしょうか。アルバムページを対応するレビューにつなぎ、アーティストの略歴と説明を互いにリンクさせるというのはすぐに決められます。しかし明確なリンクばかりではない上に、その判断が正しいかどうかを確認するため、ユーザー調査を行う必要があります。

　このような場合、カードソートの使い方を変えてみましょう。各コンテンツオブジェクトのサンプルを印刷し、現在の情報アーキテクチャを見てユーザーが先入観を持つのを防ぐため、ナビゲーションのオプションの部分を切り取ります。そして各コンテンツオブジェクトを見てもらい、次にどこへ行きたいかを考えてもらいます。それからオブジェクトをまとめ、それぞれの間にナビゲーションを示す線を引いてもらいます。これには糸を使ってもいいですし、コンテンツオブジェクトをホワイトボードにテープで貼り付けて、マーカーで線をひいてもらっても構いません。双方向に行きたければ両方に、または一方向のみに矢印をつけてもらいます。

　単純なギャップ分析を行うため、まとまりの中にないコンテンツオブジェクトのうち、どれを含めればいいかをユーザーに尋ねます。この質問によって、自分のコンテンツモデルに何を追加すべきかをつかむことができます。運がよければ、欠けているオブジェクトはすでにサイトのどこかに存在しているかもしれません。少なくともどのコンテンツを作成すべきか、あるいはライセンス供与を受けるべきかを判断するアドバイスは得られます。

　ユーザー調査、または自分の直感にもとづいたこのプロセスの最後には、コンテンツモデルをどのようにすべきかのアイディアが得られるはずです。その一例を**図13-22**に示しました。

　これで例えばディスコグラフィーといった、新たなコンテンツオブジェクトの作成が必要なことが分かりました。またバンドの YouTube 動画、コンサートカレンダー上のイベントなどのコンテンツへのリンクも、今後のコンテンツモデルを論理的に拡張するものといえます（また今後のコンテンツモデルの候補へとつながる可能性もあります）。同時に、このコンテンツへの入り口となる論理的な「トップ」または共通ポイントを明確にしたことにもなります。最終的には、サイトの心臓部深くまでユーザーがナビゲートしたいと思っていることを、感じ取れるようになるでしょう。

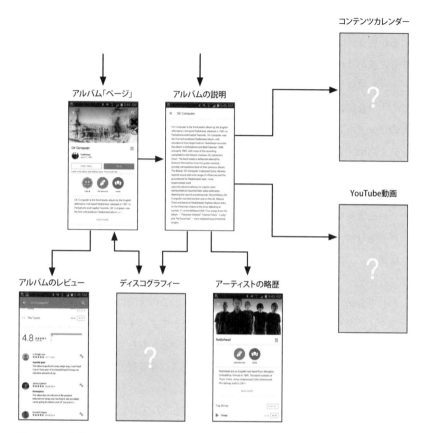

図13-22 理想的なコンテンツモデル。ナビゲーションと欠けているコンテンツオブジェクトを示している

しかし残念ながら、これで終わったわけではありません。コンテンツオブジェクト間のリンクはどのように生成されるのでしょうか。

あなたの会社がAmazonなら、サイトから膨大な量の利用データが得られます。Amazonは顧客行動データを使い、コンテンツモデルにおいて関連商品同士をつなげています。「この商品を買った人はこんな商品も買っています」「この商品を見た後に買っているのは？」の下に並んでいる商品がこの分かりやすい例です。しかしこのような役立つデータを集められるほど、十分なトラフィックがある組織ばかりではありません。

したがって Amazon の社員でない私たちは、コンテンツチャンクを結びつける仕組みの基盤として、メタデータに頼ることになります。共有メタデータはコンテンツチャンクのペアをリンクするのに役立ちます。例えばアルバムページとアルバムレビューをリンクしたい場合、論理は次のようになります。

```
IF ALBUM PAGE'S ALBUM NAME = ALBUM REVIEW'S ALBUM NAME THEN LINK ALBUM PAGE AND ALBUM
REVIEW
```

このルールはアルバムに「OK Computer」のようなユニークなタイトルをつけるには十分かもしれません。しかしもし「ベストヒットアルバム」のような、よくあるタイトルだったらどうでしょう。運よくオブジェクトが ISBN のようなユニーク ID を持っていれば、メタデータをつなげるのに利用することができます。

```
IF ALBUM PAGE'S UNIQUE ID = ALBUM REVIEW'S UNIQUE ID THEN LINK ALBUM PAGE AND ALBUM
REVIEW
```

しかしこうしたケースはそれほど多くはありません。リンクのための仕組みはもうちょっと複雑で、追加のメタデータ属性が必要になるでしょう。

```
IF ALBUM PAGE'S ALBUM NAME = ALBUM REVIEW'S ALBUM NAME AND ALBUM PAGE'S ARTIST NAME =
ALBUM REVIEW'S ARTIST NAME THEN LINK ALBUM PAGE AND ALBUM REVIEW
```

ご覧のとおり、これらのルールはメタデータに依存しています。必要なメタデータ属性は存在しているでしょうか。最悪の場合、新しいメタデータをゼロから作るのに（あるいは獲得するのに）投資する必要があります。

情報アーキテクチャのプロジェクトの規模に関わらず、使えるメタデータがあるかどうかを考慮しなければなりません。幸いコンテンツモデリングプロセスは、どのメタデータ属性に投資すべきかを決める一助となります。幅広い可能性から最も役立つものを選び出す手助けをしてくれるのです。

図 13-22 の矢印を見てください。各リンクの背後にある仕組みを動かすのに必要なのは、どのメタデータでしょうか。各コンテンツオブジェクトの一覧と、それにどのオブジェクトをリンクすべきか、またこれらのリンクに必要なのはどのメタデータ属性かを記した、**表 13-2** のような簡単な表を作成しましょう。

表13-2 コンテンツオブジェクトのリンクを記した表

コンテンツ オブジェクト	他のコンテンツオブジェクト へのリンク	共有メタデータ属性の利用
アルバムページ	アルバムレビュー、ディスコグラフィー、アーティスト	アルバム名、アーティスト名、レーベル、発売日
アルバムレビュー	アルバムページ	アルバム名、アーティスト名、レビュー者名、ソース、発行日
ディスコグラフィー	アルバムレビュー、アーティスト説明	アーティスト名、アルバム名、発売日
アルバム名	アーティスト略歴、ディスコグラフィー、コンサートカレンダー、TV出演	アーティスト名、アルバム名、発売日
アーティスト略歴	アーティスト説明	アーティスト名、個々のアーティスト名
コンサートカレンダー	アーティスト説明	アーティスト名、ツアー、開催地、日付、時間
YouTubeリスト	アーティスト説明	動画タイトル、URL、ビューの回数

パターンにお気付きでしょうか。一部のメタデータ属性が、他のメタデータ属性よりも頻繁に登場しています。コンテンツモデルの成功に最も必要なのが、これらの属性だということです。限られたリソースで運用しているなら（そうでない人がいるでしょうか？）、メタデータ属性への投資の優先順位を決めるすばらしい方法となります。

13.6.3　価値のあるプロセス

ご覧のように、コンテンツモデルは成果物であるのと同時に課題でもあります。主なアウトプットは有益な情報アーキテクチャ成果物であり、これは情報環境内の深部にあるコンテキストナビゲーションの設計を伝えます。またこのプロセスでは非常に貴重な、2つの二次的な副産物が得られます。

第一にコンテンツモデリングを行うことで、どのコンテンツがモデリングにとって最も重要であるかの判断を余儀なくされます。これはなかなかの作業です。すべてのコンテンツのためにコンテンツモデルを制作することはできません。そのため、均一性、量の多さ、そして最も重要な、価値の高さという要件を満たすコンテンツがどれか、自分に問いかける必要があります。一連の優先順位が、この課題から外れている

ことに気付くかもしれません。例えば、今年は製品領域のコンテンツモデルを開発し、来年はサポート領域のコンテンツモデルを開発、そのあとで2つのコンテンツモデルを組み合わせ、メリットをさらに大きくしようとするようなケースです。

　第二にコンテンツモデリングでは、多くのメタデータ属性の中から、コンテンツモデルを運用可能にするものの選択を迫られます。重要なコンテンツとメタデータに集中し、選び出すことによって、膨大かつ複雑な問題領域が単純かつ明確になります。

13.7　制限語彙

　制限語彙の開発に関連する作業製品は、主に2タイプあります。1つ目は、メタデータマトリックスです。これにより語彙の優先順位づけが容易になります（**表** 13-3）。2つ目は、語彙用語と関係を管理するためのアプリケーションです。

　表 13-3で分かるように、使える可能性のある語彙はいくらでも出てきます。情報アーキテクトの仕事は、時間と予算という制限および優先事項を考慮した上でどの語彙を発展させるべきかを定義する手助けをすることです。メタデータマトリックスは、困難な意思決定プロセスにおいてクライアントと同僚の歩みを進める助けとなるでしょう。開発管理コストに対するユーザーエクスペリエンスの価値のバランスを取りながら先へ進むことができます。

　語彙の選択から語彙の構築へと移行する際、用語と用語関係を管理するためのデータベースソリューションを選択しなければなりません。類義関係、階層関係、結合関係を有する精巧なシソーラスを作成しているのであれば、シソーラス管理ツールの導入を考慮するべきでしょう（詳しくは10章参照）。しかし、優先語と変形語だけの単純な語彙なら、ワープロやスプレッドシート、基本的なデータベースパッケージで管理できるはずです。

表13-3 3Com用メタデータマトリックス

ボキャブラリー	説明	例	メンテナンス
サブジェクト	ネットワークを描写する用語	ホームネットワーク；サーバー	難
製品タイプ	3Comが販売する製品タイプ	ハブ；モデム	中
製品名	3Comが販売する製品名	PCデジタルWebカム	難
製品ブランド	3Comが販売する製品ブランド	HomeConnect；SuperStack	容易
技術	製品関連の技術	ISDN；ブロードバンド；Frame relay	中
プロトコル	製品関連の基準とプロトコル	TCP/IP；イーサネット	中
ハードウェア	製品が利用されるデバイス名	PDA；携帯電話；インターネット機器；PC	中
地理的ロケーション；地方	地方の地理名	ヨーロッパ；APR	容易
地理的ロケーション；国	国名	ドイツ；チェコ	容易
言語	言語名	ドイツ語；チェコ語	容易
テクノロジーアプリケーション	技術用アプリケーション名	コールセンター；Eビジネス	中
産業	3Comがともに作業する産業	ヘルスケア；政府	容易
顧客	3Comがひきつける顧客のタイプ	消費者；新規ビジター；メディア	容易
顧客グループ：仕事場	顧客が働く仕事場の種類	家庭；オフィス	中
顧客グループ：ビジネス	顧客が働くビジネス規模	中小企業；大企業；サービスプロバイダー	中
役割	ビジネス上の役割	IT管理者；コンサルタント	中
ドキュメントタイプ	コンテンツオブジェクトの目的	フォーム；インストラクション；ガイド	容易

AT＆Tのインバウンド（受信用）コールセンターで、数多くの人々が利用する制限語彙を作成した際、私たちはMicrosoft Wordで受容語と変形語を管理しました（**表13-4**）。

表13-4 AT＆T用に作成された制限語彙データベースより抜粋

ユニークID	受容語	製品番号	変形語
PS0135	アクセスダイアリング	PCA358	10-288；10-322；ダイヤルアラウンド
PS0006	エアーマイル	PC932	エアーマイル
PS0151	XYZダイレクト	DCW004	USAダイレクト；XYZ USAダイレクト；XYZダイレクトカード

このプロジェクトでは、7区分の語彙と600程度の受容語を扱いました。

- 製品＆サービス（151の受容語）
- パートナーと競合社（122の受容語）
- 計画と販促（173の受容語）
- 地理コード（51の受容語）
- 適合語（36の受容語）
- 企業用語（70の受容語）
- タイムコード（12の受容語）

これらの語彙は比較的規模が小さくシンプルではありますが、Microsoft Wordで扱うには限界に近いタスクです。私たちが作成したのは各語彙に対してテーブルのある、1つの非常に長いドキュメントでした。このドキュメントは1人の制限語彙管理者によって「所有」され、ローカルエリアネットワーク（LAN）を通じて共有されました。インデクシングスペシャリストチームはMicrosoft Wordの検索能力を利用して、「データベース」内の受容語と変形語を検索することができました。そして、タ

ブ区切りのファイルを出力し、AT＆Tのサイトを構築していたプログラマーをサポートすることができました。

13.8　設計における協業

　サイトマップ、ワイヤーフレーム、コンテンツモデルそして語彙を開発したら、さらに多くの人々、つまりビジュアルデザイナー、プログラマー、コンテンツ作者、管理者などと、サイト開発において協業していくことになります。設計コンセプトを把握し、伝える段階から、それをチームの他のメンバーのビジョンへと統合していく段階に移行するのです。この段階は設計と同じくらい骨が折れます。誰もが完成したサイトに自分のアイディアを盛り込みたいのと、チームのメンバーの専門分野が異なるため、語彙で揉め、意思疎通が難しくなります。しかしそれぞれが心を開き、優れたツールを使って協業すれば、この困難なフェーズもまた満足のいくものとなるでしょう。最後には個人個人が思いつくよりもはるかに優れたビジョンが共有できるはずです。異なるアイディアを融合するのに、デザインスケッチとWebプロトタイプは便利なツールです。

13.8.1　デザインスケッチ

　デザインチームは、望ましいグラフィックの姿やルックアンドフィール（見た目）のイメージを、調査フェーズから作成しています。技術チームは組織の情報技術基盤とターゲットユーザー層が持つプラットフォームの制約を評価し、ダイナミックコンテンツ（動的コンテンツ）の管理やインタラクティビティ（双方向性）などについて何が可能かを理解しています。もちろんサイトの高度な情報構造を設計したのはアーキテクトです。サイトまたはアプリのトップページのインターフェースデザインを作ろうとする時、デザインスケッチはこれら3つのチームの知識を集結する最適の方法です。これは分野を超えて、ユーザーインターフェースの設計を行うすばらしいチャンスです。

　ワイヤーフレームをガイドにして、デザイナーは紙の上にスケッチを始めます。デザイナーが各ページのスケッチをしていく過程で、話し合うべき問題が浮上します。スケッチ段階で交わされる会話の例を以下に挙げてみました。

プログラマー：「メインページのレイアウトはいいと思うんだけど、ナビゲーションページはもう少し面白くしたいな」

デザイナー：「プルダウンメニューを使ったナビゲーションシステムにできないだろうか。アーキテクチャ的に見てどうかな」

アーキテクト：「いいかもしれないが、コンテキストを階層で見せるのが難しくなる。目次を分離してはどうだろう。以前ユーザーからとてもいい反応があったじゃないか」

プログラマー：「技術的にはもちろんできる。目次を分離したら見た目はどうなるかな。ちょっとスケッチしてくれないか。大まかなプロトタイプを作ってみたいんだ」

　ここで分かるように、スケッチのデザインには各チームから人々が参加する必要があります。この大雑把なスケッチを作る時は、デザイナーを交えて作業をしましょう。その方が実際のコードや画像を使って作業を始めるよりかなり安上がりですし、作業が楽になります。このようなスケッチがあれば、作業の繰り返しもすばやく行えますし、密度の濃いコラボレーションが可能です。その結果、**図 13-23** のようなデザインスケッチができあがるでしょう。

　この例では、「従業員ハンドブック」「ライブラリ」「ニュース」がサイトの主要エリアとしてグループ化されています。「検索／ブラウズ」「ガイドライン／就業規定」のボタンはページナビゲーションバーです。ニュースエリアは、動的なニュースパネル用のスペースになっています。このスケッチの見かけはワイヤーフレームと大差ないかもしれません。実際、ワイヤーフレームとしてスタートして、デザインを繰り返したところこのスケッチにたどりつき、それが結局修正された、最終的なワイヤーフレームの基礎になることがあります。

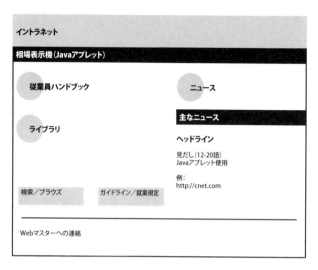

図13-23 基本的なデザインスケッチ

> [NOTE]
> 正式なワイヤーフレームでも「ナプキンの裏に描いたような」ものでも、スケッチから始めることこそが、専門分野が異なる人々の会議を成功させるコツです。

　スケッチによって各参加者が同じ事柄に集中できるので、テーブルの周りに集まっているそれぞれの個性に注意が払われにくくなります。また参加者がデザインについて話し合うのに、同じ用語を使うようになります。デザインコンセプトで共通して使われる用語は、スケッチから直接浮かんでくる場合がよくあります。

　最後に、デザインスケッチは必ずしも情報アーキテクトが「所有する」必要はありません。例えば、機能面の要求事項を表したスケッチは、デザイナーやプログラマーの管理下にあってもよいのです。誰が所有するかの問題にとらわれないようにしましょう。誰がVisioやOmniGraffle、あるいはIllustratorを使っているかに関係なく、デザインに貢献することこそが、プロジェクトの成果物にははるかに重要なのです。

13.8.2　インタラクティブなプロトタイプ

　デザインプロセスのハイライトともいえるのが、インタラクティブなプロトタイプの作成です[※1]。このようなデジタルによる表現は、スケッチやシナリオ以上に「サイトがどのように見え、どのように動くか」をよく伝えてくれます。プロトタイプはより具体的で、見た目も美しく説得力があります。また実際にサイトがどのようにまとまっているかが見え、問題点のチェックもできます。

　注意の重点がページレイアウトやグラフィックといった、外観部分へ移行します。プロトタイプは、情報アーキテクチャに関するこれまで見えなかった問題や可能性をはっきり見せてくれます。アーキテクチャとナビゲーションシステムが実際のインタラクティブなシステムに埋め込まれると、ページがうまく動くかどうか、自分にとっても同僚にとってもかなり分かりやすくなります。

　1つの情報アーキテクチャを基に2つのコンセプトを作るデザイナーもいるでしょう。クライアントのフィードバックを受けた後、デザインチームは力をあわせてより好ましいコンセプトに変更や拡張を行うかもしれません。この時点でコンセプト設計は終了し、制作が実際に始まります。アーキテクトの仕事の中で最もエキサイティングな難題は解決されました。今度は数々の詳細を検討する日々が始まるのです。

13.8.3　POPアーキテクチャ

　制作プロセスが数字の順に色を塗るようにスムーズに進行し、アーキテクトはのんびりくつろげる、というのが理想ではありますが、実際はそうはいきません。活動的に作業に参加し、計画に従って実装されていることを確認したり、浮上した問題を処理したりしなくてはなりません。結局、すべてがうまくいくとは期待できないのです[※2]。

　制作中にはさまざまな決定を下す必要があります。「コンテンツチャンクの大きさからして、これらは1ページにまとめても平気だろうか、それとも別々のページに置いたままの方がいいだろうか？」「サイトのこのセクションにローカルナビゲーションを加えた方がいいだろうか」「このページのラベルを短くできないか？」このフェー

※1　プロトタイプの作成については、Todd Zaki Warfel『Prototyping: A Practitioner's Guide』（Rosenfeld Media、2011年）を参照
※2　POP：Point of production。生産時点で情報管理を行うこと

ズで注意して欲しいのは、浮上した疑問に対する答えがWebサイトのユーザビリティに影響するとともに、制作チームの負担を増やす可能性があるということです。クライアントの要望、制作チームの精神衛生、予算とスケジュール、Webサイトの情報アーキテクチャに対するあなたのビジョンとのバランスを考える必要があります。

　アーキテクチャに関する重要な決定は、制作を始める前に済ませておきましょう。すでにかなりの投資をしているのですから、重要事項は決定済みであって欲しいものです。この時点でアーキテクチャ上の大問題が見つかると情報アーキテクトにとっては悪夢ですが、調査、戦略、設計といったプロセスに従ってきたのならそういった心配はいらないはずです。Webサイトの使命、ビジョン、ユーザー層、コンテンツなどを十分検討し、定義してきたのですから。コンテンツマッピングと詳細なサイトマップによって、トップダウンとボトムアップのアプローチを決定してきました。慎重な計画策定を通じてあなたが構築した情報アーキテクチャは、時の試練に耐えうるしっかりとしたものになっているはずです。

　それでも覚えておいて欲しいのは、情報アーキテクチャは決して完璧になりえないということです。コンテンツ、ユーザー、コンテキストの要素は絶えず変化しますし、アーキテクチャも変化することでしょう。「情報アーキテクチャにおけるデザインは『正しく』するために奮闘することではなく、常に前進するプロセスだ」と同僚に対して教えることに力を注ぐことも、非常に重要です。

13.9　すべてをまとめる：情報アーキテクチャスタイルガイド

　Webサイトは常に成長し、変化し続けています。情報アーキテクトはサイトが立ち上がった後もその成長の方向性を定める必要があります。そうしなければアーキテクチャが崩れたり、さらに悪い状況、つまりユーザーとともに発展しない、ユーザーエクスペリエンスが損なわれてしまう可能性があります。サイト管理者が情報アーキテクチャ上の意味も考えずにコンテンツを追加したせいで、せっかく自分が入念に設計した構成、ナビゲーション、ラベリング、インデックスシステムが台無しになっているのを見るとフラストレーションがたまるものです。サイト構造の多少のくずれは避けられないかもしれませんが、情報アーキテクチャスタイルガイドがあればコンテンツ管理者を正しい方向へと導くことができます。

情報アーキテクチャスタイルガイドはどのようにサイトが組織化されているか、なぜそのように、誰のために組織化されているのか、サイトが成長したら情報アーキテクチャはどのように拡張していくべきかなどを説明しているドキュメントです。このガイドの冒頭にはサイトの使命とビジョンを記し、サイトが作られた本来の目的を理解できるようにしておくことが重要です。次に記載されるのは、想定されるユーザー層についての情報です。そのサイトは誰のために設計されたのか、目標は何なのか、ユーザーの情報ニーズについてはどのように予想されていたのかなどです。そして次にコンテンツ開発ポリシーの説明をします。サイトに載せるべきコンテンツと、載せてはならないコンテンツ、そしてその理由です。アップデートする頻度はどれくらいか、いつコンテンツを削除すべきなのか。そしてその責任は誰が負うべきか、といった説明をします。

13.9.1　「なぜ」への対応

　調査、戦略、設計フェーズで学んだ教訓や決定された事柄をドキュメントにまとめることが大変重要です。サイトの根底をなすこれらの哲学は、サイトの設計やメンテナンスの柱となります。また今後大きな変更に直面する際にも、サイトのガイド役となるのです。

　例えばあなたの会社が別の会社と合併、あるいは一部門を切り離すとします。新製品を売り出すため、あるいは新市場への進出、もしくは世界進出のための第一歩かもしれません。こうした大きな変化には新しいシニアマネージャーの就任など、大きな組織変革が伴う場合が多くあります。そして新任のマネージャーたちの多くは、サイトのデザインを含むありとあらゆる分野で自分たちの業績を残そうとします。しかし会社で新たな要件や大きな変化が生じたとして、サイトの情報アーキテクチャも大きく変更する必要があるのでしょうか。必要がないのが理想です。明確に記したドキュメンは情報アーキテクチャの論拠と柔軟性を示してくれるので、あまりにも多くの再設計を引き起こすような極端さを軽減してくれるはずです。

　おそらく情報アーキテクトが直面する最大の「なぜ」は、上級副社長、マーケティングマネージャー、製品マネージャーから寄せられる「なぜ私のお気に入りの機能、うちの部門のコンテンツが、最優先されていないのか」という質問に尽きます。情報アーキテクトが直面するであろうこうした多くの要求に優先順位をつける際に、確固

とした文書である情報アーキテクチャスタイルガイドが役立ちます。絶対に「ノー」と言わなければならない時も、防壁となってくれるのです。

13.9.2 「どのように」への対応

スタイルガイドには、サイトを保守するさまざまな人々の助けとなる、基本的な要素を含める必要があります。次のような項目を含めることを検討してください。

基準

> サイトを保守、変更する際に、必ず従うべきルールが少なくともいくつかは存在します。例えば、新たにドキュメントを作成する時は、公開する前に適切な制限語彙から用語を選んでインデックスを付けるなど。あるいは新しいコンテンツが検索エンジンに即座にクロールされ、インデックスが付けられるよう、決まった方式に則るよう義務付けるのもいいでしょう。ここはこうした決まりを記しておく場所です。

ガイドライン

> 決まりとガイドラインの違いとは、ガイドラインは情報アーキテクチャをどのように保守すべきかを提案するもので、義務付けるものではないという点です。ガイドラインは情報アーキテクチャのベストプラクティス[1]から引用される場合もありますが、その場その場で解釈を求められる場合が多いでしょう。例としては、リンクのリストが長くなりすぎるのを回避するにはどうするか、ページのタイトルはどのようなものにすればいいか、といったアドバイスも含まれます。

メンテナンス方法

> いつ、どのように新しい用語を制限語彙に追加すべきかなどの、サイトが生き残るのに必要な定期的なタスクは、すべて文書化すべきです。

※1 情報アーキテクチャ階層の例については、ルーによる記事「IA heuristics」http://www.louisrosenfeld.com/home/bloug_archive/000286.html と「IA heuristics for search systems」http://louisrosenfeld.com/home/bloug_archive/000290.html を参照してほしい

パターンライブラリ

　設計に再投資するコストを削減するためにも、ユーザーが検索結果のページをスクロールするのに役立つナビゲーションウィジェットなど、サイトの設計で再利用できる部分を文書化しアクセスできるようにする、パターンライブラリ[1]の作成を検討しましょう。

　スタイルガイドはまた、サイトマップ、ワイヤーフレーム、制限語彙情報、そして設計プロセスにおいて発生するその他の文書を代表するものであるべきです。そして、サイトが役目を終えるまで、アップデートして使い続けるべきでしょう。情報アーキテクチャが常にその場にいて成果物について説明することはできないので、サイトマップを文書で説明するものが必要です。またサイトの組織化、ラベリング、ナビゲーション、インデックスの整合性を維持するためにも、コンテンツ追加の際のガイドラインを作成する必要があります。これはチャレンジです。いつ階層に新しいレベルを追加すべきなのか。どのような状況で新しいインデックス用語を導入するのがいいのか。サイトの成長とともにローカルナビゲーションシステムを拡張するにはどうすべきか。先々を見越して意思決定を文書化することで、サイトの保守担当者にユーザーマニュアルのようなガイダンスを提供できます。

　異なるユーザー層が同じスタイルガイドを使用する可能性も心に留めておいてください。例えば大企業であれば、はるかかなたに離れた国で仕事をしているコンテンツ作者は、文書のタイトルで使用できる文字数を知る必要はあっても、サイトの全体的な戦略を把握する必要はないでしょう。逆にデザイナーは、ナビゲーションシステムのマウスオーバーで alt 属性のテキストが表示される仕組みを理解しておく必要があります。情報アーキテクチャのスタイルガイドを、他のあらゆる情報システム向けにも作成される、ある種の「方法と理由」を解説した文書だと考えましょう。そしてあなたの組織にはブランディング、コンテンツ、オンラインでの存在感を示すためのス

---

[1] Yahoo! がどのようにしてすばらしいライブラリを構築したかについては、次の記事を参照してほしい。Erin Malone、Matt Leacock、Chanel Wheeler「Implementing a Pattern Library in the Real World: A Yahoo! Case Study」http://boxesandarrows.com/implementing-a-pattern-library-in-the-real-world-a-yahoo-case-study/、https://www.sociomedia.co.jp/category/uidesignpatterns

タイルガイドが、すでに存在しているかも知れないのです。できれば情報アーキテクチャのガイドラインを、既存のスタイルガイドに統合しましょう。

13.10　まとめ

この章で学んだことをまとめましょう。

- 設計フェーズでは、プロジェクトの重点がプロセスから成果物へと移ります。ここから情報アーキテクチャがマニフェストになります。

- ただし成果物がすべてではありません。このフェーズにおけるプロセスも、調査、戦略におけるプロセスと同じように重要です。

- 情報アーキテクチャは抽象的で概念的であるため、ダイアグラムで表すのが困難です。

- 情報アーキテクチャのさまざまな面を表すには、複数の「見方」を提供すべきです。

- これらの「見方」は特定の顧客とニーズに対して発展させるべきです。

- 情報アーキテクチャのダイアグラムはコンテンツ要素と、要素間のつながりを定義します。

- サイトマップはページとそれ以外のコンテンツ要素など、情報要素の関係を示すものです。組織化、ナビゲーション、ラベリングシステムを表現するためにも使われます。

- ワイヤーフレームはアーキテクチャ的観点から、個別のページやテンプレートをどのように見せるべきなのかを描写します。

- コンテンツモデルは製品の見えない部分で動作するコンテクスチュアルナビゲーションをサポートします。

- 制限語彙はメタデータマトリックスと、語彙の管理を可能にするアプリケー

ションで伝えることができます。

- 設計フェーズを進めていくに従い、サイト開発に関わる他の人々との協業の機会が増えていきます。心を開いて、優れたコラボレーションツールを使うことが必須となります。

14章
おわりに

　やりました！『情報アーキテクチャ ― 見つけやすく理解しやすい情報設計』の最後まで到達したのです。とはいえ、まだ終わりではありません。おしまいにする前に、どのようにしてここまでたどり着いたかを振り返り、本書で学んだことをまとめ、次にどうすべきかを見てみましょう。

14.1　情報アーキテクチャの物語をまとめる

　本書の初版が出版された頃、Webはまだ誕生して数年で、初版の読者はこの新しいメディアの設計に取り組まねばならない第1世代でした。Webの広さ、可能性、情報を発信しナビゲートする先鋭的な方法を活用するには、Webを簡単に使いこなし、利用するための新たなアプローチが必須でした。しかし頼れるものはありません。誰もが学びながら、間違ってはやり直すことを繰り返しました。皆が目を丸くして夢中になる幼児のようでした。未熟ながら楽観的でエネルギーに満ち溢れ、目の前に広がった探検されるばかりの状態にある広大な新しい世界の可能性に心躍らせていたのです。

　第2版が出版される頃には、状況はかなり落ち着きました。Webデザイナーの輪の中では、情報アーキテクチャは「モノ」となりました。会議が行われ、プロの情報アーキテクトの組織ができ、それを専門の仕事にする熱心な人々も出てきました。彼らはまた長年使われてきた「既存の」システムという背景において情報アーキテクチャの問題を解決するという課題に取り組むようになりました。この時代の我々は、大人へと成長を遂げつつも、まだ声変りしない子供のようなものです。

第3版発行時には、より社会的な指向の情報環境にありがちな課題や機会に対処するようになります。タグ付けやその他の「人力」による組織化スキームから、情報を構造化する新たなワクワクする方法が生まれ、情報アーキテクチャの役割についても活気のある話し合いが行われるようになりました。規模の大小を問わずすべての企業が、情報を見つけやすく理解しやすくすることの事業戦略における重要さを認識するにつれ、本書の読者の多くも社内で出世しています。これらの企業が必要とする答えは情報アーキテクトが握っていると信じられていました。一方でプロジェクトにおける情報アーキテクチャの役割については、当時新たな論議が起きていました。見つけやすさにのみ焦点を絞る（「小さな」情報アーキテクチャ、「スモールIA」）か、より豊かな体験に幅広く焦点を当てるか（「大きな」情報アーキテクチャ、「ビッグIA」。今日でいうところのUX）という論議です。第3版では後者に重点を置き、非常に意欲的な内容となりました。ピカピカの新しいハンマーを握って、たくさんの問題をやっつける気力にあふれていたのです。まさに「ティーンエイジ」時代といっていいでしょう。将来への展望と自分たちの能力に自信を持っていました。「持ちすぎていた」かもしれません。

　そしてたどり着いたのが皆さんが現在読んでいる本書です。第4版が、この分野で成熟の段階に達したという気付きを反映していることを祈ります。情報アーキテクチャの役割を二極化する論議からは卒業しました。これまでの版では目についたかも知れない小さな野望は取り除いています。情報アーキテクチャは名刺の肩書きに関係なく、情報を簡単に見つけ、理解できるようにしたいと考える、すべての人のものだからです。つまり広いデザイン業界の誰かに何かを証明しようとするのはやめました。ここにある情報アーキテクチャは、誰もが利用できるものなのです。また私たちが直面している課題の重大さや複雑さ、そして自分たちの限界も、以前よりもよく理解しています。情報環境はどこにでもあり、言葉では言い表せないシステムばかりです。マーク・アンドリーセン（Marc Andreessen）が述べたように、「ソフトウェアが世界を喰いつくす」のです[1]。モノゴトは非常に錯綜しています。有効な情報アーキテクチャを設計するのは明らかに至難の業なのです。

---

[1] Andreessenによるエッセイ「Why Software Is Eating the World」を参照。http://www.wsj.com/articles/SB10001424053111903480904576512250915629460

人気があり、高く評価されている技術書の第4版を発行するというのもまた、難しい情報アーキテクチャタスクでした。何を含め、何を外せばいいのか。どこまで目的を繰り返すべきなのか。どの程度新たに加筆すべきか。明確に伝えるには話の流れをどう構成すればいいのか。大人にとって過去は重要な自分自身の一部です。過去を受け入れるということは、過去が現在の自分、また未来の自分にどのような意味を持つかを理解することであり、大人になる過程で得る重要な能力です。過去は変えられませんし、変える必要もありません。過去が現在のあなたを作っているからです。情報アーキテクチャのチャレンジとして本書の第4版に取り組むにあたり（これには長く古い歴史への取り組みも含まれます）、私たちは過去を尊敬を持って受け入れ、初版以来積み重ねてきた知識を見直し、現在そして直近の未来のニーズによりよく応えられるようにしました。その結果本書はゼロから始めた本よりも型破りで（よい意味で）、豊かな内容になっていると思います。

14.2　学習したことのまとめ

　反省するのはこの辺にして、シロクマ本の最新版で学んだ内容をまとめましょう。

　I部では、情報アーキテクチャが役立つ課題について紹介しました。情報過多とコンテキストの拡散です。私たちは情報環境または情報で作られた場所として設計する製品とシステムについて考えることによって、この課題に取り組んでいます。ユーザーは異なるチャンネルを経由して多様な背景を持つ情報環境とやり取りしますが、ユーザー体験はチャンネル間で統一されていなければなりません。これを実現するには、デザイナーはシステムの一部としてソリューションを包括的に考える必要があります。情報を見つけやすく、理解しやすくすることが目標となります。「見つけやすくする」ための設計とはユーザーの情報ニーズに合った情報の構築です。このために図書館学の分野で開発された、情報探求行動について学びました。そして「理解しやすくする」ための設計とは、ユーザーに分かるように情報を表現するコンテキストの作成です。これについては建築分野に由来する、プレイスメイキングと組織化原理について学習しました。

　II部では、より見つけやすく、理解しやすい情報を構築するための基本原理について説明しました。正確なあるいはあいまいな組織化スキーム、階層、構造化データベース、ハイパーテキスト型を含む、情報環境を組織化するさまざまな方法を取り上げま

した。リンク、見出しなどで使う言葉や、ラベリングの重要性についても学びました。またさまざまなタイプのナビゲーションシステムや検索システム、そしてメタデータ、シソーラス、複合分類スキームなど、ユーザーが直接目にすることのない「見えない」システムについても学びました。

Ⅲ部では、これらの原理をすべて取り入れた情報アーキテクチャを設計するプロセスについて学びました。そしてこのプロセスを3つの活動に分けました。「調査」ではチームは解決すべき問題の理解に努めます。「戦略」では包括的なソリューションを組み合わせます。そして「設計と文書化」ではソリューションを形にし、情報環境の作成に責任があるさまざまな人々へと伝えます。

ここで紹介しているコンテンツと構造が情報アーキテクチャの最終的な世界を代表し、情報をより見つけやすく、理解しやすくするのに役立つ方法を示しているとは思っていません。すべての情報アーキテクチャに言えることですが、方法はひとつではないのです。つまり、これが私たちにとってはいいと思える方法のひとつだということです。この方法にはデザイナーやそのクライアントのニーズの変化、コンテキストの広がりに対応するために、徐々に発展してきたという強みがあります。今後も情報環境がより豊かに、より複雑になるにつれ、情報アーキテクチャも発展し続けていくことでしょう。

14.3　今度はあなたの番です

平均的な読者が本書を読み終わるまでの間に、人々はFacebookに11億8,080万回書き込みをし、YouTubeに14万4,000時間の動画をアップロードし、Pinterestで166万6,560枚の画像をピンし、AppleのApp Storeから2,304万個のアプリをダウンロードし、Yelpに1,266万2,400件のレビューを送り、Twitterで1億3,296万回つぶやき、読了を求めるメールを数十から数百通受け取っています。膨大な情報量です。

ラッシュアワーの時間帯に、主要都市の公共交通システムに乗ってみてください。電車に乗り合わせた人々は互いの身体を密着させているものの、心はここにあらずです。手に持ったガラスやプラスチック、シリコン製の「板」を通じて共有する情報環境へと向かっているからです。こうした情報環境で働き、遊び、学び、コミュニケートする機会は増え、そこには常に人がいて、その人の数も増えています。

あなたはこうした情報のなだれを受け取る側にいます。設計者なら（設計するもの

に関わらず）、情報を制作する側でもあります。制作した情報は流れていき、雑音をはねのけるのに役立つ場合もあれば、その反対にコトを難しくしてしまう場合もあります。ここは広大な、未知の新しい世界です。そして設計が待ち望まれています。情報を見つけやすく、理解しやすくすれば、人々の生活に大きな影響を与えます。情報アーキテクチャと、図書館学と建築学から得られた情報アーキテクチャの戦略と戦術を知れば、最も効果的な設計が行えるでしょう。抽象的なアイディアを人々の行動の基準になる具体的なものにするのは簡単ではありません。動きの速い、アジャイルな環境で作業する場合はなおさらです。共通の利益を見据えつつ、戦略と戦術を慎重に実践し、他の仲間たちを一緒に導いて行けるかどうかは、あなた次第です。

付録 A
資料

　これで本当に最後です。情報環境を改善するために世界へ飛び出していく皆さんのために、実践する際に役立つその他の書籍と、この分野で仲間やメンターにつながることができる専門組織の一覧を載せておきます。

A.1　書籍

『The Timeless Way of Building』
- 著　者：Christopher Alexander
- 発行年：1979 年
- 発　行：Oxford University Press
- 和　書：『時を超えた建設の道』鹿島出版会、1993 年

『A Pattern Language: Towns, Buildings, Construction』
- 著　者：Christopher Alexander、Sara Ishikawa、Murray Silverstein、Max Jacobson、Ingrid Fiksdahl-King、Shlomo Angel
- 発　行：Oxford University Press
- 発行年：1977 年
- 和　書：『パタン・ランゲージ ― 環境設計の手引』鹿島出版会発行、1984 年

『**Modern Information Retrieval**』

　　著　者：Ricardo Baeza-Yates、Berthier Ribeiro-Neto
　　発　行：Addison-Wesley
　　発行年：2011 年
　　和　書：未刊

『**Louder Than Words: The New Science of How the Mind Makes Meaning**』

　　著　者：Benjamin K. Bergen
　　発行年：2012 年
　　発　行：Basic Books
　　和　書：未刊

『**Contextual Design: Defining Customer-Centered Systems**』

　　著　者：Hugh Beyer、Karen Holtzblatt Burlington
　　発行年：1997 年
　　発　行：Morgan Kaufmann
　　和　書：未刊

『**Remote Research: Real Users, Real Time, Real Research**』

　　著　者：Nate Bolt、Tony Tulathimutte
　　発行年：2010 年
　　発　行：Rosenfeld Media
　　和　書：未刊

『**Communicating Design: Developing Web Site Documentation for Design and Planning, Second Edition**』

　　著　者：Dan Brown
　　発行年：2010 年
　　発　行：New Riders
　　和　書：『Web サイト設計のためのデザイン＆プランニング　ドキュメントコミュニケーションの教科書』マイナビ出版、2012 年

『The Inmates Are Running the Asylum: Why High Tech Products Drive Us Crazy and How to Restore the Sanity』
　　著　者：Alan Cooper
　　発行年：2004 年
　　発　行：Sams Publishing
　　和　書：1999 年版は『コンピューターは、むずかしすぎて使えない！』翔泳社、2000 年。2004 年版は和書未刊

『About Face: The Essentials of Interaction Design』
　　著　者：Alan Cooper、Robert Reimann、David Cronin、Christopher Noessel
　　発行年：2014 年
　　発　行：Wiley
　　和　書：2008 年版『About Face 3 インタラクションデザインの極意』アスキー・メディアワークス、2008 年。2014 年版は和書未刊

『How to Make Sense of Any Mess: Information Architecture for Everybody』
　　著　者：Abby Covert
　　発行年：2014 年
　　発　行：CreateSpace
　　和　書：『今日からはじめる情報設計―センスメイキングするための 7 ステップ』ピー・エヌ・エヌ新社、2015 年

『Information Ecology: Mastering the Information and Knowledge Environment』
　　著　者：Thomas Davenport、Lawrence Prusak
　　発行年：1997 年
　　発　行：Oxford University Press
　　和　書：未刊

『Observing the User Experience: A Practitioner's Guide to User Research, Second Edition』
　　著　者：Elizabeth Goodman、Mike Kuniavsky
　　発行年：2012 年

発　行：Morgan Kaufmann

和　書：初版は『ユーザ・エクスペリエンス：ユーザ・リサーチ実践ガイド』翔泳社、2007 年。第 2 版は和書未刊

『Gamestorming: A Playbook for Innovators, Rulebreakers, and Changemakers』

著　者：Dave Gray

発行年：2010 年

発　行：O'Reilly Media 発行

和　書：『ゲームストーミング　会議、チーム、プロジェクトを成功へと導く 87 のゲーム』オライリー・ジャパン、2011 年

『User and Task Analysis for Interface Design』

著　者：Joann Hackos、Janice Redish

発行年：1998 年

発　行：Wiley

和　書：未刊

『Content Strategy for the Web, Second Edition』

著　者：Kristina Halvorson、Melissa Rach

発行年：2012 年

発　行：New Riders

和　書：未刊

『Understanding Context』

著　者：Andrew Hinton

発行年：2014 年

発　行：O'Reilly Media

和　書：未刊

『Designing Web Navigation』

著　者：James Kalbach

発行年：2007 年

発　行：O'Reilly Media

　和　書：『デザイニング・ウェブナビゲーション——最適なユーザーエクスペリエンスの設計』オライリー・ジャパン、2009 年

『Don't Make Me Think: A Common Sense Approach to Web』

　著　者：Steve Krug

　発行年：2014 年

　発　行：New Riders

　和　書：第 1 版は『ユーザーインターフェイスデザイン——Windows95 時代のソフトウェアデザインを考える』翔泳社、1996 年。2014 年版は和書未刊

『Women, Fire, and Dangerous Things』

　著　者：George Lakoff

　発行年：1990 年

　発　行：University of Chicago Press

　和　書：『認知意味論：言語から見た人間の心』紀伊國屋書店、2016 年

『Metaphors We Live By』

　著　者：George Lakoff、Mark Johnson

　発行年：2003 年

　発　行：University of Chicago Press

　和　書：第 1 版『レトリックと人生』大修館書店、1986 年

『The Trouble with Computers: Usefulness, Usability, and Productivity』

　著　者：Thomas K. Landauer

　発行年：1996 年

　発　行：MIT Press

　和　書：『そのコンピュータシステムが使えない理由』アスキー、1997 年

『Universal Principles of Design, Revised and Updated: 125 Ways to Enhance Usability, Influence Perception, Increase Appeal, Make Better Design Decisions, and Teach through Design』

　著　者：William Lidwell、Kritina Holden、Jill Butler

発行年：2010 年
発　行：Rockport Publishers
和　書：未刊

『Content Strategy for Mobile』
著　者：Karen McGrane
発行年：2012 年
発　行：A Book Apart
和　書：未刊

『Thinking in Systems: A Primer』
著　者：Donella Meadows
発行年：2008 年
発　行：Chelsea Green Publishing 発行
和　書：『世界はシステムで動く』英治出版、2015 年

『Ambient Findability』
著　者：Peter Morville
発行年：2005 年
発　行：O'Reilly Media
和　書：『アンビエント・ファインダビリティー Web、検索、そしてコミュニケーションをめぐる旅』オライリー・ジャパン、2006 年

『Intertwingled: Information Changes Everything』
著　者：Peter Morville
発行年：2014 年
発　行：Semantic Studios
和　書：『Intertwingled：錯綜する世界／情報がすべてを変える』Semantic Studios、2015 年

『Search Patterns: Design for Discovery』
著　者：Peter Morville、Jeffery Callender

発行年：2010 年

発　行：O'Reilly Media

和　書：『検索と発見のためのデザイン―エクスペリエンスの未来へ』オライリー・ジャパン、2010 年

『Information Ecologies』

著　者：Bonnie Nardi、Vicki O'Day

発行年：2000 年

発　行：MIT Press

和　書：未刊

『Designing Web Usability』

著　者：Jakob Nielsen

発行年：1999 年

発　行：New Riders

和　書：『ウェブ・ユーザビリティ―顧客を逃がさないサイトづくりの秘訣』エムディエヌコーポレーション、2000 年

『The Design of Everyday Things』

著　者：Don Norman

発行年：2013 年

発　行：Basic Books1

和　書：1990 年版は『誰のためのデザイン？：認知科学者のデザイン言論』新曜社、1990 年。2013 年版は『誰のためのデザイン？増補・改訂版：認知科学者のデザイン原論』新曜社、2015 年

『Concepts of Information Retrieval』

著　者：Miranda Lee Pao

発行年：1989 年

発　行：Libraries Unlimited

和　書：未刊

『Interviewing Users: How to Uncover Compelling Insights』

 著　者：Steve Portigal
 発行年：2013 年
 発　行：Rosenfeld Media
 和　書：未刊

『Pervasive Information Architecture: Designing Cross-Channel User Experience』

 著　者：Andrea Resmini、Luca Rosati
 発行年：2011 年
 発　行：Morgan Kaufmann
 和　書：未刊

『Search Analytics for Your Site: Conversations with Your Customers』

 著　者：Louis Rosenfeld
 発行年：2011 年
 発　行：Rosenfeld Media
 和　書：『サイトサーチアナリティクス - アクセス解析と UX によるウェブサイトの分析・改善手法』丸善出版、2012 年

『Card Sorting: Designing Usable Categories』

 著　者：Donna Spencer
 発行年：2011 年
 発　行：Rosenfeld Media
 和　書：未刊

『Content Everywhere: Strategy and Structure for Future-Ready Content』

 著　者：Sara Wachter-Boettcher
 発行年：2012 年
 発　行：Rosenfeld Media
 和　書：未刊

『**An Introduction to General Systems Thinking**』

 著　者：Gerald Weinberg

 発行年：2001 年

 発　行：Dorset House

 和　書：第 1 版は『一般システム思考入門』紀伊国屋書店、1979 年。2001 年版は和書未刊

『**33: Understanding Change & the Change in Understanding**』

 著　者：Richard Saul Wurman

 発行年：2009 年

 発　行：Greenway Communications

 和　書：未刊

『**Information Anxiety**』

 著　者：Richard Saul Wurman

 発行年：1989 年

 発　行：Bantam

 和　書：『情報選択の時代』日本実業出版社、1990 年

『**Mental Models: Aligning Design Strategy with Human Behavior**』

 著　者：Indi Young

 発行年：2011 年

 発　行：Rosenfeld Media

 和　書：『メンタルモデル　ユーザーへの共感から生まれる UX デザイン戦略』丸善出版、2014 年

『**Prototyping: A Practitioner's Guide**』

 著　者：Todd Zaki Warfel

 発行年：2011 年

 発　行：Rosenfeld Media

 和　書：未刊

A.2　専門組織

Association for Information Science & Technology (ASIS&T)
　https://www.asist.org/

The Information Architecture Institute (IAI)
　http://www.iainstitute.org/

The Interaction Design Association (IxDA)
　http://ixda.org/

User Experience Professionals Association (UXPA)
　https://uxpa.org/

索引

記号・アルファベット

6つの「S」 72
ANSI/NISO シソーラス標準 317
Best bits 101, 263
ERIC シソーラス 173
Flipboard 65, 67
iPhone 8
iPhone 上の Media 管理 9
iTunes 6
  エコシステム 17
iTunes Store 8
POP アーキテクチャ 477
Rip. Mix. Burn. 5
TACT 394
Twitter 65
Yahoo! 12
  階層化ディレクトリ 12

あ行

アーキテクチャサイトマップ 431
アーキテクチャ的戦略 414
アイコンラベリング 162
アクセス経路 432
アクティブインターハブ・マネジメント 423
アクティブユーザーのパラドックス 384
アップセル 205
アトム 27
アフィニティダイアグラム 377
アプローチ 414
  トップダウン型 124
  ボトムアップ型 129
アメリカ議会図書館分類システム 115
アルファベット順
  組織体系 112
  並べ替え 260
一般化 321
意味構造 73
意味的構造 63

インスタンス 321
インタビュー 373
インデキシング 240-241
  コンテンツ要素 242
インデキシングシソーラス 314
インデックス 98
  ワンステップ型 212
インデックス用語 150
  ラベル 160
インフォメーション 26
インベントリ 456
引用検索 249
ウィザード 98
ウェイファインディングシステム 75
ウォークスルー 98, 214
埋込み型ナビゲーション 195, 205
埋め込みメタデータ 100
埋め込みリンク 100
英米目録規則 104
エグゼクティブサマリー 410
エコシステム 17, 21
エスノグラフィー 28, 369
演算子 99
エントリー用語 306, 311
オートコンプリート 277
オートサジェスト 277
音韻ツール 251

か行

カードソーティング 374
カードソート 177
階層型 124
階層化ナビゲーション 194
階層関係 321
階層構造 123
ガイド 98, 214
概念感の関連関係 291
概念的ダイアグラム 406

拡張性	72	出力	268
傘アーキテクチャ	434	表示	258
傘型のシェル	423	保存	270
カスタマイゼーション	218	検索サポート	98
カタログ化	105	検索システム	89, 97, 227
管理的メタデータ	357	検索シソーラス	315
関連語	306	検索ゾーン	99
技術専門用語	305	検索ボックス	8, 273
記述的コンテンツ要素	253	検索領域	236
記述的メタデータ	357	検索ログ分析	182, 366
技術統合	389	建築	62
技術評価	351	件名標目	305
既存のアーキテクチャ	355	広義語	306
既知項目検索	111	構造化	27
既知情報検索	49	構造的一貫性	22
機能メタファー	402	構造的メタデータ	357
狭義語	306	構造メタファー	401
競合ベンチマーキング	360	行動喚起	269
協調フィルタリング	389	語義	320
協働的フィルタリング	249	顧客サポートデータ	369
共有メタデータ	469	語根	247
クエリ言語	99	古典的シソーラス	314
クエリービルダー	99, 250	コンセプトによる構造	76
クリックストリーム	365	コンテキスト	35, 37, 342-243
グローバルナビゲーションシステム	118, 188, 197	コンテキストインタビュー	350
クロスセル	204	コンテキスト調査	371
クロスリティング	376	コンテキスト的ナビゲーションシステム	98
ケーススタディ	406	コンテキストナビゲーションシステム	188, 202
検索	51	コンテキストの拡散	14
検索アナリティクス	54	コンテキストリンク	150
検索アルゴリズム	99, 101, 246	コンテキストリンク	
検索インターフェース	99, 271	ラベル	150
検索エンジン	47, 57	コンテクスチュアル・インクワイアリー	54
インデックス付け	95	コンテクスチュアルナビゲーション	464
検索結果	99	コンテンツ	35, 38, 342, 351
グルーピング	267	構造	39
サブセットの選択	270	所有権	38

ダイナミズム	39
フォーマット	39
ボリューム	39
メタデータ	39
コンテンツインベントリ	445, 461
コンテンツグループ	441
コンテンツ収集	354
コンテンツシンジケーション	233
コンテンツタイプ	8
コンテンツチャンク	444, 456
コンテンツとタスク	99
コンテンツの組織構造	105
コンテンツパフォーマンス	364
コンテンツ分析	174, 353, 356
コンテンツマッピング	456
コンテンツマップ	358
コンテンツマネジメント	417
コンテンツマネジメントミーティング	347
コンテンツモデリングプロセス	469
コンテンツモデル	463
コンテンツ要素	236, 429

さ行

サーベイ	370
再検索	50
サポート	280
再現率	246, 295
サイトの形式	64
サイトマップ	69, 98, 208, 407, 431
高位レベル	431
組織化	444
低位レベル	440
サイトマップの基本原則	440
作業成果物	401
サブ環境	62
サブサイト	200
参照	212, 306
サンプルシナリオ	405

ジェネラルナビゲーションシステム	97
視覚的ダイアグラム	429
視覚メタファー	402
時間変化による層	73
識別子	100
時系列	
組織体系	112
並べ替え	260
システムシンキング	21
自然言語プロセッシングツール	251
シソーラス	173, 252, 304, 420
タイプ	313
シソーラス標準	317
実施前後ベンチマーキング	361
質問	51
自動ステミング機能	247
シナリオ	404
社会的分類	135
収穫逓減の法則	356, 393
主題	355
受容価値	305
受容用語	305
順列	213
使用	306
象徴的コンテンツ要素	253
情報アーキテクチャ	
開発	339
拡張性	74
管理	388
構成要素	96
構造	63
実装	340
設計	340, 425
戦略	340, 387
ダイアグラム化	427
秩序	63
調査	340
定義	25

適応性	74
トップダウン型	89, 389, 456
保守	341
ボトムアップ型	91, 389, 456

情報アーキテクチャの設計
　協業 474
情報アーキテクト 11
情報エコロジー 34
情報オーバーロード 10
情報獲得行動 227
情報環境 22, 43
　構造的一貫性 22
　柔軟性 22
　抽象化 68
情報技術ミーティング 348
情報源 355
情報検索行動 51, 54
　検索 51
　質問 51
　ブラウジング 51
情報探索行動の基礎単位 51
情報検索プロセス 115
情報構造 9
情報環境の組織化 110
情報ニーズ 47, 54
情報の組織化 104
情報モデル 44
スコープノート 306, 325
スタイルガイド 478
　ガイドライン 480
　基準 480
　パターンライブラリ 481
　メンテナンス方法 480
ステークホルダー 349
ステークホルダーインタビュー 349
ステミングツール 251
ストーリー 406
ストップワード 248

スペルチェッカー 251
成果物 401
制限語彙 101, 173, 252, 291, 471
制限語彙インデキシング 212
全数検索 49
全体 - 部分 321
戦略チームミーティング 346
戦略的報告書 408
相互連結性 150
挿入用語限定子 325
ソーシャルな情報環境 61
ソーシャルナビゲーション 222
組織化 27, 63
組織化原理 487
組織化システム 88, 96-97
組織構造 123, 389
　階層型 124
　データベース型 129
　ハイパーテキスト型 133
組織構造スキーム 9
組織構造の政治的環境 110
組織体系 111
　アルファベット順 112
　タスク指向 117
　地理的 114
　トピック組織体系 116
　ハイブリッド型 121
　メタファー 119
　ユーザー層別組織体系 118
組織のサイロ 160

た行

タグ駆動型システム 136
探求検索 49
秩序
　パターン 63
　拍子 65
　リズム 64

チャンク	100, 133
調査フレームワーク	341
著作者	175
ディスクリプタ	305
ディズニーランド	75
データベース型	129
データベース構造	131
データベース主導型	457
適合率	246, 295
デザイン原則	21
デザインスケッチ	474
デジタル情報環境	68
デューイ十進分類法	104, 115, 300
典拠ファイル	296
テンプレート	419
等価関係	320
同義語の輪	292
統合型コンテンツリポジトリ	423
投資対効果	361
ドキュメントタイプ	355, 389
図書目録	107

な行

内容領域専門家	176, 202
ナビゲーション・ストレス・テスト	93, 194
ナビゲーション構造	64, 77
ナビゲーションシステム	88, 96, 187
ラベル	157
ナビゲーションシステム設計	390
ナビゲーションシステム選択	150
ノアの方舟アプローチ	354

は行

パーソナリゼーション	218
ハイパーテキスト型	133
ハイパーテキストチャンク	133
場所	58, 192
パターンマッチアルゴリズム	246

パターンライブラリ	481
発見セッション	51
ハッシュタグ	135
パンくずリスト	100
反復検索	284
ビジュアル・ボキャブラリー	429
非制限エイリアシング	295
非優先語	306
ヒューリスティック評価	352
非リニア型	123, 408
ファセット	125
ファセット分類	329
ファットフッタ	198
ファンダビリティ	27
ブール演算子	99, 271
フォーカスグループ	214, 372
フォークソノミーズ	136
フォーマット	354
不均一性	107
物質の定義	62
ブラウザナビゲーション	191
ブラウジング	51
ブラウジングサポート	97
フリータギング	135
フリーリスティング	180
プレイスメイキング	487
プレイスメイキング衝動	58
プレゼンテーション	422
プロトタイプ	477
文書化	425
文脈的質問法	54
分類スキーム	8
分類体系	105, 300
平行階層	326
ヘッダ	150
ラベル	154
ベリー摘みモデル	52
変形語	306

変形用語 101
ベンチマーキング 359
訪問者情報 364
補足型ナビゲーションシステム 189, 207
　ガイド 214
　検索 217
　コンフィギュレータ 216
　サイトインデックス 210
　サイトマップ 208

ま行

マイクロタグ 301
見出し 100
未来の場所の感覚 62
メガメニュー 198
メタデータ 131, 290, 419
メタデータフィールド定義 390
メタデータマトリックス 471
メタファー 58, 119
メタファー駆動型 221
メタファー検索 120
メタファー探し 401
メンタルモデル 109, 121, 375
目次 98
モジュール性 72
モブインデクシング 135

や行

役割 418
ユーザー 35, 40, 177, 182, 342, 362
ユーザーエクスペリエンス 18, 315
ユーザー中心設計 343
ユーザー調査 373
ユーザーテスト 380
ユーザビリティエンジニアリング 28
優先関係 306
優先語 305, 323
要求の優先順位 479

用語
　限定性 325
　選択 324
　定義 325
用語学 323
用語形 323
用語のローテーション 212-213

ら行

ライブラリアン 104
ラベリング 27, 105
ラベリンクシステム 89, 96, 141, 389
ラベル
　アイコン 149
　設計 164
　テキスト 149
ランキング
　関連性 262
　広告型検索サービス 266
　人気度 264
　評価 265
リスト 100
リズム感 65
リソース 419
リニア型 123, 408
利用統計 363
リレーショナルデータベース 130
類型学 68
ルール 418
連合学習 115
連想結合関係 322
連続的手段 100
ローカルナビゲーション 98, 188, 199
ローカルハブ 414

わ行

ワイヤーフレーム 407, 447
　ガイドライン 455

著者紹介

Louis Rosenfeld（ルイス・ローゼンフェルド）
情報アーキテクチャの伝道師。現在は情報アーキテクチャコンサルタントとして独立しており、情報アーキテクチャの分野の確立に尽力し、分野内における図書館の役割と価値を明示した。最初の3つの情報アーキテクチャ会議（ASIS&T、IAサミット、IA 2000）をオーガナイズし、主導的な役割を果たす。CHI、COMDEX、Intranets、およびMiller FreemanやCnet、ThunderLizard主催のウェブデザイン会議、Nielsen NormanGroupのユーザーエクスペリエンスカンファレンスで講演を行っている。2005年より、自ら設立したメディア会社であるRosenfeld Media社にて数々の書籍出版やイベント主催にも注力している。

Peter Morville（ピーター・モービル）
情報アーキテクチャ、ユーザーエクスペリエンス、およびファインダビリティのリーディングカンパニーであるSemantic Studios社の創始者にして社長。1994年以降、AT＆T、ハーバード大学、IBM、米国会図書館、Microsoft、米国立がん研究所、Vodafone、Weather Channelなどの情報アーキテクチャ設計に携わる。Web分野の名著『情報アーキテクチャ』の共著者として、最高の情報アーキテクチャの父として知られている。ミシガン大学で図書館情報学修士の学位を取得し、情報アーキテクチャ研究所の諮問委員を務めた。また、国内外で著名な講演者として基調講演やセミナーを行っており、Business Week、The Economist、Fortune、WallStreet Journalなど数多くの出版物に論文が掲載されている。

Jorge Arango（ホルヘ・アランゴ）
デジタル製品・サービスのデザイナーであり、20年のキャリアを持つ情報アーキテクト。IAやUXに関わる情報サイト「Boxes and Arrows」の編集者や情報アーキテクチャ研究所の代表を経て、現在はカリフォルニア州オークランドに拠点を置くデジタルデザインのコンサルタント会社であるFuturedraft社のパートナーを務めながら、世界のIAやUXのコミュニティで活躍している。

監訳者紹介

篠原 稔和（しのはら としかず）
ソシオメディア株式会社 代表取締役。組織・チームへのコンサルティング活動やITスタートアップの経営・指導の経験を活かし、企業のイノベーションに向けた「UX戦略コンサルティング」の活動に注力している。2014年から、UXを企業戦略の中核とするための道筋を探る「UX戦略フォーラム」を主催。欧米や国内の最新動向や研究動向を紹介しながら、日本のUX市場拡大のための活動に従事している。多摩美術大学、武蔵野美術大学、早稲田大学、日本工業大学などの非常勤講師を歴任。著書・監訳書など多数。
ソシオメディア株式会社：https://www.sociomedia.co.jp/

訳者紹介

岡 真由美（おか まゆみ）
電波新聞社で英文雑誌編集者、ニューヨーク支社特派員記者を務めたのち、退社。渡米後、フリーに。ITビジネスを中心に、旅行、サイエンス、エンターテインメントと幅広い分野で執筆、および英日翻訳を行なう。オライリー・ジャパンでは『「ヒットする」のゲームデザイン』『実践 Metasploit──ペネストレーションテストによる脆弱性評価』『実践パケット解析 第2版』などを手がける。
Facebookアカウントは https://www.facebook.com/mayuminoka

カバーの説明

表紙の動物は北極熊です。北極熊は、主にグリーンランドおよび北米の北部、アジアの氷河地域に棲息しています。泳ぐ能力に優れ、水辺から遠いところに移動することはほとんどありません。オスの北極熊は陸上に住む肉食動物の中では最も大きく、体重は350〜640kgにもなります。それに比べてメスはずっと小さく、150〜250kgほどです。ワモンアザラシやヒゲアザラシを好んで餌にします。アザラシが捕れないときは、魚やトナカイ、鳥、液果類（いちごなど）などを捕食します。

当然のことながら、北極熊は北極圏の気候によく適応しています。黒い皮膚を、水をはじく白く厚い毛皮が被っています。大人の熊の体には、10cm以上の厚さの脂肪がつき、寒さから身を守っています。保温性が高いので、体温が上がりすぎると大きな影響を受けます。そのため、北極熊は陸上を休みながらゆっくりと移動します。足が大きいので歩くときに体の重みが分散されるため、氷の上を歩いても氷を割ってしまうことはありません。また一年を通して食料が得られるので、冬眠することはほとんどありません。しかし妊娠したメスは例外で、冬眠期間中に小さな子熊（500〜800g）を出産します。

北極熊には天敵がいません。最大の脅威はハンターですが、15年前からアメリカ政府は北極熊の狩猟に厳しい制限を科しています。そのため、個体数は倍増し、現在21,000〜28,000頭が棲息しているといわれています。北極熊は大変攻撃的で危険な動物です。他の熊は人間との接触を避けるのに対して、北極熊は人間を狩りの対象とする傾向があるからです。人間と北極熊が遭遇すると、ほとんどの場合は熊が勝ちます。

情報アーキテクチャ 第4版 ─ 見つけやすく理解しやすい情報設計

| 2016年11月25日 | 初版第1刷発行 |
| 2023年11月17日 | 初版第4刷発行 |

著者	Louis Rosenfeld (ルイス・ローゼンフェルド)、Peter Morville (ピーター・モービル)、Jorge Arango (ホルヘ・アランゴ)
監訳者	篠原 稔和 (しのはら としかず)
訳者	岡 真由美 (おか まゆみ)
発行人	ティム・オライリー
印刷・製本	日経印刷株式会社
発行所	株式会社オライリー・ジャパン
	〒160-0002 東京都新宿区四谷坂町12番6号
	Tel （03）3356-5227
	Fax （03）3356-5263
	電子メール japan@oreilly.co.jp
発売元	株式会社**オーム**社
	〒101-8460 東京都千代田区神田錦町3-1
	Tel （03）3233-0641（代表）
	Fax （03）3233-3440

Printed in Japan (ISBN978-4-87311-772-0)
乱丁本、落丁本はお取り替え致します。

本書は著作権上の保護を受けています。本書の一部あるいは全部について、株式会社オライリー・ジャパンから文書による許諾を得ずに、いかなる方法においても無断で複、複製することは禁じられています。